Adolf Opderbecke

DER INNENAUSBAU

REPRINT – VERLAG
LEIPZIG

Die zum Teil geminderte Druckqualität ist auf den
Erhaltungszustand der Originalvorlage zurückzuführen

Volker Hennig, Goseberg 22-24, 37603 Holzminden
ISBN 3-8262-1510-9

Reprint der Originalausgabe von 1904
nach dem Exemplar des Verlagsarchives

Lektorat: Andreas Bäslack, Leipzig
Einbandgestaltung: Jens Röblitz, Leipzig
Gesamtfertigung: Sebald Sachsendruck Plauen

DER

INNERE AUSBAU

UMFASSEND

TÜREN UND TORE, FENSTER UND FENSTERVERSCHLÜSSE, WAND- UND DECKENVERTÄFELUNGEN, TREPPEN IN HOLZ, STEIN UND EISEN

FÜR DEN SCHULGEBRAUCH UND DIE BAUPRAXIS

BEARBEITET

VON

Prof. **ADOLF OPDERBECKE**
DIREKTOR DER ANHALTISCHEN BAUSCHULE ZU ZERBST

ZWEITE BEDEUTEND ERWEITERTE AUFLAGE

MIT 600 TEXTABBILDUNGEN UND 7 TAFELN

LEIPZIG 1904
VERLAG VON BERNH. FRIEDR. VOIGT.

Vorwort

Der in diesem Bande als „Innerer Ausbau“ bezeichnete Lehrstoff umfasst die für die Ausstattung von Gebäuden gebräuchlichen Tischler- und Schlosserarbeiten, die Konstruktion und Anbringung der Türen und Tore, der Fenster und Fensterverschlüsse, der Wand- und Deckenvertäfelungen, sowie der Treppen in Holz, Stein und Eisen.

Besondere Berücksichtigung haben diejenigen Konstruktionen erfahren, welche bei dem Ausbau „bürgerlicher Wohnhäuser“ Verwendung finden können und glaube ich damit am ehesten den Zwecken derjenigen, für welche diese Abhandlung in erster Linie geschrieben wurde, der Schüler unserer Baugewerkschulen und der in der Baupraxis beschäftigten Bautechniker und Baugewerksmeister, entsprochen zu haben.

Der leitende Grundsatz bei der Zusammenstellung des vorliegenden Lehrstoffes war: „Grösste Reichhaltigkeit bei möglichster Kürze“. Hierzu war die grosse Anzahl von Textillustrationen nötig, die hier Platz gefunden haben und die dem geschulten Bautechniker mehr Nutzen bringen werden als weitschweifige Erläuterungen.

Wenn trotzdem einige Kapitel sehr kurz gefasst erscheinen, so ist dies einerseits dadurch begründet, dass der für diesen Band knapp bemessene Raum eine erschöpfende Bearbeitung des Stoffes nicht gestattete und weil andererseits Wiederholungen von bereits in anderen Bänden dieses Handbuches Gesagtem vermieden werden musste.

Diejenigen, welche sich eingehender mit der Konstruktion der Oberlichtfenster beschäftigen wollen, seien deswegen auf den X. Band, der Dachdecker und Bauklempner, und diejenigen, welche weitere Auskunft über die Konstruktion und Ausführung eiserner Schaufenster und Treppen wünschen, auf den IX. Band dieses Handbuches hingewiesen.

Trotz der bedeutenden Vermehrung des Textes und der Illustrationen hat die Verlagsbuchhandlung keine Opfer gescheut, die zweite Auflage würdig auszustatten; es ist dies um so mehr anzuerkennen, als der Anschaffungspreis der gleiche wie für die erste Auflage geblieben ist.

Zerbst, im Juni 1904

Der Verfasser

Inhaltsverzeichnis

Seite

II. Die Fenster.

III. Wandvertäfelungen.

Seite

IV. Deckenvertäfelungen.

V. Die Treppen.

VI. Preisangaben
für Arbeiten des inneren Ausbaues.

I. Die Türen und Tore.

Die **Türen** dienen entweder als Verschluss der Gebäude gegen die freie Umgebung und als Schutz gegen die Witterungsbilden, also als Verschluss der Gebäudeeingänge, oder sie sollen den Verkehr von Raum zu Raum im Innern der Gebäude vermitteln. Wir unterscheiden hiernach äussere und innere Türen, Haustüren und Zimmertüren. Die Form und der Zusammenbau der Türen muss je nach ihrem besonderen Zwecke verschieden sein. In Speicher- und Kellerräumen werden dieselben meist aus Latten, einer einfachen oder verdoppelten Brettlage hergestellt. Aeussere Türen in Arbeiterhäusern, Stallgebäuden, Lagerschuppen usw. konstruiert man mit Vorliebe aus einzelnen Brettchen, die nach Art von Jalousien übereinander greifen. Zimmertüren und Haustüren in Wohngebäuden werden stets als gestemmte Türen, aus Rahmen und Füllungen bestehend, zusammengebaut.

Die Latten- und Brettertüren werden gewöhnlich direkt am Mauerwerk, die Eingangstüren an Blind- oder Futterrahmen und die Zimmertüren an Türfuttern befestigt.

Die **Tore** dienen als Verschluss von Oeffnungen, durch welche Wagen fahren oder grössere Gegenstände getragen werden sollen. Grosse Durchfahrtstore, die gleichzeitig den Fussgängerverkehr gestatten sollen, werden so ausgebildet, dass für die Fussgänger ein kleiner Türflügel in dem Torwege vorgesehen ist. Die grossen Torflügel sind für gewöhnlich mittels Riegel- und Sturmstangen festgestellt und werden nur dann geöffnet, wenn ein Wagen ein- oder ausfahren soll.

Nach der Zahl der Türflügel unterscheidet man: ein-, zwei- und mehrflügelige Türen und Tore und nach der Art des Oeffnens: einfache Türen, Türen mit Schlagleisten, Schiebetüren und durchschlagende oder Pendeltüren.

1. Zimmertüren.

a) Das Material und die Konstruktion des Türgestelles.

Das Material der Zimmertüren ist gewöhnlich Kiefern- oder Tannenholz, das vielfach aus Skandinavien, Böhmen und Amerika (Pitch-pine- und Yellow-pine-Holz) bezogen wird. Bei reicher Ausstattung der Räume kommen auch edle Holzarten, wie Nussbaum, Eiche und Mahagoni, zur Verwendung.

Türdübel. Die Befestigung des Türfutters geschieht vielfach an Türdübel, die als Holzklötze von keilförmiger Gestalt die Höhe von Backsteinschichten erhalten und durch die ganze Mauerstärke hindurchreichen. Abgesehen von der

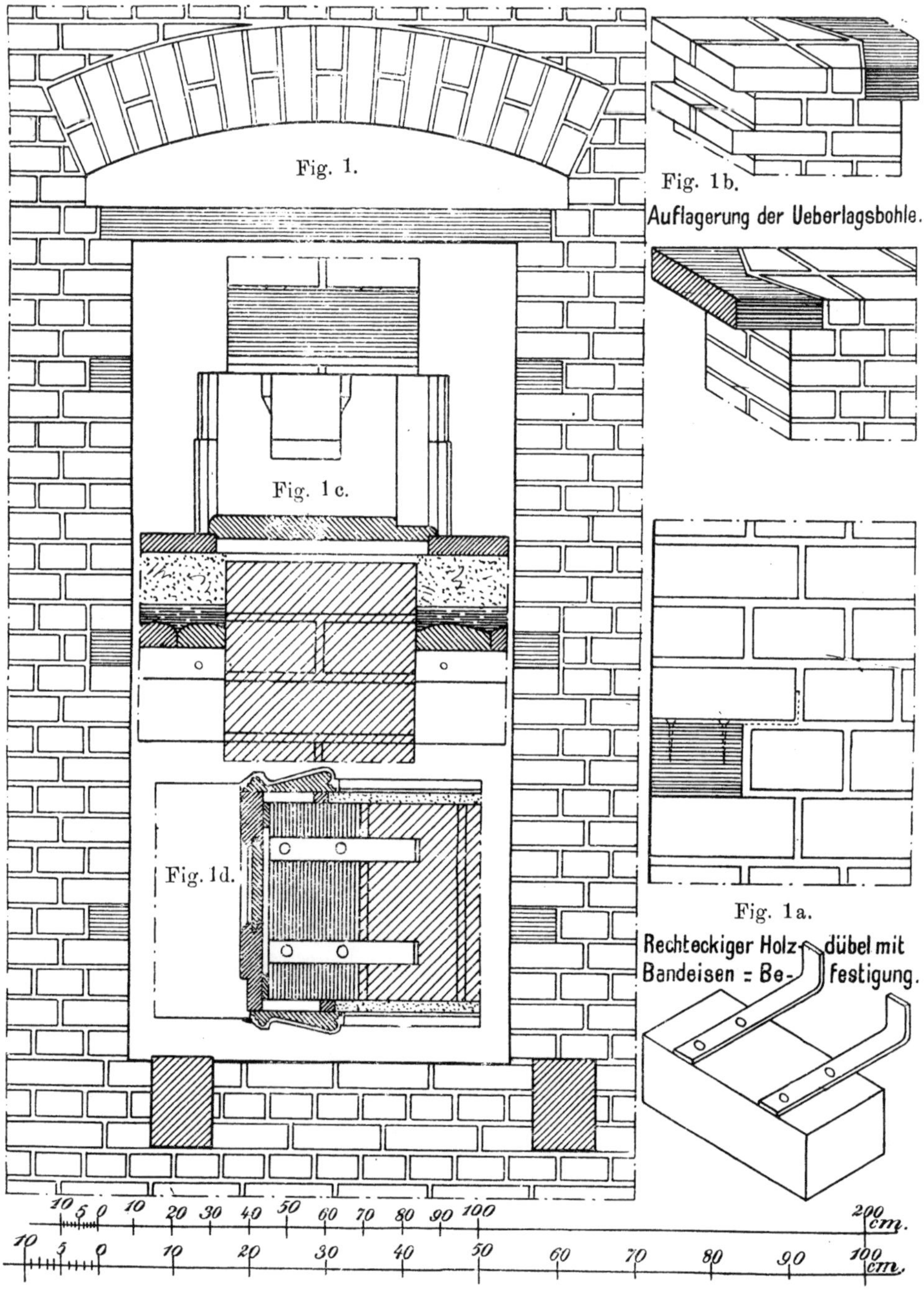

Schwierigkeit, die Mauersteine so zuzuhauen, dass sie sich der keilförmigen Form der Dübel anschmiegen, lockern die Dübel bei dem unvermeidlichen Schwinden des Holzes sich leicht und bieten nun keinen Halt mehr. Grössere Sicherheit

erreicht man, wenn an die Dübel (die parallelepipedische Form haben können) Bandeisen durch Nagelung oder Verschraubung befestigt werden, die an dem

Fig. 2.

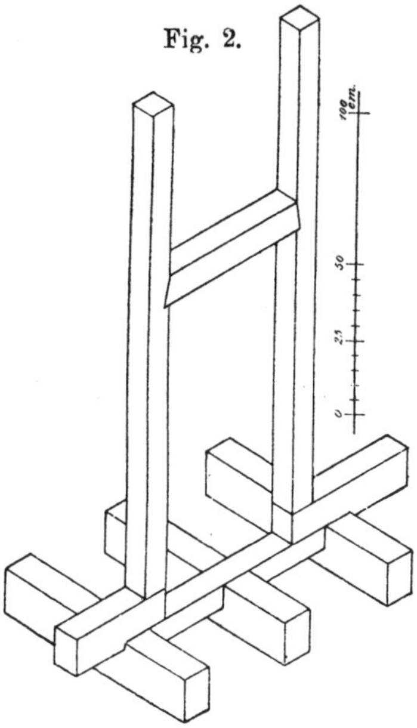

Fig. 3.

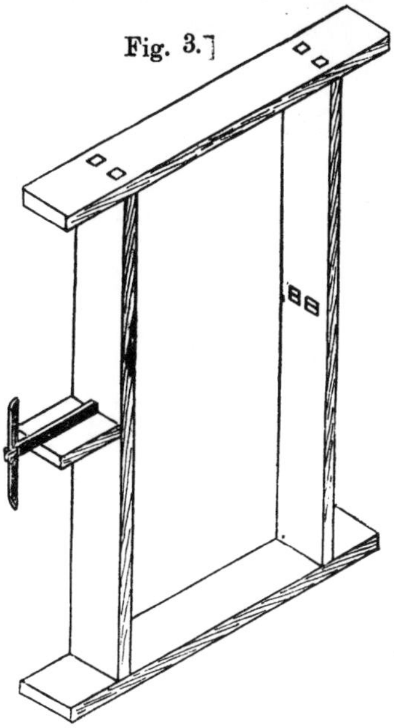

Fig. 3a.

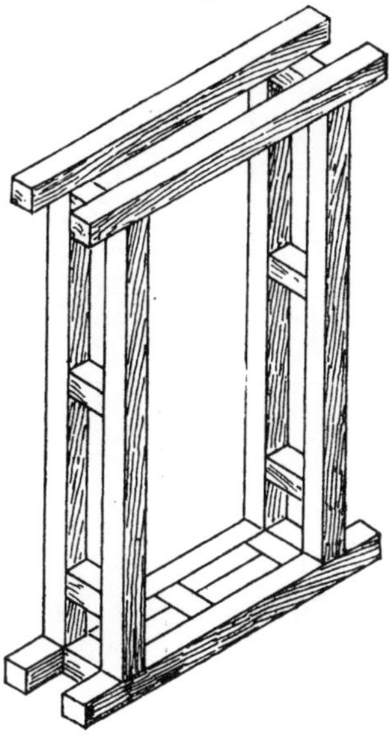

einen Ende umgebogen sind und mit diesem in eine Stossfuge des Mauerwerks eingreifen (Fig. 1a). Zur Befestigung des oberen, wagerechten Futterbrettes dient in diesem Falle eine Ueberlagsbohle, welche gegen das oberhalb befindliche Mauerwerk stets durch einen Entlastungsbogen zu überdecken ist (Fig. 1). Damit diese Bohle sich nicht seitlich verschieben kann, wird dieselbe an den Enden schwalbenschwanzförmig zugeschnitten; in diese Ausschnitte greifen die entsprechend zugehauenen Mauersteine ein (Fig. 1b).

Fig. 4.

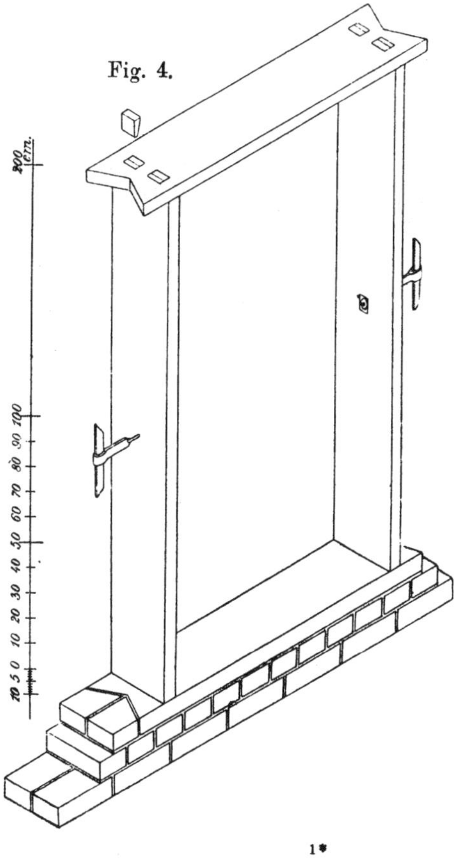

Das Türgestell. In massiven Wänden von $^1/_2$ Stein Stärke werden, entsprechend der verlangten lichten Weite der Türe, wozu noch 6 bis 8 cm für das beiderseitige Futter hinzukommen, zwei Türpfosten von 12/12 cm Stärke aufgestellt, die durch die ganze Höhe der Wand hindurchreichen. Sie werden unten in eine Schwelle oder, wenn die Balken parallel zur Wandflucht liegen, in Balkenwechsel, oben in ein Rahmholz oder in einen Balken eingezapft. Ein oberer Querriegel bildet den Türsturz (Fig. 2).

Fig. 5.

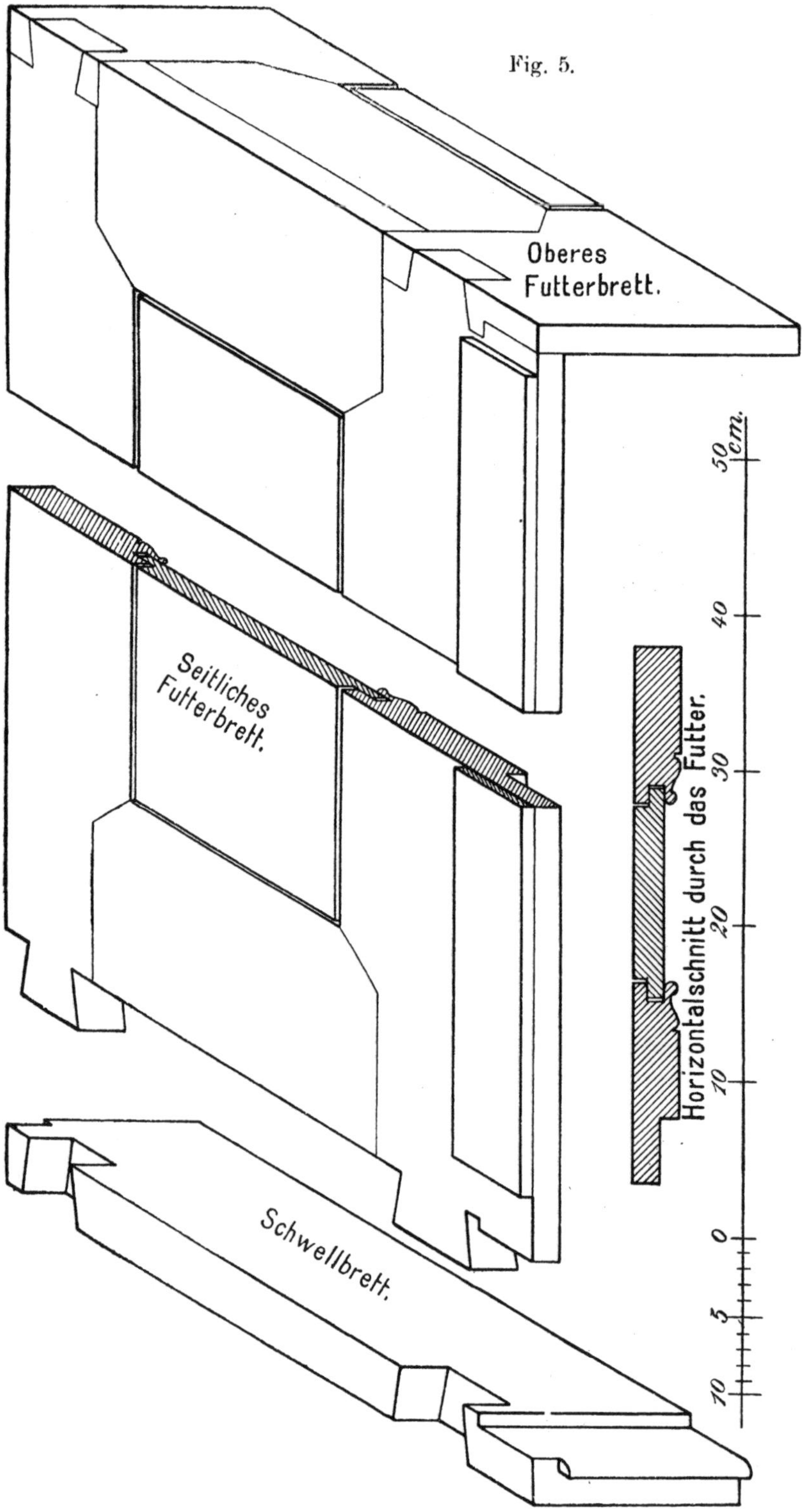
Oberes Futterbrett.
Seitliches Futterbrett.
Schwellbrett.
Horizontalschnitt durch das Futter.
10 5 0 10 20 30 40 50 cm.

Die Türschwelle. Um Türen, die nach einem Korridor hinausgehen, einen besseren Luftabschluss zu geben, lässt man sie unten gegen eine Schwelle von 3 bis $3^1/_2$ cm Stärke schlagen (vergl. Fig. 1c und 1d). Diese Schwelle besteht gewöhnlich aus Eichenholz; sie wird mit den senkrechten Rahmenschenkeln des Türfutters zusammengezinkt (vergl. Fig. 5).

Fig. 6.

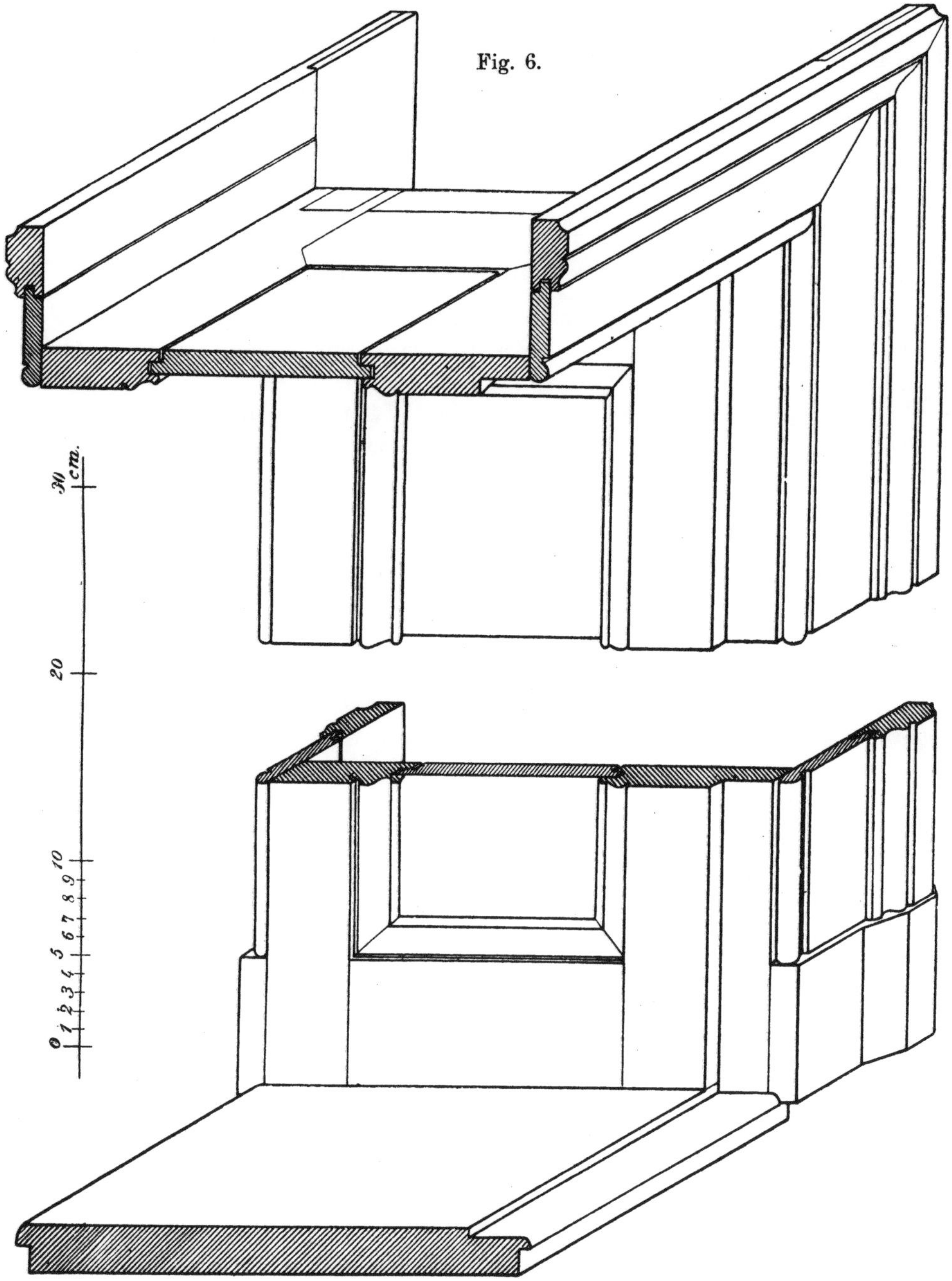

Die Bohlenzarge. An Stelle der Türdübel wird bei 1 Stein starken Wänden häufig eine Bohlenzarge aufgestellt. Bohlen von 5 bis 6 cm Stärke bilden die

Seitenteile eines Türgerüstes, das bei grosser Höhe durch eiserne Anker, die zu beiden Seiten an der Zarge befestigt werden, mit dem Mauerwerk verklammert wird. Die Bohlen haben die Breite der Wandstärke + beiderseitiger Putzstärke, also 28 bis 29 cm. Die obere und die untere Querbohle sind mit den Seitenteilen verzapft und haben an beiden Enden Verlängerungen, sogen. Ohren, die entweder nach Fig. 3 gerade oder nach Fig. 4 schwalbenschwanzförmig zugeschnitten werden.

Die Kreuzholzzarge. In stärkeren Wänden stellt man vor Aufführung der Mauern ein Türgerüst auf, das aus zwei oder mehreren Rahmen besteht. Jeder Rahmen setzt sich zusammen aus Schwelle, Ständer und Holm. Die Holzstärken betragen 10 × 10 bis 12 × 12 cm. Die Rahmen werden durch mehrere Riegel untereinander verbunden. Ein Entlastungsbogen wird auch hier notwendig. Die Ausmauerung darunter ruht auf Bohlen von etwa 5 cm Stärke, die auf beiden Enden 10 bis 12 cm überstehen (Fig. 3).

b) Die Verkleidung des Türgestelles.

Das Türfutter besteht aus Schwelle, zwei Seitenstücken und Kopfstück, die die ganze Leibungsfläche der Tür decken. Das Futter bleibt bei Wandstärken bis 25 cm glatt, in über 1 Stein starken Wänden wird es gestemmt. Die einzelnen Teile des Futters werden mittels Verzinkung verbunden; darauf wird das fertige Gestell in die Türöffnung eingesetzt, mit Keilen festgestellt und an den Dübeln oder an der Zarge festgenagelt oder festgeschraubt. Die Oeffnung muss demnach 6 bis 8 cm breiter und 3 bis 4 cm höher angelegt werden, als das lichte Mafs betragen soll (Fig. 5 und 6).

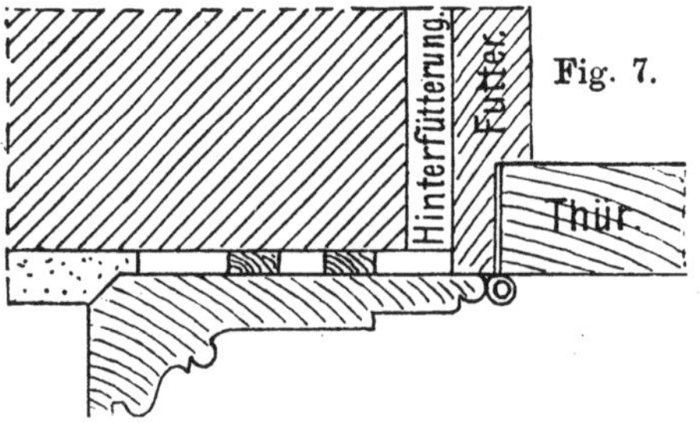

Fig. 7.

Zwischen Futter und Wand schiebt man bei besseren Türen eine sogenannte **Hinterfütterung** ein, und zwar an den Stellen, wo später die Bänder ihren Platz finden sollen (Fig. 7).

Bei **gestemmtem Futter** wird auch die Schwelle mit Rahmstücken und Füllungen von 3 bis 4 cm Stärke, die aber in ihrer Oberfläche genau bündig liegen, hergestellt (Fig. 8).

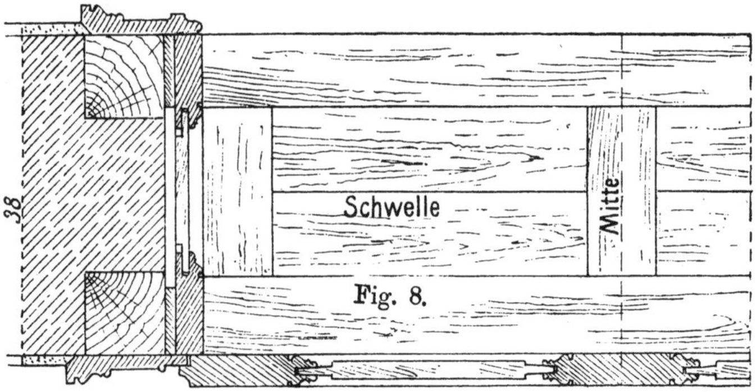

Fig. 8.

Ausgegründetes Futter wendet man bei Wandtiefen von 25 cm an. Es wird dabei auf die glatte Futterfläche ringsum eine Verdoppelung mit Kehlstoss aufgeleimt (Fig. 73).

Das **gestemmte Futter** hat Rahmen und Füllungen, die sich in ihrer Anordnung nach der Einteilung der Türflügel richten. Das Kopfstück erhält gewöhnlich nur eine Füllung. Bei schmaler Türfutterbreite werden die aufrechtstehenden Rahmstücke ebenfalls schmäler als die Türfriese.

Die **Türbekleidung** soll die Fuge zwischen Futter und Mauerwerk decken (Fig. 9 bis 16).

Ihre Breite ist gleich $^1/_7$ bis $^1/_8$ der lichten Türweite. Bei einflügeligen Türen ist sie meist 12 bis 15 cm, bei zweiflügeligen 16 bis 20 cm breit.

Fig. 9. Fig. 10. Fig. 11. Fig. 12. Fig. 13.

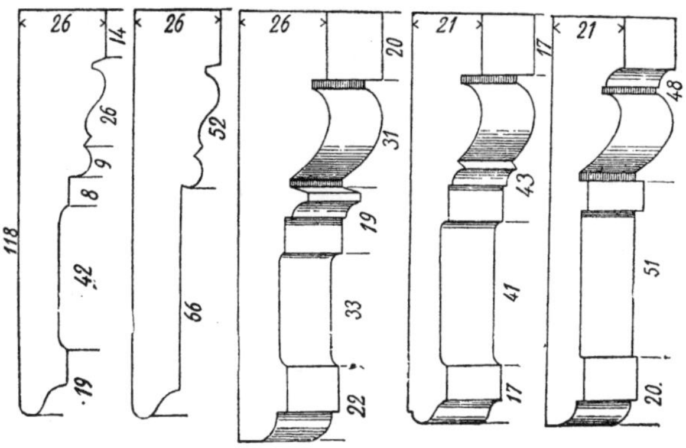

Diese Verkleidung wird häufig auf schmale Latten, sogen. Putzleisten, genagelt, die dem anstossenden Putze als Lehre dienen (Fig. 1 d).

Fig. 14. Fig. 15. Fig. 16.

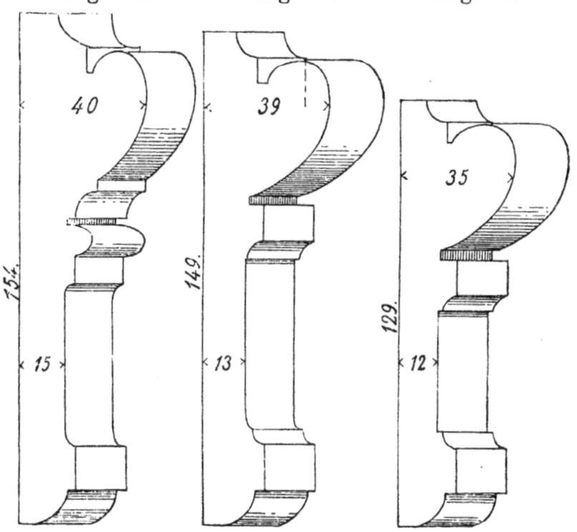

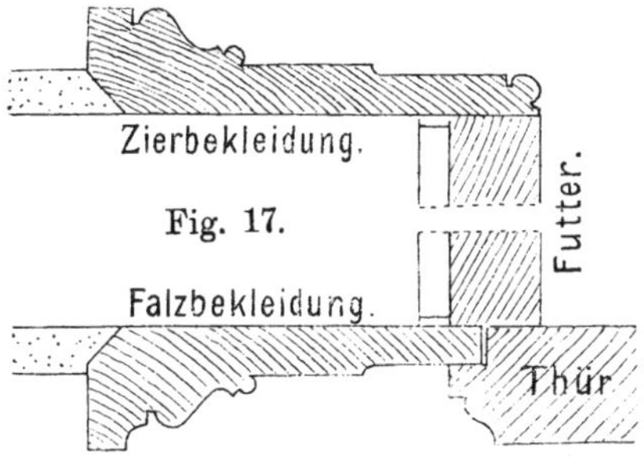

Fig. 17.

Fig. 18.

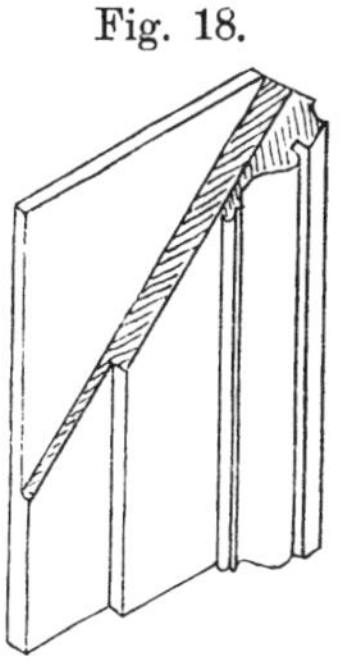

Fig. 19.

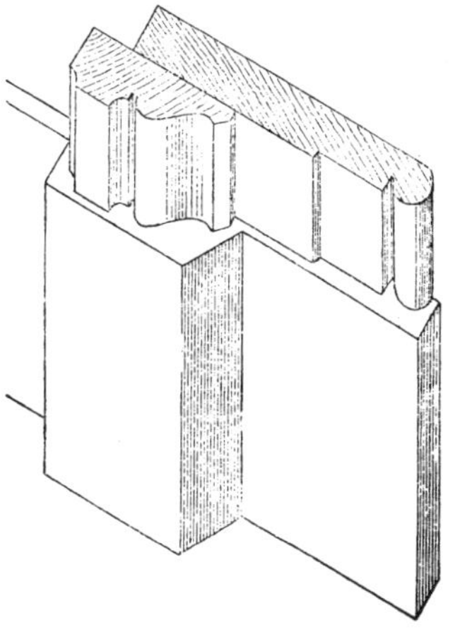

Man unterscheidet **Falzverkleidung,** an der Seite, wo die Tür sitzt, und **Zierverkleidung,** an der anderen Seite der Wand (Fig. 8 und 17). In neuerer Zeit lässt man die Zimmertüren (namentlich in Berlin) meist in einen auf die ganze Rahmholzstärke in das Futter eingearbeiteten Falz schlagen. In diesem Falle hat man auf beiden Wandseiten Zierverkleidung (vgl. Fig. 6).

Feinere Türen erhalten zu der Verkleidung noch einen Sockel (10 bis 15 cm hoch, 3 bis 4 cm stark) hinzu (Fig. 6 und 19). Die einzelnen Teile der Verkleidung werden auf Kehrung überblattet oder gestemmt und verkeilt (Fig. 6 und 18).

c) Die Türflügel.

Einflügelige Türen bekommen eine solche Weite, dass die Möbel bequem hindurchgebracht werden, Personen aber hindurchgehen können, ohne dass man die Tür zu weit öffnen muss. Gewöhnliche Mafse sind hierfür: 1 m breit, 2,20 bis 2,25 m hoch (im Futter gemessen). In Süddeutschland begnügt man sich mit kleineren Mafsen, gewöhnlich 0,90 m für die Breite und 2,10 m für die Höhe. Aborttüren, Badezimmer- und Speisenkammertüren, sowie Türen, welche nur zum Durchgang (nicht zum Durchtragen von Möbelstücken) zwischen angrenzenden Räumen dienen sollen, macht man 70 bis 80 cm breit. Die Türen einer und derselben Wohnung macht man meist untereinander gleich, damit die Tischlerarbeit nicht unnütz verteuert wird.

Gestemmte Türen bestehen aus Rahmen oder Friesen und aus Füllungen. Man unterscheidet Höhen-, Quer- und Mittelrahmen.

Fig. 20. Fig. 21. Fig. 22. Fig. 23. Fig. 24. Fig. 25. Fig. 26. Fig. 27. Fig. 28.

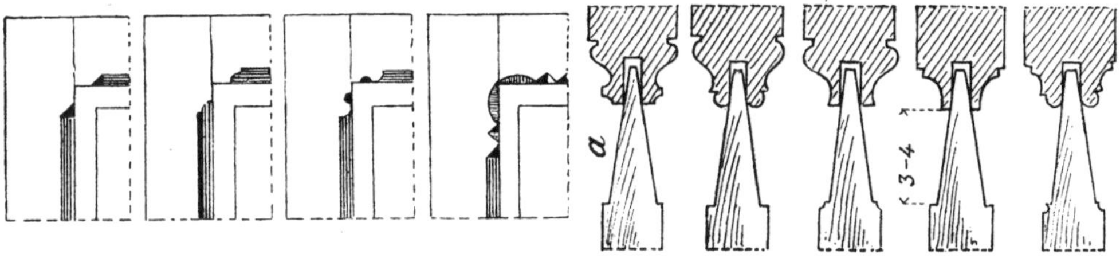

Fig. 29.

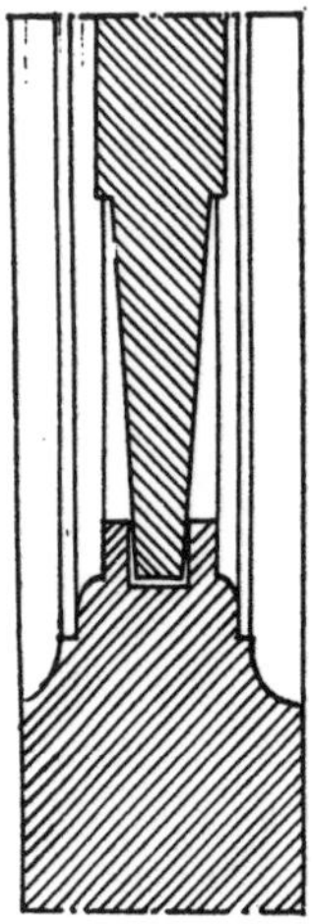

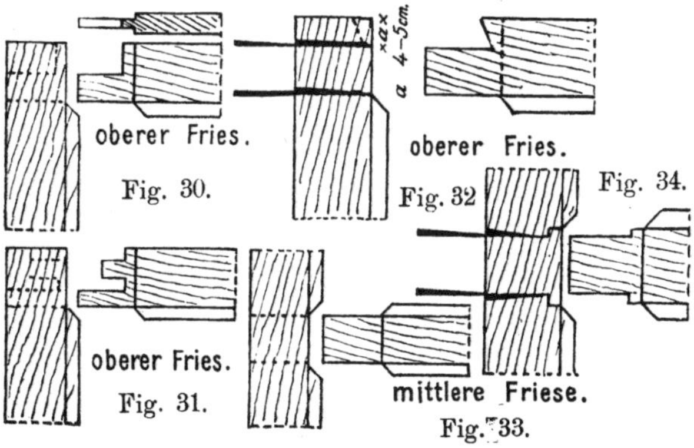

Fig. 30. Fig. 31. Fig. 32 Fig. 33. Fig. 34.

Die **Rahmstücke** sind bei gewöhnlichen Türen $3\frac{1}{2}$ bis 4 cm, bei grösseren 5 cm stark. Ihre Breite beträgt 10 bis 16 cm, im mittleren 14 cm.

Sie werden mit Fasen (Fig. 20 bis 23) oder mit angehobelten Kehlstössen, und zwar meist auf beiden Seiten, versehen (Fig. 24 bis 29).

Die Verbindung der Rahmhölzer zeigen die Fig. 29 bis 34.

Werden die Zapfen der Rahmhölzer rechtwinkelig abgeschnitten (Fig. 35), so bezeichnet man die Verbindung als „stumpf gestemmt", werden dagegen

Fig. 35.

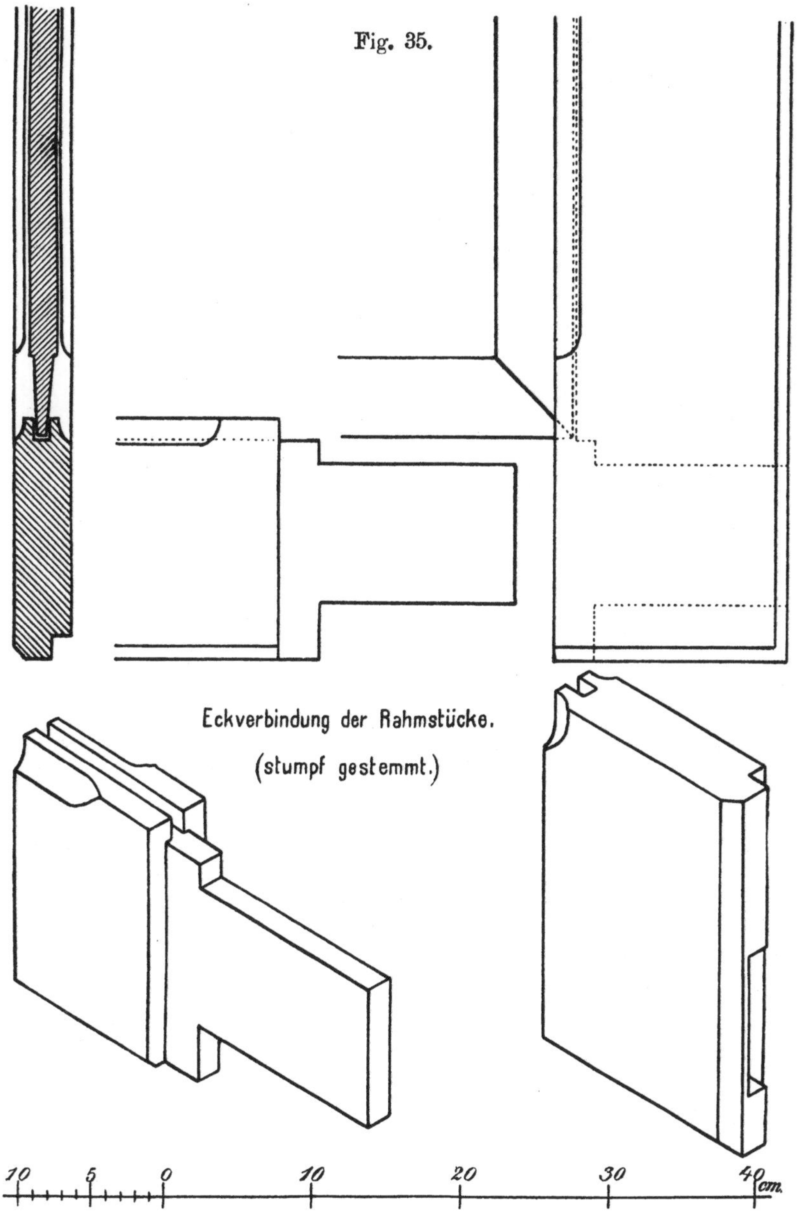

die Zapfen schräg, der Abfasung sich anschmiegend, abgeschnitten, so nennt man die Verbindung „auf Fase gestemmt" (Fig. 36). Werden die Rahmstücke auf die Breite des Profilhobels in die sich mit ihnen kreuzenden Rahm-

Fig. 36.

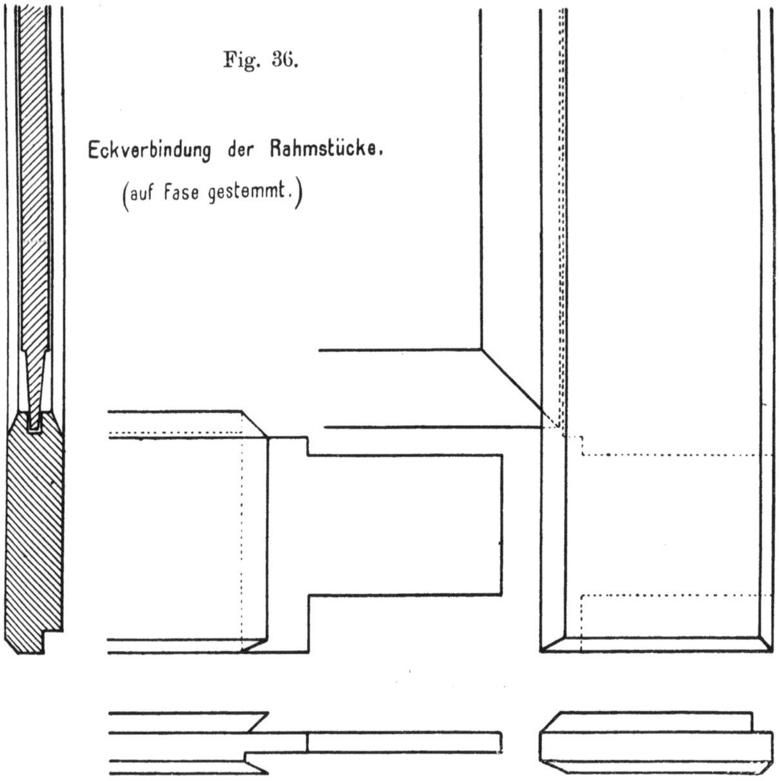
Eckverbindung der Rahmstücke.
(auf Fase gestemmt.)

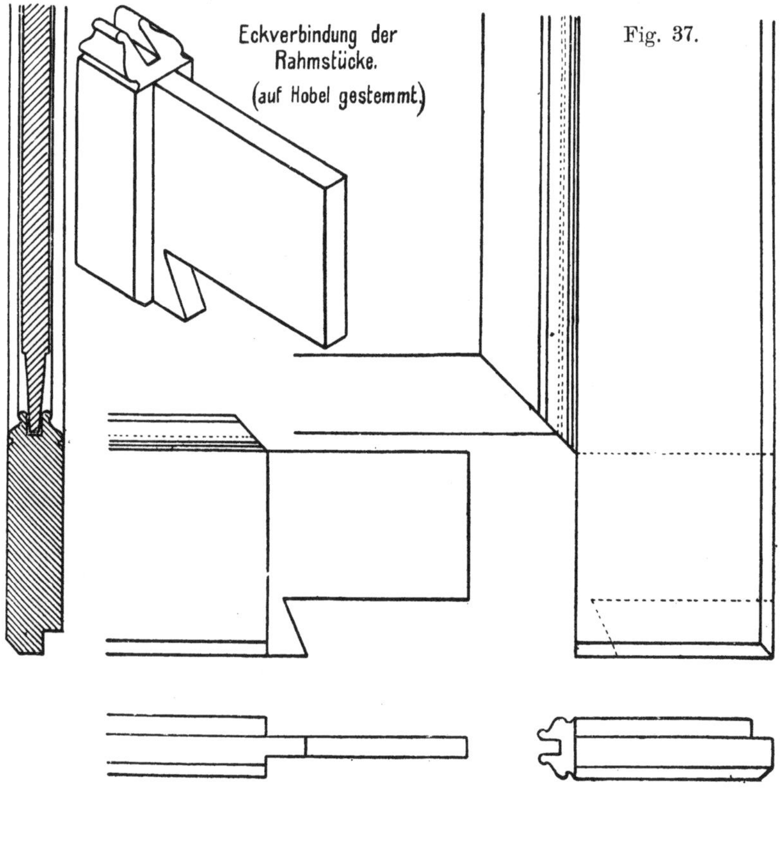
Eckverbindung der Rahmstücke.
(auf Hobel gestemmt.)

Fig. 37.

stücke eingesetzt und die Kehlstösse auf Kehrung zusammengeschnitten, so nennt man die Verbindung „auf Hobel gestemmt“ (Fig. 30 bis 34 und 37).

Werden nicht durchaus trockene Hölzer verwendet, so macht sich beim Stemmen auf Hobel infolge des Schwindens des Holzes ein Undichtwerden der Kehrungen bemerkbar, so dass man an diesen Stellen durch die Türen hindurchsehen kann. Diesem Uebelstande begegnet man dadurch, dass man vor dem Zusammenleimen der Rahmstücke an die gefährdeten Stellen schwache Furnier- oder Zinkplättchen einlegt (Fig. 38).

Fig. 38.

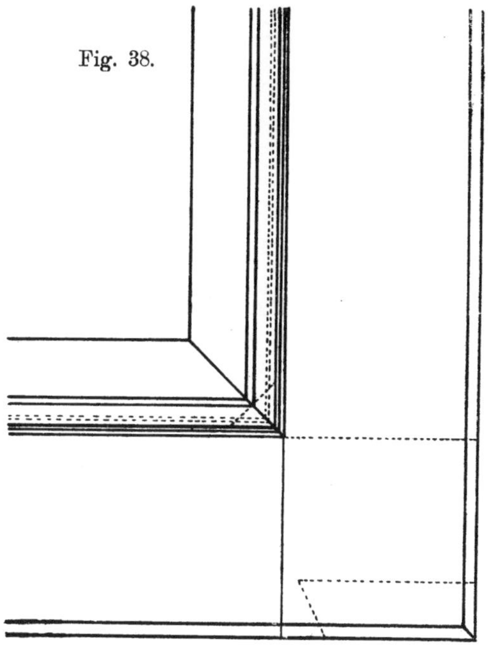

Die **Füllungen** werden gewöhnlich 20 bis 25 mm stark ausgeführt; ihre Breite beträgt 25 bis 30 cm. Je breiter eine Füllung wird, um so mehr schwindet das Holz. Besser ordnet man hier mehrere schmale als wenige breite Füllungen an. Die Höhe des Füllungsfeldes soll 1,50 m nicht überschreiten.

Die Füllung ist mit dem Rahmen durch Nut und Feder verbunden. Die Nuten müssen genügend tief sein, $1\frac{1}{2}$ cm, und noch Spielraum übrig lassen, damit sich die Füllung innerhalb derselben ausdehnen oder auch zusammenziehen kann, ohne dass zwischen Rahmen und Füllung eine durchsichtige Fuge entsteht. Dieser Spielraum beträgt 2 bis 4 mm.

Die sichtbare Abplattung a der Füllungen (Fig. 24 bis 29) hat meist eine Breite von 3 bis 4 cm.

Die **Profilierung.** Die an die Rahmen angehobelten Profile, die die Füllungen umsäumen, dürfen nur sehr zart sein, damit das Holz nicht zu sehr geschwächt wird. Immerhin muss die Profilierung im Wechsel von Licht und Schatten gut wirken. Zur Trennung der einzelnen Glieder dienen Nuten, die genügend breit auszustossen sind, damit sie bei einem Oelfarben-Anstrich nicht zugedeckt werden. Karnies, Rundstab und Kehlleiste sind die gebräuchlichsten Profile. Die Gesamtbreite des Kehlstosses beträgt 3 bis 4 cm (Fig. 24 bis 29).

Soll die Profilierung aus irgend welchem Grunde kräftiger und reicher sein, so hilft man sich durch Auflegen besonderer Profilleisten, die entweder an den Rahmhölzern (Fig. 39) oder an Federrahmen (Fig. 41), welche in die Rahmhölzer und in die Füllungen eingeschoben sind, befestigt werden. Würde eine Profilleiste auf zwei ineinander geschobene Hölzer, also bei Fig. 39 sowohl auf dem Rahmholz als auch auf der Füllung oder bei Fig. 41 auf dem Rahmholz und dem Federrahmen befestigt sein, so würde sich im ersten Falle die Füllung, im zweiten Falle der Federrahmen nicht frei bewegen können und ein Reissen dieser Konstruktionsteile eintreten.

Fig. 39.

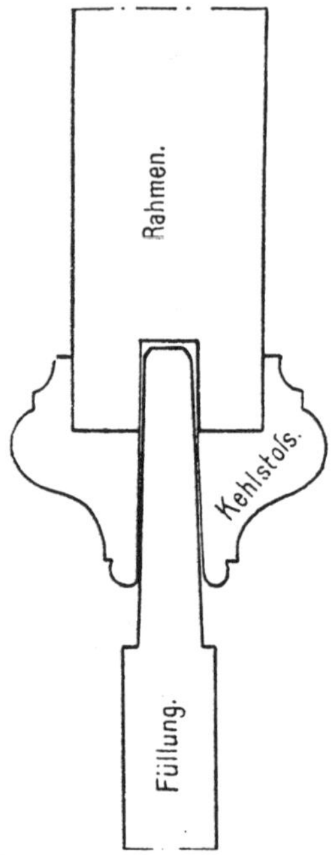

Eingeschobene Füllung mit aufgeleimtem Kehlstoſs.

Fig. 40.

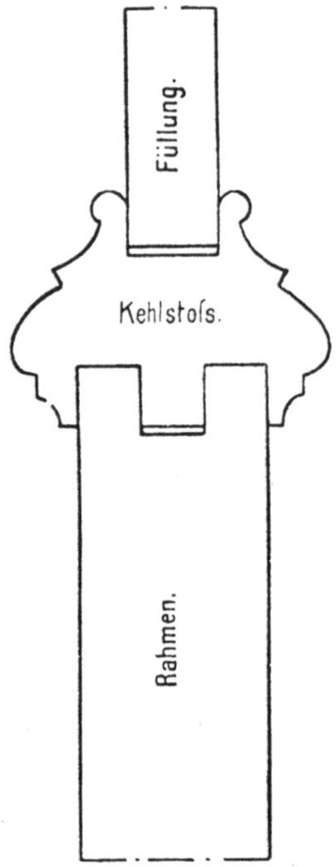

Eingeschobener Kehlstoſs in der Nut.

Fig. 41.

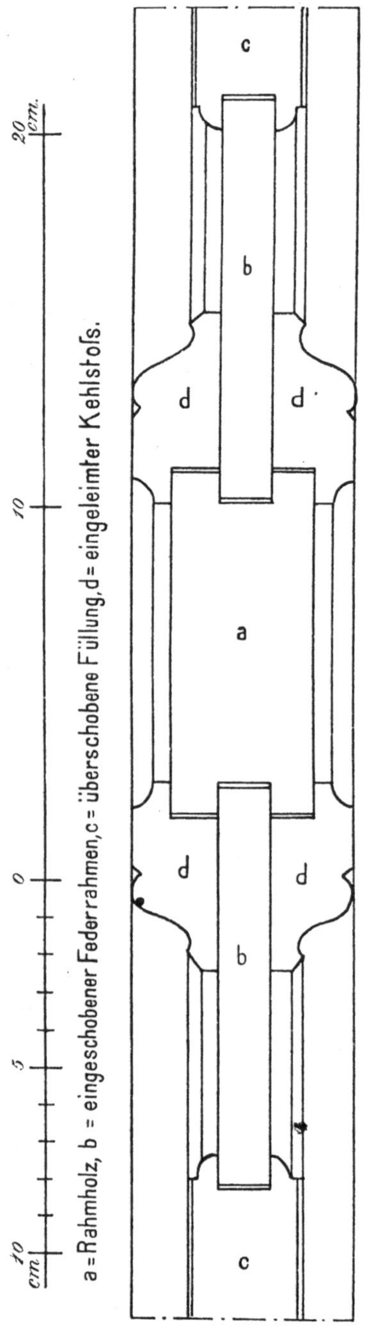

Eingeschobener Federrahmen in der Nut. mit aufgeleimten Kehlstöſsen.

Fig. 42.

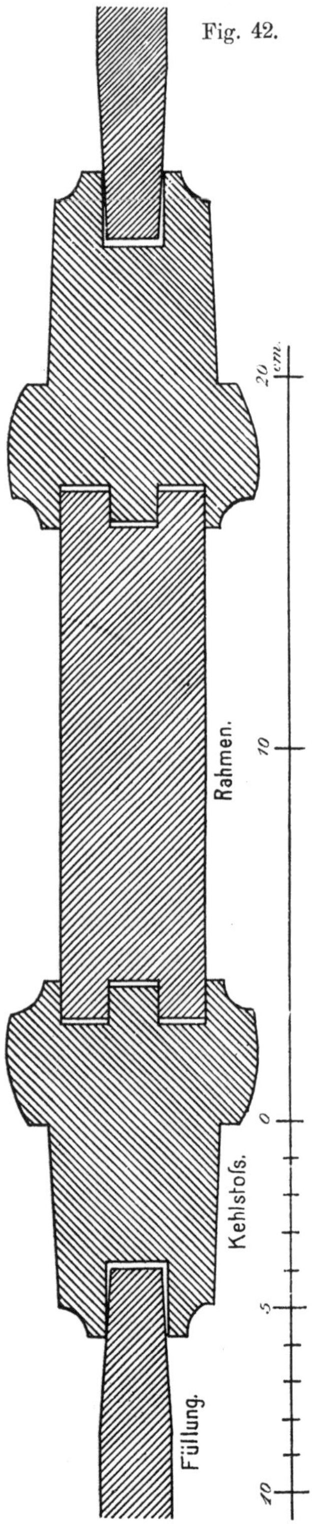

Den gleichen Erfolg erzielt man durch eingeschobene Kehlstösse (Fig. 40 und 42 bis 45).

Die Verbindung der Rahmhölzer auf Nut und Feder verursacht infolge des Nutens der Rahmhölzer und des Abplattens der Füllungen eine sehr bedeutende

Fig. 43.

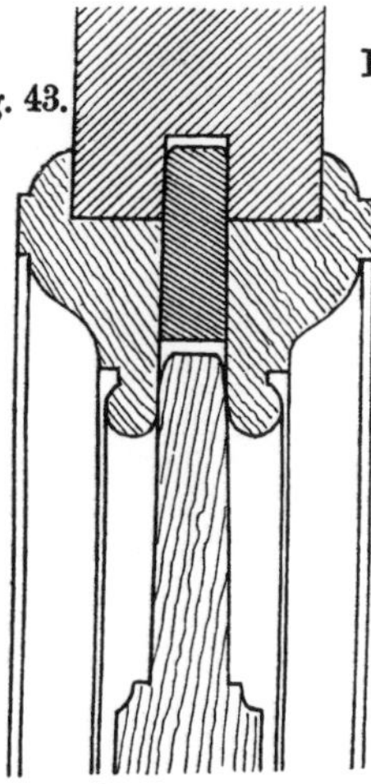

Fig. 44.

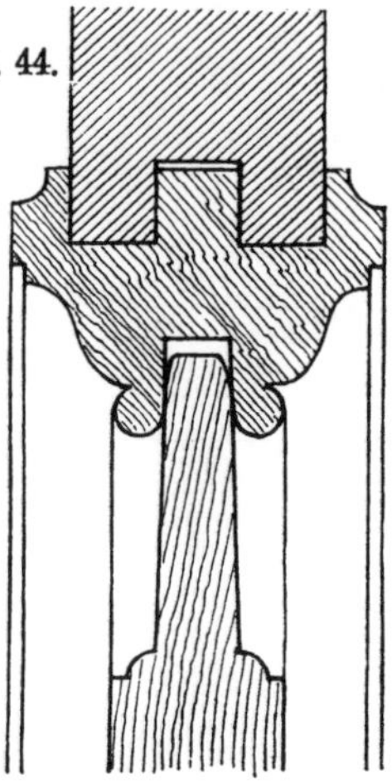

Fig. 45.

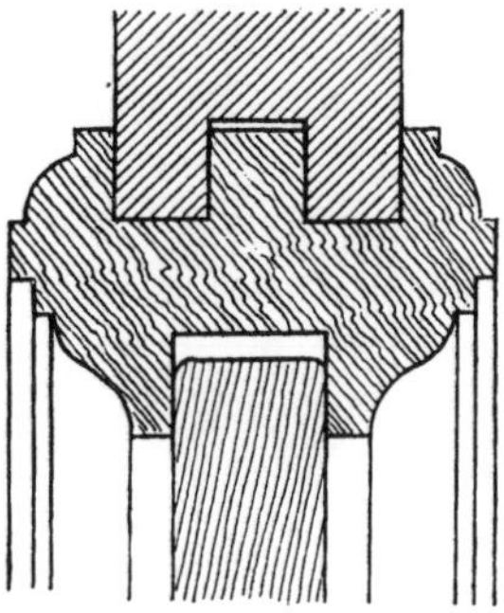

Schwächung dieser Konstruktionsteile; es erscheint deswegen diese Konstruktionsweise überall dort als unzulässig, wo es sich um den Schutz des Eigentums gegen Einbruch handelt, also bei allen äusseren Türen.

Fig. 46.

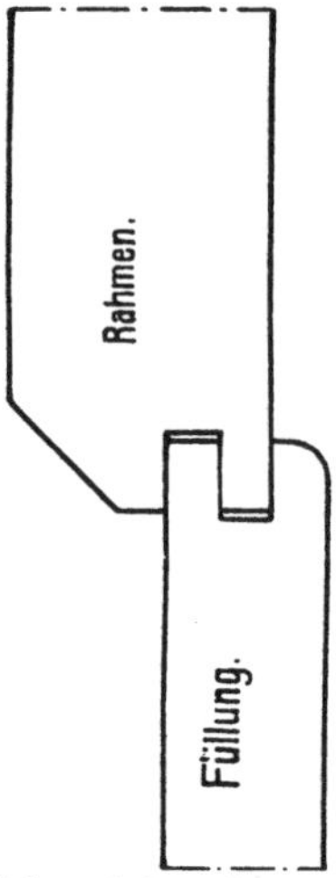

Ueberschobene Füllung.

Fig. 47.

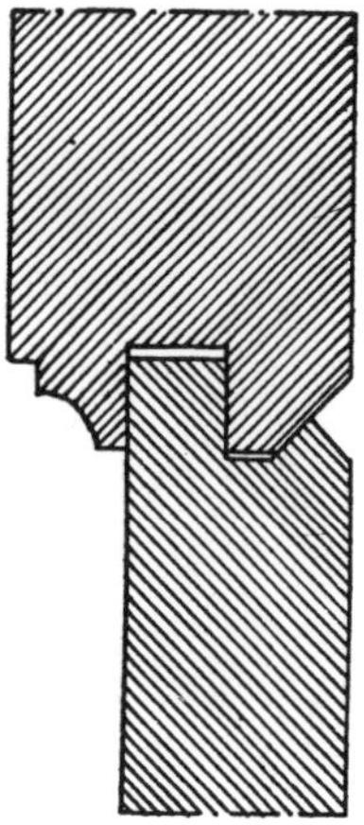

Fig. 48.

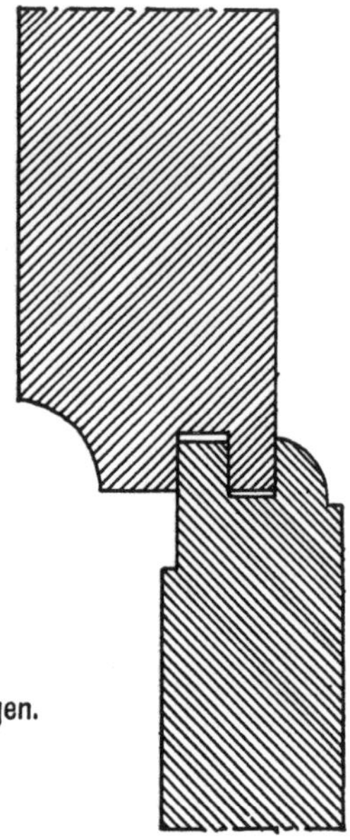

Ueberschobene Füllungen.

Fig. 49.

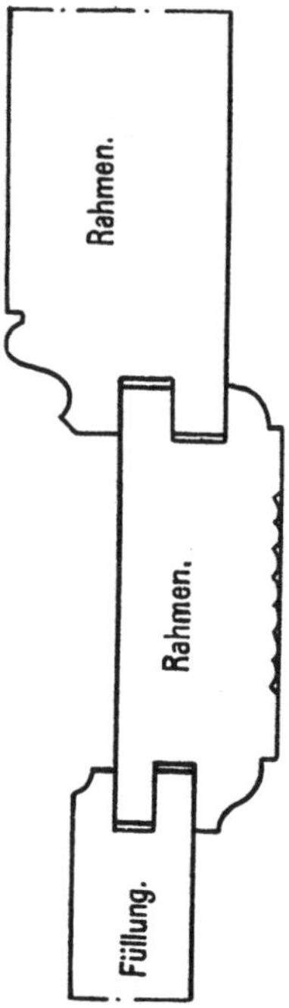

Hier wendet man die sogen. überschobene Konstruktion an, indem man entweder die Rahmhölzer direkt mit den Füllungen (Fig. 46 bis 48) oder mit einem zweiten Rahmen (Fig. 49) überschiebt. Hierdurch wird nicht nur die Festigkeit der Verbindungen, sondern auch die Reliefwirkung der Türe wesentlich erhöht. Die letztere lässt sich durch aufgeleimte Kehlstösse (Fig. 50 und 51) noch steigern.

Fig. 50.

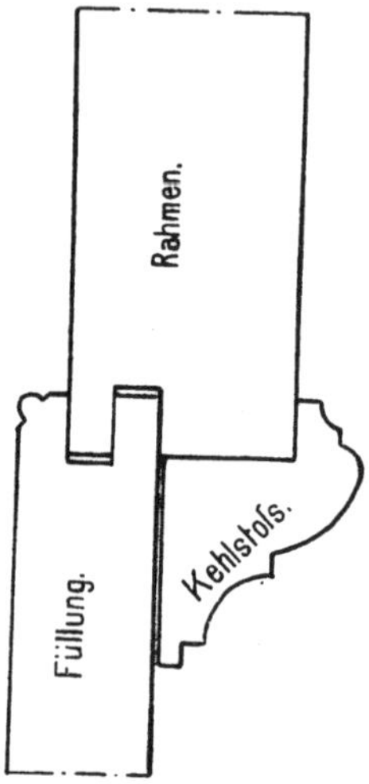

Ueberschobene Füllung mit aufgeleimtem Kehlstofs.

Fig. 51.

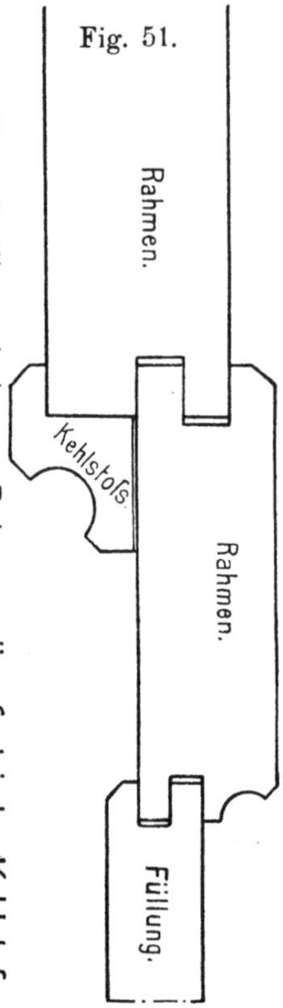

Doppelt überschobener Rahmen mit aufgeleimtem Kehlstofs.

d) Einflügelige und zweiflügelige Türen.

Je nach der Anzahl der angeordneten Füllungen erhält die Tür eine genauere Bezeichnung, als: Zweifüllungs-, Vierfüllungs-, Sechsfüllungs- usw. Tür. Vergl. Fig. 52 bis 57.

Fig. 52. Fig. 53. Fig. 54.

Fig. 55. Fig. 56. Fig. 57.

Fig. 58 veranschaulicht eine einflügelige Zimmertür mit 4 Füllungen in 2 Stein starker Wand. Das gestemmte Futter und die Bekleidungen sind an einer Kreuzholzzarge befestigt. Die 30 mm starken Türfüllungen sind über einen Federrahmen von 20 mm Stärke geschoben, welche ihrerseits in eine Nut des Türrahmens greifen. Die kräftig profilierten Kehlstösse sind auf Federrahmen angeleimt und angestiftet (vergl. Fig. 59).

Zuweilen ordnet man in Korridortüren an Stelle der oberen Holzfüllungen Glastafeln an, um dem Korridor von den angrenzenden Zimmern aus Licht zu-

Fig. 58.

zuführen. Ein Beispiel hierfür veranschaulicht Fig. 60. Ebenso kommen auch Glasfüllungen in Kellertüren zur Anwendung (Fig. 61), um der Kellertreppe Licht zuzuführen.

Fig. 59.

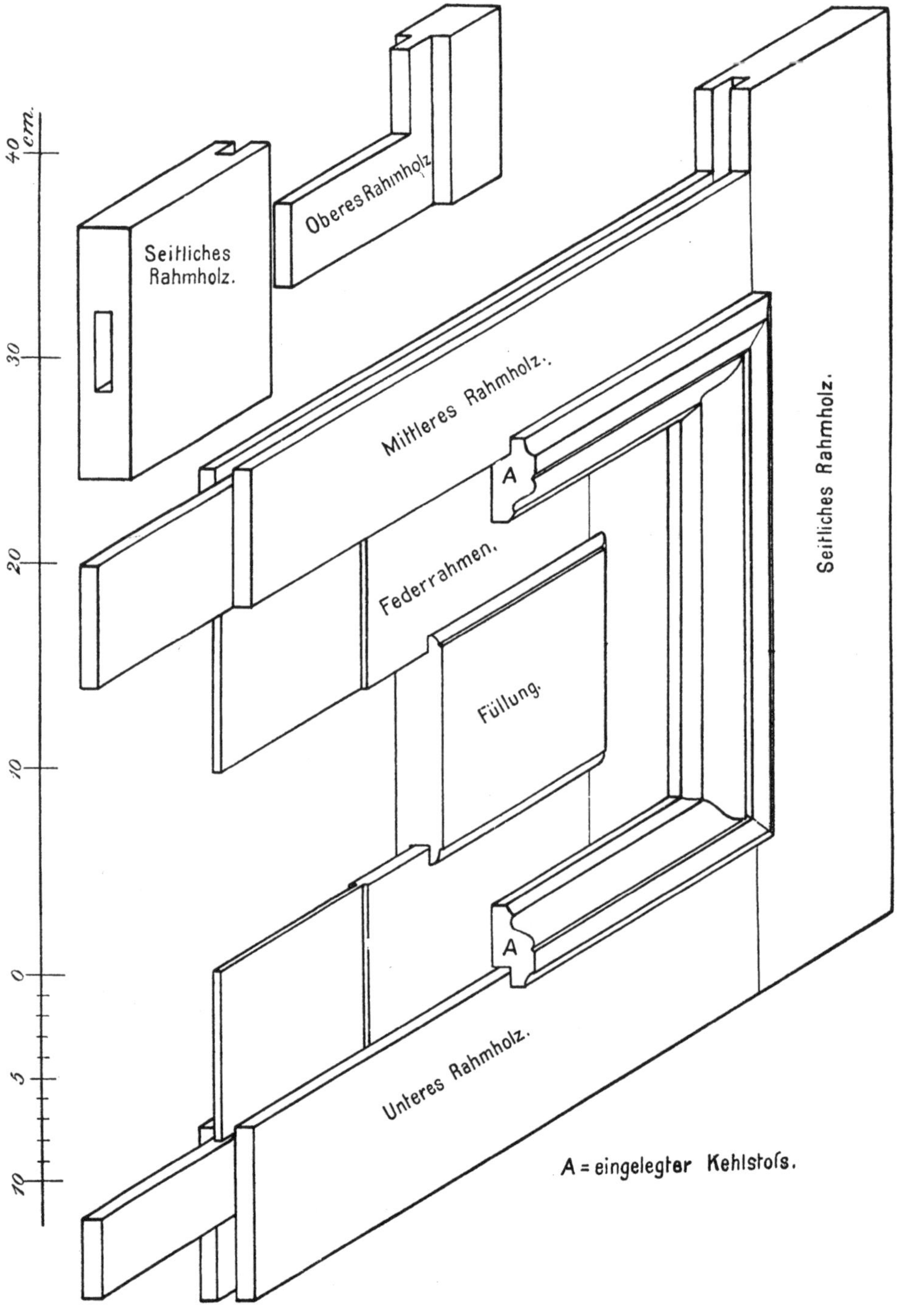

Die **Türbeschläge**. Einflügelige Türen werden mit je zwei Fisch- oder Schippen-Bändern angeschlagen und mit einem überbauten oder einem eingesteckten Schlosse mit Schliesskolben oder Schliessblech und mit beiderseitigen Fassondrückern versehen (siehe weiter unten Türbeschläge).

Flügeltüren. In grossen und herrschaftlich ausgestatteten Räumen ordnet man breitere Türen an, die als Flügeltüren bezeichnet werden.

Fig. 60.

Bei einer Lichtweite von 1,50 m kann dann jeder Flügel 0,75 m breit werden, was als Durchgangsöffnung genügt. Ist die Oeffnung schmäler, so erhält der eine, zum Durchgehen bestimmte Flügel die Breite von 0,70 bis 0,75 m, der andere, gewöhnlich durch Riegel festgestellt, die Restbreite, z. B. bei 1,25 m Breite: 0,70 und 0,55 m. Das unschöne Aussehen einer solchen Tür muss durch Anbringung einer blinden Schlagleiste verdeckt werden. Die Höhe der Tür beträgt zumeist 2,50 m. Türen mit geringerer Höhe, z. B. 2,40 m, kann man durch hinzugefügte Aufbauten (Verdachung) wieder in ein gutes Verhältnis bringen (Fig. 62 bis 65). Verdachungen siehe Seite 19.

Auch bei zweiflügeligen Türen werden die oberen Füllungen häufig aus Glas hergestellt. Fig. 66 veranschaulicht hierfür ein Beispiel, welches durch die Teilzeichnungen Fig. 67a bis 67e näher erläutert ist.

Die **Rahmstücke** beider Flügel macht man gewöhnlich gleich breit; mithin müssen die Querfriese, die an beiden Seiten gekehlt sind, um das Kehlstossprofil breiter hergestellt werden. Die unteren Querfriese erhalten häufig so viel Breite mehr, als die Sockelhöhe beträgt.

Die **Füllungen**. Bei der Einteilung der Füllungen in Flügeltüren ist zu beachten, dass die Anordnung vieler Querfriese, also vieler kleiner Füllungen, in einem und demselben Flügel ungünstig wirkt. Die Tür erscheint zu sehr gedrückt. Besser wirken hier wenige langgestreckte Füllungen, die mehr die Höhenentwickelung betonen (Fig. 62 bis 65).

Die **Türverkleidung** ist 16 bis 20 cm breit oder auch gleich $^1/_8$ der Lichtweite.

Die **Schlagleisten**. Wo die senkrechten Rahmhölzer der beiden Türflügel zusammenstossen, entsteht eine Fuge, die beim Schwinden der Rahmhölzer sich verbreitern wird. Sie wird durch eine auf beiden Seiten aufgesetzte „Schlagleiste“ verdeckt (Fig. 68 bis 72). Ihre Befestigung geschieht durch Aufleimen oder Aufschrauben. Die Breite der Leisten ist 3 bis 5 cm

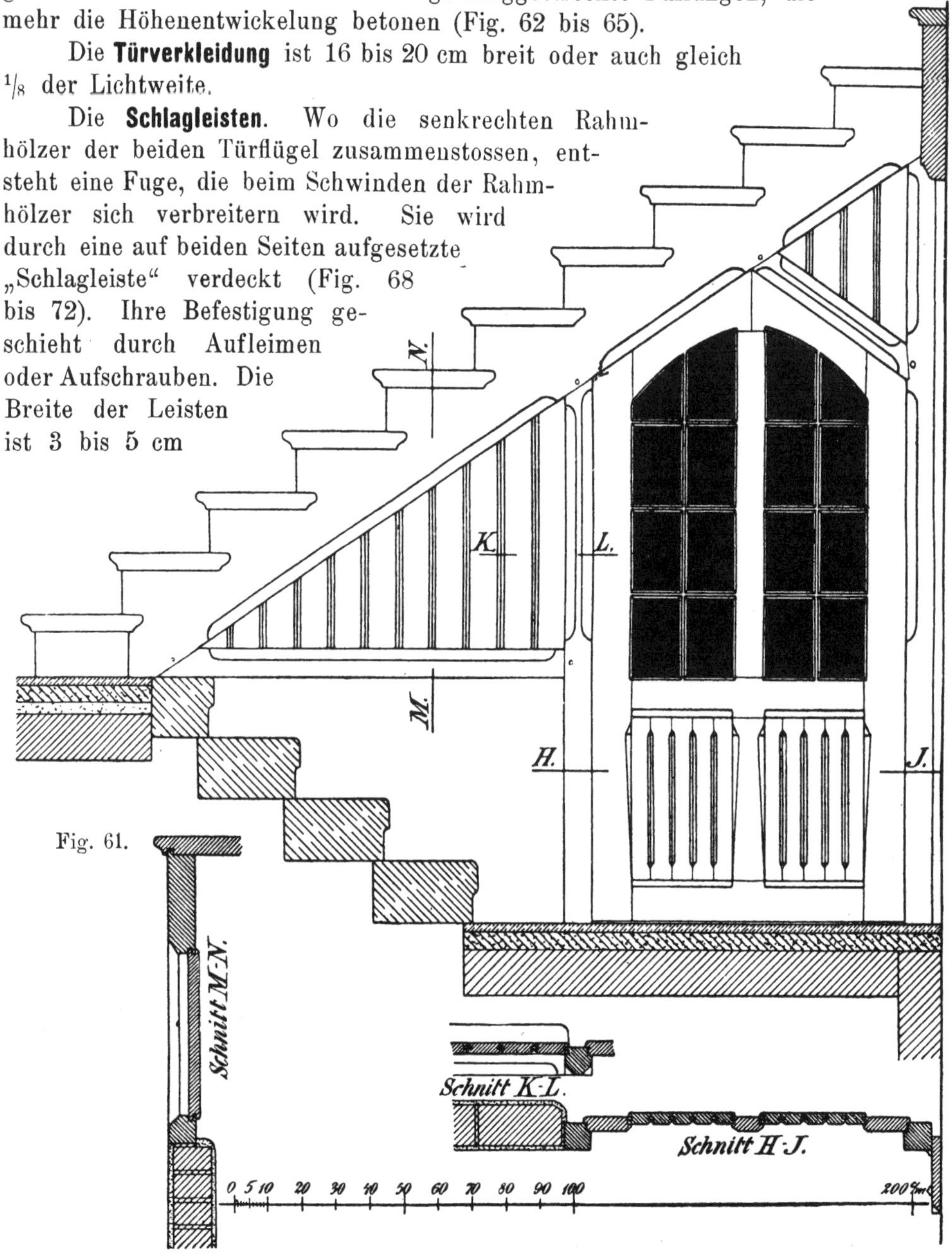

Fig. 61.

bei 2 bis 3 cm Stärke. Unten erhalten die Leisten oft einen einfachen Sockel (Fig. 71 und 72). Die Rahmhölzer selber werden da, wo sie zusammenstossen, an den Kanten abgeschrägt. Man erhält so die Schlossschmiege für das eingesteckte Türschloss (Fig. 68 und 72).

Doppelte Schlagleisten. Ist die Lichtweite der Flügeltür geringer als 1,40 m, so werden die Türflügel verschieden breit: 0,70 m + Restbreite.

Eine symmetrische Ansicht gibt man dem Aeussern der Tür durch Anbringung von zwei Schlagleisten, einer am Zusammenstoss der Flügel und einer zweiten, die den breiteren Flügel gleich dem schmäleren erscheinen lässt. Hierdurch wird in der Türmitte ein senkrechter Fries von 10 bis 15 cm Breite gebildet (Fig. 64).

Dreiteilige Flügeltüren. Wenn der Unterschied zwischen den Flügelbreiten der Tür sehr gross wird, dann rücken die Schlagleisten so weit auseinander, dass die Tür scheinbar aus drei Teilen besteht, z. B. wenn bei 1,30 m Lichtweite der eine Flügel 0,70 m, der andere 0,40 m Breite erhält (Fig. 65).

Die **Türverdachung**. Die Flügeltür gewinnt an Höhenwirkung, und auch an Gesamterscheinung, wenn man ihr eine Verdachung hinzufügt. Diese gleicht in der Form und Zusammensetzung der Glieder einem Gesimse der Werkstein-Architektur. Der Eindruck der Schwere muss aber durch die zierliche und dabei äusserst scharfe Profilierung der Gesimsglieder, sowie durch freie Ausladung der Formen, besonders durch die sehr gestreckte Form der bekrönenden Sima, vermieden werden (Fig. 73 und 74).

Fig. 62. Fig. 63.

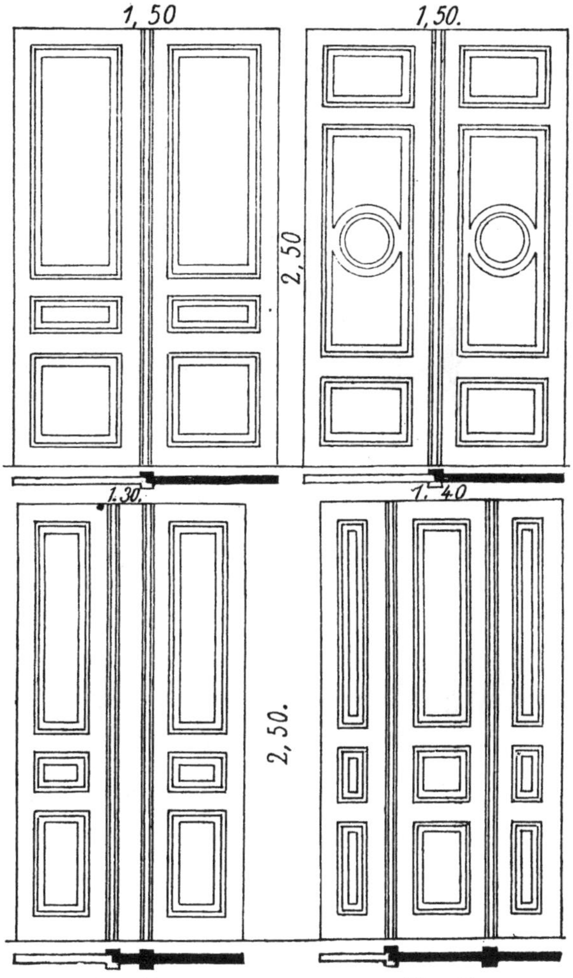

Fig. 64. Fig. 65.

Zwischen Gesims und Verkleidung tritt oft ein Fries, der mit aufgesetzten Leisten und mit Füllungen versehen ist (Fig. 73 bis 82).

Das Gesims wird aus mehreren Brettstreifen und aus profilierten Leisten zusammengeleimt und an beiden Enden verkröpft, wobei sämtliche Profile auf Kehrung zusammengeschnitten erscheinen.

Die Befestigung des Ganzen an der Wand erfolgt durch mehrere Bankeisen, die in die Wand eingeschlagen oder mit sauber aufgeschraubten Eisen eingegipst werden.

Einfache und reichere Türverdachungen geben die Fig. 77 bis 82, die dem Holzbearbeitungsgeschäft von Ferdinand Bendix Söhne in Berlin entstammen.

Fig. 66.

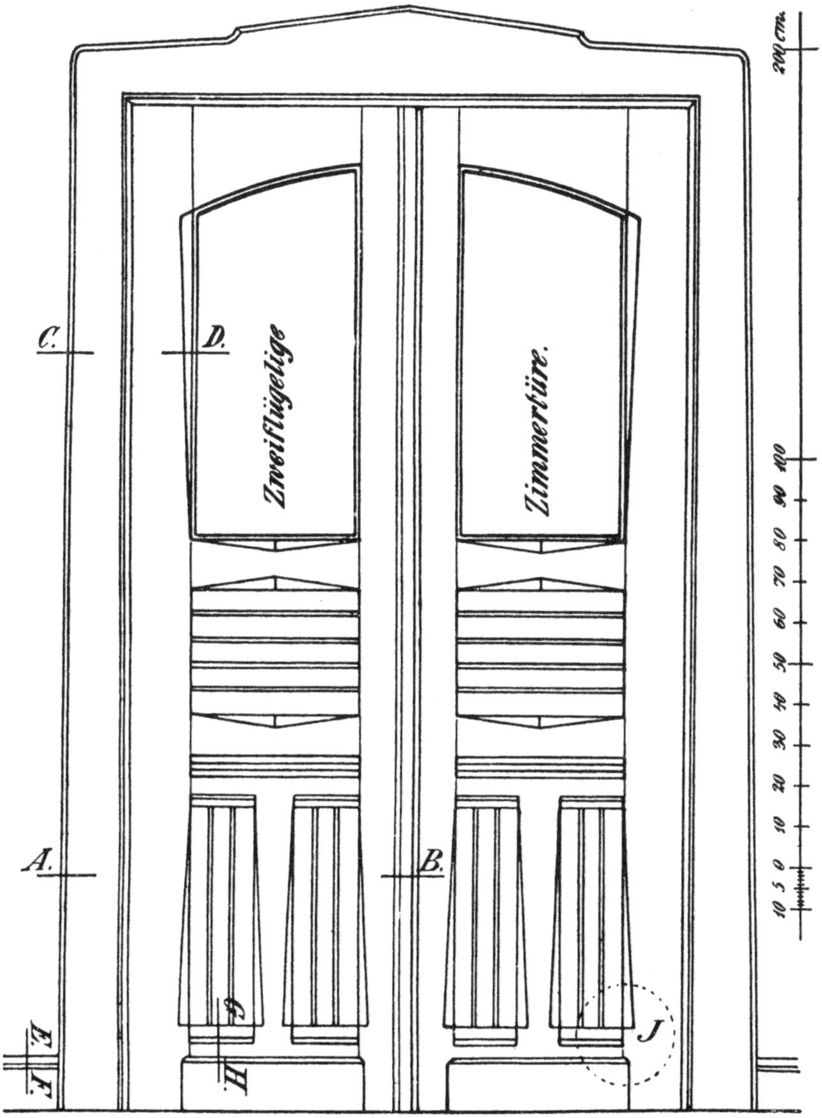

Der **Türbeschlag** einer Flügeltür besteht aus je drei starken Fisch- oder Schippen- oder Paumellebändern, zwei Schiebe- oder Kantenriegeln, einem Einsteckschloss mit beiderseitigen Fassondrückern (siehe „Türbeschläge").

e) Schiebetüren.

Zur bequemen Verbindung aneinander grenzender Gesellschafts- oder Wohnräume und in besonderer Rücksicht auf Raumersparnis gelangen innere Schiebetüren zu immer weitergehender Verwendung. Beide Flügel werden hierbei in die hohlen Seitenwände geschoben, nehmen also keinen Platz im Zimmer in Anspruch. Die Schiebetür kann die halbe Zimmerwand zur Breite erhalten.

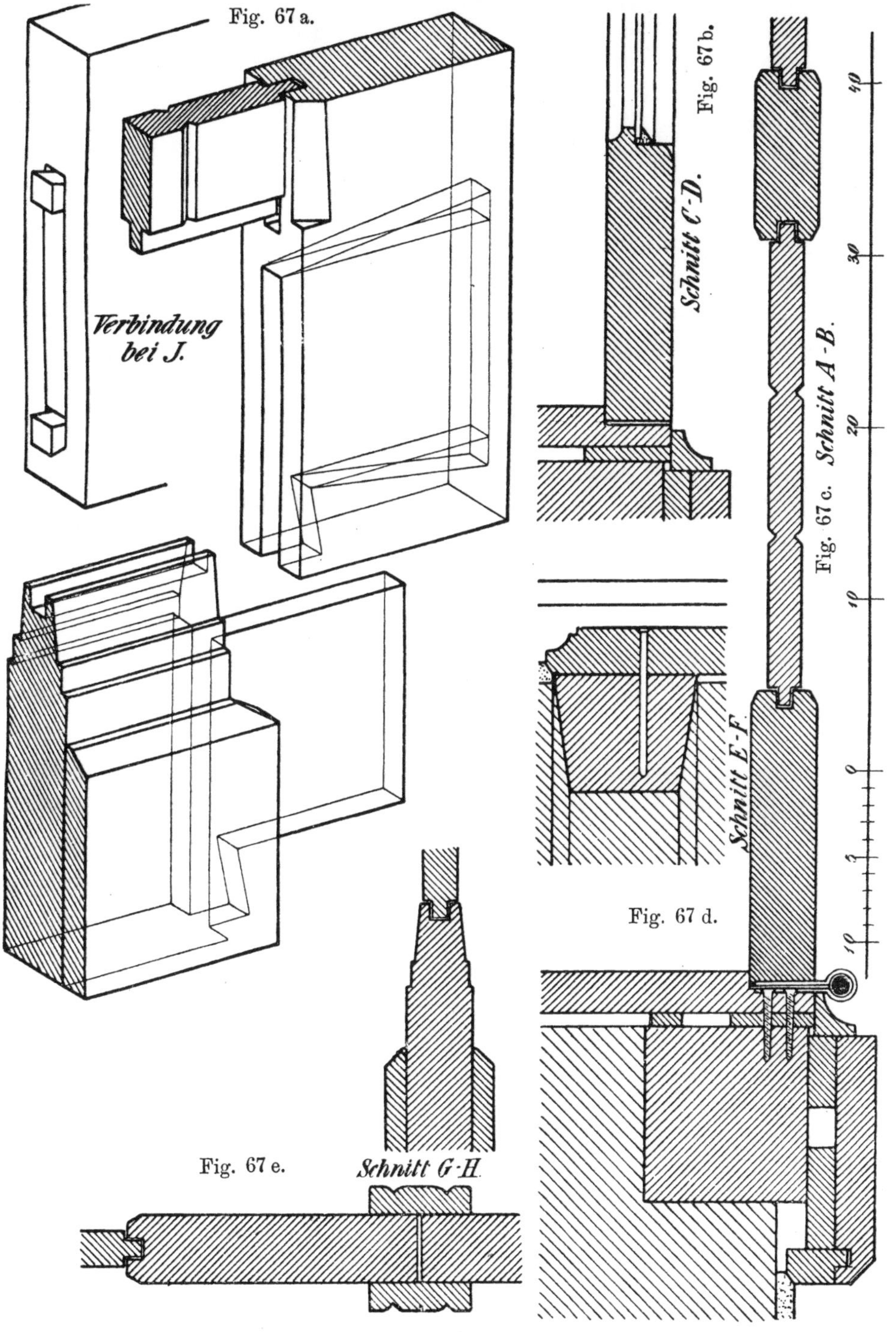

Fig. 67 a. Fig. 67 b. Fig. 67 c. Fig. 67 d. Fig. 67 e.

Sie ist wie eine gewöhnliche Tür, ohne stark vorspringende Architekturen, zusammengesetzt.

Die **Türflügel**. Die äusseren aufrechten Rahmenstücke und die oberen Querfriese werden um so viel breiter als die übrigen gemacht, als sie im Futter unsichtbar bleiben, also um einige Zentimeter. In der äusseren Ansicht sind sie untereinander gleich. Sie werden durch zwei angeschraubte Leisten gegen zu weites Herausziehen gesichert (Fig. 83).

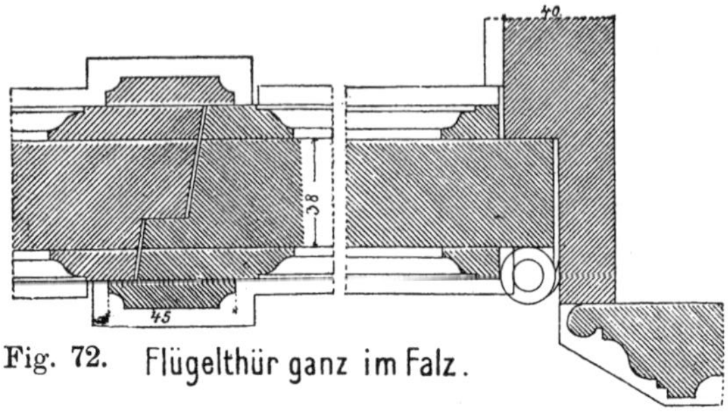

Fig. 72. Flügelthür ganz im Falz.

Die **Schlagleiste**. Die Flügel stossen in der Mitte

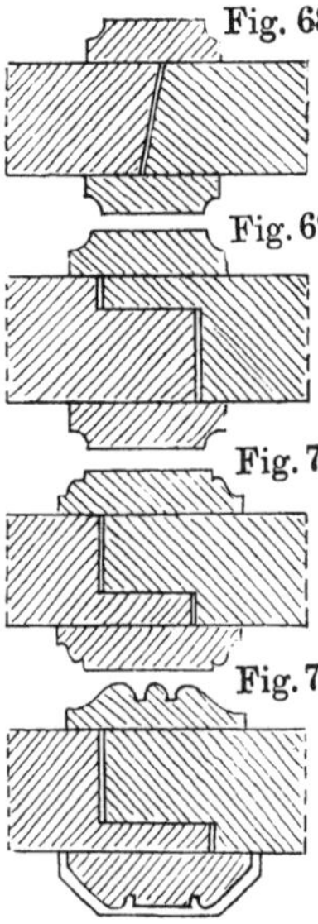
Fig. 68.
Fig. 69.
Fig. 70.
Fig. 71.

mit rechtwinkeliger Kante stumpf zusammen; die Fuge kann durch eine beiderseitige Schlagleiste gedeckt werden. Besser ist ein sogen. Wolfsrachen-Verschluss (Fig. 84).

Das **Türfutter**. Man verwendet je nach der Wandstärke glattes oder gestemmtes Futter. Es enthält in seiner Mitte den Schlitz für das Hindurchschieben der Tür, wenn sich die Tür in der Mitte befindet. Am Kopfstück des

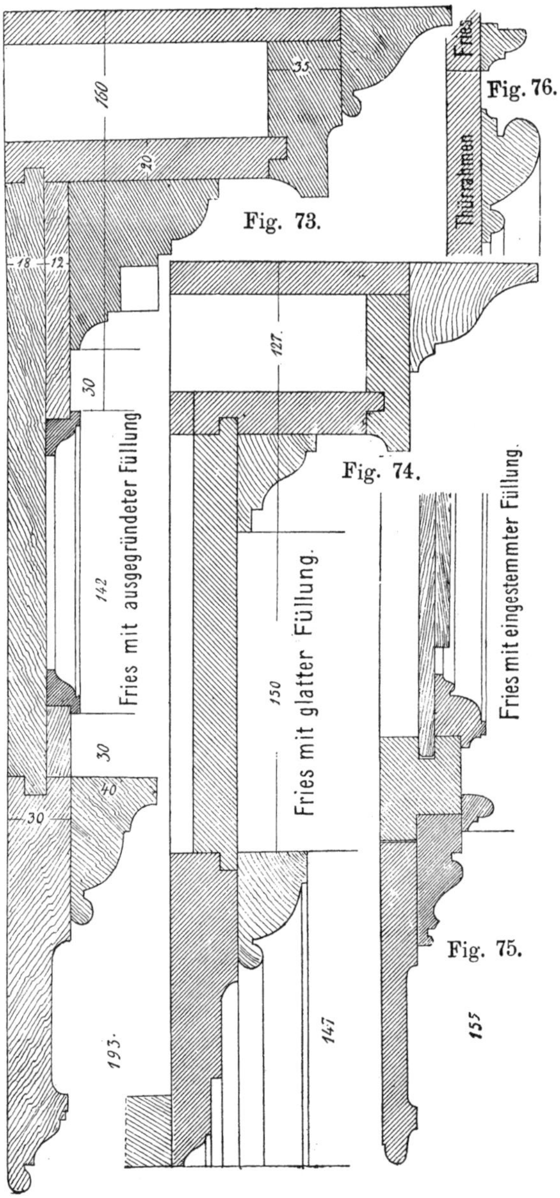

Fig. 73.
Fig. 74.
Fig. 75.
Fig. 76.

Futters ist dabei die eine Hälfte durch Verzinkung verbunden, die andere aber beweglich. Sie hängt in Scharnierbändern, um das Einhängen der Tür zu ermög-

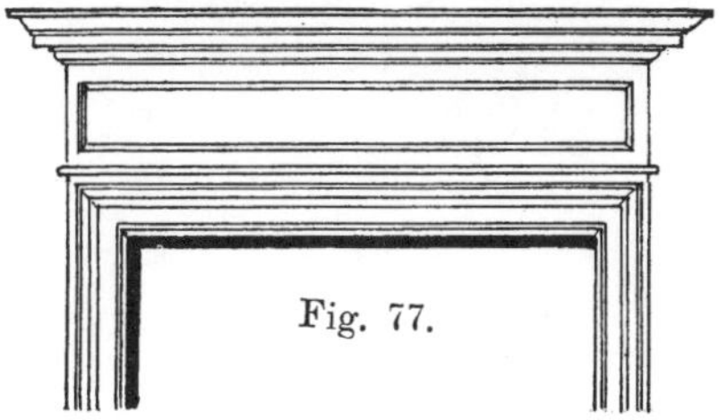
Fig. 77.

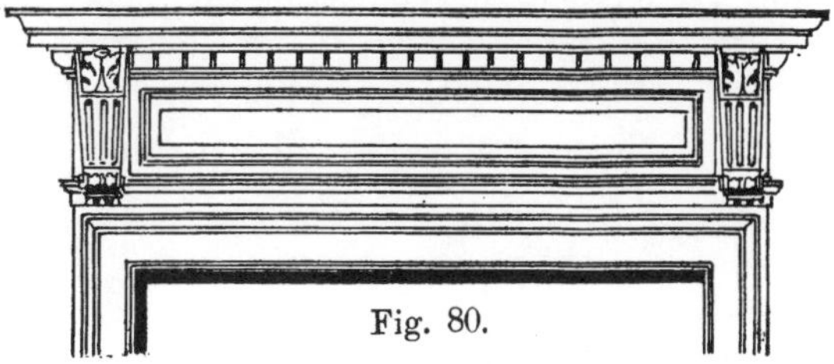
Fig. 80.

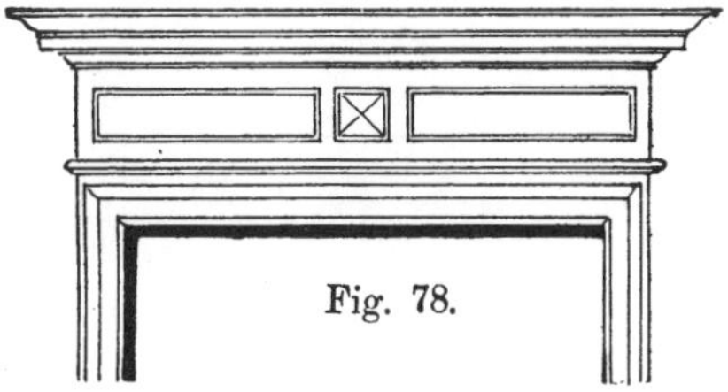
Fig. 78.

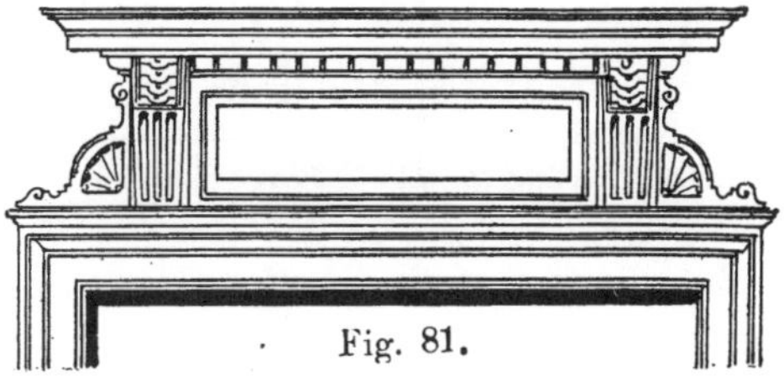
Fig. 81.

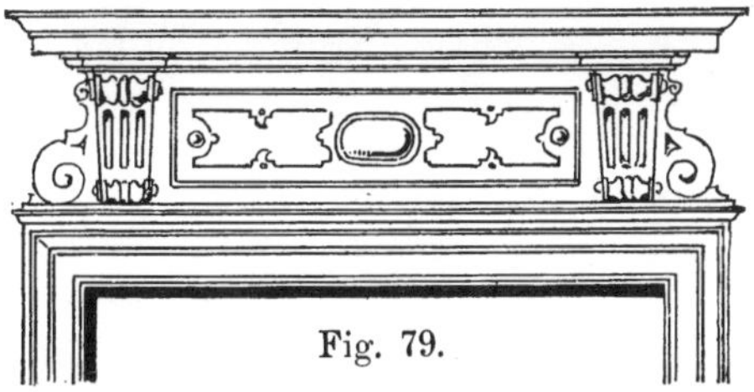
Fig. 79.

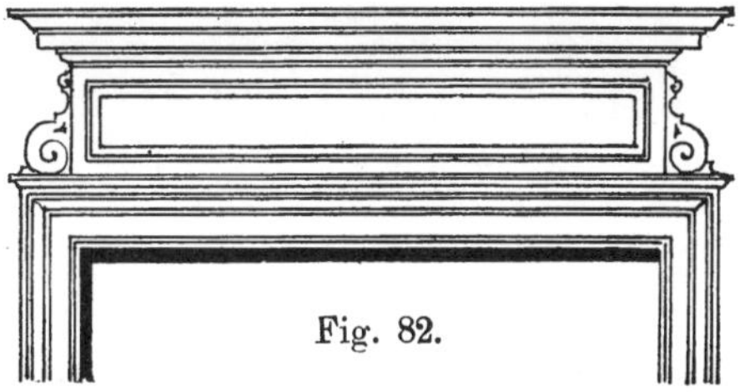
Fig. 82.

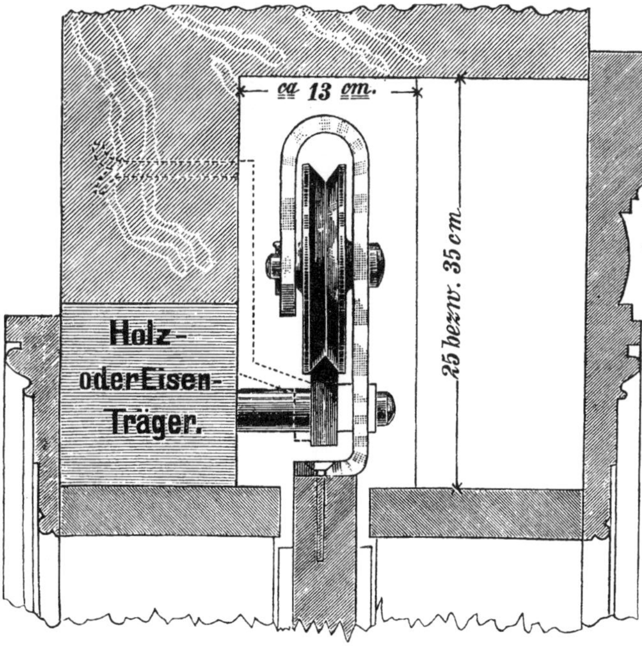

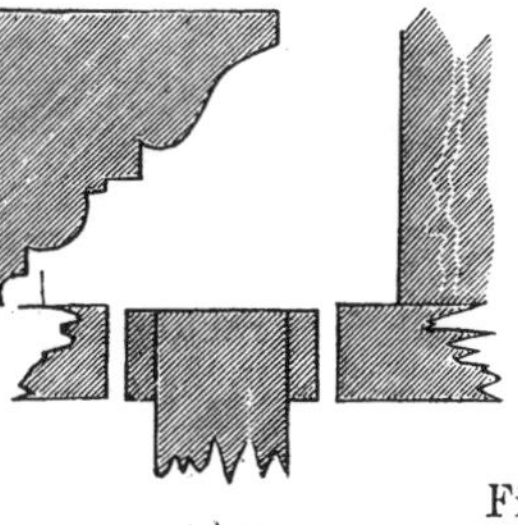
Fig. 83.

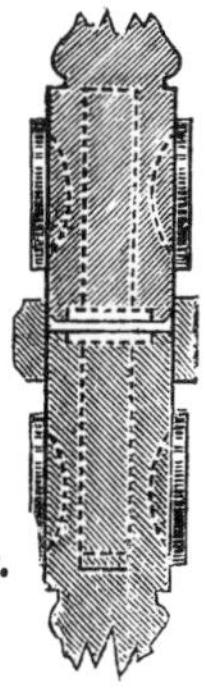
Fig. 85.

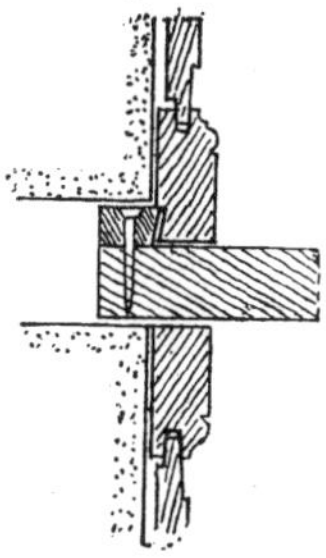
Fig. 84.

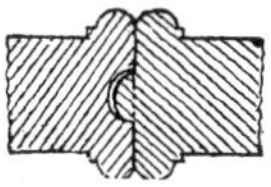

lichen. Anderenfalls kann die Konstruktion auch vereinfacht und nach Fig. 85 behandelt werden.

Die **Schiebevorrichtung**. Die Türflügel hängen mit je einem Paar Messingrollen auf der Laufschiene. Die Rollen laufen mit Zapfen in Bügeln, die an eine auf das obere Rahmstück der Tür aufgeschraubte Schiene vernietet sind. Die Laufschiene wird durch Winkeleisen an ein starkes Ueberlagsholz angeschraubt, Fig. 85. Ein Anschlagstift am Ende der Laufbahn unter der Schiene hält den hineingeschobenen Flügel auf.

Fig. 86.

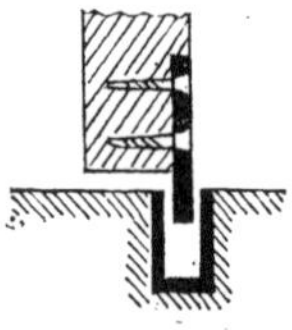

Fig. 87.

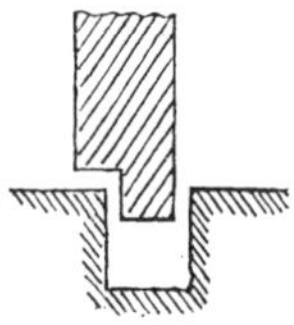

Fig. 88.

Fig. 89.

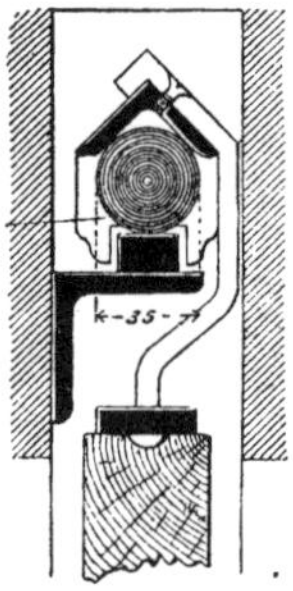

Fig. 90.

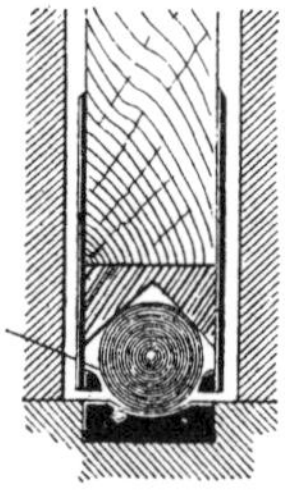

Fig. 91.

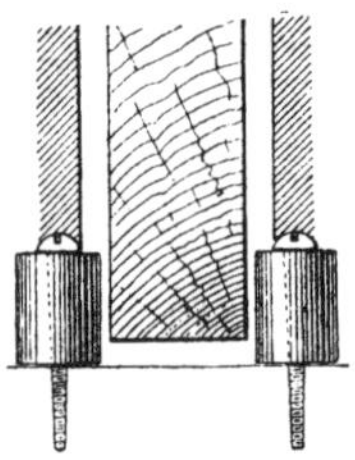

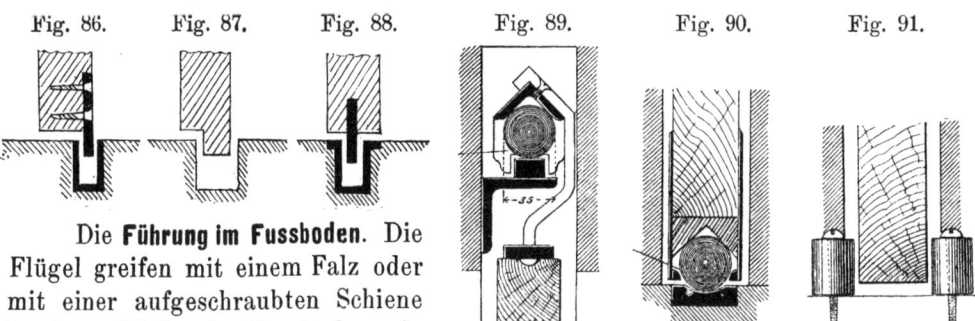

Die **Führung im Fussboden**. Die Flügel greifen mit einem Falz oder mit einer aufgeschraubten Schiene in einen Schlitz im Fussboden ein (Fig. 86 bis 88).

Weikum'sche **Schiebetür**. Statt der stark reibenden Rollen werden lose Kugeln aus Hartgummi, die nur an drei Punkten die Laufschiene berühren, benutzt. Für den ganzen Beschlag sind von Oberkante der Tür ab 10 cm gerechnet (Fig. 89 bis 91).

Die Lagerung der Türen geschieht ebenfalls auf zwei Kugeln.

Schiebetüren in Gipsdielenwänden. Es werden $2^1/_2$, 3, 4 oder 5 cm starke Gipsdielen zu beiden Seiten einer Spreng- oder Fachwerkswand befestigt, wobei der Hohlraum für die Schiebetür leicht erzielt werden kann.

Der **Türbeschlag** besteht ausser der Schiebe-Vorrichtung noch aus einem Einsteckschloss, aus je zwei Knöpfen an den mittleren Rahmenstücken zum Erfassen der Tür, und ausserdem an jedem Flügel aus einer, durch eine Feder beweglichen, selbsttätig vorspringenden Ausziehvorrichtung.

2. Vorplatz- und Aussentüren und Tore.

a) Glastüren, Glasabschlüsse und Windfänge.

Innere Glastüren an Korridoren, Vorplätzen usw. werden meist aus Tannenholz, in neuerer Zeit auch aus Pitch-pine-Holz, angefertigt. Der untere Teil wird durch ein Querrahmstück etwa in Brüstungshöhe begrenzt und erhält Holzfüllungen; der obere Teil hat eine oder mehrere Scheiben, die durch Sprossen abgeteilt und farbig oder matt und gemustert sein können.

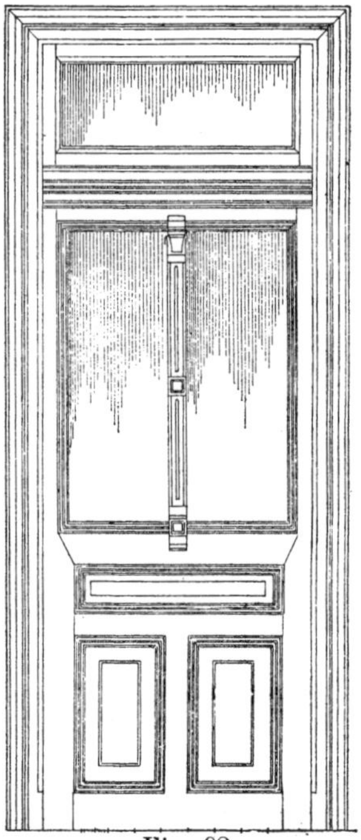

Fig. 92.

Die oberen Rahmstücke sind oft schmäler als die unteren, um mehr Lichtfläche zu gewinnen (Fig. 92). Sie werden mit Falz, dem „Kittfalz“ versehen.

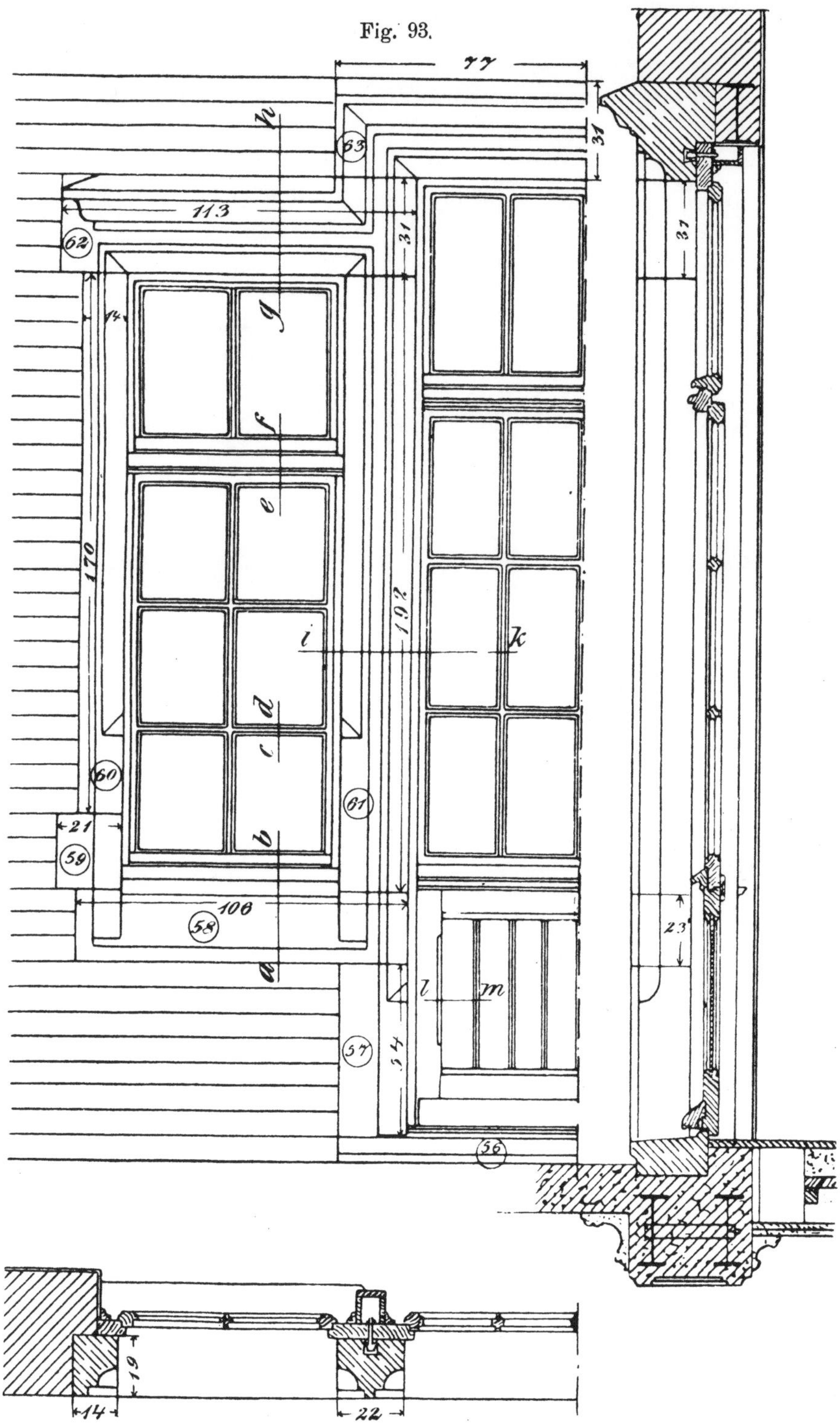
77
31
63
113
62
31
h
g
f
e
d
c
b
a
14
170
192
i
k
60
61
21
59
106
58
l
m
57
34
56
31
23
19
14
22

Fig. 93.

Fig. 94.

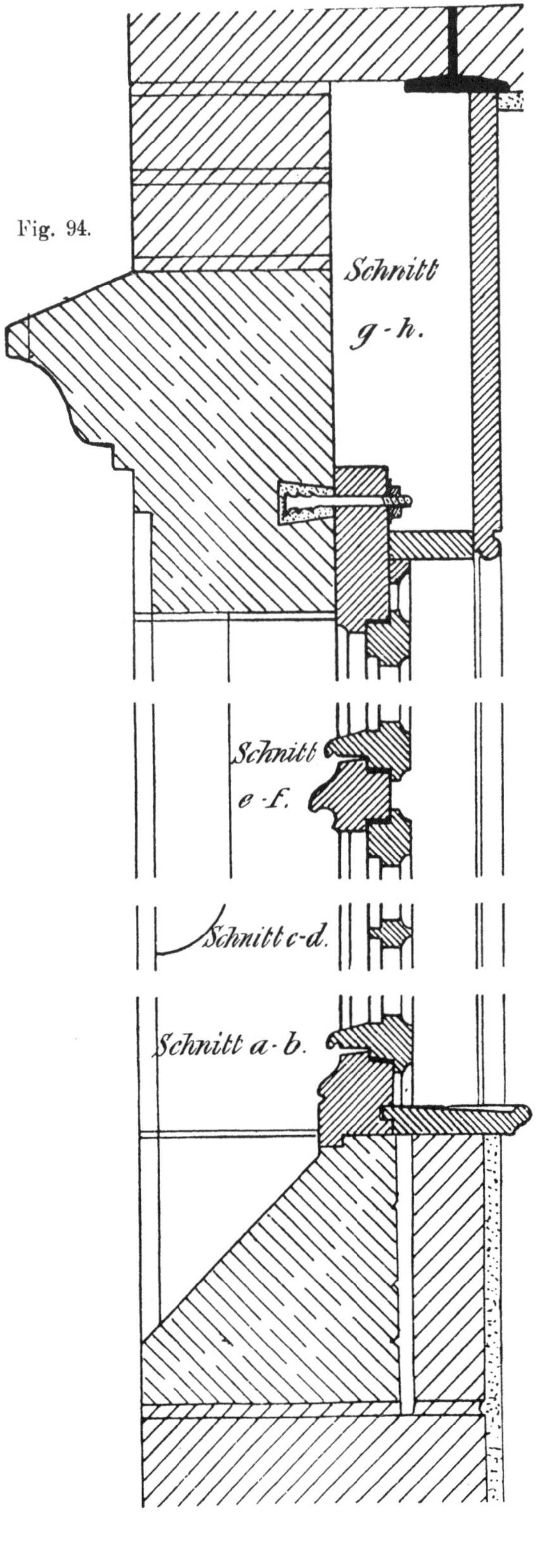

Aeussere Glastüren, Balkontüren werden in der oberen Einteilung mit den Fenstern übereinstimmend behandelt. Sie müssen kräftiger konstruiert werden als innere Türen, mit 5 cm starken Rahmhölzern (Fig. 93 bis 95).

Auf der Aussenseite des unteren Querfrieses wird eine etwa 5 cm vorspringende aufgeschraubte Leiste, ein sogenannter Wasserschenkel angebracht, der dicht über der Schwelle sitzt und die Fuge über derselben deckt (Fig. 96 bis 98).

Im übrigen ist die Tür an einen Futterrahmen angeschlagen.

Glasabschlüsse und Windfänge bedeuten häufig dasselbe. Sie liegen zwischen Haustür und Vorplatz, oder bilden den Abschluss von Treppenhäusern gegen die Wohnungen hin. Bei Oeffnungen von über 2,5 m Höhe wird über den beweglichen Glastürflügeln noch ein feststehender Teil angeordnet, ein sogen. Oberlicht. Ein „Kämpfer" oder „Loosholz", 10 bis 15 cm hoch, 6 bis 8 cm stark, wird mit dem Futterrahmen (Blindrahmen) durch Verzapfung verbunden und nimmt von unten die Türflügel und von oben den Oberlichtrahmen in je einem Falz auf (Fig. 99 bis 101).

Ist der Windfang unter dem Podest der Stockwerktreppe angeordnet, so ist die Höhe meist so gering, dass sich die Anbringung eines Oberlichtes verbietet (Fig. 102).

Die Glastür kann ein- oder zweiflügelig sein; im letzten Falle wird sie häufig als sogenannte „Pendeltür" ausgebildet (Fig. 103).

Den **Türbeschlag** bilden „Zapfen“ und Pfannen an der Ober- und Unterkante der Tür. Eine Vorrichtung zum Zuwerfen der Tür ist meist im unteren

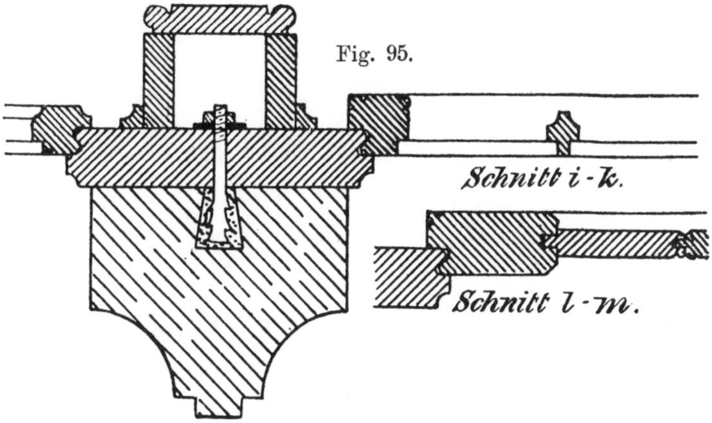

Fig. 95.

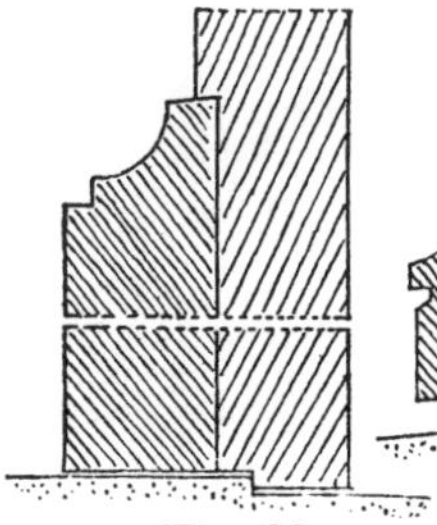

Fig. 96.

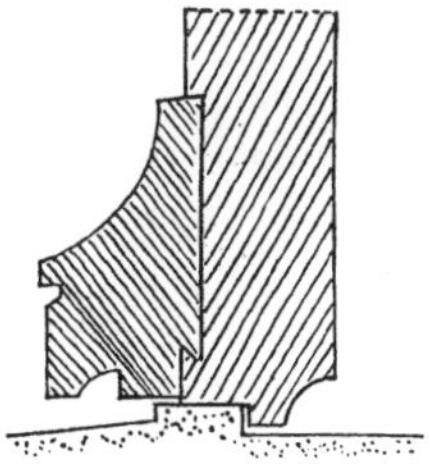

Fig. 97.

Fig. 98.

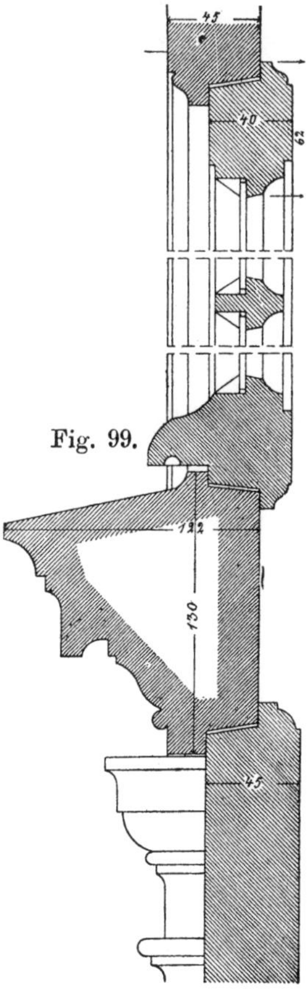

Fig. 99.

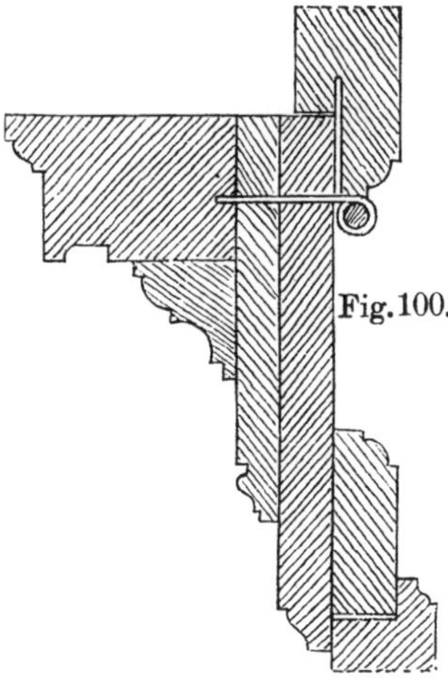

Fig. 100.

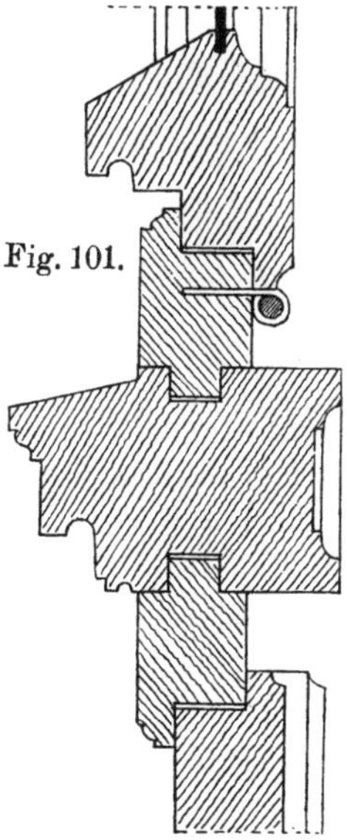

Fig. 101.

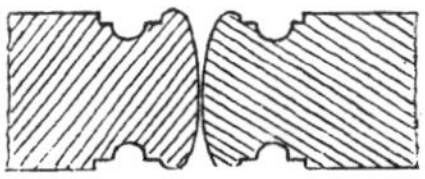

Fig. 101 a.

Zapfenlager angebracht als „Türselbstschliesser“ oder es werden „Zuwerfungsfedern“ angeschlagen.

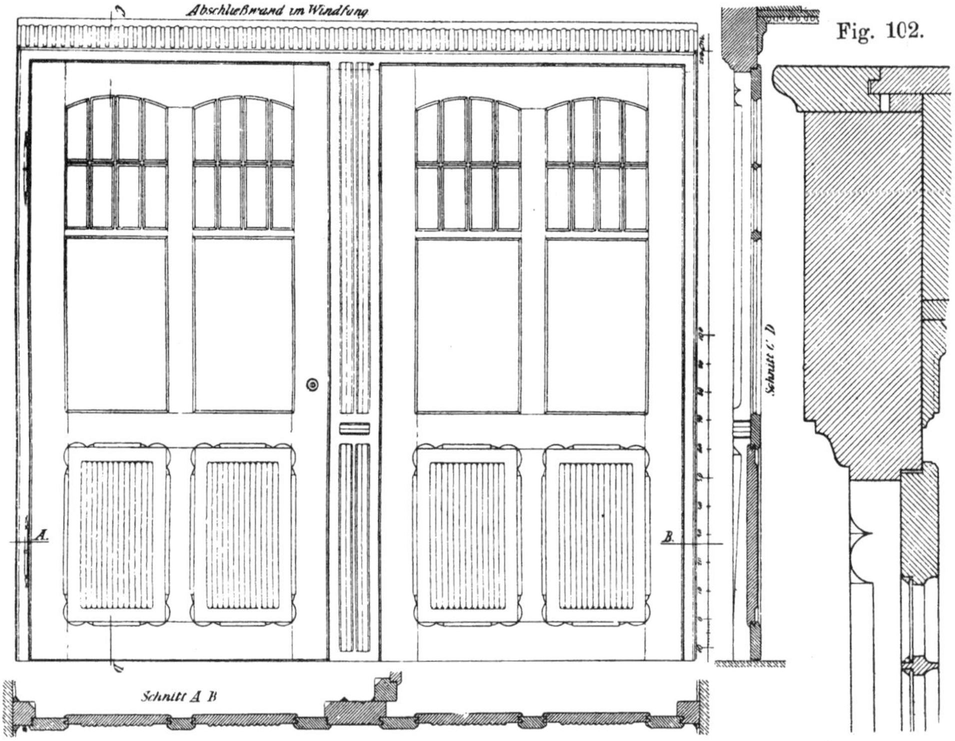

Fig. 102.

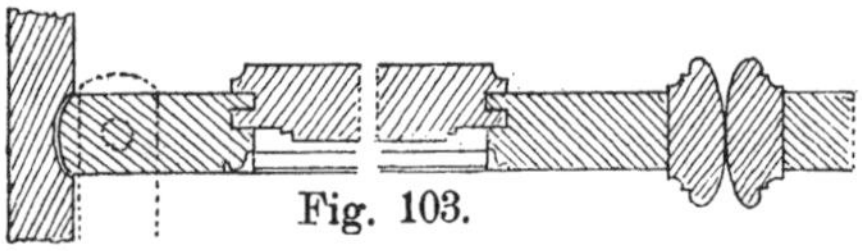
Fig. 103.

Bei Glastüren besteht der Beschlag aus starken Fischbändern, aus zwei Schub- oder Kantenriegeln mit Schliessblechen, aus einem Einsteckschloss und aus dem Beschlage der oberen Fensterflügel (siehe „Türbeschläge“).

b) Haustüren. (Taf. 1.)

Beim Bau aller äusseren Türen ist den Holzverbindungen die grösste Aufmerksamkeit in Bezug auf das unvermeidliche Arbeiten des Holzes infolge wechselnder Witterungseinflüsse zuzuwenden.

Breite Hölzer, namentlich für die Rahmhölzer, sind wegen des oft starken Wechsels des Feuchtigkeitsgrades der Aussenluft zu vermeiden und man hat darauf zu achten, dass tunlichst nur solches Holz zur Verwendung gelangt, welches parallel zur Faserrichtung und rechtwinkelig zu den Jahresringen geschnitten wurde, also sogen. Kernbretter und Kernbohlen.

Für die Ausführung eignet sich am besten Eichenholz oder kerniges, harzreiches Kiefernholz (polnisches Kiefernholz, amerikanisches Kiefernholz).

Profile und anderweitige Verzierungen müssen so gestaltet sein, dass das auffallende Wasser schnell und sicher abläuft und von vortretenden Formen in freiem Fall abtropft. Wassersäcke und Wassernäpfe sind streng zu vermeiden.

Den Rahmstücken gibt man 5 bis 7 cm, den Füllungen 3 cm Stärke.

Gewöhnliche gestemmte Arbeit auf Nut und Feder genügt aber hier nicht mehr, auch würde die Profilierung zu schwach erscheinen. Deshalb werden die

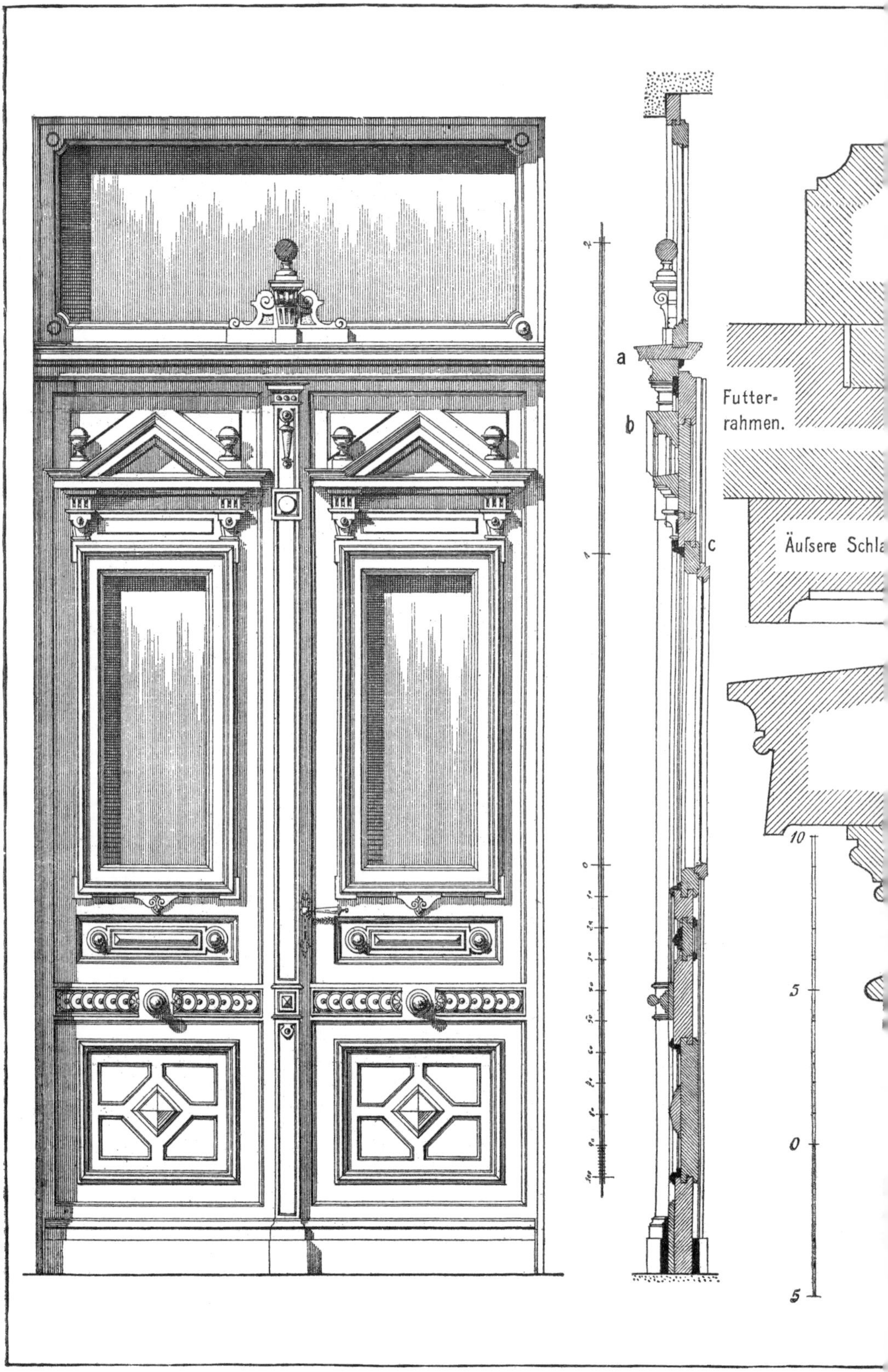
a
b
c
Futter-
rahmen.
Äufsere Schla
10
5
0
5

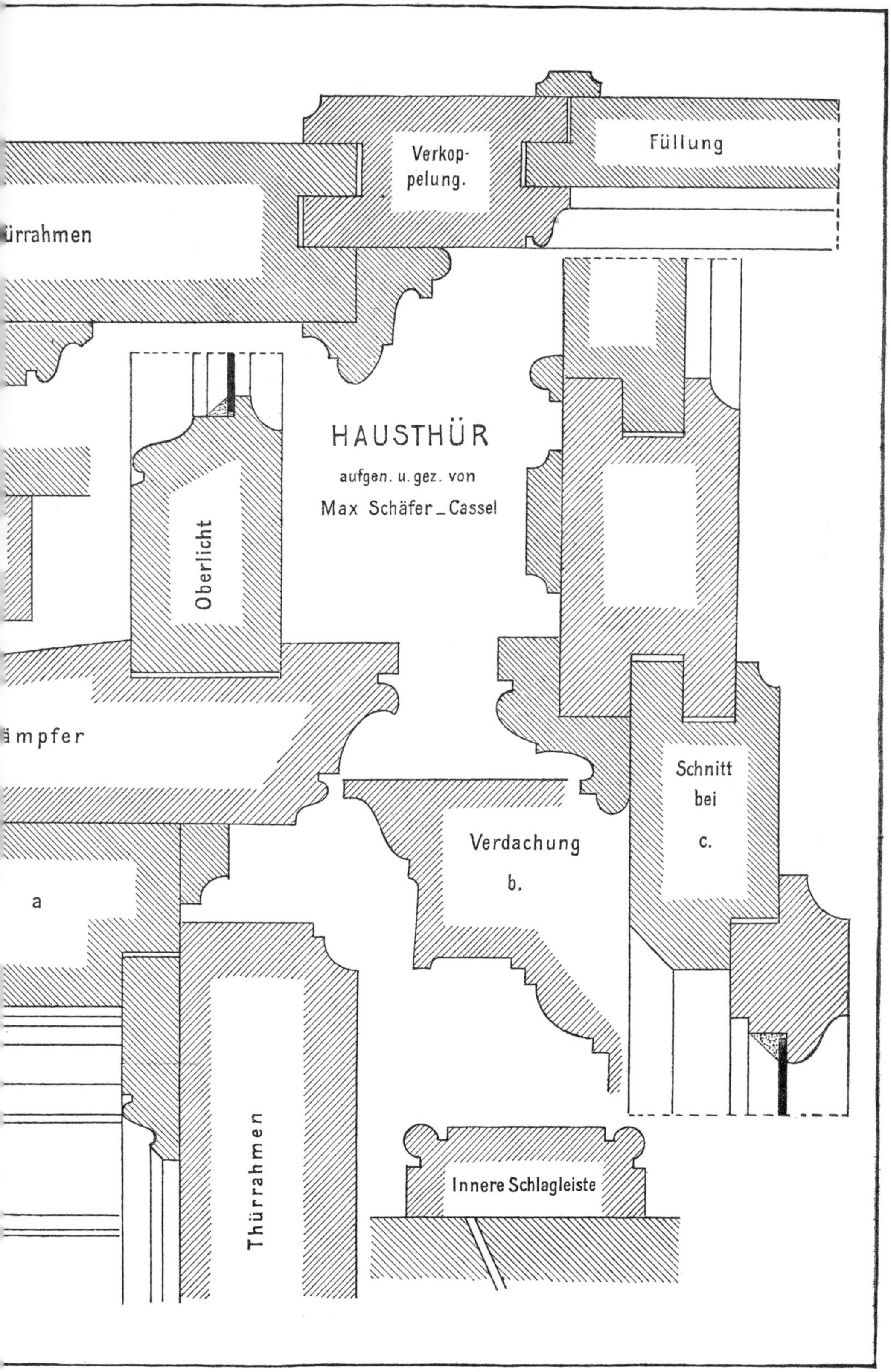
Verkop-
pelung.
Füllung
ürrahmen
HAUSTHÜR
aufgen. u. gez. von
Max Schäfer _ Cassel
Oberlicht
ämpfer
Schnitt
bei
c.
Verdachung
b.
a
Thürrahmen
Innere Schlagleiste

Fig. 104.

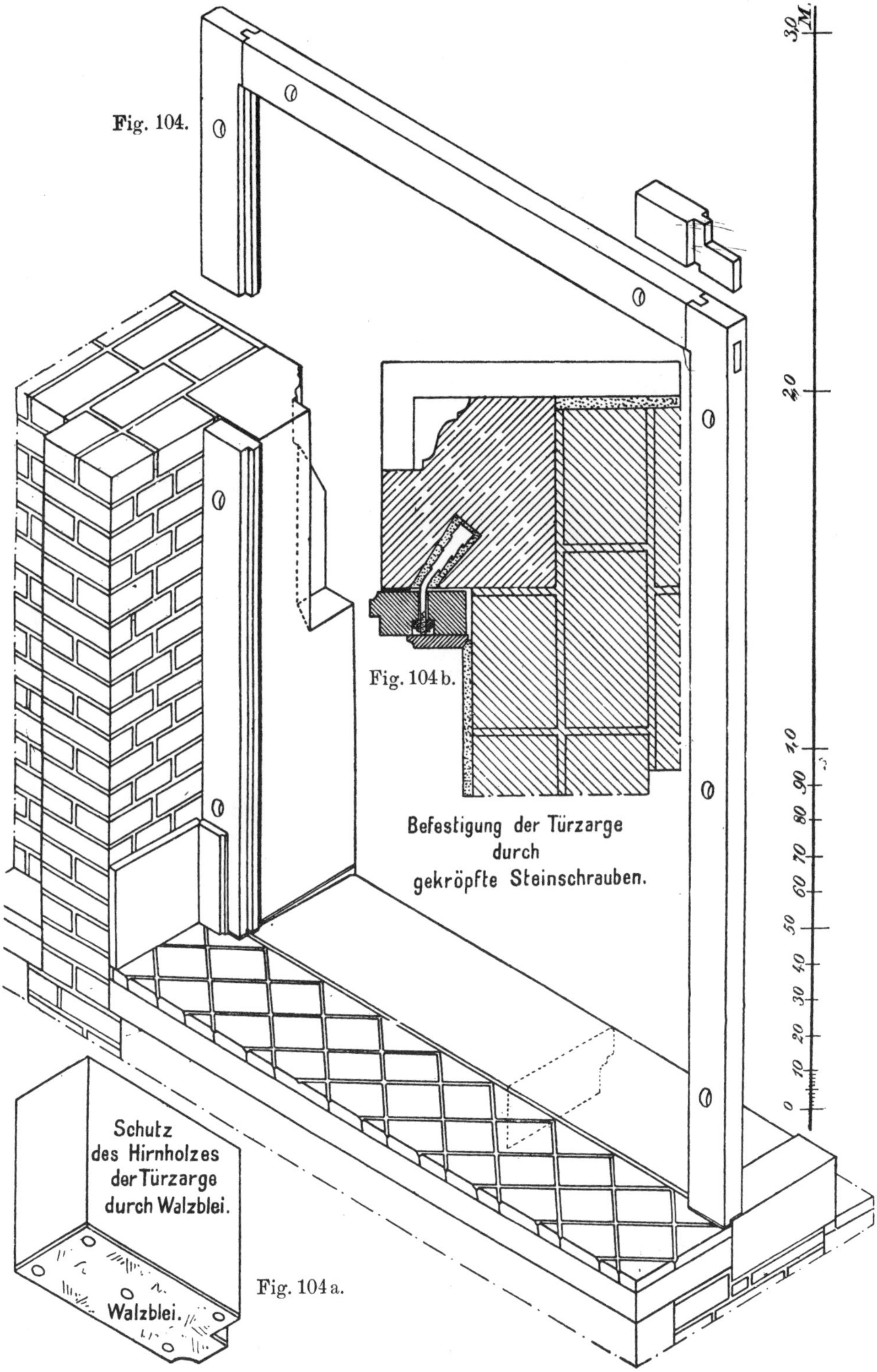

Fig. 104 b.

Fig. 104 a.

Füllungen meist „überschoben“ und die Profilierungen „aufgesetzt“ oder besser „eingeschoben“ (Fig. 46 bis 51, Seite 13 und 14), wobei sie stets aus Eichenholz gemacht werden, während für die zugehörigen Rahmen auch gutes Kiefernholz genügt.

Futterrahmen. Es ist auf einen guten Schluss zwischen dem Mauerwerk und dem Futterrahmen zu achten, damit sowohl das Eindringen des Wassers als auch des Windes in die Fugen ausgeschlossen wird. Die Futterrahmen bestehen meist aus drei Teilen, dem oberen wagerechten Rahmenschenkel und den beiden seitlichen lotrechten Rahmenschenkeln, welche an den Enden zusammengeschlitzt und mit Holznägeln aneinander befestigt werden. Zum Schutz gegen aufsteigende Feuchtigkeit wird das Hirnholz der lotrechten Schenkel zweckmässig mit Walzblei benagelt (Fig. 104a). Sind die äusseren Türgewände von Werksteinen hergestellt, so geschieht die Befestigung des Futterrahmens (Fig. 104) am besten mittels Steinschrauben, welche bei weichen Werksteinen zweckmässig gekröpft werden (Fig. 104b), um ein Platzen der Steine zu verhindern. Ist das Steinmaterial ein sehr festes oder bleibt an den Dübellöchern eine grössere Steinmasse stehen, so können gerade Steinschrauben verwendet werden (Fig. 105b). Die Muttern der Steinschrauben werden durch aufgeschraubte Leisten verdeckt.

Fig. 105a. Fig. 105b.

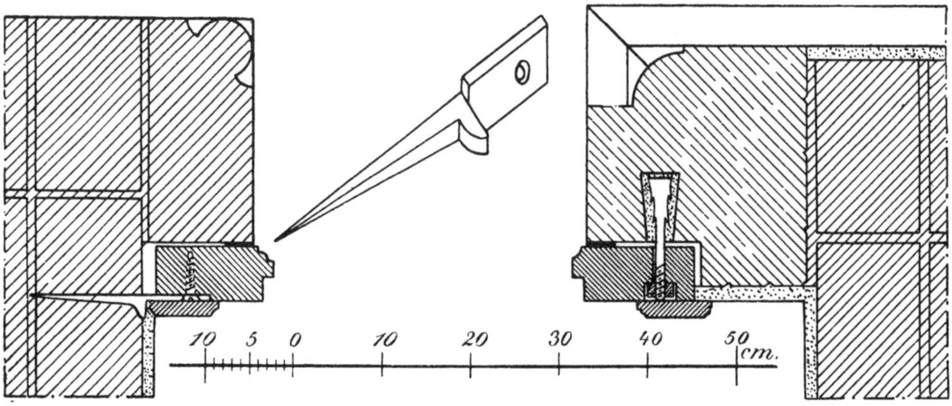

Bei Türgewänden aus Backsteinen werden die Futterrahmen durch kräftige Bankeisen, die in die Lagerfugen eingetrieben werden, befestigt (Fig. 105a).

Den Futterrahmen lässt man nicht weiter als unbedingt nötig in das Lichtmaſs der Türöffnung vortreten. Bei schlichten Türen kann man ihn bündig mit dem Gewände abschneiden lassen, bei besseren Türen stösst man ein $1^1/_2$ bis 2 cm breites Profil an.

Zur Dichtung wird in die Fuge zwischen Rahmen und Gewände ein Teerstrik oder Walzblei (Fig. 104 und 105) eingetrieben. Die Türschwelle erhält nach aussen ein geringes Gefälle; mit ihrer hinteren Kante erhebt sie sich um $1^1/_2$ bis 2 cm über den Fussboden der Hausflur oder des Windfanges, damit das untere Rahmenstück der Tür hier einen Anschlag findet.

Die **Türflügel** haben entweder Füllungen gleich den Zimmertüren, oder sind im unteren Teil bis etwa Brüstungshöhe abweichend von dem oberen behandelt (Fig. 106 bis 118). Der obere Teil erhält häufig Verglasung mit verziertem Eisengitter (Fig. 106 und 108).

Fig. 106.

200 cm
100
90
80
70
60
50
40
30
20
10
0
5
10
E
F
A.
B.
C.
D.
G
Schnitt E-F
Schnitt A-B.
Schnitt C-D.

Doppelte Rahmstücke wendet man bei besseren Haustüren an, um eine lebhaftere Reliefwirkung zu erzielen. Auf den breiten und starken äusseren Rahmen wird dabei ein zweiter schwächerer überschoben, der nun erst die Füllungen aufnimmt (Fig. 119 und 120).

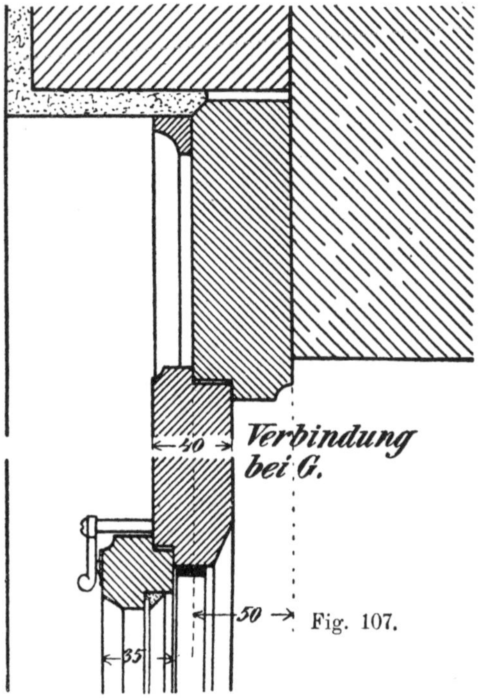

Fig. 107.

Wetterschenkel. Am unteren Ende der Tür wird zur Abhaltung des Regenwassers von dem Hausflur ein Wetterschenkel in den unteren Querrahmen eingesetzt und festgeschraubt (Fig. 96 bis 98, Seite 27). Auch sonst können bei der Einteilung der Füllungen derartige Wetterschenkel an verschiedenen Stellen der Haustür angebracht werden.

Die **Höhe der Haustür** beträgt eigentlich nur 2,20 m. Des besseren Aussehens halber wird sie aber meist höher gemacht und erhält nun ein „Oberlicht", das durch einen fest mit dem Futterrahmen verzapften Kämpfer abgetrennt ist. Die Flügel schlagen oben dagegen (Fig. 99, 108 und 109).

Der **Kämpfer** wird je nach der Schwere der Tür 10 bis 25 cm stark und hoch, manchmal aus mehreren Stücken zusammengesetzt und als Gesims profiliert. Er erhält oben eine Abwässerung (Fig. 108c, 111 und 112).

Der **Oberlichtrahmen** wird 4 bis 6 cm stark und 5 bis 10 cm breit, einfach oder profiliert hergestellt. Er legt sich mit einem „Deckfalz" in den Falz des Kämpfers und erhält über demselben einen Wasserschenkel. Ist das Oberlicht durch einen Halbkreis begrenzt, so muss der Mittelpunkt stets in die Glasfläche fallen, d. h. der Kämpfer muss unter dem Mittelpunkte liegen.

Bei Verglasung in den Flügeln werden die Glasscheiben in einen beweglichen Rahmen eingesetzt. Dieser Rahmen liegt im Falze des Türrahmens und wird meist durch Vorreiber gehalten (Fig. 108c und 113).

Das eiserne Gitter liegt ebenfalls in einem Falz oder hat einen eisernen Rahmen aus Winkeleisen, die an der Innenseite des Rahmens angeschraubt, von aussen also nicht abzunehmen sind (Fig. 121 bis 128).

Der **Türbeschlag** besteht bei kleineren Haustüren aus kräftigen Fischbändern, bei grösseren aus starken Winkel- oder Kreuzbändern, aus oberen und unteren Kanten- oder Schubriegeln, einem Einsteck- oder einem überbauten Schloss mit Eisen-, Bronze- oder Messingdrückern (siehe „Türbeschläge").

Fig. 108.

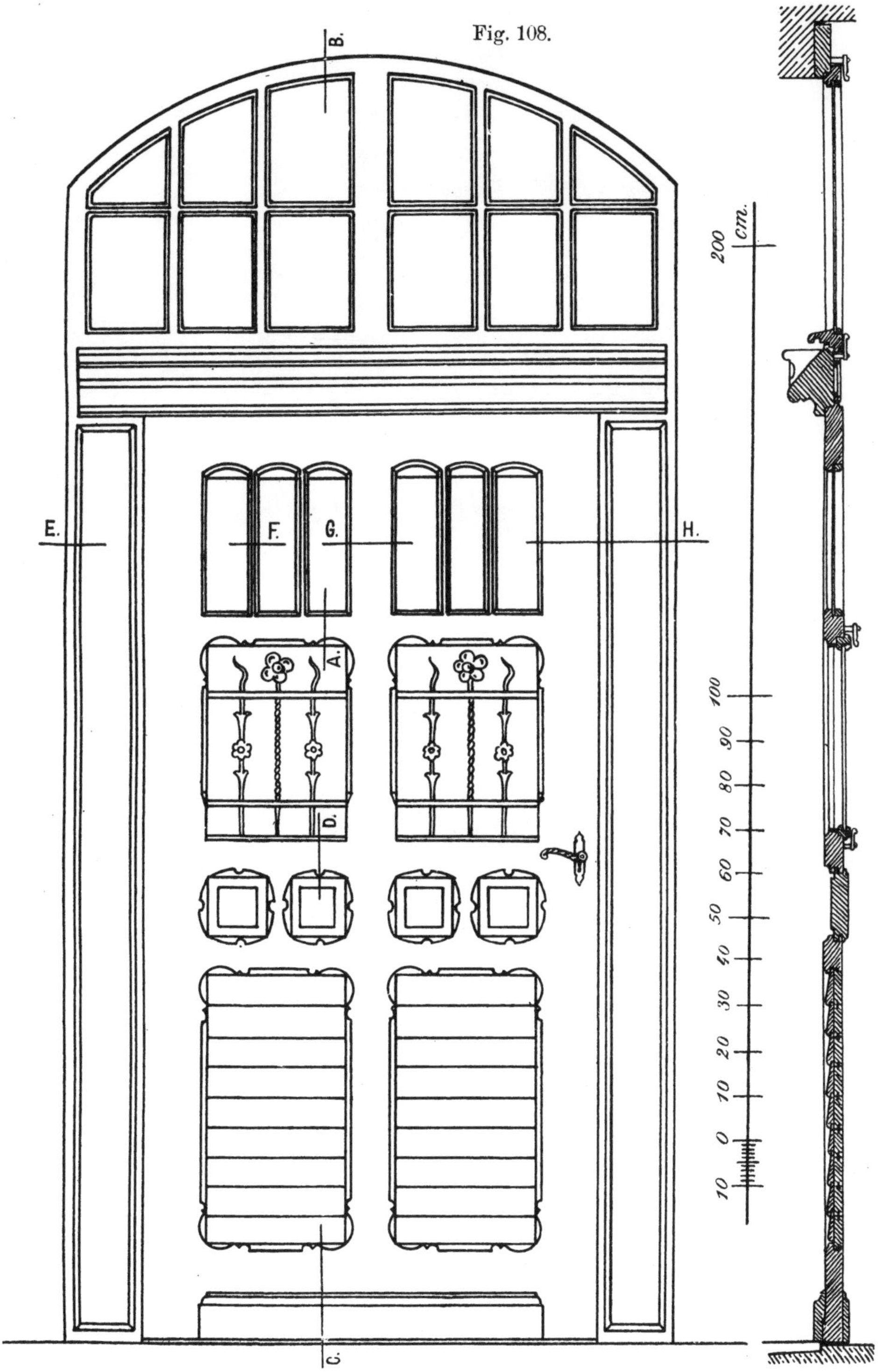

Aeußere Ansicht.

Fig. 108a.

Innere Ansicht.

Fig. 108c.

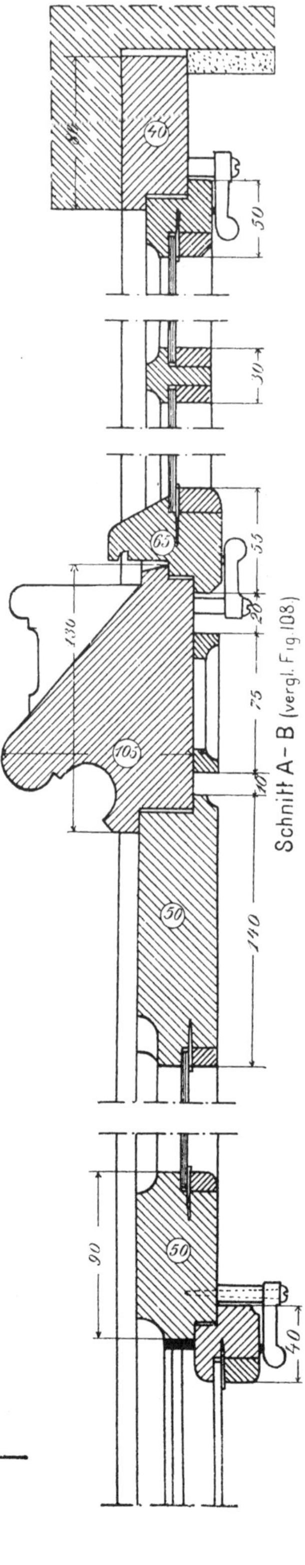

Fig. 108 b.

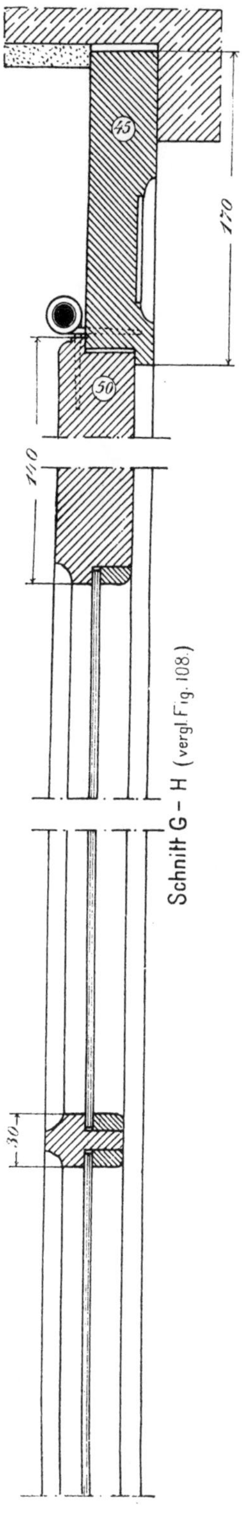

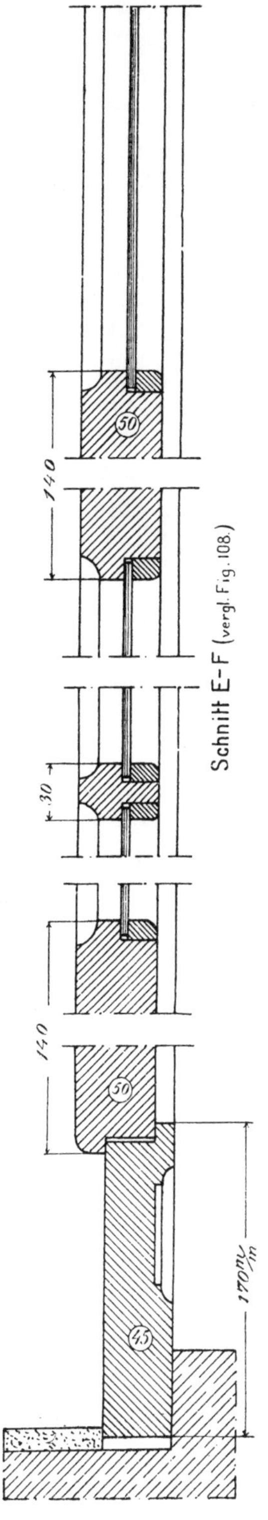

Fig. 108 d.

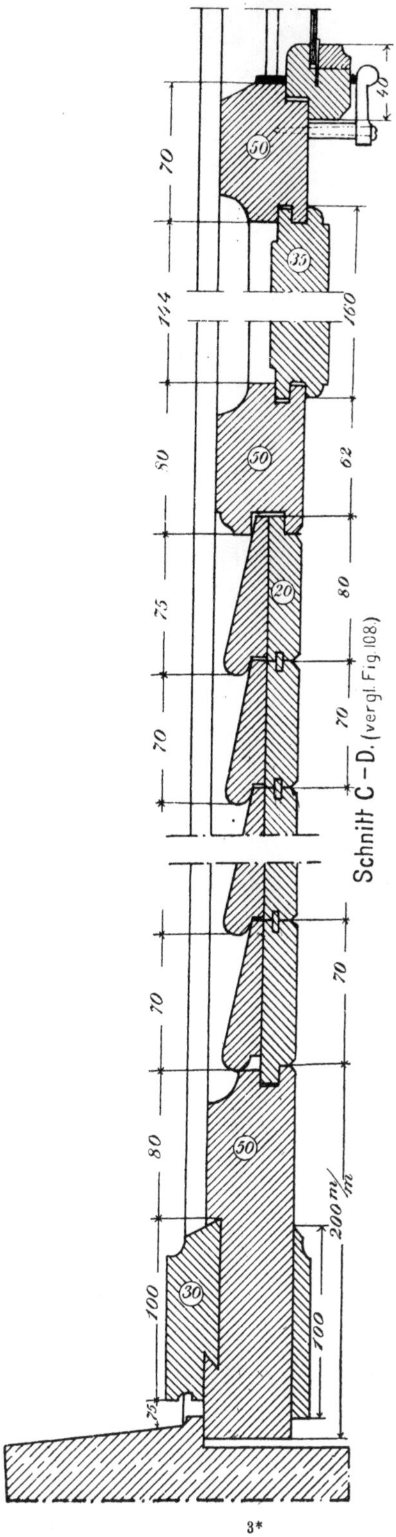

Fig. 109.

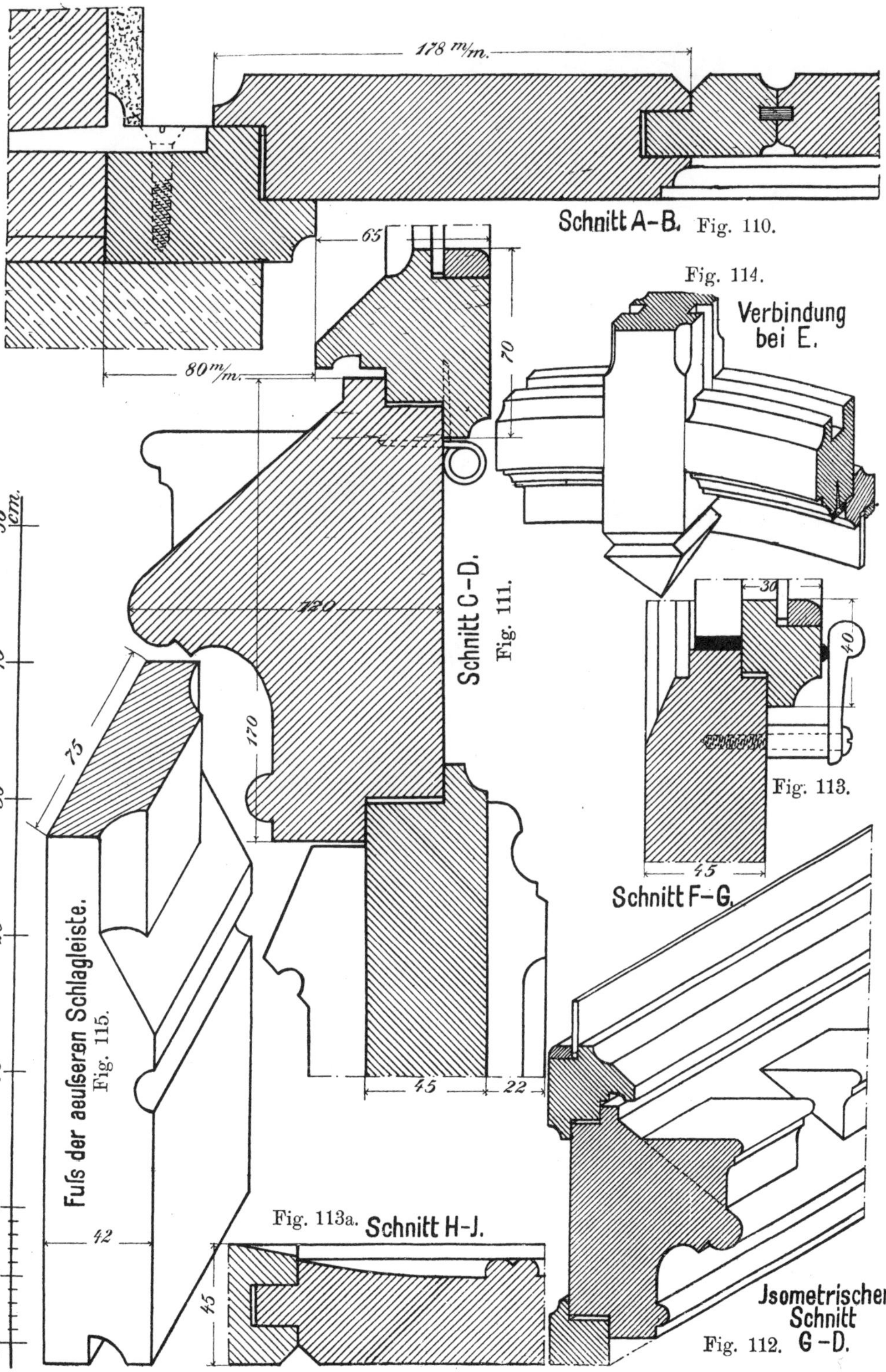

Schnitt A-B. Fig. 110.

Schnitt C-D. Fig. 111.

Fig. 114. Verbindung bei E.

Fig. 113. Schnitt F-G.

Fuſs der aeuſseren Schlagleiste. Fig. 115.

Fig. 113a. Schnitt H-J.

Jsometrischer-Schnitt Fig. 112. G-D.

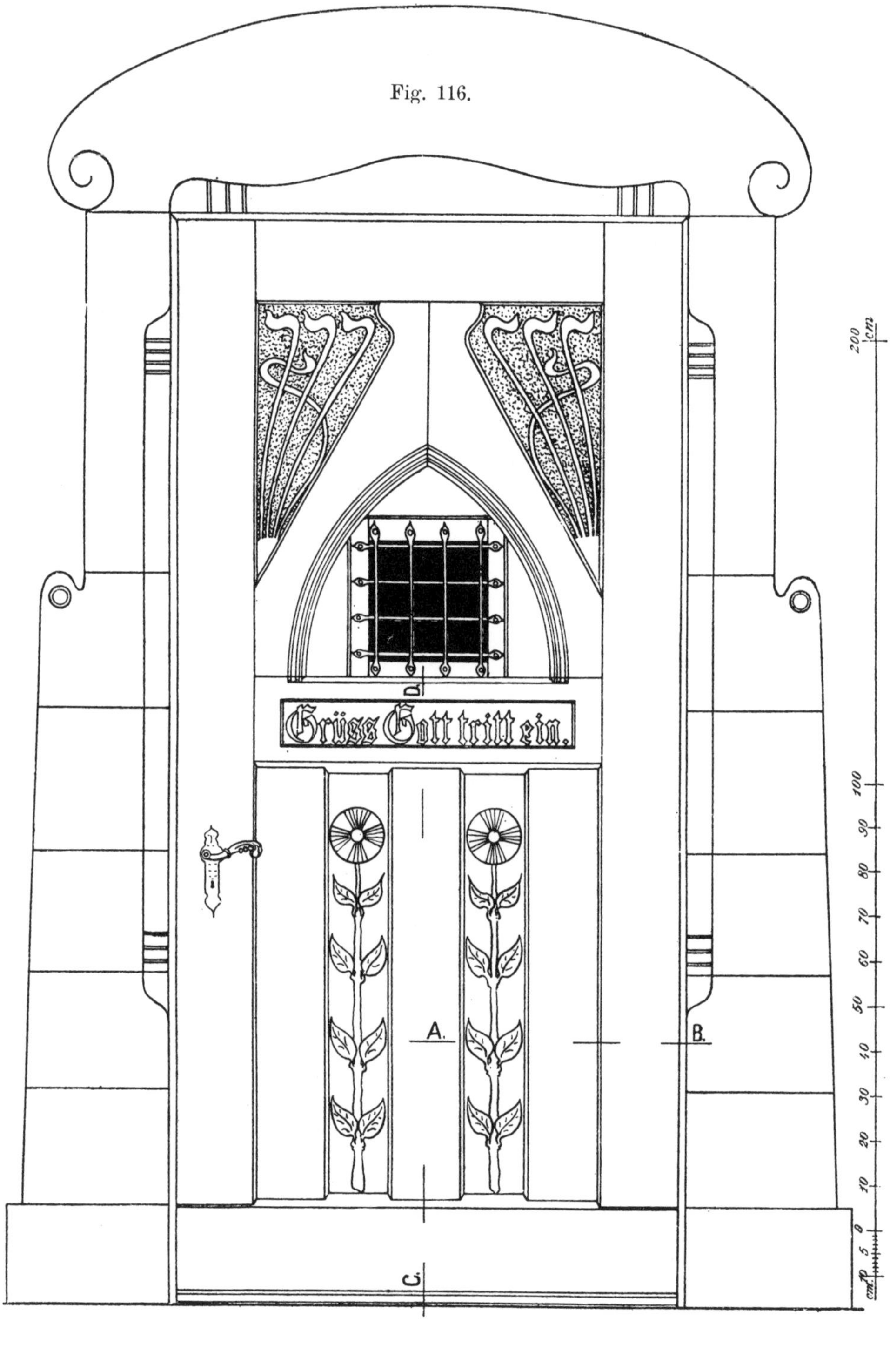
Grüss Gott tritt ein.
A.
B.
C.
D
200 cm
100
90
80
70
60
50
40
30
20
10
0
5
10
cm

Fig. 116.

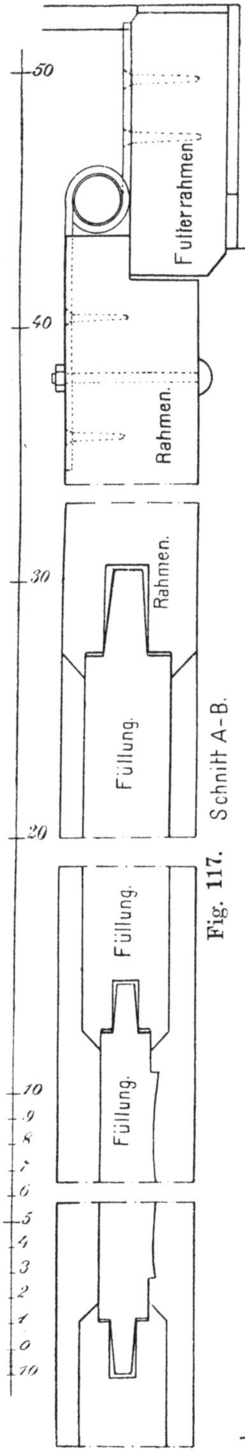

Schnitt A-B.

Fig. 117.

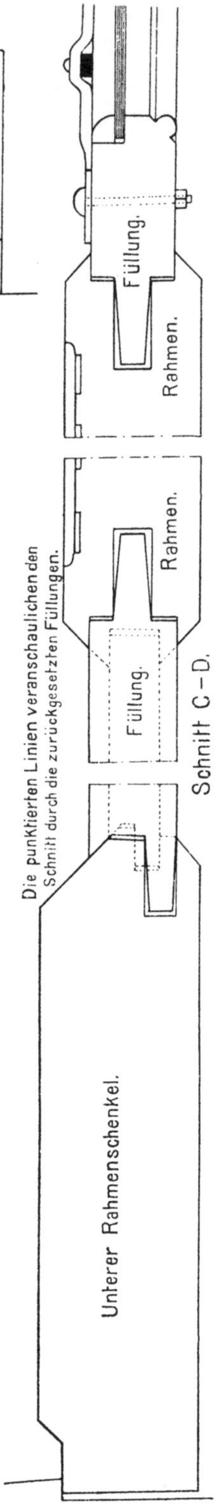

Schnitt C-D.

Fig. 118.

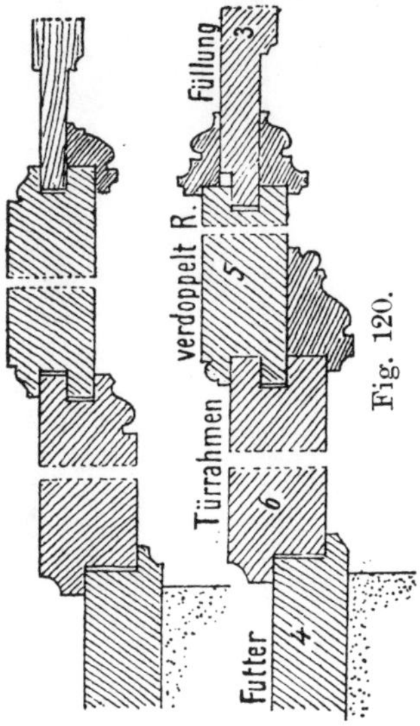

Fig. 119.

Fig. 120.

c) Haustore.

Für das Durchfahren von Spritzen müssen die Haustore mindestens 2,30 m breit und 2,80 m hoch sein. Für Kutschwagen ist eine Breite von 2,40 m und eine Höhe bis zu 3,50 m erforderlich.

Das vordere Haustor ist meist von der Portierwohnung aus durch mechanische, pneumatische oder elektromagnetische Apparate zu öffnen. Das Hintertor bleibt meist geschlossen und erhält eine Schlupftür. Die Torflügel müssen in geöffnetem Zustande durch besondere Vorrichtungen festgehalten werden (Fig. 129 bis 131).

Der **Kämpfer** wird bei Flügeltoren am besten so eingerichtet, dass er fest stehen bleibt; weniger günstig ist ein beweglicher Kämpfer. Ueber dem Kämpfer sitzt meist ein Oberlicht (Fig. 132 bis 134).

Der **Torbeschlag** muss der Grösse und dem Gewichte des Tores entsprechend stark sein. Zapfen und Pfannen sowie Kreuzbänder finden häufig Verwendung, ferner

Fig. 121—128.

kräftige Schub- oder Kantenriegel. Zuweilen wird ein Baskuleriegel gewählt. An jedem Flügel bringt man auch einen kräftigen Zuziehring oder einen Türklopfer

Fig. 129.

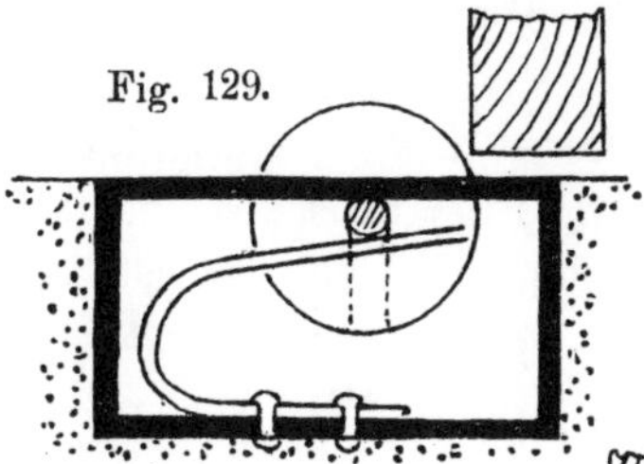

Fig. 130.

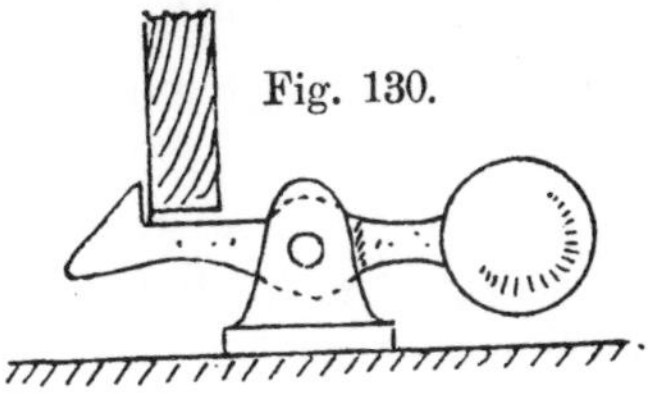

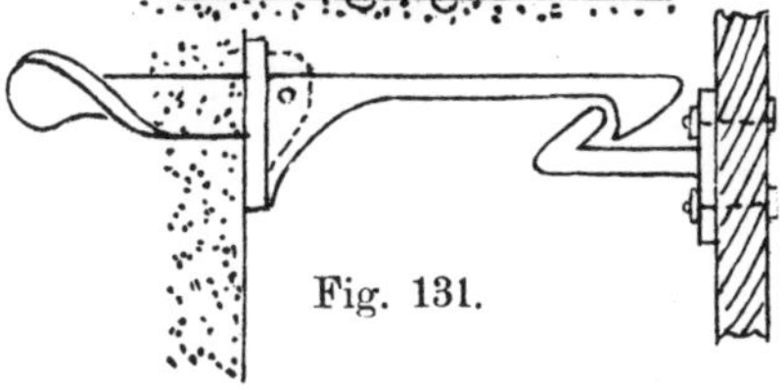

Fig. 131.

Fig. 133.

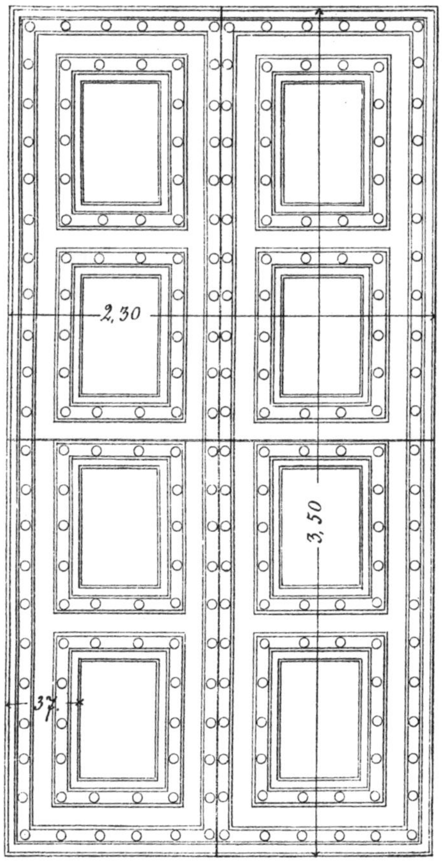

Fig. 132. Haustür im Palazzo magnifico in Siena.

Fig. 134. Haustür aus Florenz.

an. Ein Einsteck- oder überbautes Kastenschloss mit Eisen-, Bronze- oder Messingdrückern vollendet die Ausrüstung des Türbeschlages (siehe „Türbeschläge").

3. Türen zu inneren Wirtschaftsräumen.

a) Einfache Brett- und Lattentüren.

Einfache Brett-Türen finden meist in Speicher- und Kellerräumen Verwendung. Bretter von 2 bis 4 cm Stärke, senkrecht laufend, werden durch aufgenagelte Querleisten von etwa 10 cm Breite verbunden. Eine zwischen die Querleisten mit Versatz eingesetzte Strebeleiste verhindert ein „Senken“ der Tür (Fig. 135). Die Bretter sind 15 bis 20 cm breit. Dieselben werden nur einfach gefügt oder auch gespundet und an den Kanten gehobelt. Besser werden die Fugen durch aufgenagelte Leistchen gedeckt.

Lattentüren. Statt der Bretter verwendet man auch Latten von 5 cm Breite, die mit einem Zwischenraum von etwa Lattenbreite aufgenagelt sind (Fig. 136).

Geleimte Türen mit Gratleisten sehen besser aus. Die Bretter werden miteinander zu einer Tafel verleimt und in dieselbe Querleisten von 6 bis 7 cm Stärke mit „Grat“ eingeschoben (Fig. 137).

Der **Türbeschlag** besteht aus eisernen Bändern und Haken oder aus Kloben, aus einem Riegel- oder Kastenschloss mit Eisendrückern.

Für Türen, die ins Freie führen, genügt aber auch eine solche Konstruktion noch nicht. Sie müssen dichter und fester sein und werden daher aus doppelten Bretterlagen hergestellt.

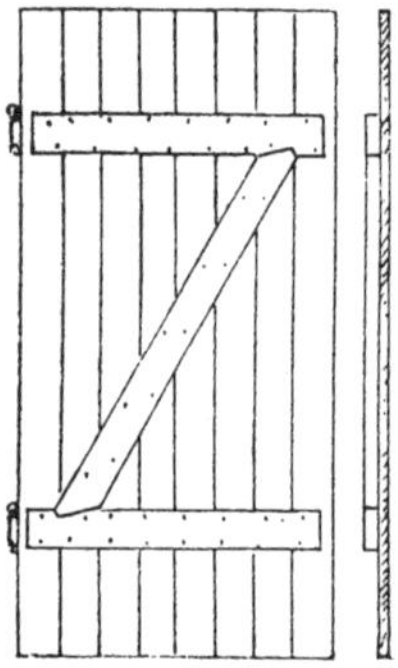

Fig. 135.

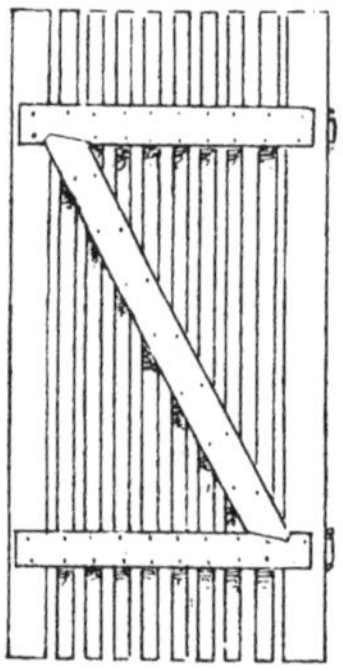

Fig. 136.

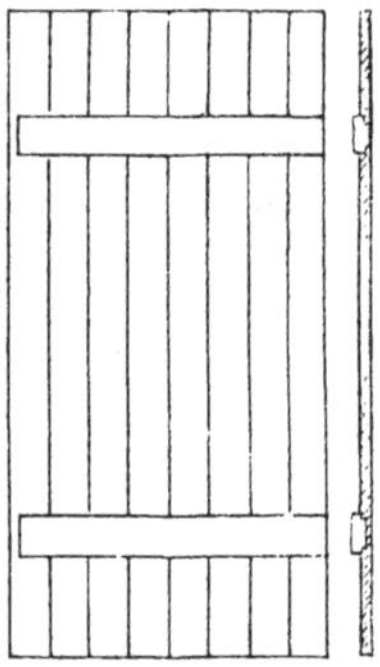

Fig. 137.

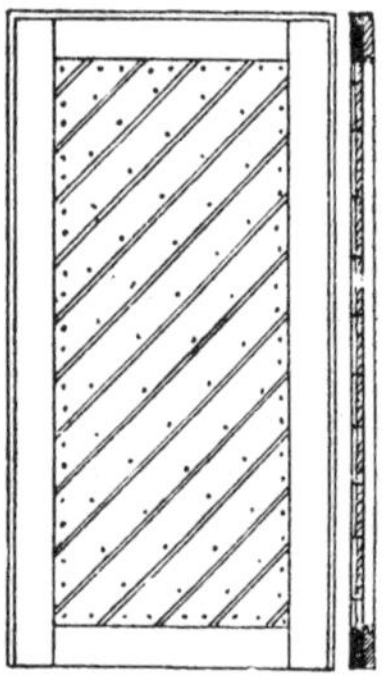

Fig. 138.

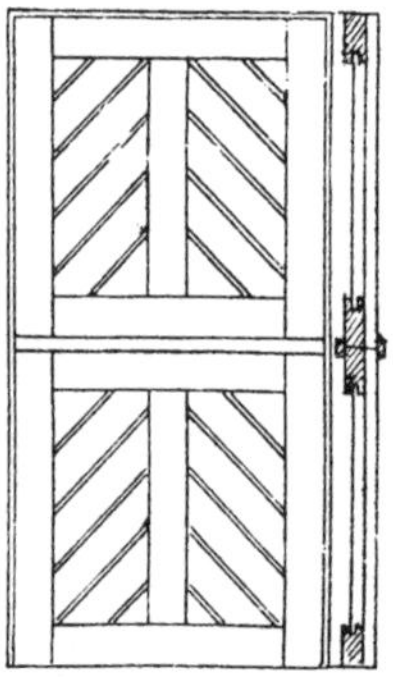

Fig. 139.

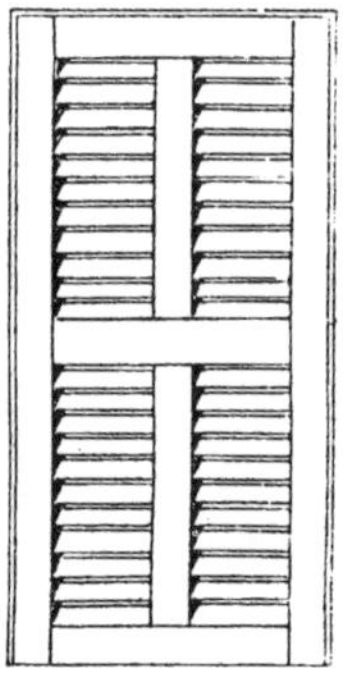

Fig. 140.

b) Verdoppelte Türen.

Türen, die der Witterung ausgesetzt sind, stellt man aus zwei Bretterlagen her, von denen die innere gespundet oder gefedert, die äussere aber aufgenagelt ist. Die Holzfasern der äusseren Tür laufen dabei schräg zu denen der inneren.

Als **Keller-** und **Waschküchentüren** kommen auch verdoppelte Türen vor, deren innere Fläche aus 3 cm starken, senkrecht laufenden Brettern besteht, die gespundet und durch Querleisten verbunden sind. Auf diese Blindtür wird als Aussenseite eine Verschalung von schmalen Brettstreifen horizontal oder schräg laufend aufgenagelt. Ein Rahmen von 10 cm Breite wird hinzugefügt. Die Verdoppelungsbretter sind 2 bis 3 cm stark und 10 bis 15 cm breit und miteinander überfalzt (Fig. 138).

4. Türen und Tore zu äusseren Wirtschaftsräumen.

a) Schlichte Brettertüren werden wie oben beschrieben hergestellt. Bei äusseren Türen befinden sich die Leisten aber auf der inneren Seite.

b) Verdoppelte Türen (Fig. 139 und 140) eignen sich ihrer Dauerhaftigkeit halber zu Eingangstüren von Arbeiterhäusern, Stallungen und anderen Wirtschaftsgebäuden. Die Verdoppelungen macht man hier gern aus Eichenholz und gestaltet die einzelnen Bretter keilförmig, so dass sie jalousieartig übereinander greifen, wodurch das Eindringen des Regenwassers in die Fugen verhindert wird (Fig. 140).

c) Jalousietüren. In einen 12 bis 15 cm breiten Rahmen von 4 bis 5 cm Stärke werden eine grössere Anzahl Brettchen (12 bis 15 cm breit und 2 bis 3 cm stark) als Füllung eingesteckt. Oft werden sie nur miteinander überfalzt und als Verdoppelung auf eine glatte Füllung aufgesetzt (Fig. 140 bis 142 und 108d).

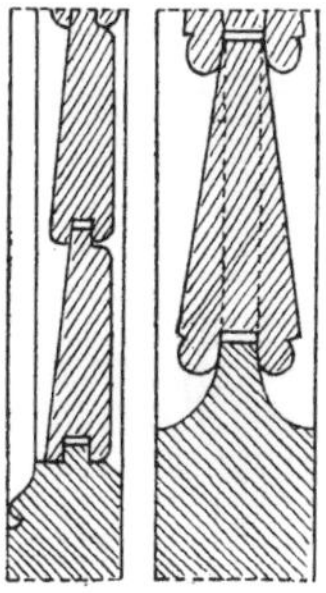

Fig. 141. Fig. 142.

Der **Türbeschlag**. Die eben beschriebenen Türen werden an zwei „Schippenbänder" oder an zwei „Kreuzbänder" gehängt. Die Kloben oder Haken werden in einen Futterrahmen eingeschlagen oder mit Lappen aufgeschraubt, bei Gewänden aus Werkstein auch wohl mit Steinschrauben versehen und mit Blei oder Zement in schwalbenschwanzförmig eingearbeitete Löcher vergossen.

Bei schweren Türen wendet man „Winkelbänder" an, die über den ganzen oberen und unteren Rahmen sich hinüberstrecken (siehe „Türbeschläge").

d) Flügeltore.

Einfahrts- und Scheunentore sind 3,8 bis 4 m hoch und 3,2 bis 3,8 m breit. Sie schlagen stets nach aussen auf. Bei Fachwerksbauten kann die Hausschwelle nicht zugleich als Radeschwelle durchgehen; sie muss tiefer gelegt werden.

Die Torflügel werden aus 3,5 bis 4 cm starken, rauhen, gespundeten Brettern mit übergenagelten Quer- und Strebeleisten hergestellt. Letztere sitzen an der Innenseite und sind 8×10 oder 10×12 cm stark. Der Pfosten, an dem die Tür angeschlagen ist, ist meist stärker. Die Flügel greifen mit Ueberfalzung übereinander (Fig. 143).

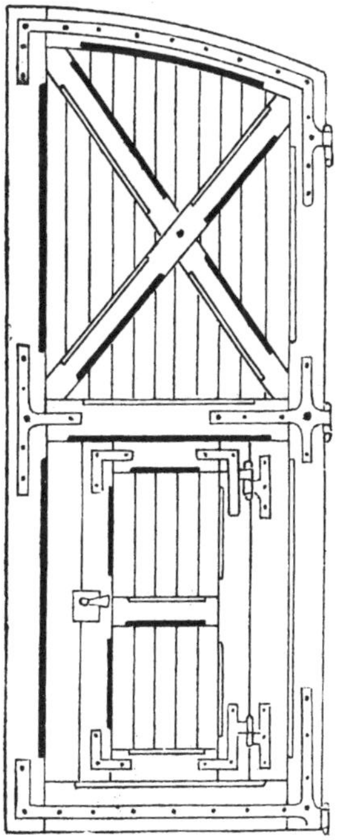

Fig. 143.

Der **Türbeschlag** besteht aus je zwei starken, eingelassenen „Winkelbändern" und aus je einem Kreuzband, einem oberen und unteren starken Schubriegel und einem drehbaren Ueberlagseisen mit Vorhängeschloss.

e) Schiebetore.

Remisen- und Scheunentore werden mit Vorteil als Schiebetore konstruiert. Sie bewegen sich auf der äusseren Wandfläche und erhalten einen dichten, seitlichen Schluss durch einen schmalen Holzrahmen (Fig. 144 und 145), an den die Türflügel mit starken Leisten oder Winkeleisen anstossen.

Fig.144. 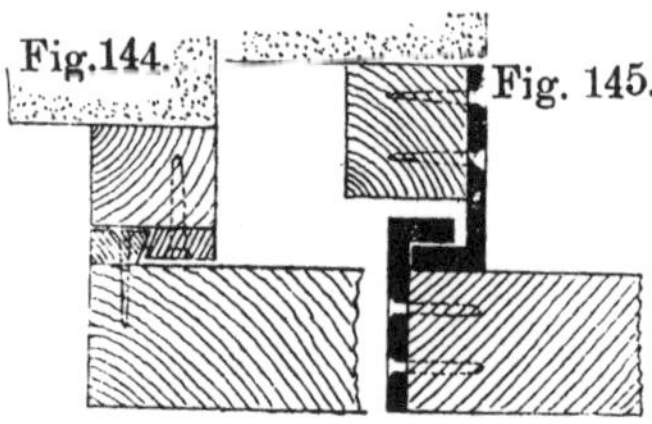 Fig. 145.

Die Flügel hängen mit je zwei Rollen an einer Laufschiene, die über der Türöffnung liegt.

Der Rollendurchmesser beträgt 10 bis 14 cm.

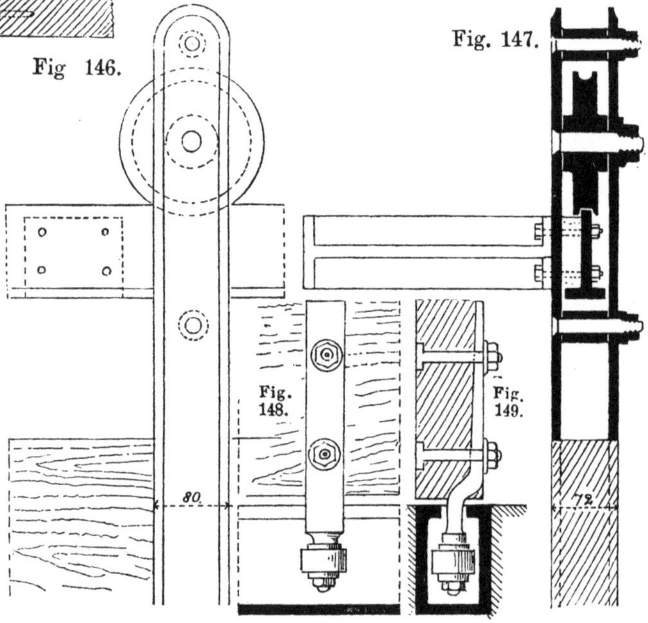

Fig 146. Fig. 147. Fig. 148. Fig. 149.

Die Schiene ist etwa 10 mm stark und 5 bis 10 cm hoch, je nach dem Türgewicht, und hat die doppelte Länge der Türbreite. Sie wird durch starke Eisen getragen, deren äusserstes zugleich die Tür im Rollen behemmt. Jeder Flügel erhält einen starken Bügel von 10 bis 15 mm Rundeisen als Handgriff (Fig. 146 bis 149).

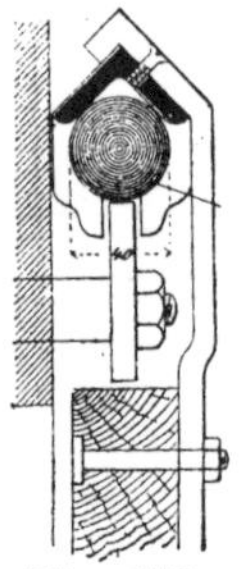

Fig. 150.

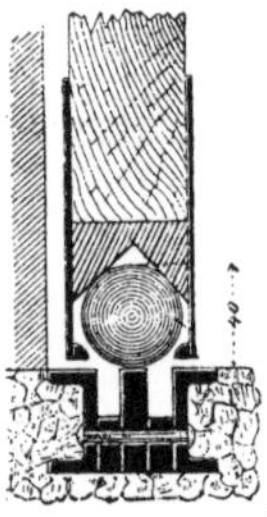

Fig. 151.

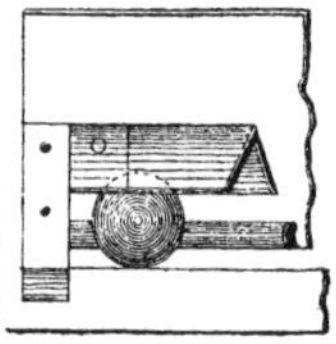

Fig. 152.

Die Fig. 146 und 147 stellen den oberen Beschlag, an dem das Tor hängt, dar; Fig. 148 und 149 erläutern die untere Führung der Torflügel. An jedem Flügel befinden sich zwei derartige Führungen und zwar an den beiden senkrechten Rahmhölzern an der Mitte und am äusseren Ende.

Weikum'sche **Beschläge** werden auch bei Aussentoren angewendet, wobei die Kugeln aus Gussstahl bestehen (Fig. 150 bis 152).

Als Zuhaltung dient ein Haken, der in eine Oese greift und ein Vorhängeschloss, das mit zwei Oesen eingehängt wird.

5. Eiserne Türen.

Wo feuersicherer Abschluss notwendig wird, z. B. bei Speichern gegen das Treppenhaus hin, bei Warenräumen, bei Oeffnungen in Brandmauern usw.,

Fig. 153.

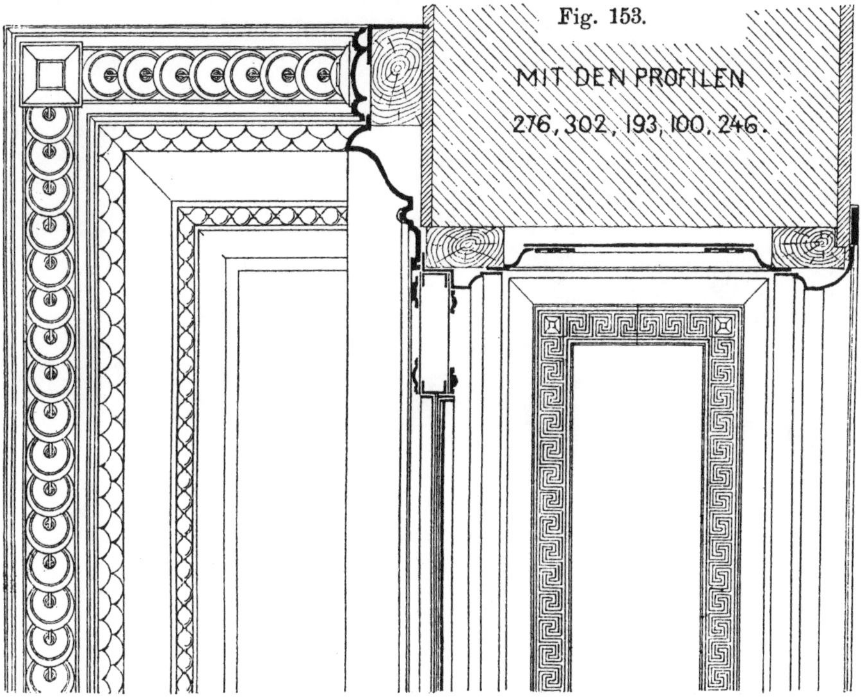

Fig. 154.

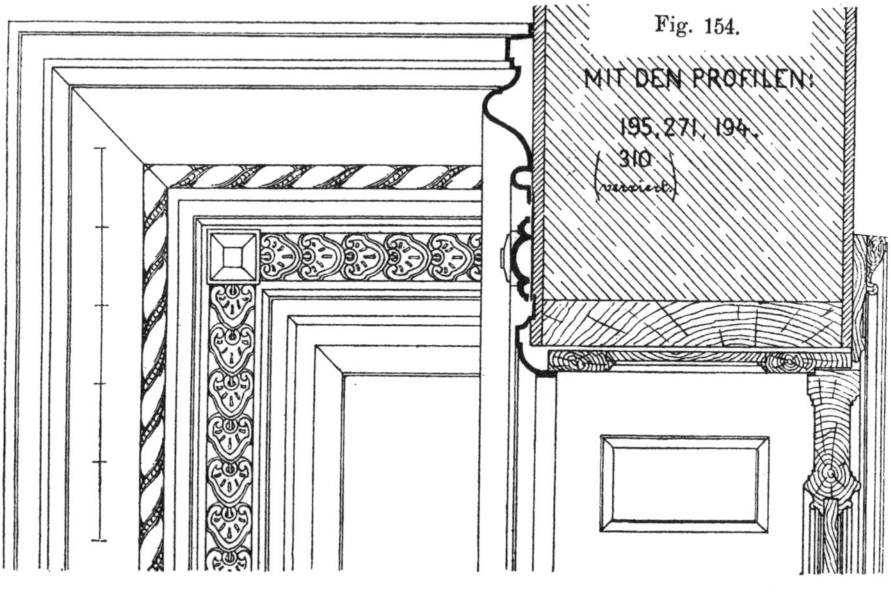

verwendet man Türen aus Eisenblech. Besser sind die sogen. „Panzertüren" von Spengler in Berlin. Sie bestehen aus einem Paar $2^1/_2$ bis $3^1/_2$ cm auseinander stehenden Blechplatten mit dazwischen geschobenen einzelnen Holzklötzchen. Auf diesen sind die Beschlagteile, Besatzteile, Verzierungen, Fenstereinsätze ohne irgend einen Niet, nur durch unsichtbare Nägel und Holzschrauben befestigt. Diese Türen schwitzen nicht, eignen sich daher auch für Küchen- und Korridorabschlüsse bei kalten Treppenhäusern.

Werden gewöhnliche Schwarzblechtafeln auf einer oder auf beiden Türseiten aufgenagelt und durch aufgenietete Schienen am Rande verstärkt und verstrebt, so genügt für kleinere Türen eine Blechstärke von 1 bis 1,5 mm. Die Schienen, die den Rahmen bilden, erhalten 3 bis 4 mm Stärke. Die Tür liegt in einem Futterrahmen von 5 mm Stärke und 50 mm Breite, der durch angenietete Lappen in der Leibung befestigt ist. Die Türbänder werden an den Futterrahmen aufgenietet.

Grössere Tore werden aus einem Gerippe von [-Eisen gebildet, das mit Blechtafeln oder Wellblech verkleidet ist.

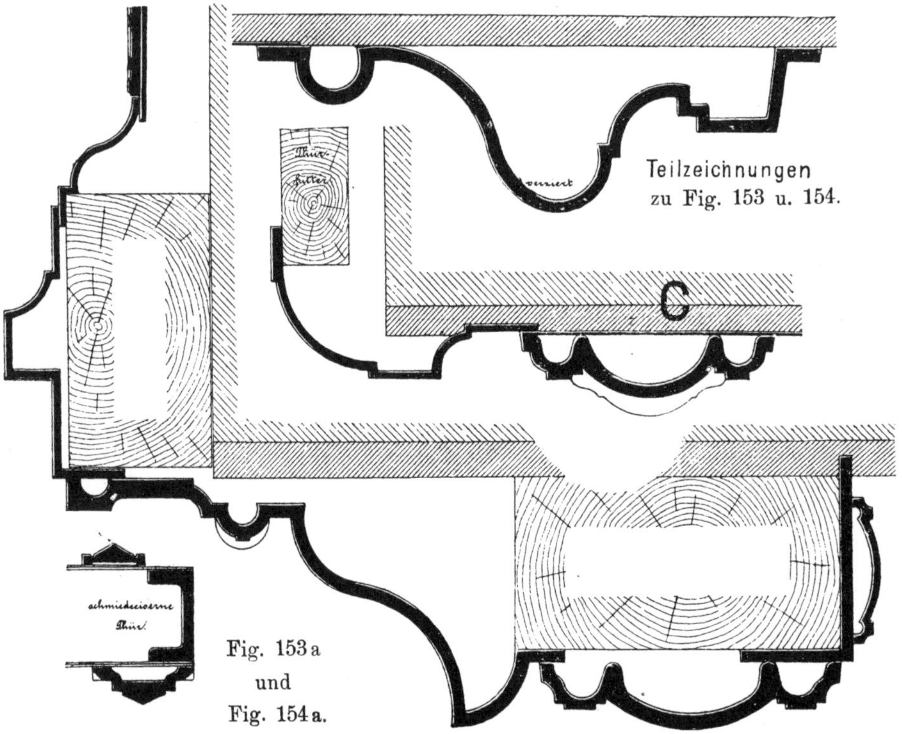

Fig. 153a und Fig. 154a.

Eiserne Türen von L. Mannstädt in Kalk bei Köln (Fig. 153 bis 158). Die Eigenschaft des Holzes, sich bei wechselnden Temperaturen zu werfen und seine Unbeständigkeit gegen Witterungseinflüsse führten schon seit längerer Zeit dazu, für Aussenkonstruktionen an Stelle des Holzes Eisen zu verwenden. So werden Veranden, Pavillons, Erker, Fenster, Türen und Tore immer mehr aus Eisen hergestellt und sie befriedigen allgemein durch ihr feines Aussehen und ihre grosse Dauerhaftigkeit. Berlin z. B. weist eine ungemein grosse Anzahl von Tür- und Toranlagen aus Eisen auf. Dabei findet das Profil 194 besonders grosse Verwendung. Aus diesem Profil gebildete einfache und doch gut wirkende Türrahmen finden sich in vielen öffentlichen Bauten. Die übrigen Zusammensetzungen mögen durch die beigefügten Querschnitte erläutert werden.

6. Die Türbeschläge.

a) Die Bänder.

Gerade Bänder. Für einfache Leisten- und Brettertüren verwendet man „lange Bänder“ (Fig. 155) oder „kurze Bänder“ (Fig. 156), die entweder über die ganze Breite der Tür oder nur über etwa ein Drittel der Breite reichen.

Fig. 155.

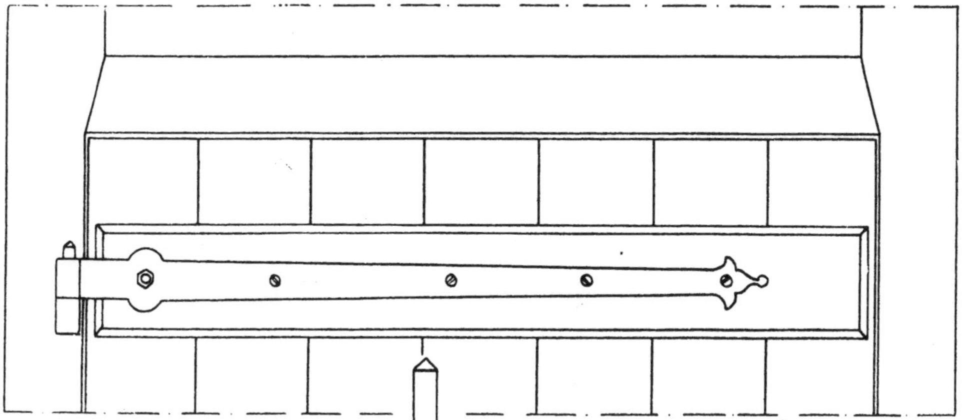

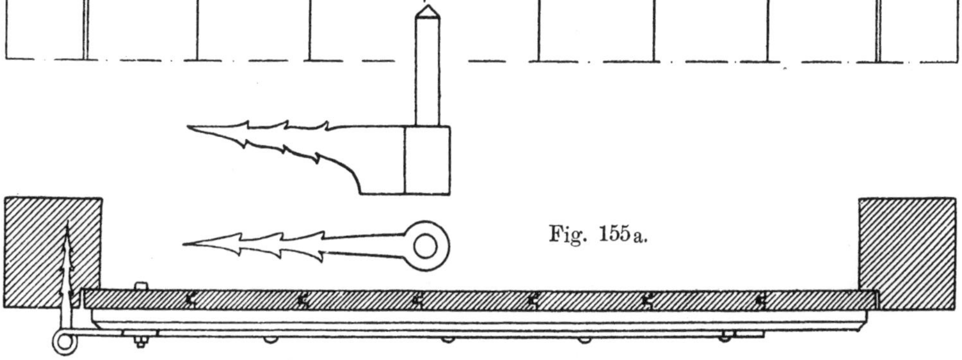

Fig. 155a.

Fig. 156.

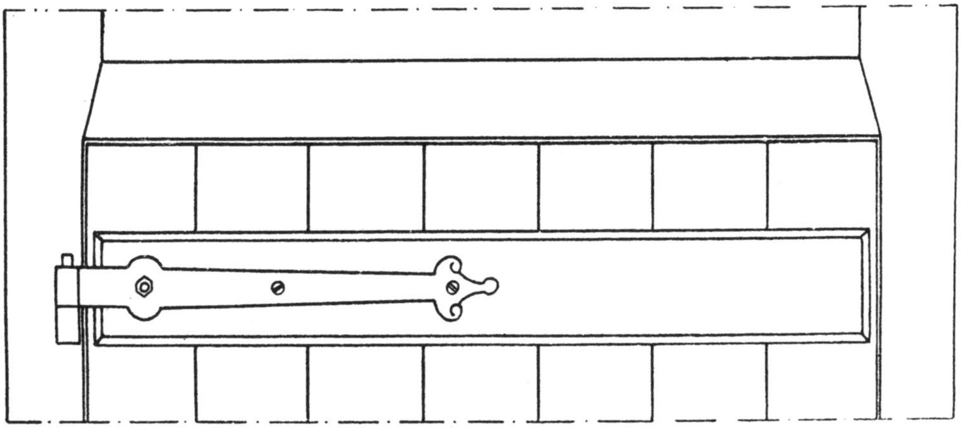

Ihre Stärke beträgt annähernd 3 bis 5 mm und ihre Breite 40 bis 50 mm. Sie werden auf den Türflügel da aufgenagelt, wo die Querleisten sitzen und durch ein oder zwei Schraubenbolzen, die immer in nächster Nähe der Kloben sitzen, noch weiter befestigt. Auf der Kante der Tür springen diese Bänder mit ringförmiger Oese vor, die auf den „Dorn" oder „Kegel" des Hakens oder Klobens passt. Ist das Türgewände in Fachwerk gelegen, so werden die Haken mit einer Spitze versehen (Fig. 155a) oder sie sind auf einer Eisenplatte vernietet, welche mittels Holzschrauben an den Pfosten oder an dem Futterrahmen befestigt werden (Fig. 157); in Haustein werden sie mit Steinschrauben eingegipst; in Backsteinmauerwerk werden sie bei der Aufführung mit vermauert und an dem einen Ende schneckenförmig gestaltet (Fig. 158).

Weit vorstehende Haken werden als sogen. „Stützhaken" ausgebildet (Fig. 159).

Fig. 157.

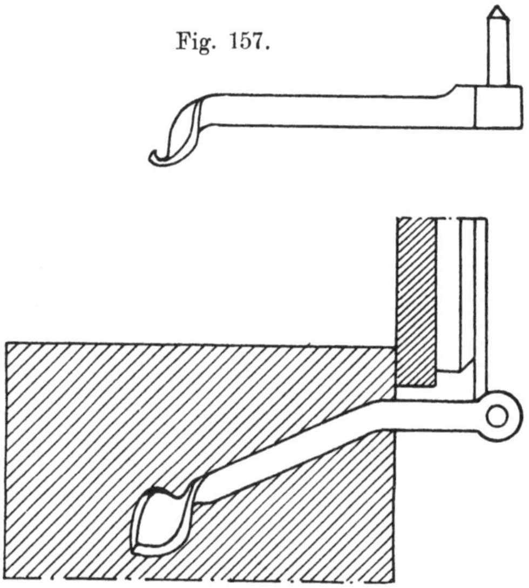

Fig. 158.

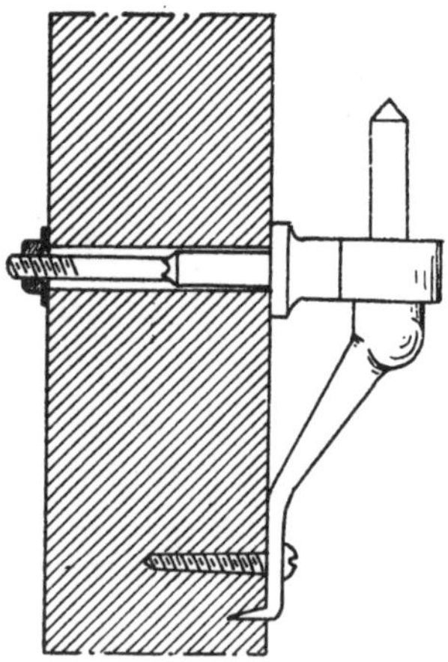

Fig. 159.

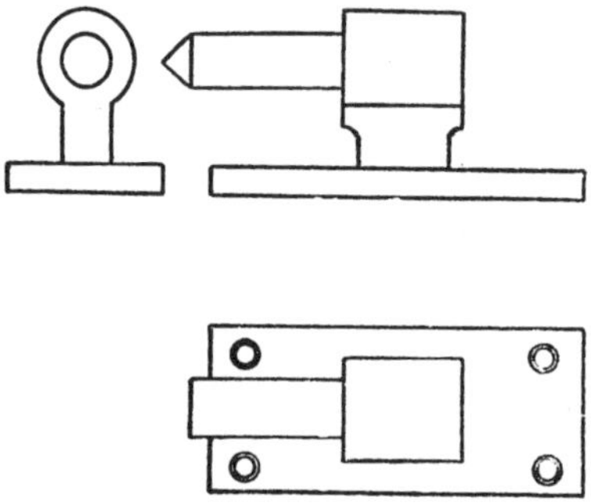

Fig. 160.

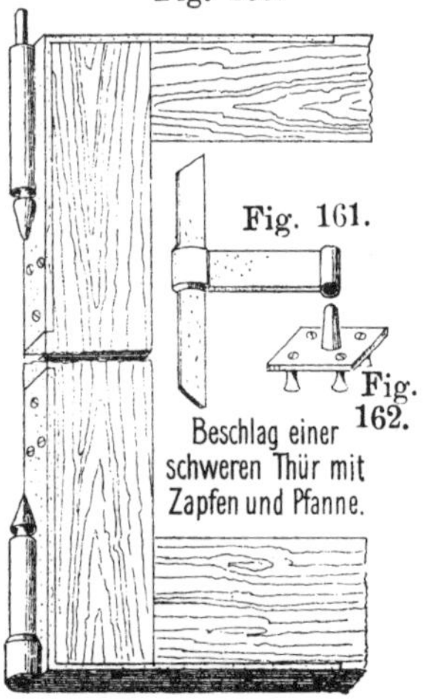

Fig. 161.
Fig. 162.
Beschlag einer schweren Thür mit Zapfen und Pfanne.

Zapfen mit Pfanne und Halsband. Schwere Tür- und Torflügel laufen unten mit einem starken, durch Schienen befestigten eisernen Zapfen in einem Pfannenlager, das in einen Stein eingebleit ist. Oben ist ein rund gearbeitetes Halsband am Gewände eingesetzt (Fig. 160 bis 162).

Schippenbänder. Bessere Türen für Wirtschaftsräume usw. werden an zwei Schippenbänder gehängt, die auf der Tür mit Schrauben befestigt sind. Die

Kloben oder Haken für diese Bänder werden in den Futterrahmen mit ihrer Spitze eingeschlagen oder mit „Lappen“ aufgeschraubt (Fig. 163).

Winkelbänder. Bei gewöhnlichen Toren werden häufig Winkelbänder aufgesetzt, die auf die oberen und unteren Rahmen aufgeschraubt sind (Fig. 164). Hohe und schwere Flügel erhalten drei Bänder.

Kreuzbänder. Bei schweren Haustür- und Torflügeln werden Bänder verwendet, die, ähnlich den Schippenbändern, mit Oesen auf einem Haken laufen, aber nicht aus einem, sondern aus zwei Bandlappen bestehen. Ein Bandlappen wird in das Holz eingelassen, darauf werden zwei Leistchen genietet oder angeschweisst, die nun das Lager für den zweiten Lappen bilden. Beide Teile werden vernietet und durch eine durchgreifende Mutterschraube verbunden (Fig. 165).

Fig. 163.

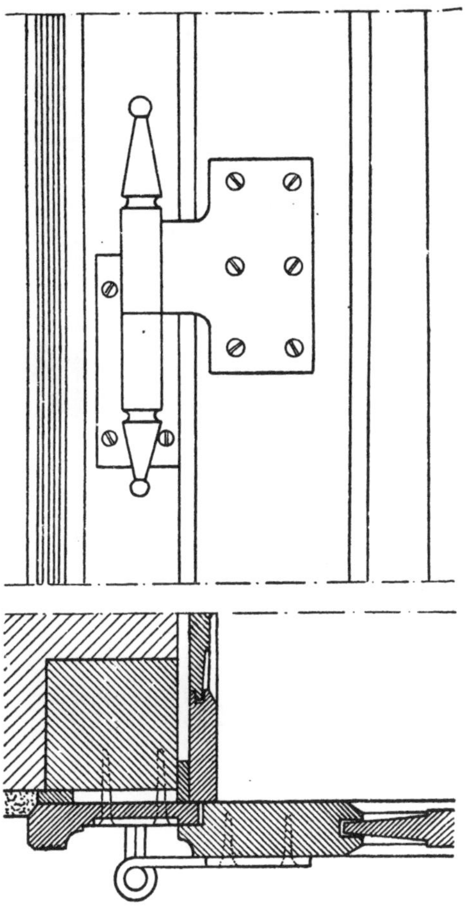

Fischbänder. Die Türflügel von Zimmertüren werden meist an zwei oder drei Bänder gehängt, die aus zwei Teilen bestehen. Jeder Teil bildet eine zylindrische Hülse mit angesetztem Lappen. Im unteren Teil ist ein Dorn fest vernietet, der in den oberen Teil hineinragt. Das Band soll nicht auf den Rändern der Bandhülsen laufen, sondern auf den oberen verstählten Köpfen beider Zapfen, so dass zwischen beiden Hülsen ein kleiner Zwischenraum verbleibt (Fig. 166).

Neuere Türbänder in dieser Art sind die „Spengler'schen Exaktbänder“ und die „Doppelstahl-Türbänder“ derselben Firma.

Die Doppelstahl-Türbänder bieten den Vorteil, dass sie vollständig geräuschlos laufen, was bekanntlich sonst nicht immer der Fall ist. Sie haben starke Wandungen und keinen Seitenschlitz. Der Preis eines solchen Bandes beträgt 1,45 Mk. für mittlere Türen.

Die Exaktbänder (Fig. 167) laufen ebenfalls geräuschlos und kosten für Zimmertüren in der Höhe von 80 bis 100 mm bei 105 bis 130 mm Breite 1,60 Mk. bis 2,50 Mk. das Stück.

Beim Anschlagen wird der Lappen des unteren Bandteiles am Futter oder an der Verkleidung, der des oberen Teiles auf dem äusseren Türfries eingelassen und festgeschraubt. Bei überfalzten Türen wird er in einen schmalen Schlitz eingetrieben und durch zwei oder drei Stifte befestigt.

Scharnierbänder. Bei leichten Türen, besonders bei Tapetentüren, werden Bänder verwendet, deren Beschlagteile unsichtbar liegen. Sie bestehen aus zwei meist gleich grossen Lappen mit festem oder losem Dorn. Die abwechselnd ausgeschnittenen Lappen bestehen gewöhnlich aus einer doppelten Blechlage (Fig. 168) und werden um den Dorn gewunden.

Fig. 164.

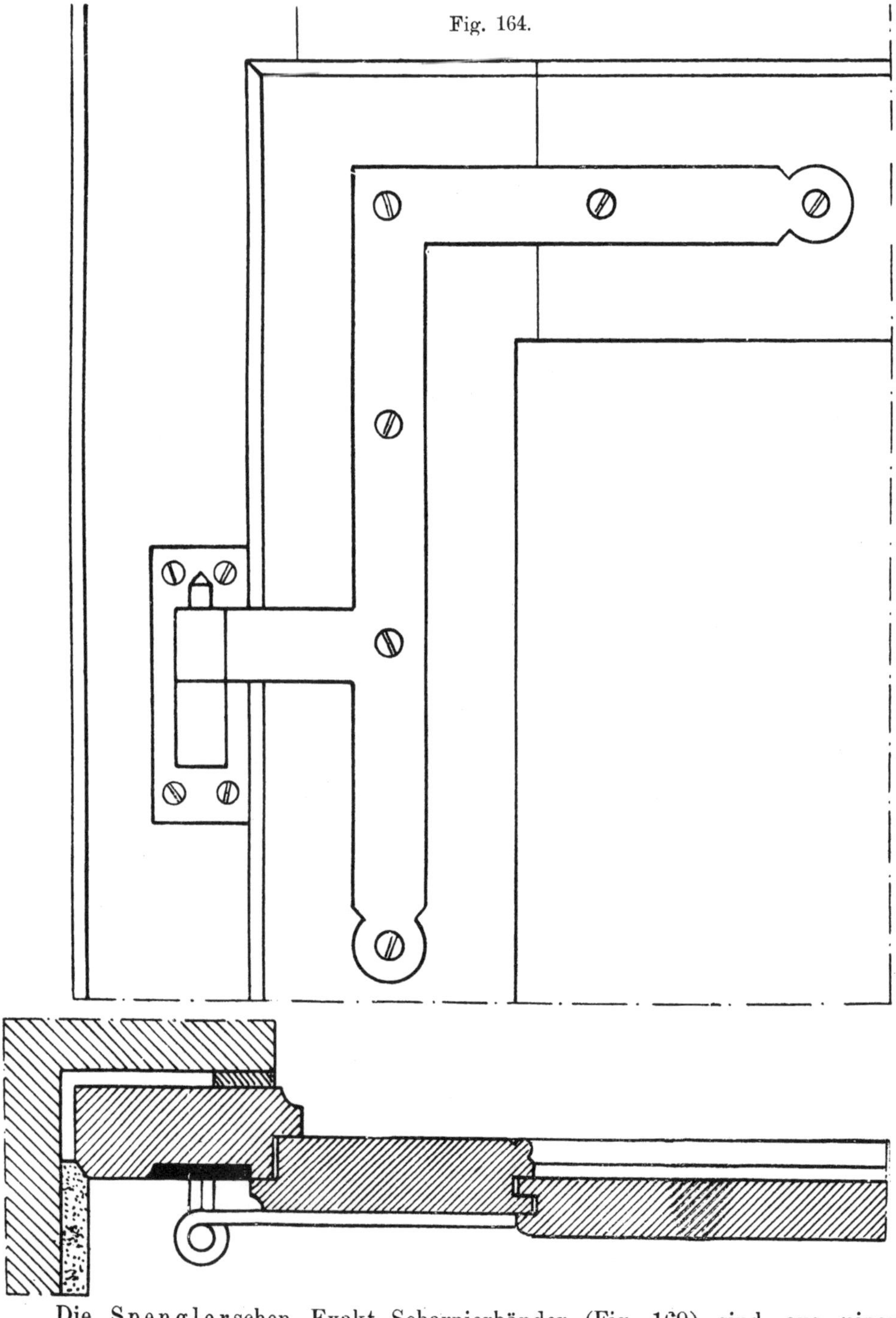

Die Spenglerschen Exakt-Scharnierbänder (Fig. 169) sind aus einer Blechlage gearbeitet. Zwischen die Auskerbungen der Lappen sind über den

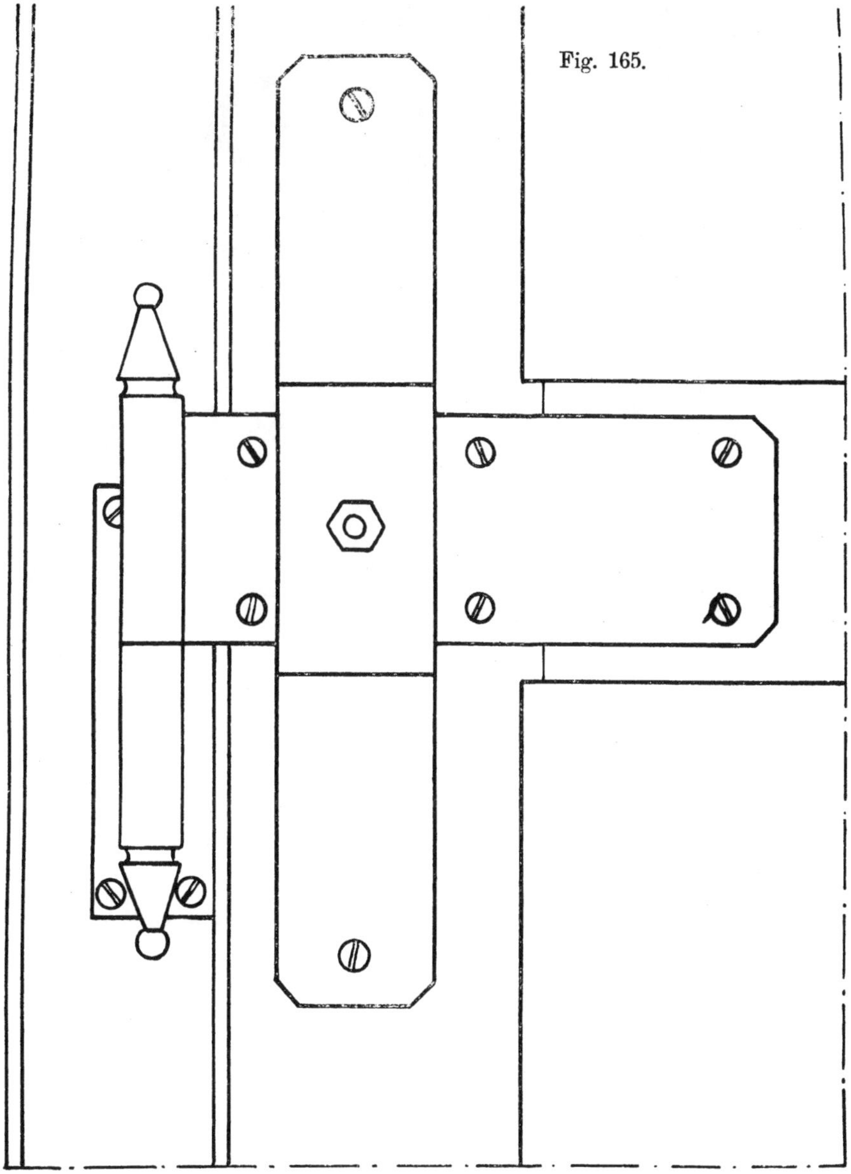

Fig. 165.

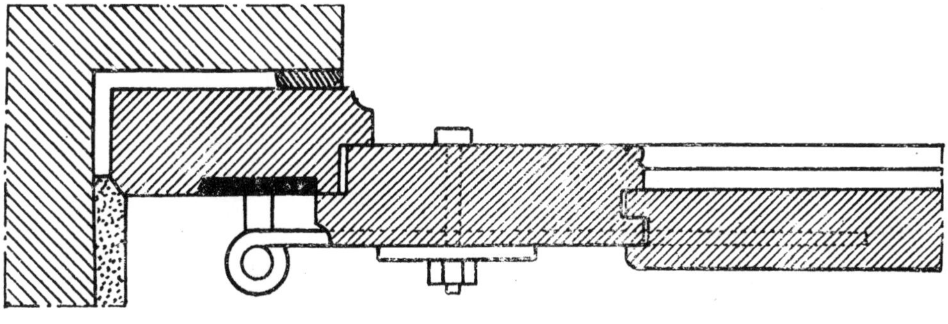

Fig. 166.

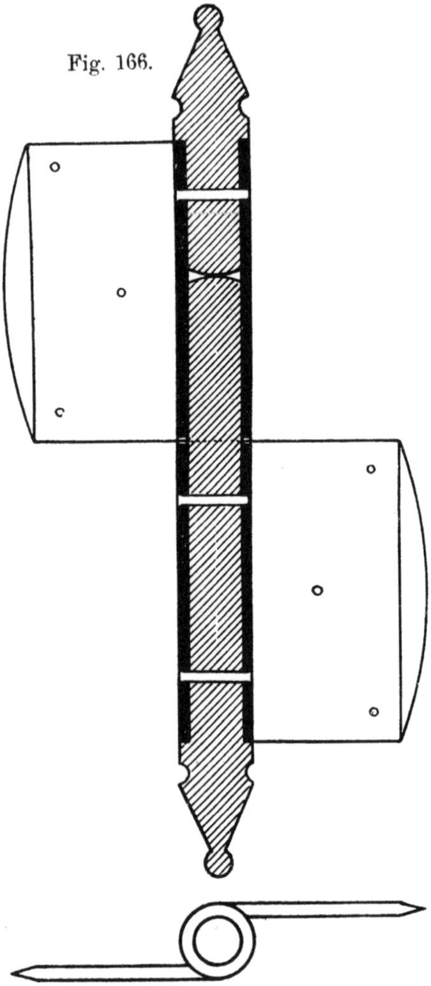

Spengler's geräuschlos laufendes Exact-Zimmerthürband No. 3A mit Oelvorrichtung.

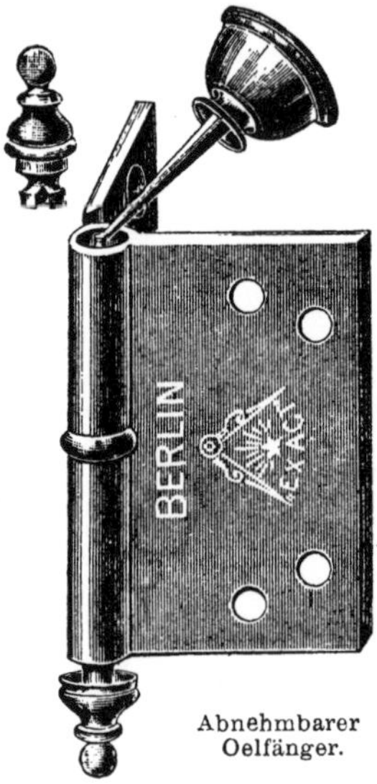

Abnehmbarer Oelfänger.

Fig. 167.

Falz B. Falz A.

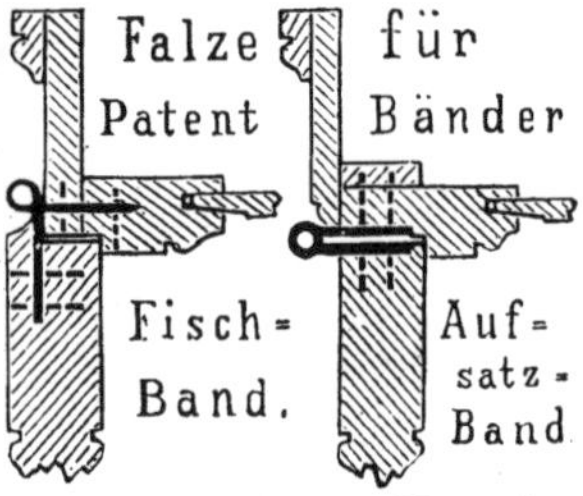

Dies ist **links** schlagend.

Fig. 168.

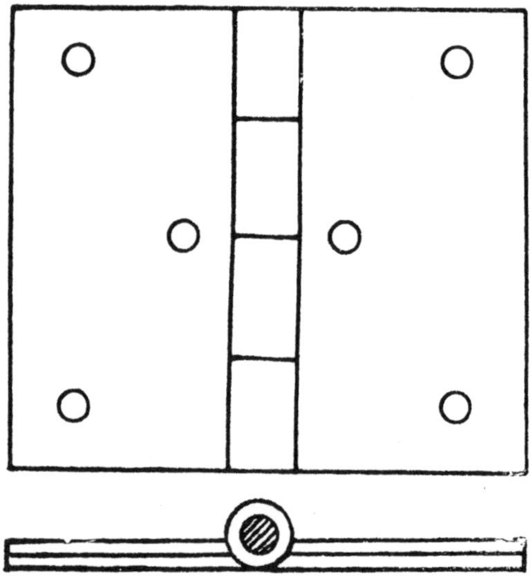

Fig. 169.

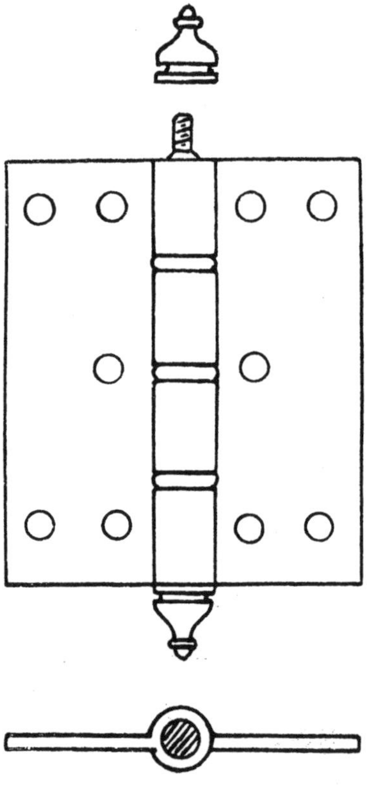

Dorn Stahlringe geschoben. Der Dorn kann herausgenommen werden, nachdem der obere Kopf abgeschraubt worden ist.

Pendeltür-Bänder. Bei Windfangtüren benutzt man vielfach Türbeschläge, die durch Federn von Stahl getrieben werden. Durch den Gebrauch, durch Frost und Rost werden die Federn jedoch leicht abgenutzt.

Neuere Bänder benutzen als treibende Kraft das Gewicht der Tür selbst. Der eiserne Triebkasten wird in den Fussboden eingelassen und in Holzfussböden mit Holzschrauben, bei Fliesenböden mit Eisengewindeschrauben auf eingegipsten Steineisen, bei Steinschwellen mit Steinschrauben auf Bleidübeln befestigt. Auf dem Drehzapfen des Triebkastens steht die Tür mittelst quadratischen Zapfens. Dieser erhält eine Schmierrinne S (Fig. 170) zum Schmieren des Drehzapfens. Eine aufgeschraubte Messingplatte verdeckt den Triebkasten. Genau senkrecht über dem unteren Drehzapfen sitzt der obere Drehzapfen an der Tür und erhält sein Lager im Kämpfer oder im Türsturz. Gummipuffer am Fussboden oder an der Decke begrenzen die Drehung der Tür unter 90 Grad. Das Gewicht der Tür bewirkt das Zufallen, indem die kreuzweise gestellten Stützstreben, die beim Drehen gerade standen und die Tür um etwa 25 mm hoben, wieder ihre schräge Lage einnehmen.

Fig. 170.

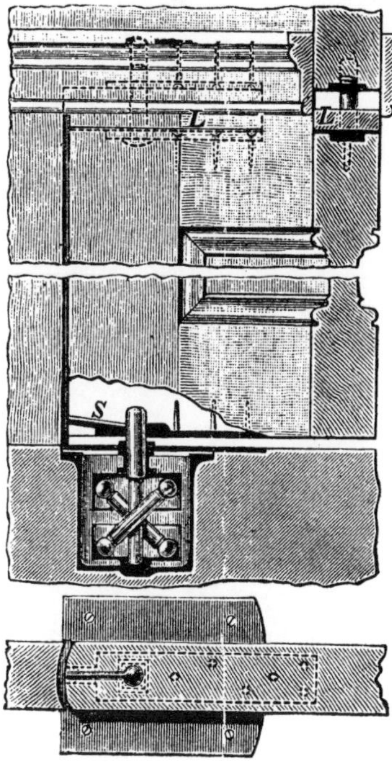

Fig. 3. Durchschnitt und Ansicht des „Dauerpendels". Fig. 4. Grundriss.

b) Die Türverschlüsse.

Bei einfachen Bretter- und Lattentüren kommen als Verschlussvorrichtungen „Anwurf" und „Krampe" mit Splint oder Vorhängeschloss, sowie der einfache „Riegel" zur Anwendung. Sie sitzen etwa auf halber Türhöhe.

Zweiflügelige Tore schliesst man durch einen „Schwengel", der auf einen der beiden Flügel in halber Höhe aufgenagelt ist und über den anderen Flügel bis zur Strebeleiste hinwegreicht. Eine am Ende sitzende starke Krampe tritt nach aussen hindurch und ermöglicht den Verschluss durch Splint und Vorhängeschloss.

Schubriegel. In zweiflügeligen Türen und Toren wird einer der beiden Flügel durch zwei Schubriegel festgestellt, von denen der eine nach unten, der andere nach oben gerichtet und auf den mittleren senkrechten Rahmen an der inneren Türseite aufgesetzt ist.

Kantenriegel. Bei zweiflügeligen Zimmertüren wird ein Flügel durch zwei Riegel festgestellt, die auf der Kante angesetzt werden. Sie sind bei geschlossener Tür nicht sichtbar. Der Riegel hat meist einen vierkantigen Schaft, der hinter einem 3 cm breiten Deckblech läuft und mit rundem Kopf durch das umgekröpfte und durch einen aufgesetzten Ring verstärkte Ende des Bleches tritt und in ein

Schliessblech eingreift. Der Griff liegt in einer Höhlung des Bleches. Eine an der Hinterseite des Bleches angenietete Feder lehnt gegen den Riegel und verhindert sein Herabfallen. Fig. 171 stellt einen Spenglerschen „Exakt-Kantenriegel“ dar, der sich nicht selbst verschieben und auch beim Auseinanderbiegen der Tür nicht verschoben werden kann. Er muss stets geschlossen sein, weil sonst das Schloss nicht einschnappt.

Hebebasküls zu Türen und Toren sind neue Vorrichtungen, die mit einschraubbaren Stangen zwei Kantenriegel ersetzen. Sie haben einen Bronzehebel und Bronzestulp und werden an der Kante der Tür eingelassen (Fig. 172).

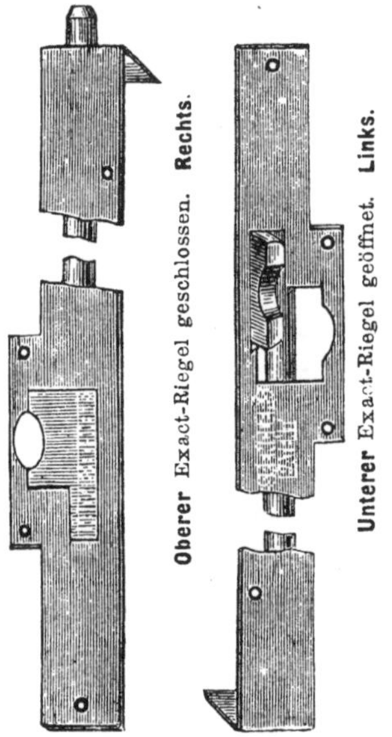

Fig. 171.

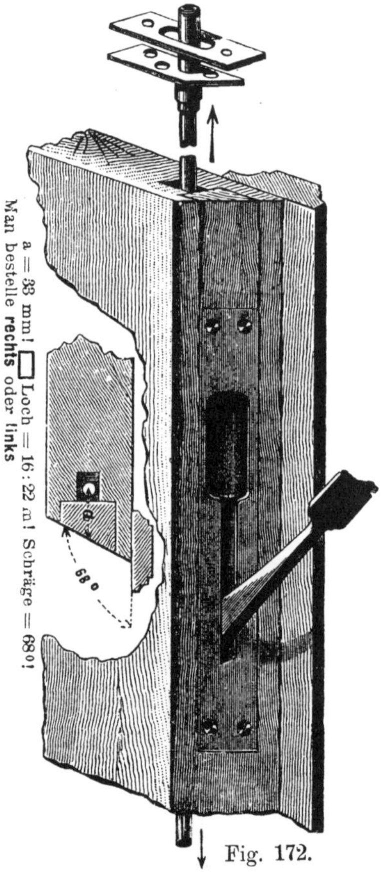

Fig. 172.

Kastenschlösser. Das gewöhnlichste Schloss, das Kastenschloss, liegt auf der Türfläche frei auf und zwar gewöhnlich auf der Bandseite. Bei nach aussen schlagenden Türen, deren Bänder auf der äusseren Seite liegen, setzt man das Schloss auf die Innenseite. Der Kasten besteht aus dem „Schlossblech“, aus dem Stirnblech oder „Stulpen“, aus dem die Verschlussteile heraustreten, und aus dem „Umschweif“, der die übrigen drei Seiten einfasst. Er ist mit dem Schlossblech durch Umschweifstifte oder Winkel verbunden. Auf der inneren Seite des Schlosses liegt das bewegliche „Deckblech“. Das Schloss wird durch Schrauben, die durch den Schlosskasten gezogen sind, befestigt.

Eingesteckte Schlösser. Für bessere Zimmertüren wählt man unsichtbare Schlösser, deren Schlosskasten in das Friesholz eingestemmt oder eingesteckt ist. Diese Schlösser erfordern auch nur kurze Schlüssel, während bei überbauten Kastenschlössern lange Schlüssel notwendig werden. Die Dicke des Schlosses beträgt etwa 12 bis 15 mm, es muss also das Rahmholz mindestens 4 cm Stärke haben.

Die inneren Bestandteile des Schlosses und der Schlosskasten werden aus Eisen, die Schilde und Griffe, die „Garnituren“ aus Messing, Rotguss, Holz, Horn, Bronze usw. gefertigt.

Der Verschluss wird bewirkt durch 1. den Schlussriegel, 2. die Druckerfalle und 3. den Nachtriegel.

Spengler's Patent-„Zirkel“-Einsteck-Zimmertürschloss

No. 222, ca. $^2/_3$ natürlicher Grösse
mit abgeschraubter Decke.

Die Falle lässt sich rechts
oder links umlegen.

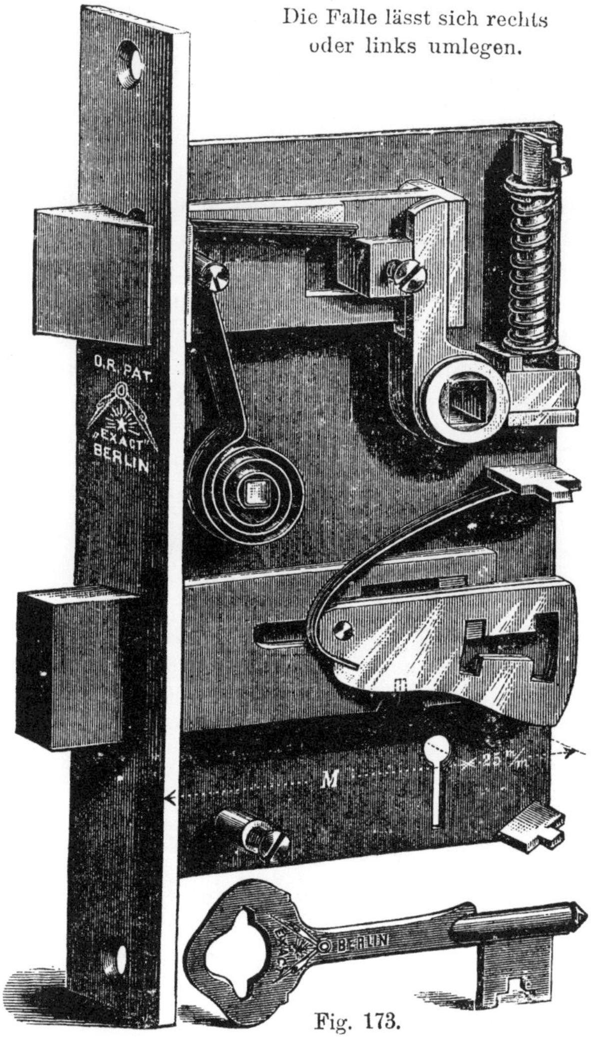

Fig. 173.

Der eigentliche Sicherheitsverschluss wird durch den Schlussriegel gebildet. Er liegt verdeckt im Schlosskasten und wird durch den Schlüssel bewegt. Der Schlüssel greift in einen Ausschnitt, den „Angriff“ des Riegels ein und schiebt ihn beim Drehen vor.

Geht der Riegel bei einmaliger Umdrehung (Tour) noch nicht weit genug vor, so erhält der Riegel einen zweiten Angriff, wodurch er noch weiter vorgeschoben wird (eintourige und zweitourige Schlösser).

Der vorgeschobene Riegel greift in eine Schliessöse ein, die auf der Türumrahmung sitzt.

Damit der Riegel in jeder Stellung festgehalten werden kann, greift von oben her die „Zuhaltung“ mit kurzer Nase in einen der Einschnitte, die sich am oberen Rande des Riegels befinden.

Man unterscheidet Einsteckschlösser mit hebender und solche mit schliessender Falle.

Bei dem ersten ist der Bau der gleiche wie beim Kastenschloss. Die Falle aber besteht mit der Nuss nicht aus einem, sondern aus zwei Stücken.

Bei dem Schloss mit schliessender Falle wird die Falle nach vorn bewegt. Sie wird durch eine Feder nach vorne gedrückt und erhält ihre Führung im „Stulp“.

Fig. 173 gibt eine Darstellung von Spenglers Patent-„Zirkel“-Einsteckschloss in ca. $^2/_3$ natürlicher Grösse mit abgeschraubter Schlossdecke. Das Schloss besteht nur aus Stahl, Schmiedeeisen, Messing und schmiedbarem Tempereisen. Der Riegel schliesst nur einmal, jedoch etwa 5 mm weiter hinaus als die Falle, wodurch auch bei einmaliger Umdrehung des Schlüssels das Schloss sicher gesperrt ist.

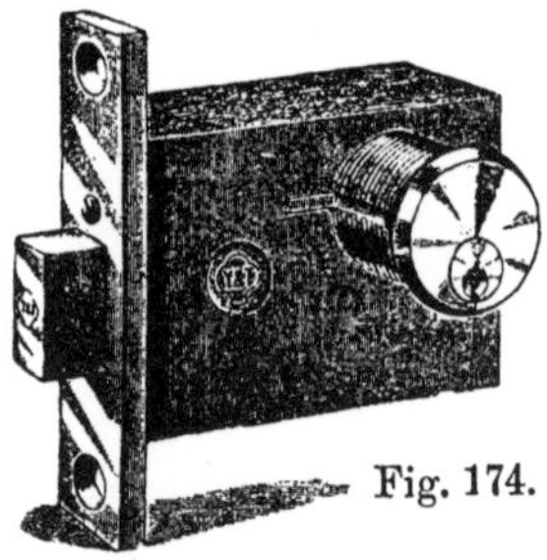

Fig. 174.

Sicherheitsschlösser haben statt einer Zuhaltung deren mehrere, die unter sich verschieden hoch sind und durch den eigenartig geformten Schlüsselbart so gehoben werden, dass sie zuletzt sämtlich gleich hoch stehen und nur den Riegel freilassen.

Der Schlüsselbart erhält ausser einem längsten Ansatz zur Bewegung des Riegels eben so viele stufenförmige Absätze verschiedener Tiefe, die als Zuhaltungen im Schlosse liegen.

Für Türen in Komptoiren und Kassenzimmern empfehlen sich die sogen. „Chubb-Schlösser“, so genannt nach dem Erfinder, dem Engländer Chubb.

Nach denselben Grundsätzen sind die „Yale- und Standard-Schlösser“ konstruiert (Fig. 174).

II. Die Fenster.

1. Gewöhnliche Zimmerfenster.

a) Baustoff und Herstellung des Gestelles.

Zimmerfenster bestehen aus Holz und Glas, manchmal auch aus Eisen und Glas. Zur Verwendung gelangt für Holzfenster das Eichen- und Kiefernholz.

Das **Fensterglas**, auch **Tafelglas** genannt, ist im Handel in vier Sorten zu finden: 1. gewöhnliches grünes Tafelglas, 2. halbweisses Tafelglas, 3. dreiviertel weisses Glas und 4. ganz weisses Glas.

Die **Stärken der Tafeln** betragen bei $^4/_4$ Glas 2 bis $2^1/_2$ mm, bei $^6/_4$ Glas $2^1/_2$ bis $3^1/_2$ mm, bei $^8/_4$ Glas $3^1/_2$ bis $4^1/_2$ mm.

Gewöhnliche Fensterscheiben bestehen aus $^4/_4$ Glas, grosse Flügelscheiben aus $^6/_4$ oder $^8/_4$ Glas. Starke Verglasung erfordert starke Holzrahmen.

Das **Gestell** schliesst sich in seiner Form der Gestaltung der für das Fenster vorgesehenen Maueröffnung an. Dieselbe ist in Wohnräumen etwa doppelt so hoch als breit. Die Höhe hängt ab von der Zimmerhöhe, von der die Brüstung mit 0,80 bis 0,90 m und der Fenstersturz mit 35 bis 40 cm abgezogen werden müssen. Gewöhnliche Abmessungen sind 1 bis 1,25 m Breite bei 2 bis 2,50 m Höhe. Einfachere Fenster für kleine Häuser sind 0,80 bis 0,90 m breit und 1,50 bis 1,80 m hoch. Der Sturz kann scheitrecht (für Wohnzimmer am besten) oder als Segment-, Rund-, Spitz- und Korbbogen gestaltet werden. Nicht scheitrecht abgeschlossene Fenster müssen von vornherein höher angelegt werden, da die vom Bogen begrenzte Fläche zum grössten Teil für die Beleuchtung verloren geht (der Verkleidung mit Stoffen halber).

Der **Futterrahmen**. Die eigentlichen Fenster werden an einen Futterrahmen gehängt, der in massiven Wänden hinter dem „Anschlage" der Fensteröffnung liegt, bei Fachwerkswänden aber in einen Falz der Stiele und Riegel eingelegt oder an diese selbst stumpf angeschlagen und durch Leistchen verdeckt wird. Das Futter muss Luft haben, damit sich das Holz bewegen kann.

Bei massiven Wänden erfolgt die Befestigung durch zwei oder drei Bankeisen auf jeder Seite, die in das Mauerwerk eingetrieben und an ihrem ovalen Lappen durch Nagelung oder Verschraubung mit dem Futterrahmen verbunden werden. Besser sind Bankeisen mit viereckigen, scharfkantigen Lappen oder Steinschrauben. Die Lappen werden sauber in den Futterrahmen eingelassen und verschraubt, die Steinschrauben werden in das Mauerwerk eingegipst. Zwischen

Futterrahmen und Mauerwerk wird eine Schicht Haarkalk aufgetragen, die luftdicht abschliesst und den Kalk vor dem Abbröckeln schützt.

Der Futterrahmen besteht aus vier Brettstreifen von 8 bis 10 cm Breite, die 3 bis 5 cm stark sind. Sie werden in den Ecken durch verleimte Schlitzzapfen und Holznägel verbunden und auf den sichtbaren Flächen gehobelt. Auf der freien Innenkante wird ein Falz ausgeschnitten und nach aussen bleibt in dem Fensterlichtmafs ein „Nacken“ von 1 bis 2 cm Stärke stehen.

Kämpfer. Bei grösseren Fenstern wird der Futterrahmen noch versteift durch einen „Kämpfer“ (Losholz), der seitlich mit ihm verzapft wird.

Der Kämpfer wird am besten auf $^2/_7$ Höhe des Fensters von oben angebracht. Er erhält 5 bis 8 cm Höhe und 7 bis 8 cm Stärke, ist nach aussen hin abgewässert und mit Wassernase versehen. Die Flügel legen sich innen mit einem „Deckfalz“ auf; zwischen beiden muss der Kämpfer noch mindestens 3 cm Fläche für die Anordnung von Beschlagteilen bieten (Fig. 175 u. 176).

Fig. 175.

Fig. 176.

Setzhölzer sind feststehende, senkrechte Pfosten (von der Stärke des Futterrahmes) von $4^1/_2$ bis 6 cm Breite. Ihr Falz, 1 cm tief, ist etwas schräg eingeschnitten, um ein Festklemmen der Flügel zu verhindern. Sie werden in den unteren „Wetterschenkel“, in den Kämpfer und in den oberen Querschenkel des Futterrahmens eingezapft (Fig. 175 und 208, Seite 70).

Fig. 177.

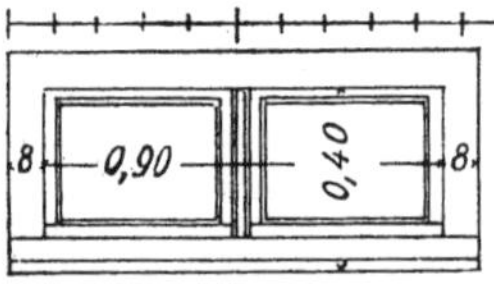

Fig. 178.

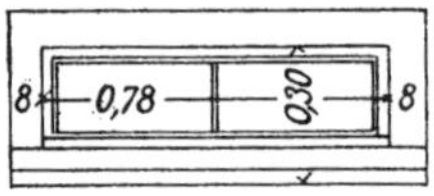

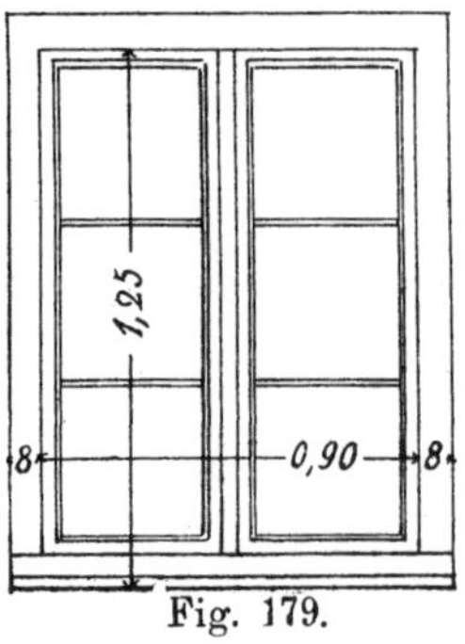

Fig. 179.

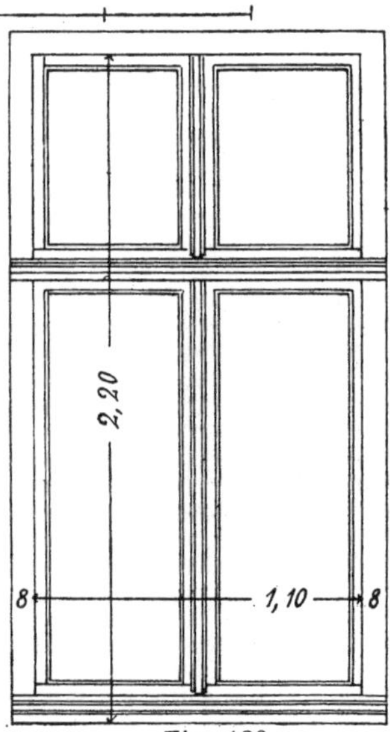

Fig. 180.

Der **Futterrahmen-Wetterschenkel**, der untere Teil des Futtergestelles, ist stärker als die übrigen Holzteile, etwa 5 bis 9 cm; seine Höhe beträgt mindestens 8 cm. Der Zwischenraum zur Anbringung eines „Schliessklobens“ beträgt mindestens 3 cm (Fig. 182).

b) Die Fensterflügel.

Anordnung der Flügel. Die Fensterflügel sind beweglich und hängen mit dem „Beschlage“ am Futterrahmen. Sie können nach innen oder nach aussen auf-

Fig. 181.

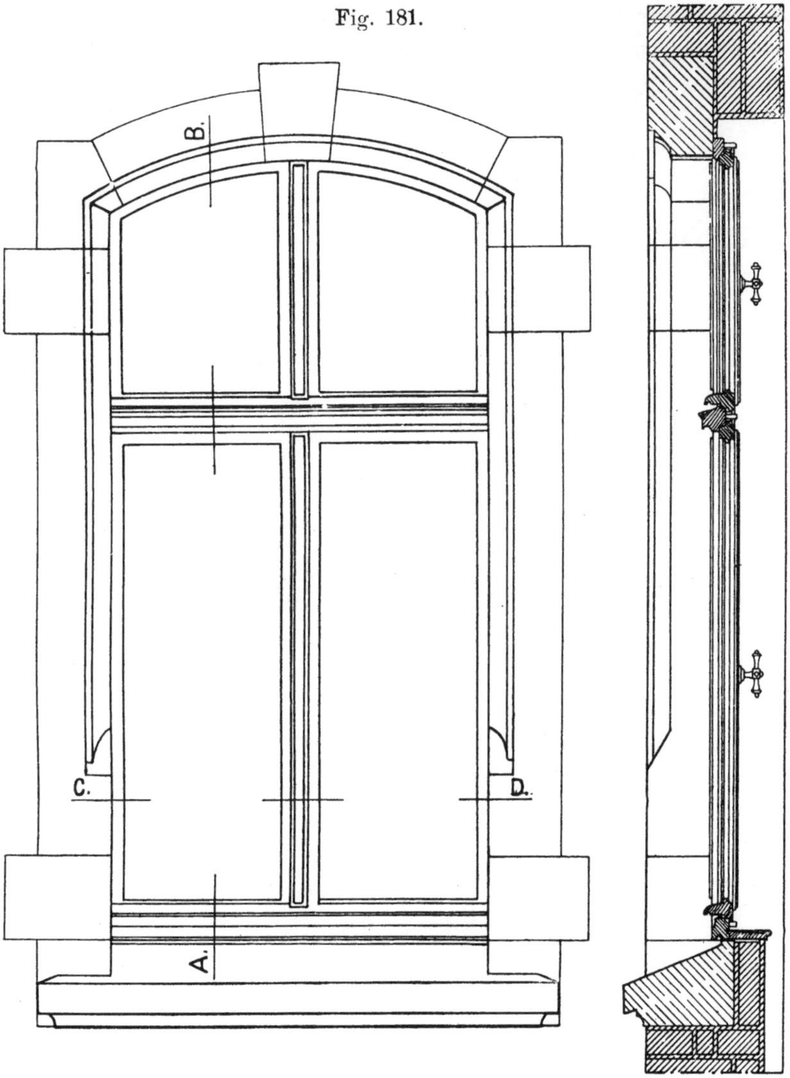

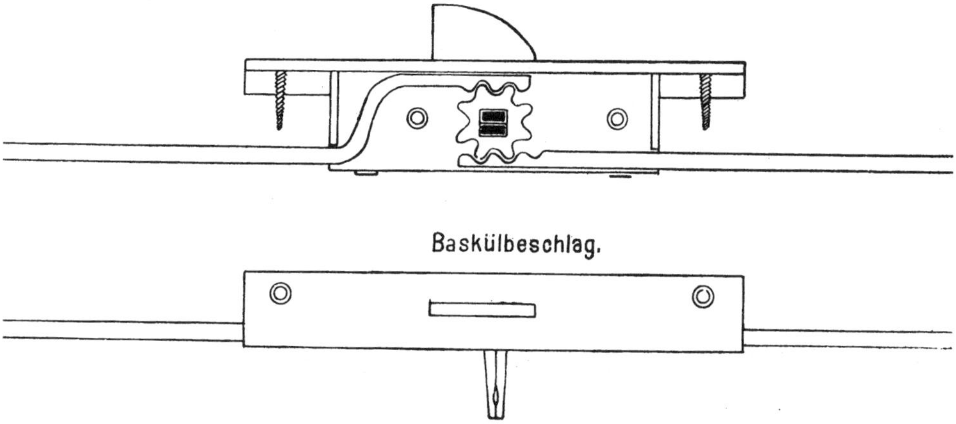

Baskülbeschlag.

schlagen. **Zimmerfenster schlagen meist nach innen.** Ihre Grösse ist der bequemen Handhabung wegen eine beschränkte. Fenster von über 60 cm Breite macht man

Fig. 182.

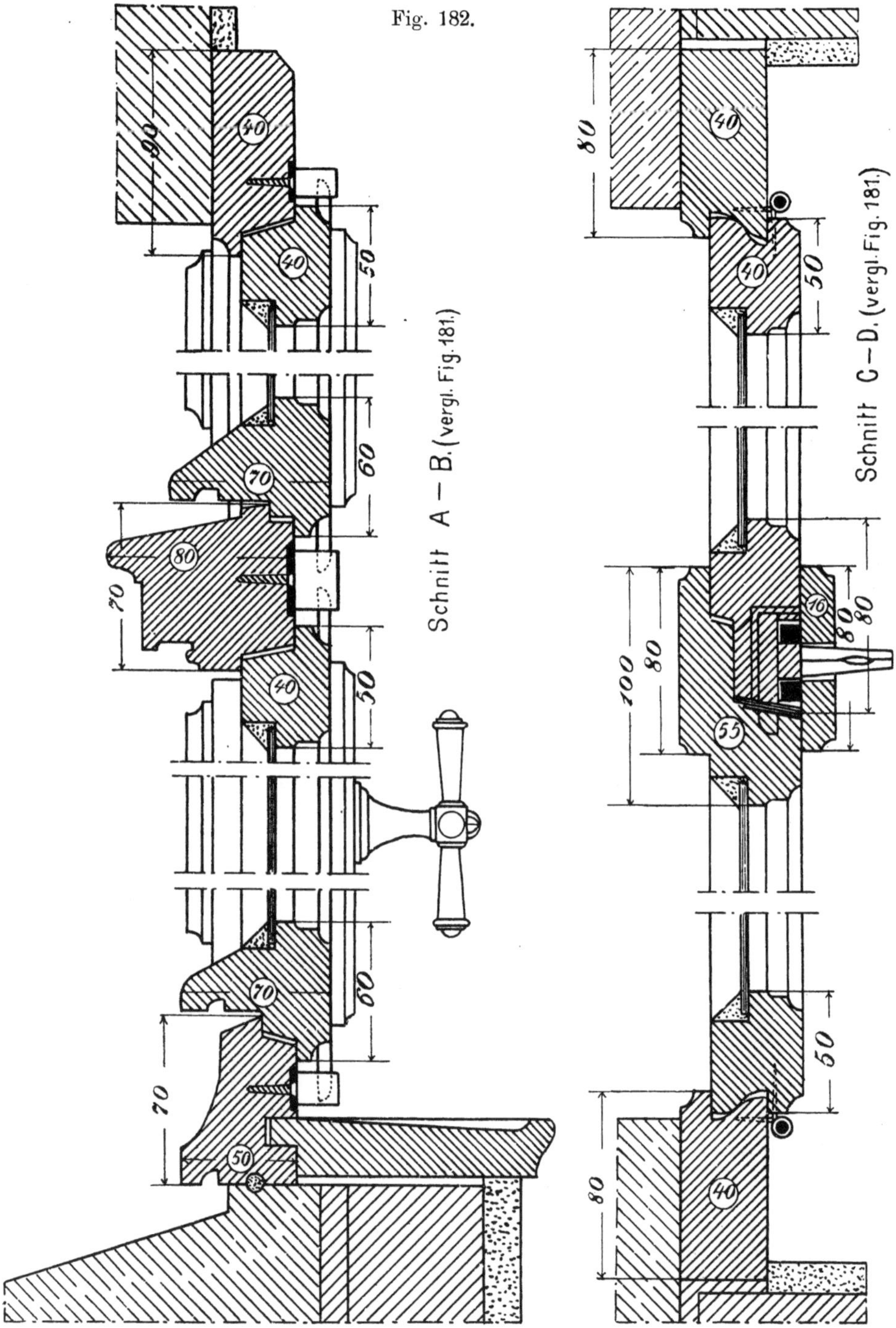

z w e i f l ü g e l i g, solche von über 1,50 m Höhe werden mehrflügelig, zwei-, drei- und vierflügelig (Fig. 177 bis 182) hergestellt.

Beträgt die Breite der Fensteröffnung mehr als 1,50 m, so wird sie auf drei Flügel von meist gleicher Breite verteilt, so dass je nach der Höhe ein drei- oder ein sechsflügeliges Fenster entsteht.

Sprossenteilung. Billige Fenster erhalten kleine Scheiben. Es werden daher die unteren Flügel der Höhe nach durch eine oder zwei schmale Leisten, sogen. „Sprossen", geteilt. Die Scheiben macht man gleich gross und am besten etwas höher als breit. Die Sprossen müssen in der Ansicht möglichst schmal sein. In Stärke und Profil gleichen sie den Flügelrahmen. Ihre Breite beträgt etwa 2,5 cm (Fig. 183).

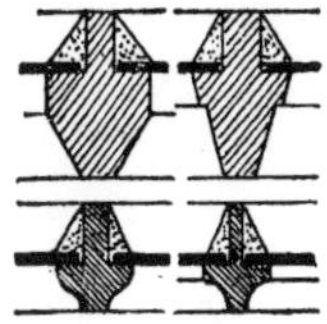

Fig. 183.

Eisensprossen haben geringe Breite und eine grosse Dauerhaftigkeit.

Die **Flügelrahmen** sollen so schmal als möglich gemacht werden, damit sie wenig Licht fortnehmen. Sie werden aus $3\frac{1}{2}$ bis 5 cm starken und 5 bis 6 cm breiten Rahmstücken oder „Schenkeln" zusammengesetzt und sind in den Ecken durch Schlitzzapfen und Holznägel miteinander verbunden. Für die Aufnahme der Verglasung wird ein „Kittfalz" von 1 bis $1\frac{1}{2}$ cm Tiefe und 7 bis 9 mm Breite angebracht. Nach innen sind die Rahmen „gefast" oder „profiliert" (Fig. 184 bis 187).

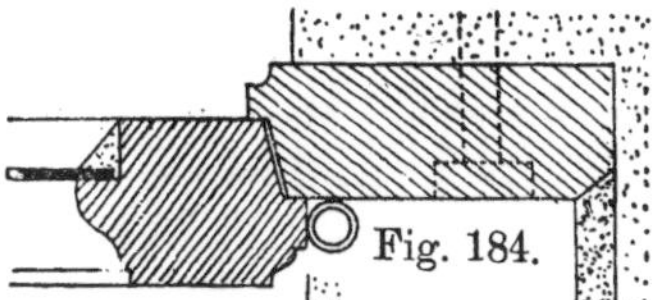

Fig. 184.

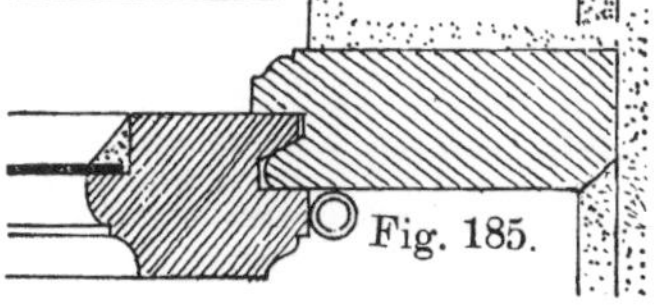

Fig. 185.

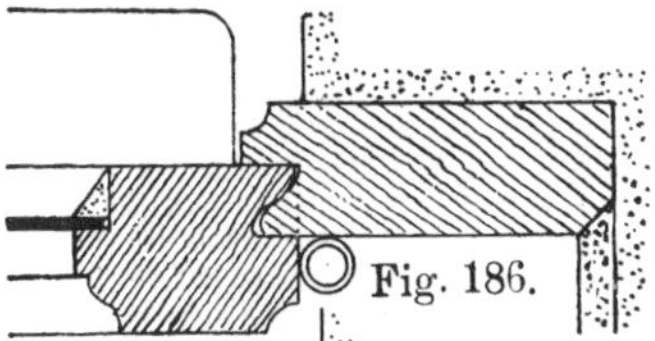

Fig. 186.

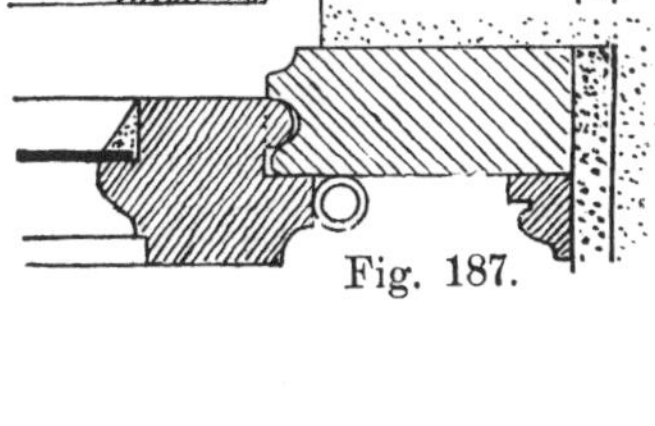

Fig. 187.

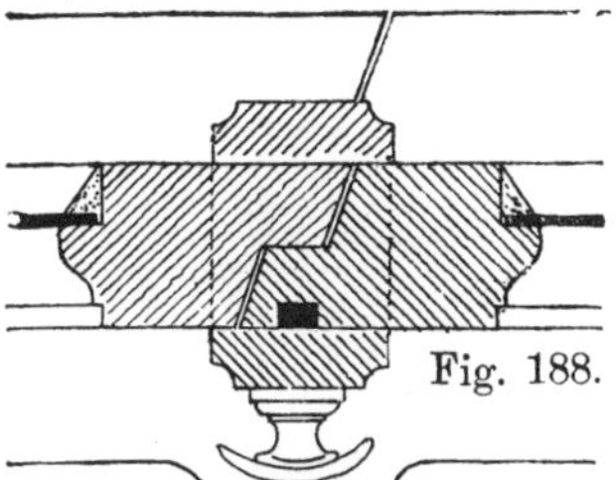

Fig. 188.

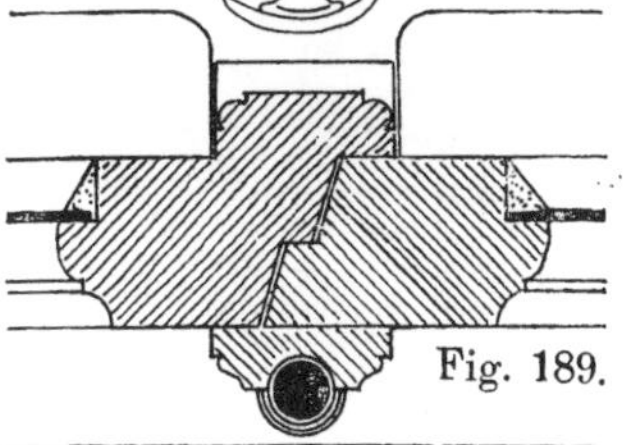

Fig. 189.

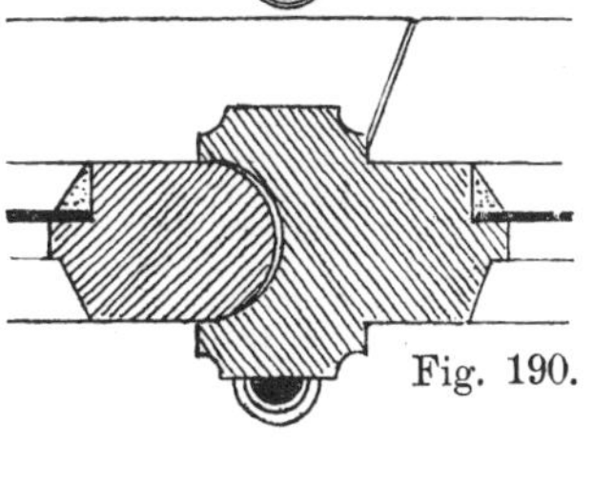

Fig. 190.

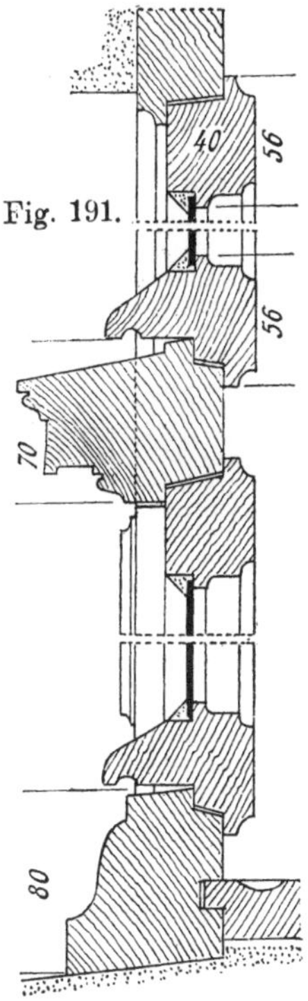

Fig. 191.

Der **Falz**. An den Futterrahmen legen sich die Flügel mit einem Falz an, der möglichst luft- und wasserdicht sein muss. Ausserdem werden sie mit einem 1 cm tiefen „Deckfalz" mit demselben überfalzt. Der Falz im Futterrahmen wird etwas schräg gemacht, um ein Verklemmen zu verhindern. Zwischen Flügel und Rahmen müssen aber 1 bis 2 mm Luft sein (Fig. 184 bis 187).

Besser ist ein S-Falz oder Kneiffalz (Fig. 185 bis 187).

Die **Schlagleiste** gewährt dem Fenster das Aussehen einer durch einen Pfosten geteilten Fensterfläche; sie geht mit auf und bewirkt einen dichten Verschluss der Flügel. Dieselben legen sich mit doppeltem, schrägem Falz oder mit einem sogen. „Wolfsrachen“ (Fig. 190) aufeinander Die Schlagleiste ist gewöhnlich 4 bis 5 cm breit und $1^1/_2$ cm stark. Sie wird entweder auf den vorderen Schenkel aufgeleimt und aufgeschraubt oder besser mit ihm zusammen aus einem Stück Holz gehobelt (Fig. 188 bis 190). Die äussere Schlagleiste sollte stets mit dem Flügelrahmen aus einem Stück hergestellt werden, da der Leim durch die Witterungseinflüsse bald aufgeweicht wird.

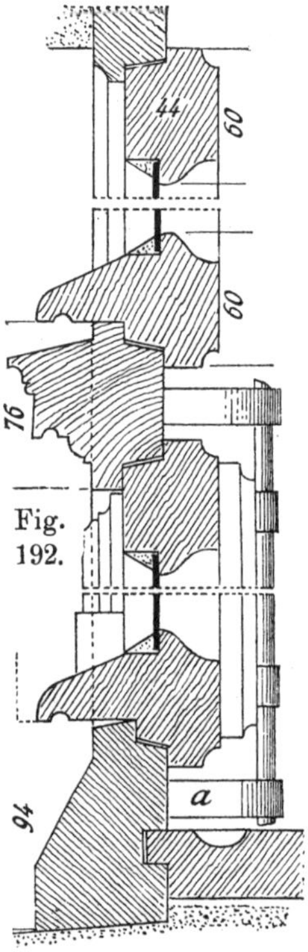

Fig. 192.

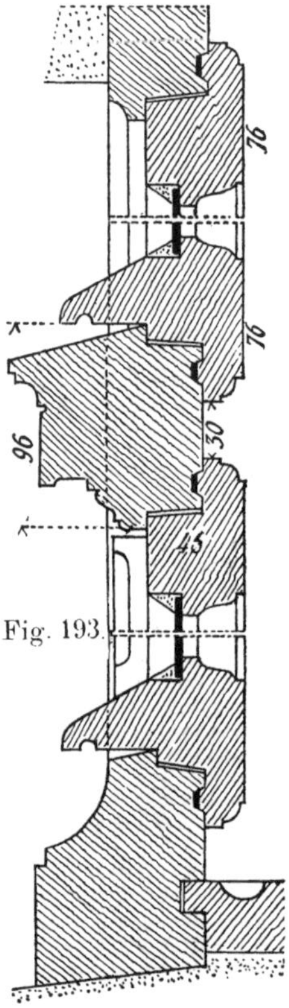

Fig. 193.

Von innen gesehen trägt der rechte Flügel die innere, der linke die äussere Schlagleiste.

Die **Flügelrahmen-Wetterschenkel** sind Ansätze an den äusseren Fensterschenkeln über dem Kämpfer und über dem Futterrahmen-Wetterschenkel, die das Ablaufen des Regenwassers befördern sollen. Sie haben bei etwa 4 cm Ausladung oben eine Wasserschräge und unten eine Wassernase. In der Mitte sollen sie dicht zusammenschliessen (Fig. 182, 191 und 192).

Sie gehen seitlich bis an den Futterrahmen, können aber auch mit diesem überschnitten werden (Fig. 186).

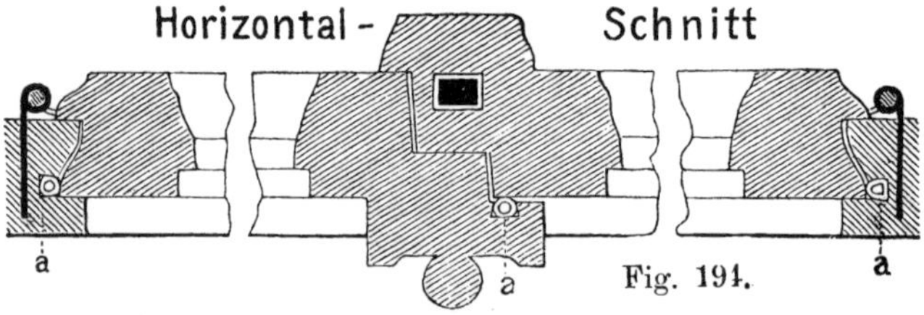

Fig. 194.

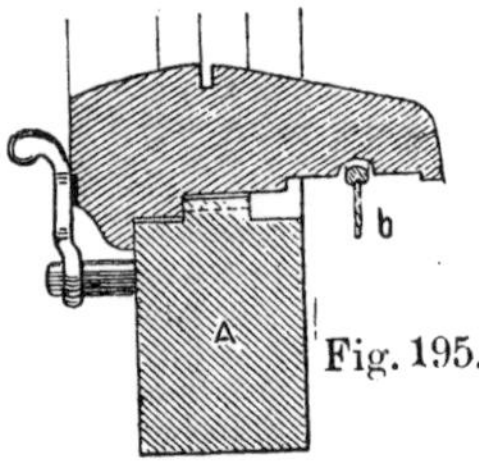

Fig. 195.

Verbesserte Dichtungen. Eine besondere Dichtung ist in Fig. 194 im Horizontalschnitt dargestellt. Der Fabrikant W. Dressler in Zeitz verwendet hierbei Gummischlauch-Enden, die in die Fugen des Fensters nach Einstossung von unterschnittenen Hohlkehlen eingelegt werden. Die Einlegung geschieht ohne Klebemittel ganz lose und kann, wenn sie nicht gewünscht wird, herausgenommen werden.

Die untere horizontale Fuge wird durch ein Schutzblech b (Fig. 195) aus Zink gedeckt, das drehbar aufgehängt ist.

Luftdichter imprägnierter Filzverschluss der mechanischen Bautischlerei zu Oeynhausen (Fig. 193 und 196).

Die Dichtung ist hier in der Art bewirkt, dass Filzplättchen in nutenartige Ausschnitte dicht an den Ueberfalzungen eingelegt sind, in die sich die Deckfalze mit ihren angearbeiteten Nasen oder Federn fest eindrücken.

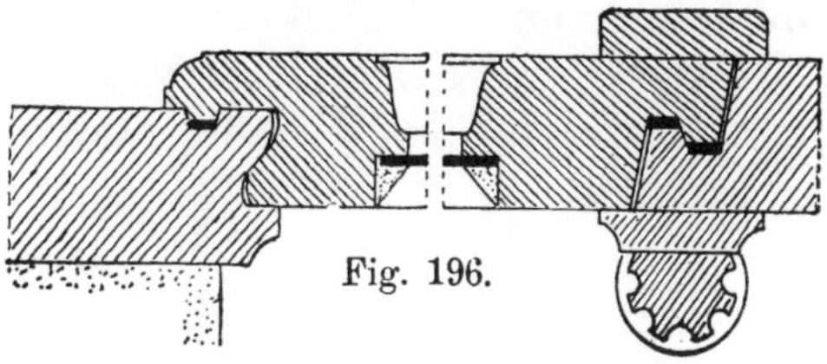

Fig. 196.

c) Die Fensterbrüstung.

Ganz besondere Aufmerksamkeit ist der Auflagerung des Futterrahmens auf der Fenster-Sohlbank zu widmen, damit Wind und Wetter hier keinen Eingang in das Gebäudeinnere finden können.

Bei Kasernenbauten ist es üblich, in den unteren Futterrahmen-Schenkel eine halbkreisförmige Nut einzustossen und in diese einen Teerstrang (Fig. 197)

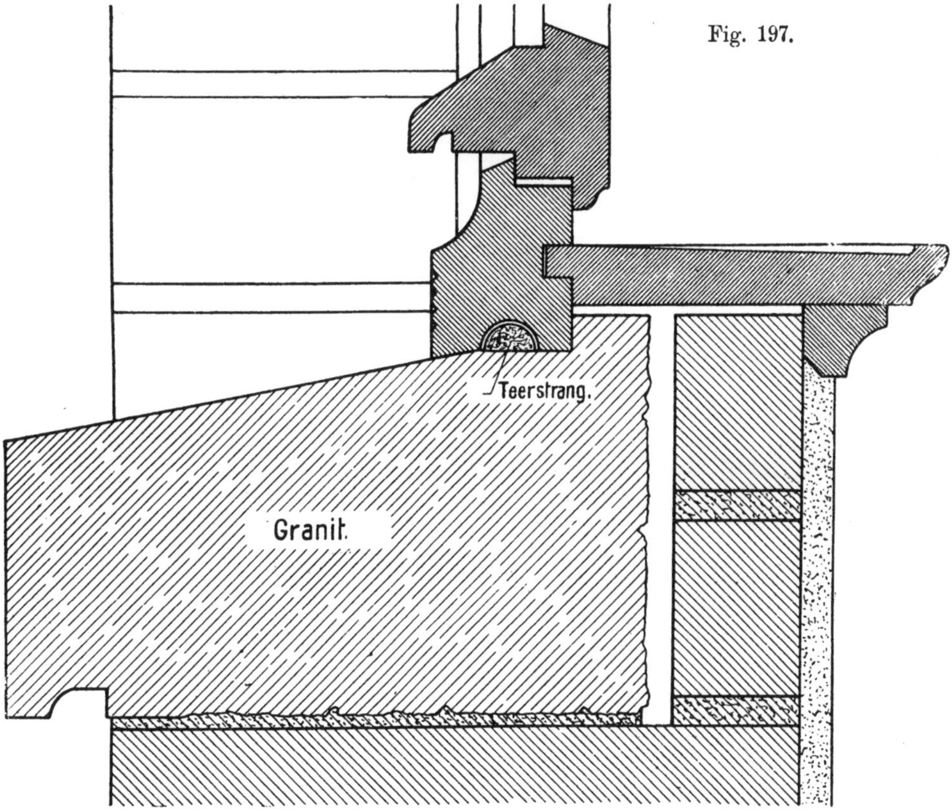

Fig. 197.

einzulegen. Dieser, mit kleinen Stiften befestigt, wird nach dem Einsetzen des Futterrahmens durch auf den unteren Schenkel geführte Schläge fest zusammengepresst und bildet dann einen sicheren Verschluss gegen das Eindringen von Regen und Wind.

Das falzförmige Uebergreifen des unteren Futterrahmen-Schenkels über einen Ansatz der Sohlbank, wie es die Fig. 199 bis 200a veranschaulichen, erscheint nicht ausreichend, da sich mit der Zeit, namentlich infolge der Einwirkung der Sonnenstrahlen, eine offene Fuge zwischen Sohlbank und Futterrahmen bilden wird. Auch ist zu bedenken, dass das Aufruhen des Futterrahmens auf dem hygroskopischen Steinmaterial keineswegs geeignet ist, demselben eine lange Dauer zu sichern. Es erscheint deswegen richtiger, den unteren Futterrahmenschenkel so zu gestalten, dass er gar nicht in Berührung mit der Sohlbank kommt. Man gestaltet ihn dann als Wasserschenkel mit unterschnittener Wassernase und fügt zur Dichtung zwischen Sohlbank und Futterrahmen eine Lage Walzblei (Fig. 201) ein, welche auf gleiche Weise, wie bei Fig. 197 beschrieben, zusammenzupressen ist.

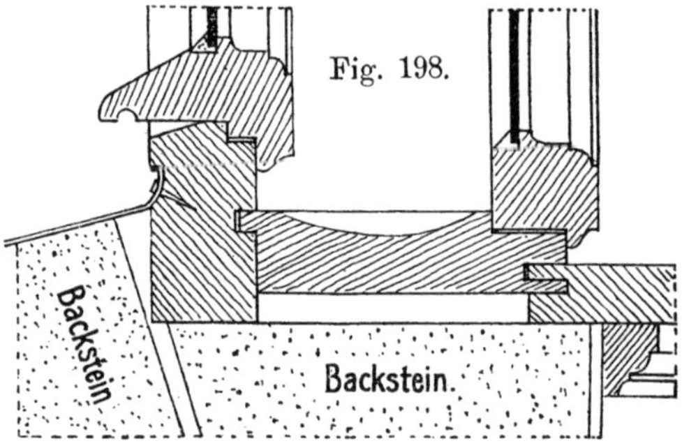

Fig. 198.

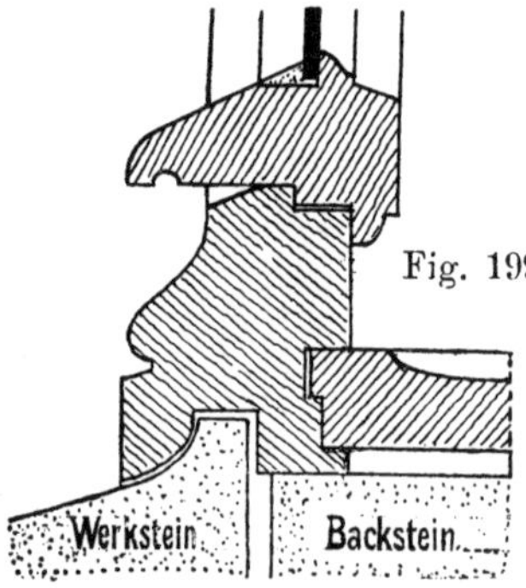

Fig. 199.

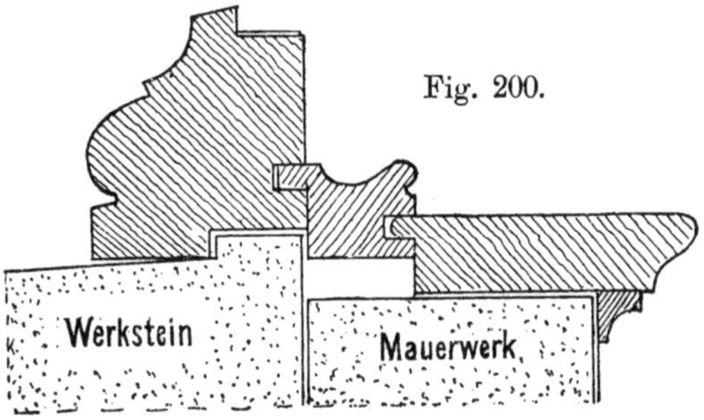

Fig. 200.

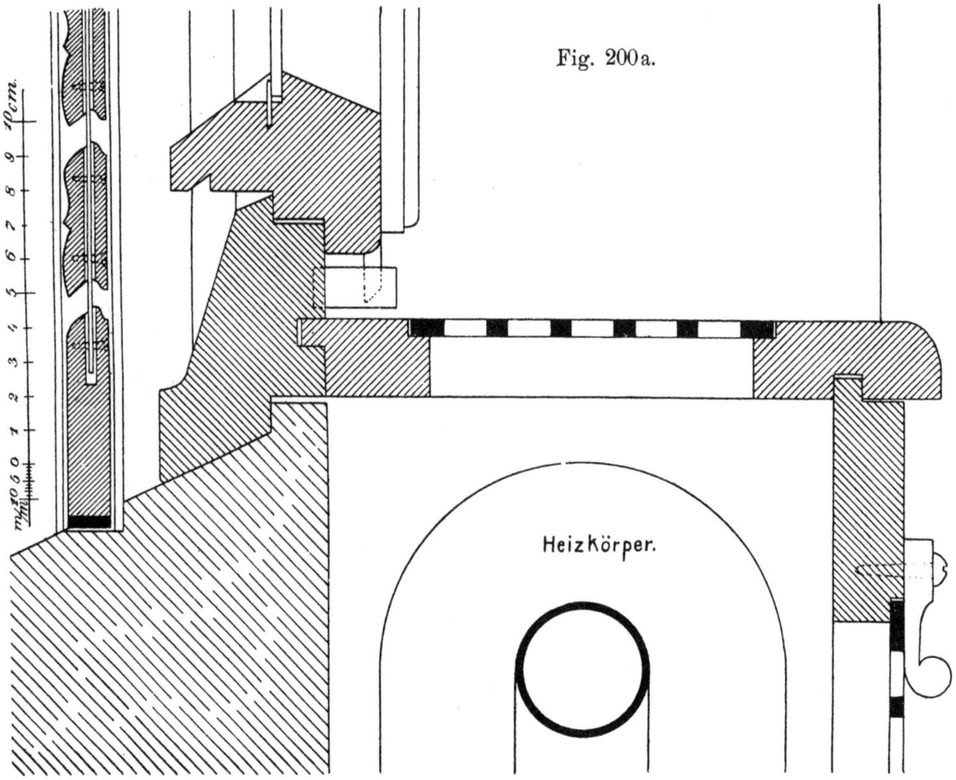

Fig. 200a.

Bei sehr weichem Werksteinmaterial sowie bei verputztem Backsteinmauerwerk ist die Oberfläche der Sohlbank stets mit Metall (Zink- oder Kupferblech)

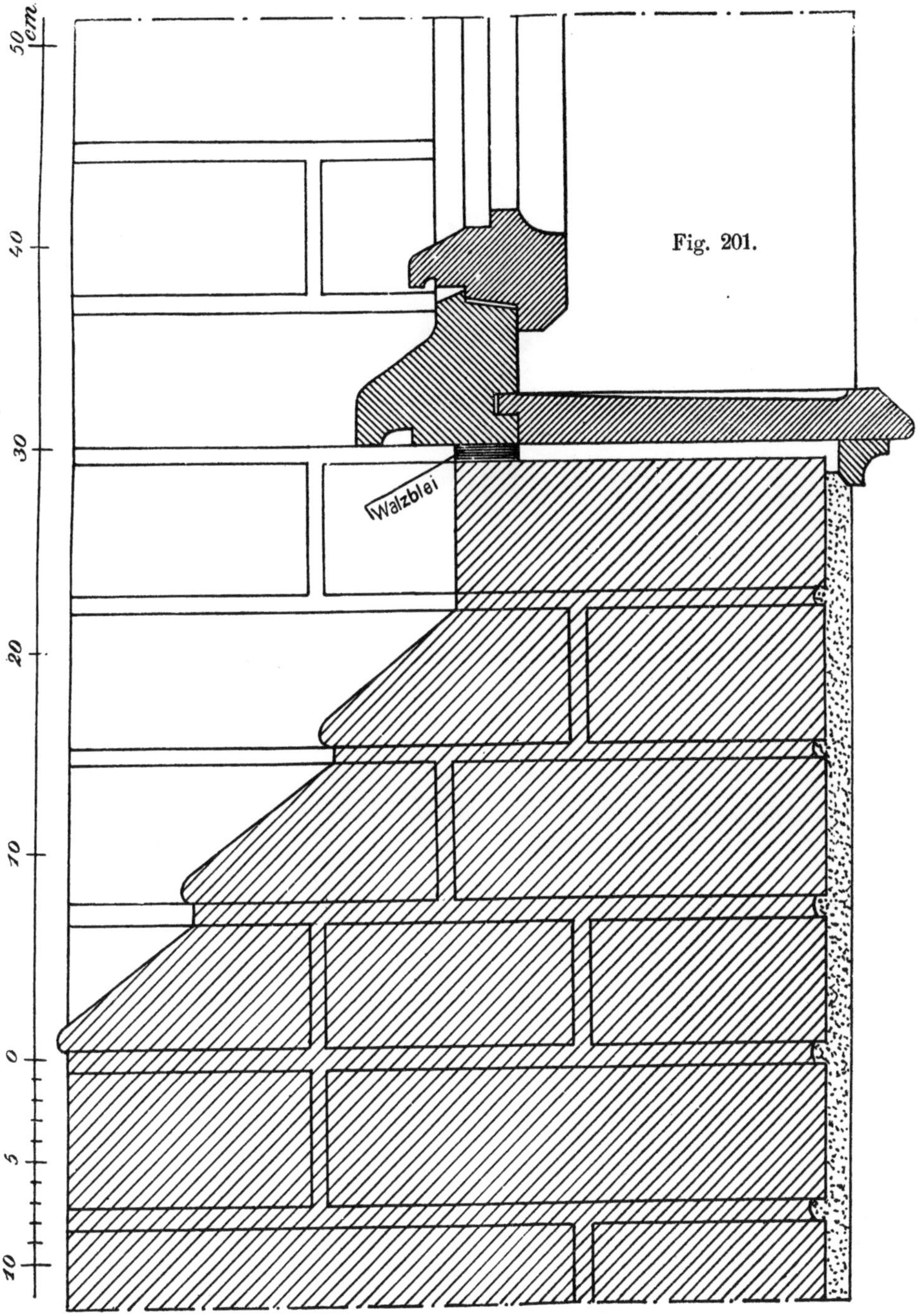

Fig. 201.

abzudecken (vergl. Fig. 207); das gleiche gilt auch für die Sohlbänke in Fachwerkswänden (Fig. 202 bis 204).

In Küchen ordnet man häufig den unteren Teil des Fensters feststehend (Fig. 205 bis 207), den oberen Teil zum Oeffnen an, damit bei geöffneten Flügeln der Wrasen, welcher sich unter der Zimmerdecke befindet, schneller ins Freie entweichen kann; auch will man durch diese Anordnung verhindern, dass das Küchenpersonal sich über die Brüstung hinweg aus dem Fenster lehnt und mit benachbartem Personal Unterhaltung pflegt.

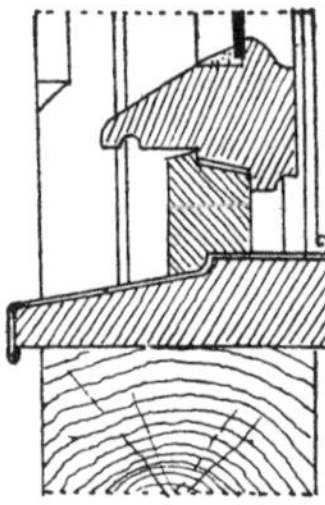

Fig. 202.

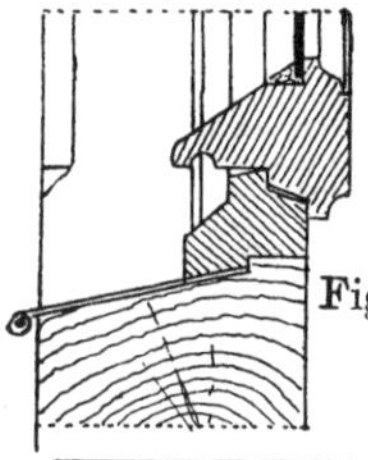

Fig. 203.

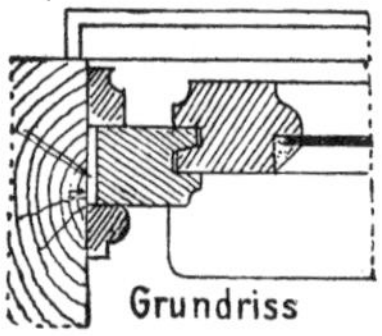

Fig. 204.

Die Fig. 208 bis 211 veranschaulichen zwei nebeneinander liegende Treppenhausfenster, die durch einen schmalen Pfosten voneinander getrennt sind. In solchen Fällen müssen die Fenster hinter dem Mittelpfosten einen gemeinschaftlichen lotrechten Futterrahmenschenkel (Fig. 210 und 211) erhalten, welcher mittelst Steinschrauben an dem Steinpfosten zu befestigen ist. Da die Sohlbänke der beiden Fenster, der Treppensteigung entsprechend, in verschiedener Höhe liegen, muss der mittlere lotrechte Wasserschenkel bis auf die tiefer liegende Sohlbank herabgeführt werden (Fig. 209).

2. Drei- und mehrteilige Fenster.

In modernen freistehenden Häusern werden mit Vorliebe für die Beleuchtung von Wohnräumen grosse Fenster von 1,5 m und grösserer Breite angeordnet, die besser wirken als zwei getrennte Fenster von derselben Breite. Sie bilden eine einheitliche Lichtquelle, die für den Raum und seine Einrichtung günstiger ist. Häufig werden drei Flügel nebeneinander angeordnet, zwischen denen feststehende Pfosten stehen. Der Mittelflügel kann hierbei breiter als die Seitenflügel sein und allein zum Oeffnen dienen, während die Seitenflügel durch Vorreiber geschlossen sind. Das Oberlicht ist ebenfalls in drei Teile geteilt (Tafel 2).

Es können aber auch alle drei Flügel von gleicher Breite angeordnet werden.

Sehr breite Maueröffnungen (über 2,0 m) werden meist durch gemauerte oder Werksteinpfosten in kleinere zerlegt. Der oberhalb des Kämpfers liegende Teil des Fensters erhält dann häufig keine oder doch nur einige wenige bewegliche Fensterflügel. Die Fig. 212 und 213 geben hierfür ein charakteristisches Beispiel wieder.

3. Doppelfenster.

a) Bewegliche Winterfenster.

Aus billigerem Material, Kiefern- oder Tannenholz mit Oelfarbenanstrich, werden Vorfenster hergestellt, die im Winter mit schmalem Futterrahmen in der äusseren Fensterleibung mit Stiften und Haken befestigt werden. Die Rahmenstärke beträgt 3 bis $3^1/_2$ cm. Sie können auch mit der scharfen Aussenkante der Leibung überfalzt werden. Die Flügel sind feststehend oder mit Vorreibern versehen. Es können jedoch auch die beiden unteren Flügel an Bändern hängen. Diese Fenster sehen aber nicht gut aus und haben mehr und mehr den feststehenden Doppelfenstern weichen müssen.

Opderbecke, Innerer Ausbau

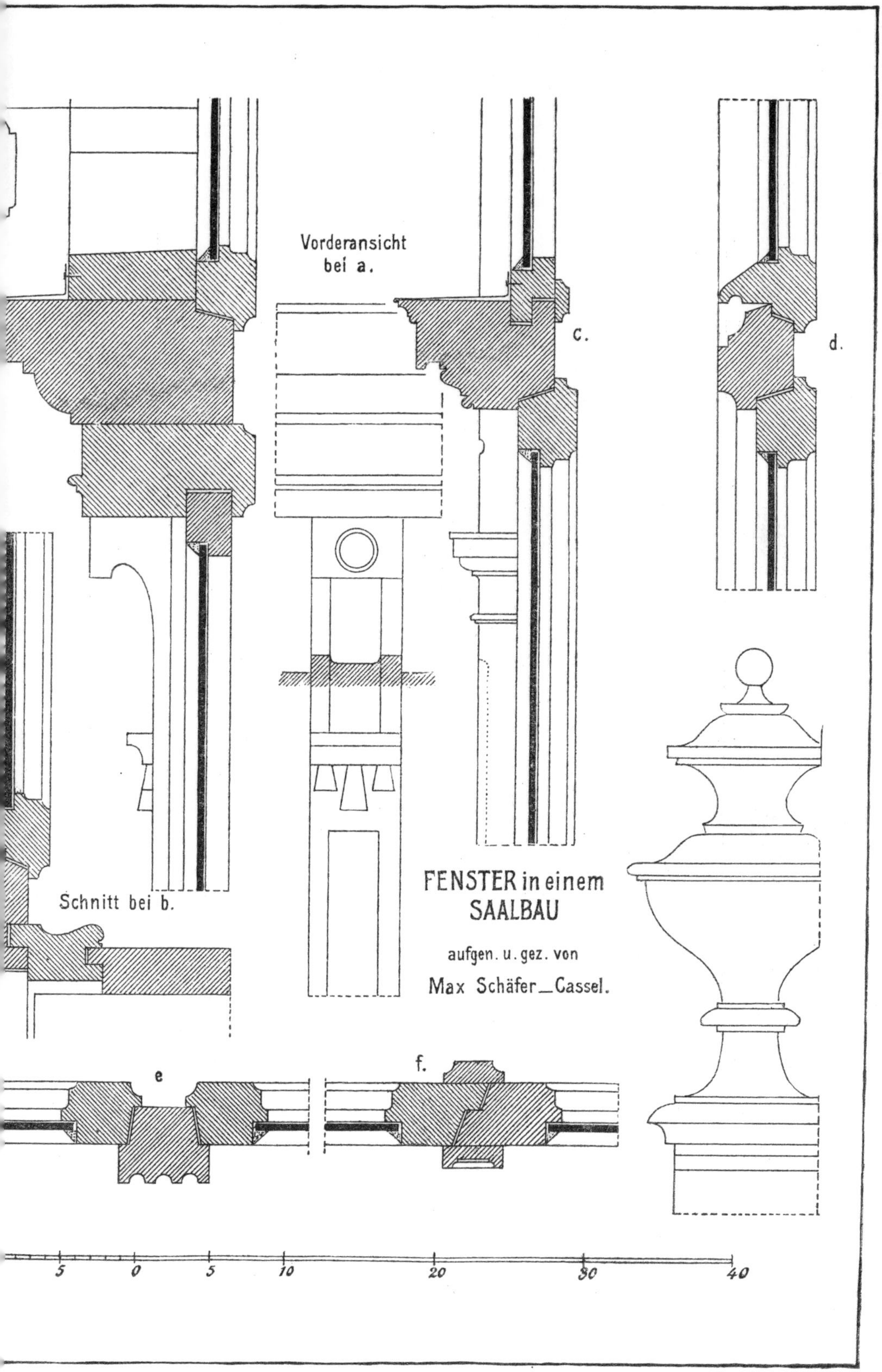
Vorderansicht
bei a.
c.
d.
Schnitt bei b.
FENSTER in einem
SAALBAU
aufgen. u. gez. von
Max Schäfer_Cassel.
e
f.
5
0
5
10
20
30
40

Fig. 205.

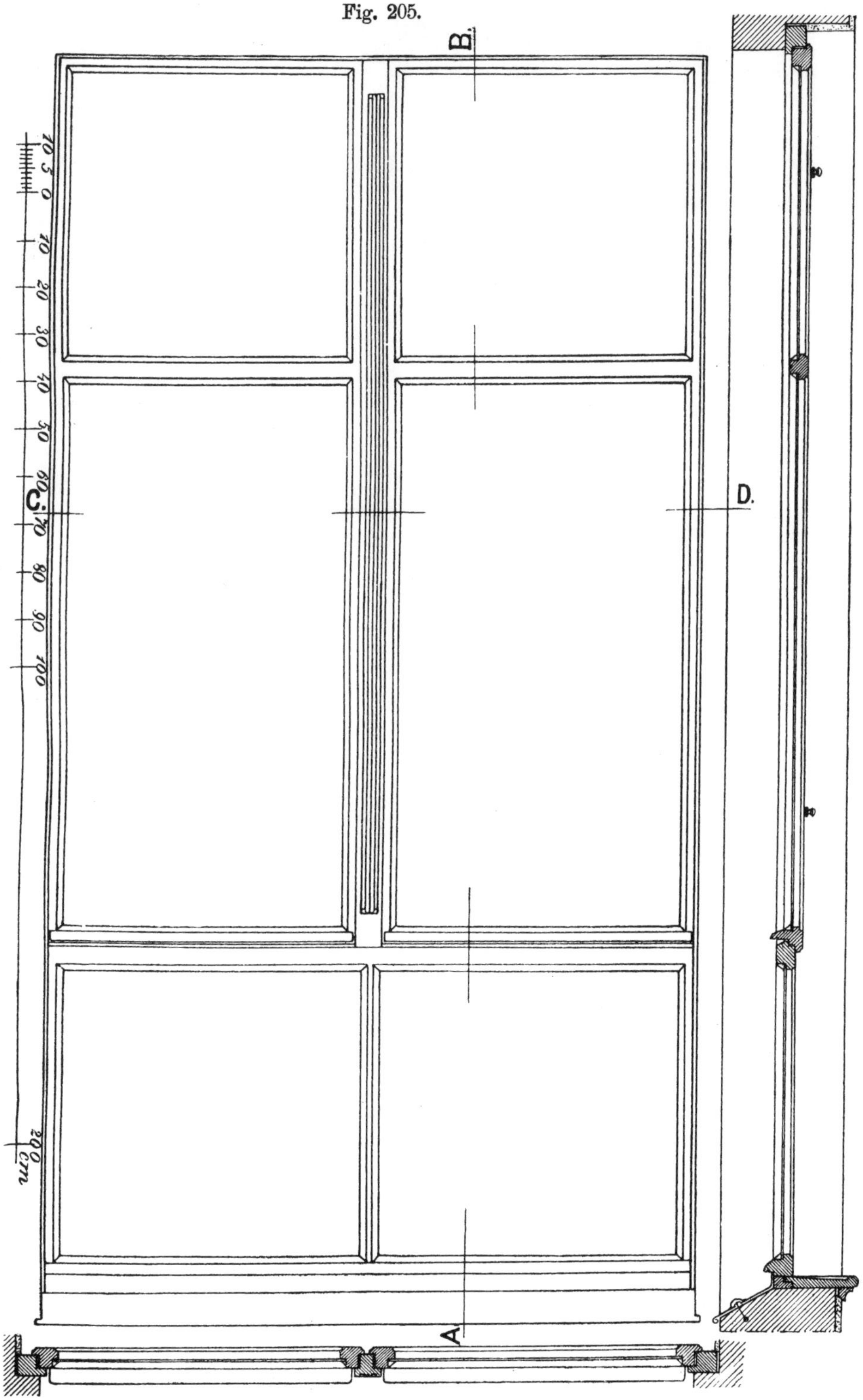

Fig. 206.

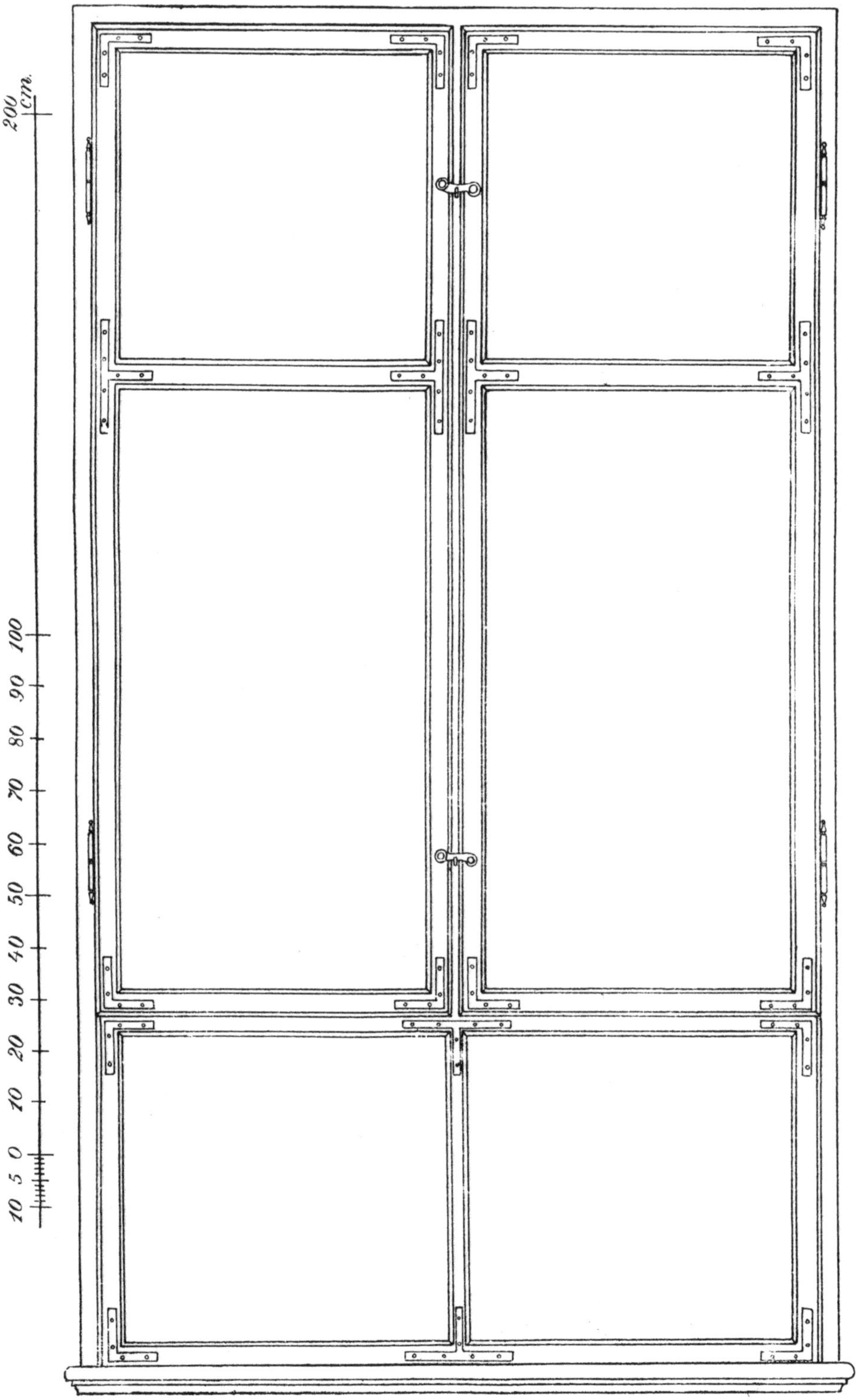

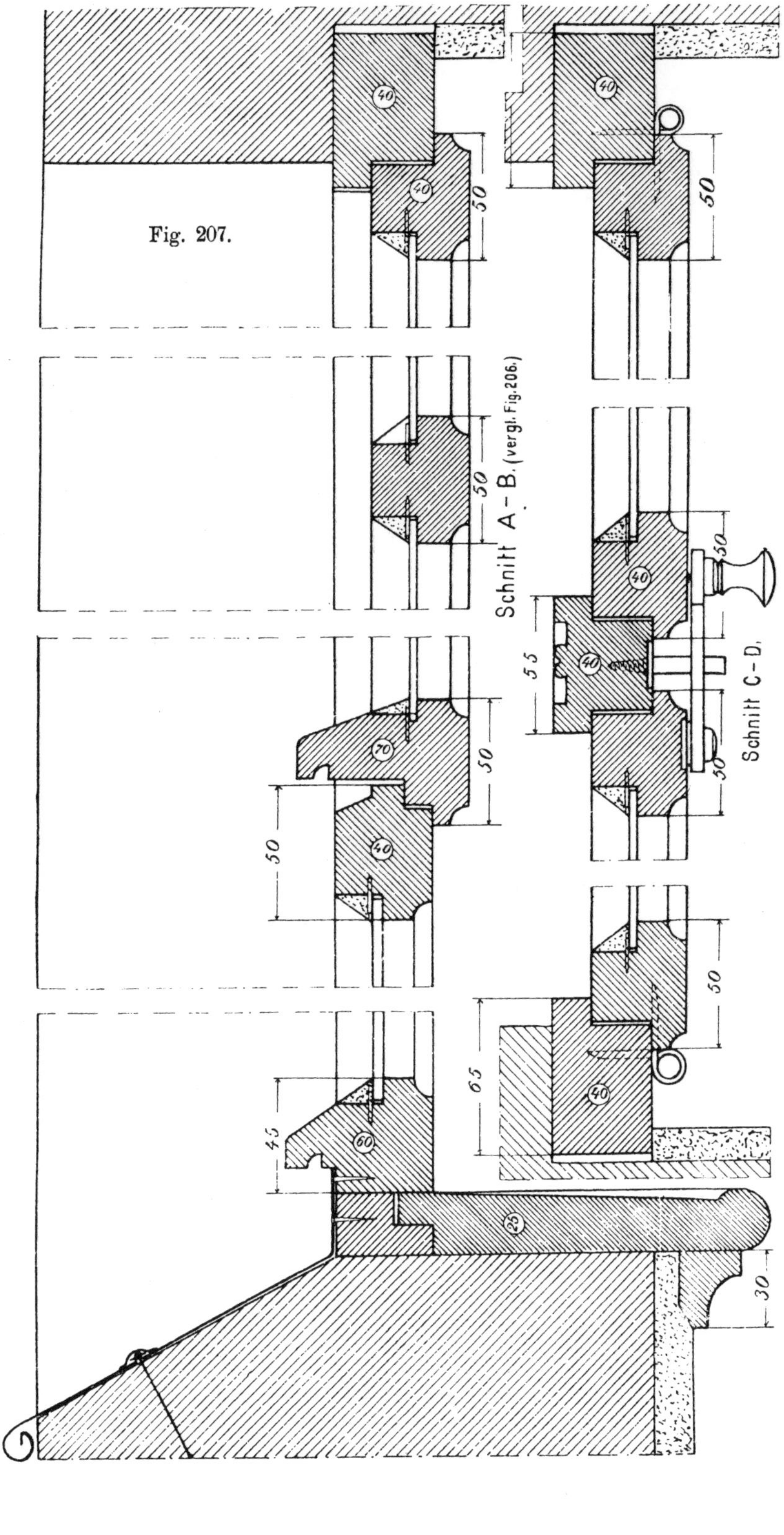

Fig. 207.

Fig. 208.

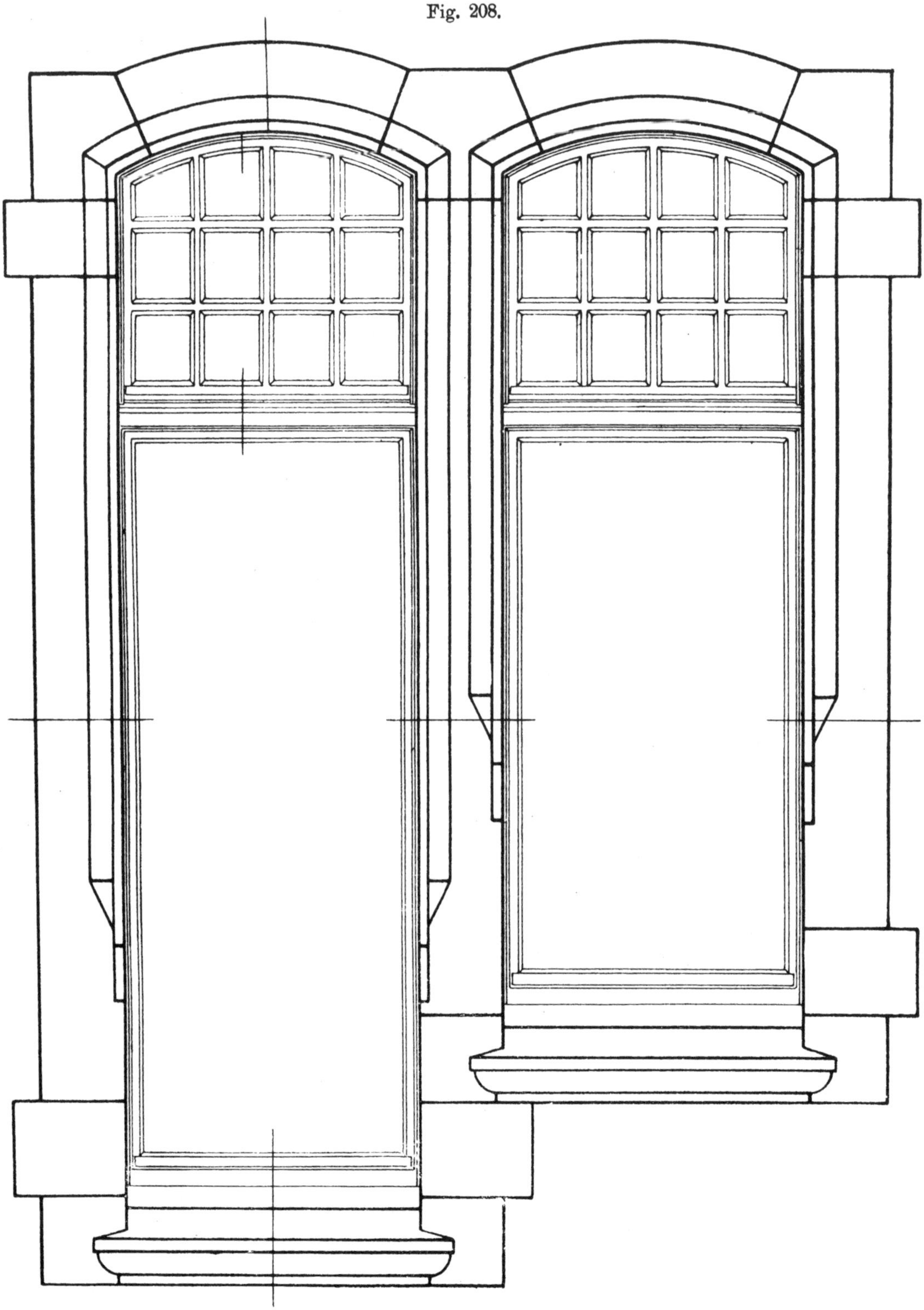

Fig. 209.

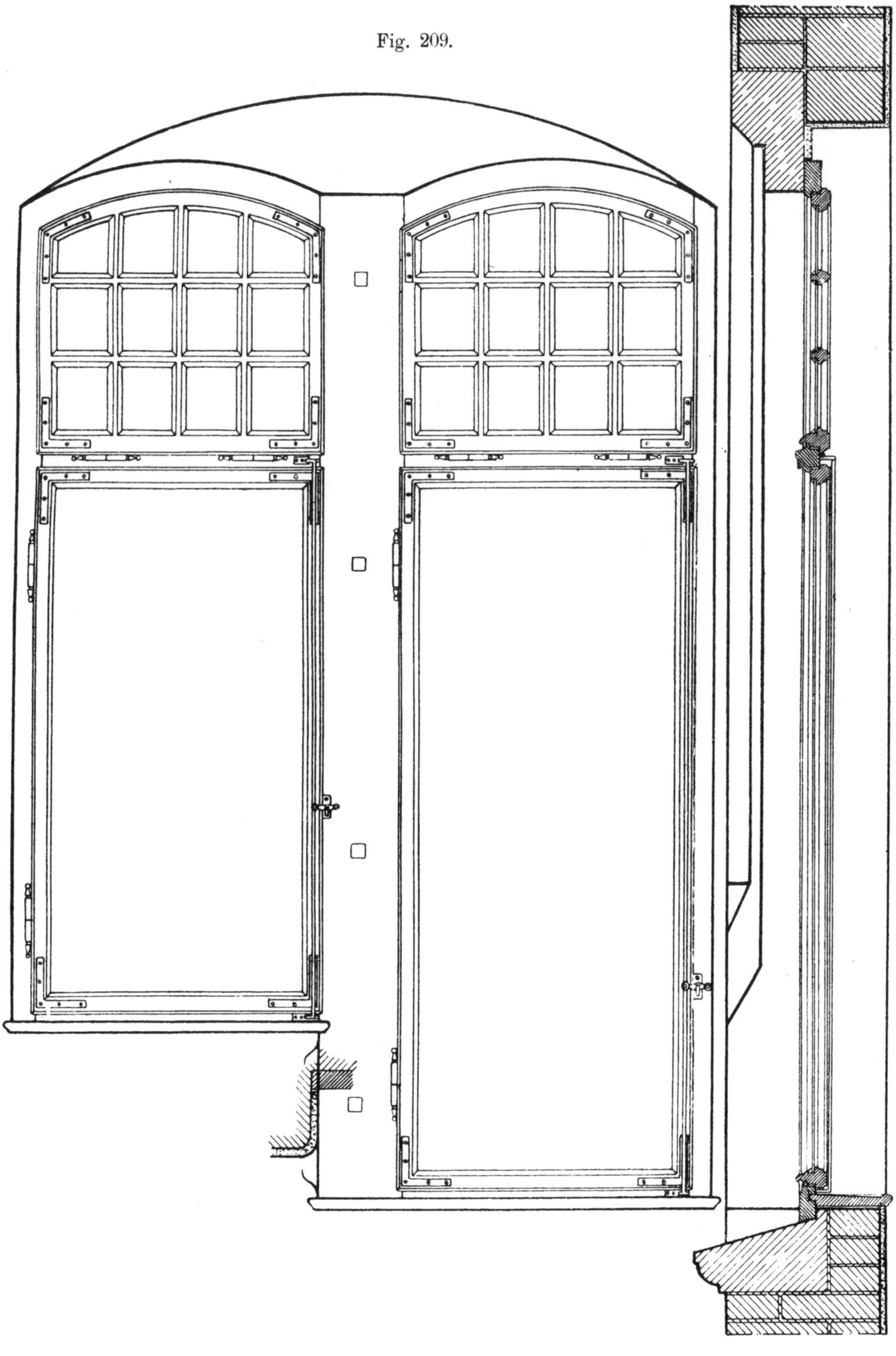

Fig. 210.

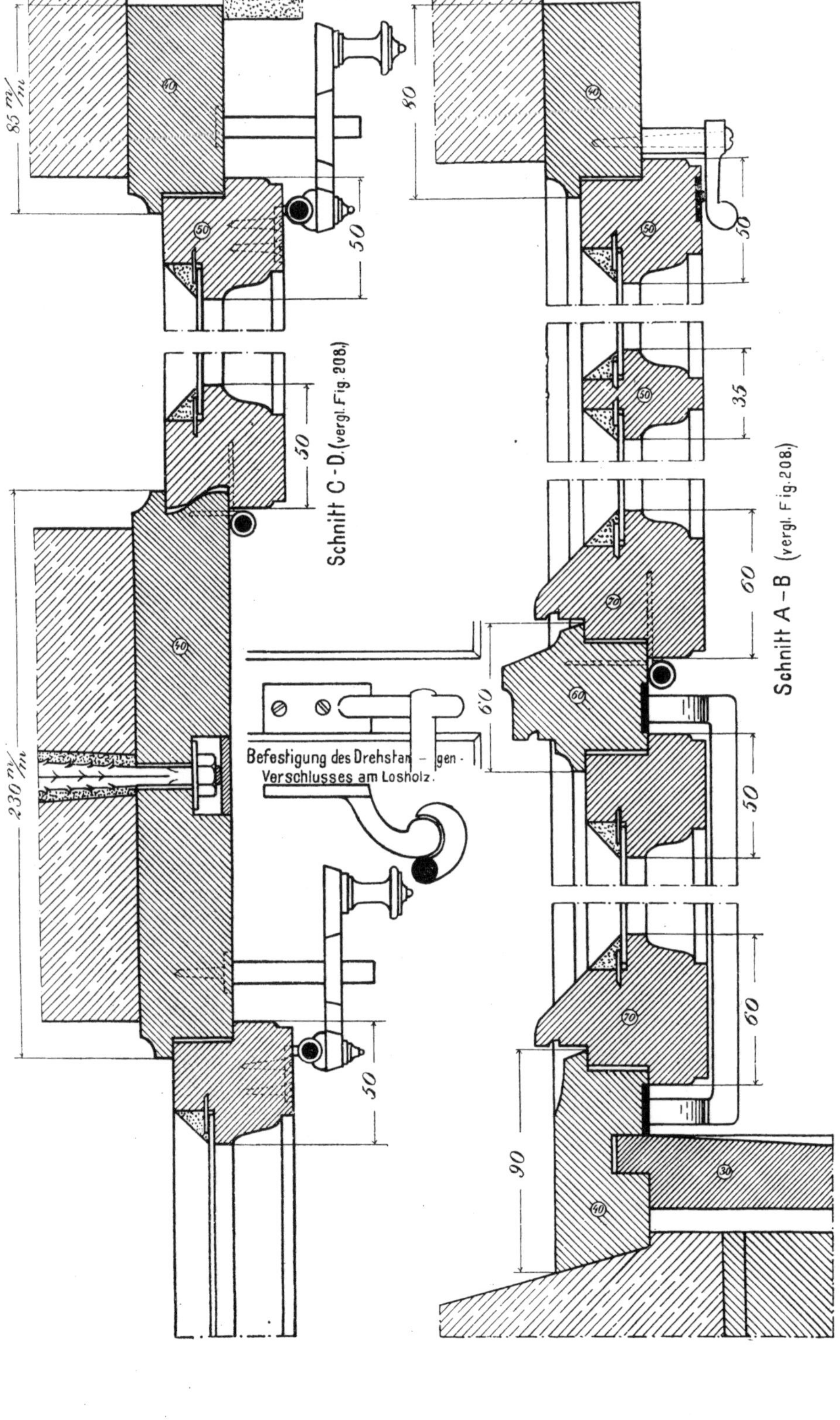
Schnitt C-D. (vergl. Fig. 208.)
Schnitt A-B (vergl. Fig. 208.)
Befestigung des Drehstan gen-
Verschlusses am Losholz.
85 m/m
230 m/m
80
50
60
35
90

b) Feststehende Doppelfenster (Kastenfenster).

Das äussere Fenster ist ein gewöhnliches Zimmerfenster aus Eichenholz, das innere, geschützte ist schwächer und meist aus Kiefernholz hergestellt. **Wasserschenkel** fallen bei dem inneren Fenster fort. Der **Kämpfer** ist ganz schlicht und so niedrig als möglich, damit die Flügel des äusseren Fensters frei durch das geöffnete innere Fenster hindurchschlagen können.

Die **Futterrahmen** beider Fenster sind durch ein 2 bis 3 cm starkes und mindestens 10 cm breites Zwischenfutter verbunden (Fig. 214 bis 216).

Fig. 211.

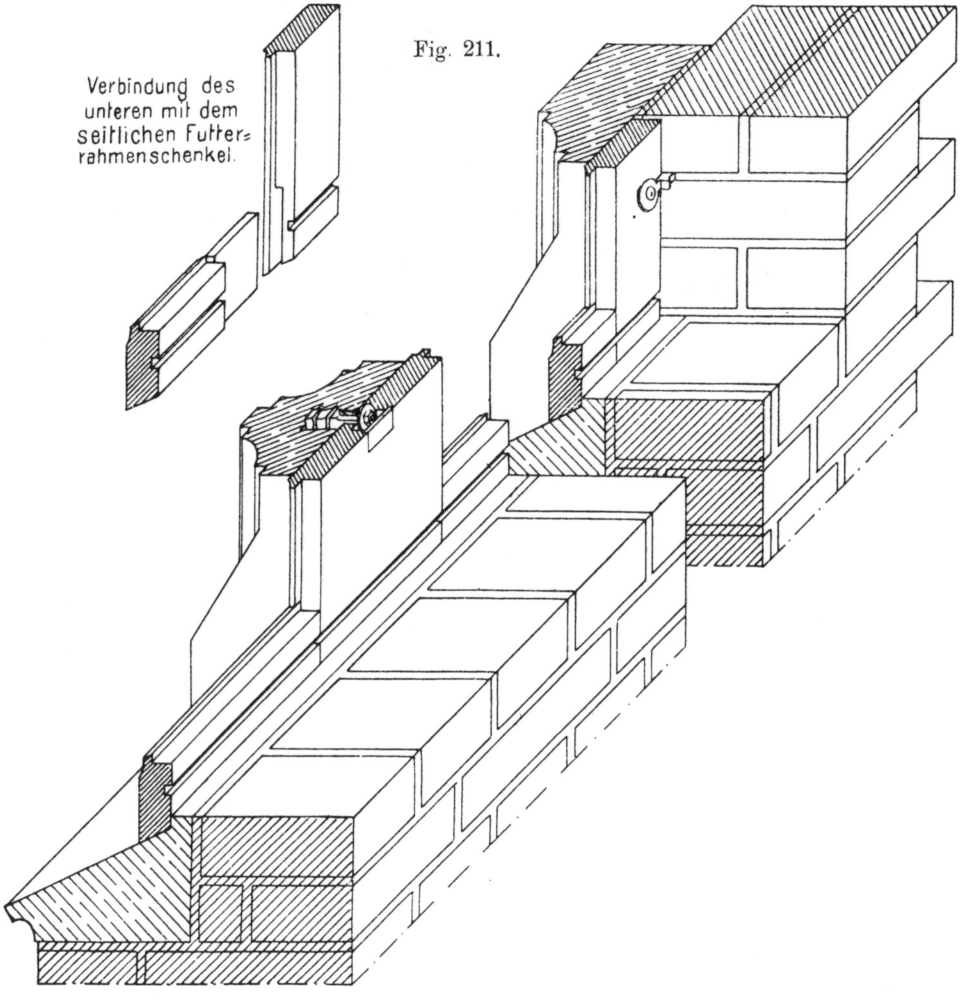

c) Siering'sche Fenster.

Das Material der Zimmerfenster sowohl als auch die geforderte Beweglichkeit bewirken Undichtheiten, die eine unerwünschte und unregulierbare Zuführung von Aussenluft mit sich führen.

Fig. 217 bis 219 geben einen vollkommen dichten Fensterverschluss, der auf der Konstruktion des Fensters und auf der Einrichtung seines Beschlages

Fig. 212.

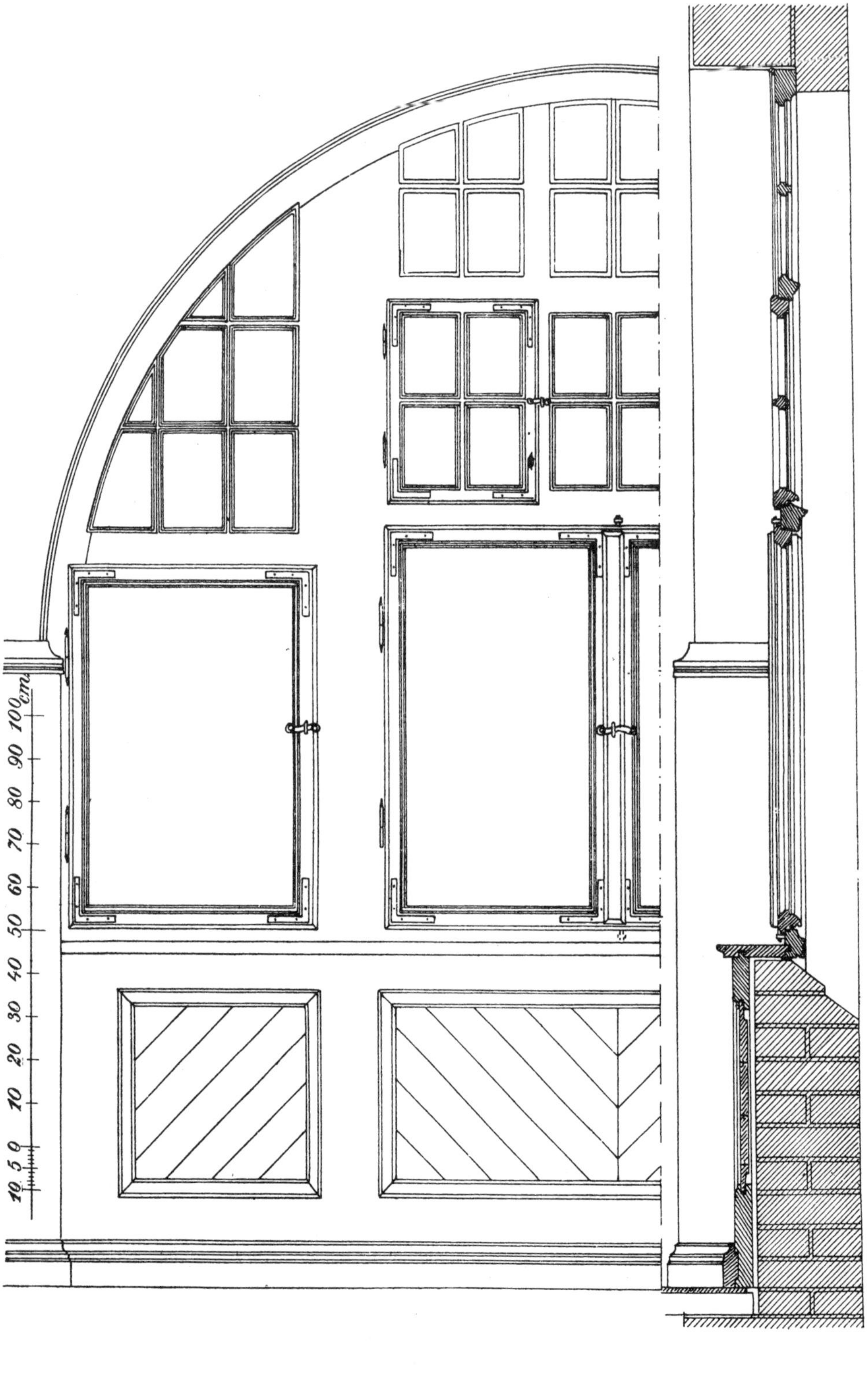

Fig. 213.

Fig. 214.

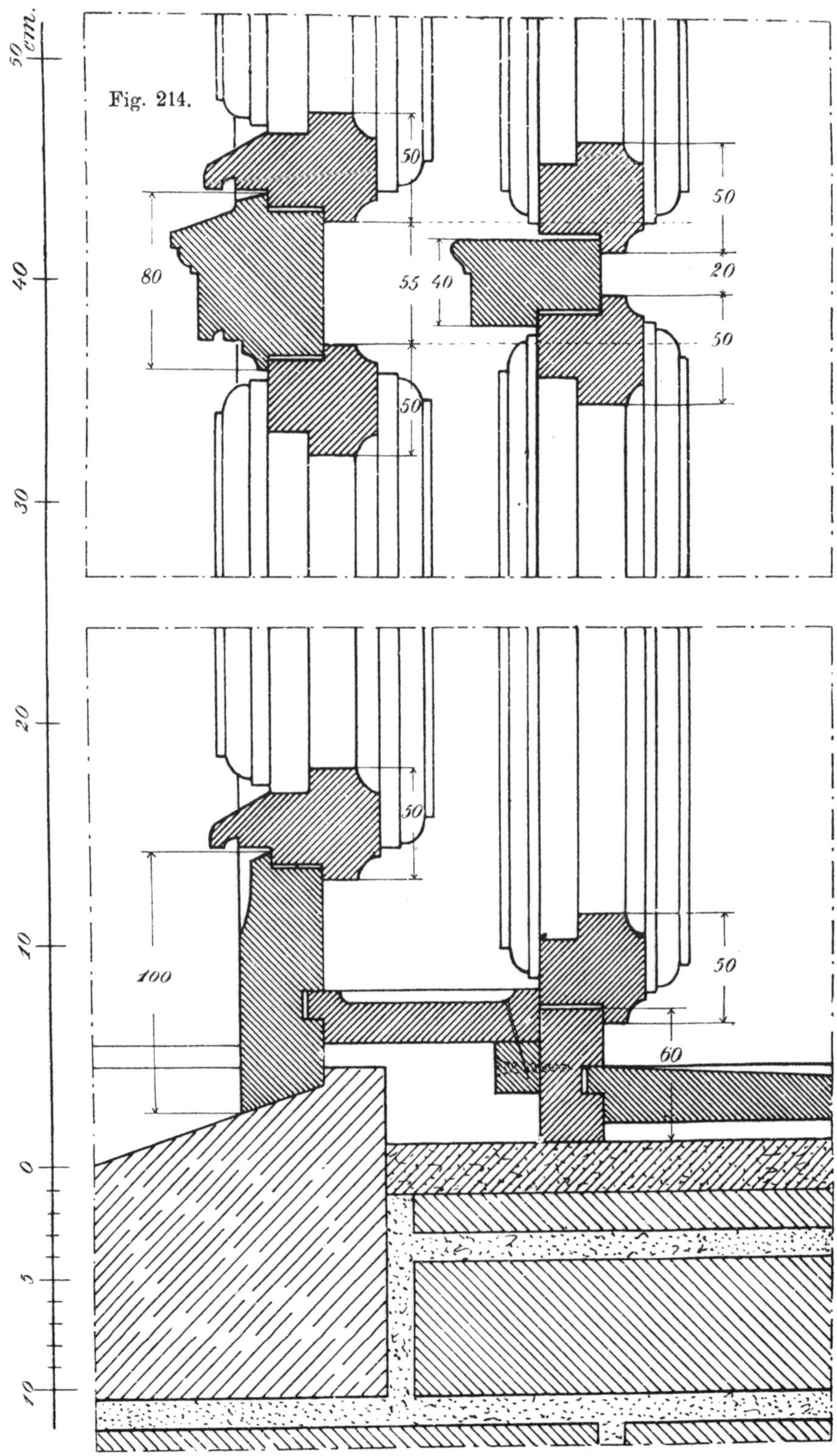

beruht. Die Falze haben so viel Spielraum, dass ein späteres Nachpassen der Flügel unnötig wird. Die entstehenden Undichtheiten werden durch Filzstreifen beseitigt, deren Breite und Lage so angenommen ist, dass beim Dehnen und Schwinden des Flügels immer noch volle Deckung des Falzes vorhanden bleibt. Der Filzstreifen ist so hergestellt, dass er dauernd elastisch und gegen Nässe unempfindlich bleibt.

Auf die Oberkante des Losholzes und des Futterrahmen-Wetterschenkels sind Eisenschienen gelegt, die einen dichten Schluss gegen die Filzlage herbeiführen. Vor dieser Schiene ist ausserdem eine Sturmschiene lotrecht aufgesetzt, die das Eintreiben des Regens in die Unterfalze verhindern soll.

Fig. 215.

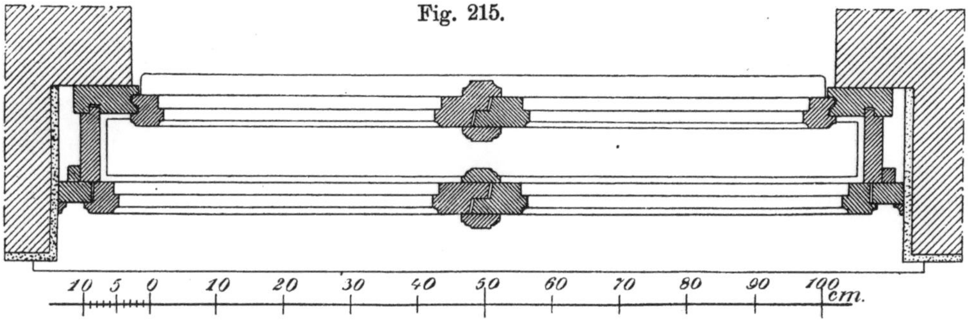

Der Querschnitt des Wasserschenkels ist so angeordnet, dass die Unterfläche eine Neigung nach aussen besitzt.

Bei solchen Doppelfenstern ruhen die ebenfalls gedichteten inneren Flügel in den Falzen der äusseren. Es tritt kein Schwitzen und kein Befrieren des Glases ein.

Der **Beschlag** besteht aus einem verbesserten Basküł, Aufsatzbändern und Schrauben (letztere zur Befestigung der inneren auf den äusseren Flügeln). Der Beschlag wird vom Schlossermeister J. Kienle in Berlin, Brüderstrasse 25, das Fenster von Chr. Siering in Berlin, Haidestrasse 33, hergestellt.

d) Spengler'sche Patent-Spangenfenster.

Bei diesem Doppelfenster (Fig. 217) bewirken „Gelenkspangen“ die gleichzeitige Drehung je eines Flügelpaares, das zu diesem Zwecke besondere Falze erhalten hat; die Spangen können beim Reinigen ausgehängt werden. Ein Stellbogen mit Klemmschraube dient dazu, ein geöffnetes Flügelpaar in beliebiger Lage festzustellen. Beim Schliessen des am rechten Innenflügel angebrachten Rollriegelbasküls werden auch die Aussenflügel fest in ihren Falz gedrückt und zwar unten durch die Spangen, oben durch die Puffer.

Ein Reserveverschluss hält die Aussenflügel fest und ebenso das linke Flügelpaar, wenn das rechte geöffnet ist. Man kann hier somit entweder das rechte oder das linke oder beide Flügelpaare leicht öffnen, schliessen oder in beliebiger Lage feststellen.

Fig. 216.

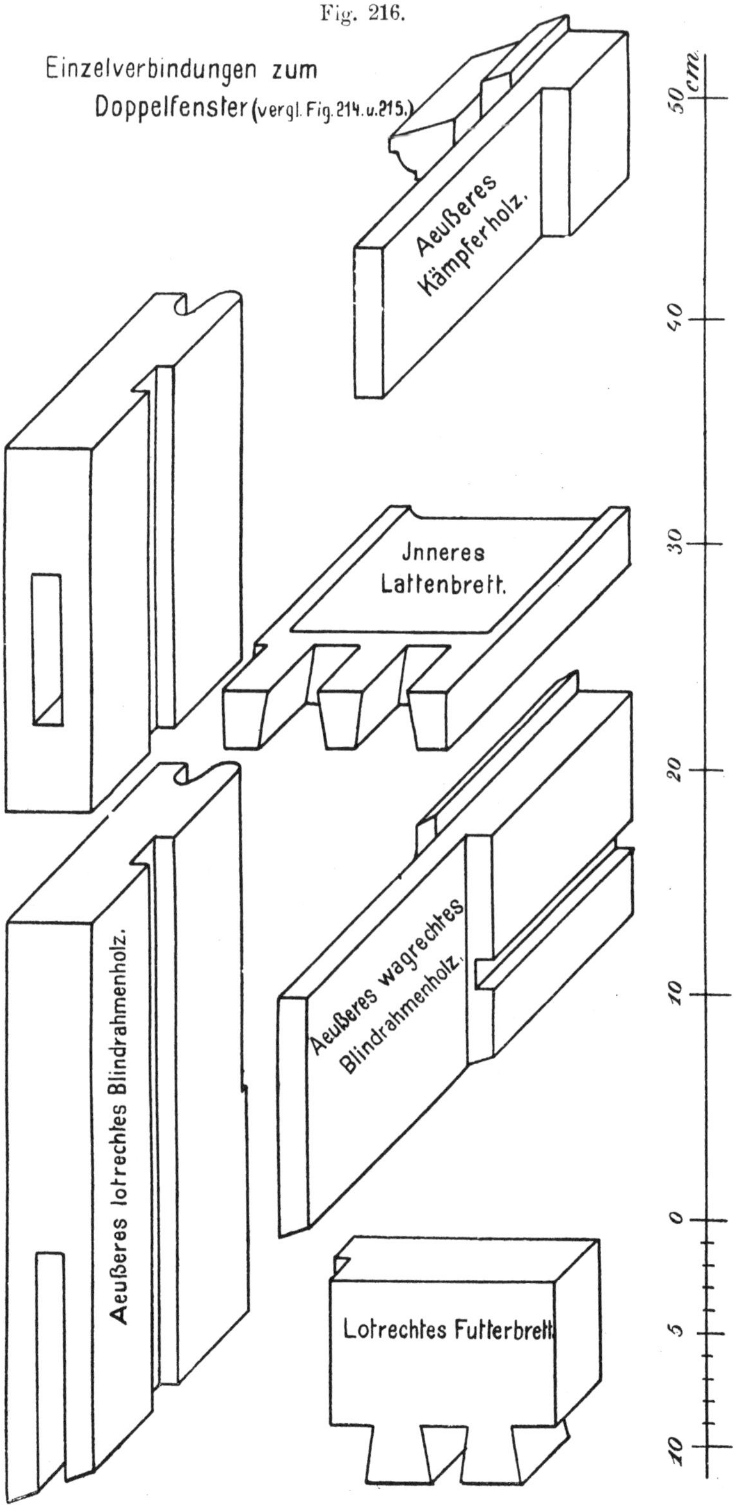
Einzelverbindungen zum
Doppelfenster (vergl. Fig. 214. u. 215.)
Aeußeres
Kämpferholz.
Jnneres
Lattenbrett.
Aeußeres wagrechtes
Blindrahmenholz.
Aeußeres lotrechtes Blindrahmenholz.
Lotrechtes Futterbrett
50 cm
40
30
20
10
0
5
10

e) Spengler'sche Panzerfenster.

Im wesentlichen unterscheidet sich dieses Doppelfenster (Fig. 218 bis 220) dadurch von anderen, dass versucht worden ist, das wenig widerstandsfähige Holz durch Eisen zu ersetzen. Die äusseren Flügel sind aus Eisen, die inneren aus Holz. Ein jeder Flügel hat seine eigene Verglasung. Beim Putzen werden die beiden Flügel auseinander genommen. An den eisernen Rahmen ist ausserdem eine Filzdichtung gegen den Holzrahmen angebracht. Die Fig. 218 bis 220 erläutern alles weitere.

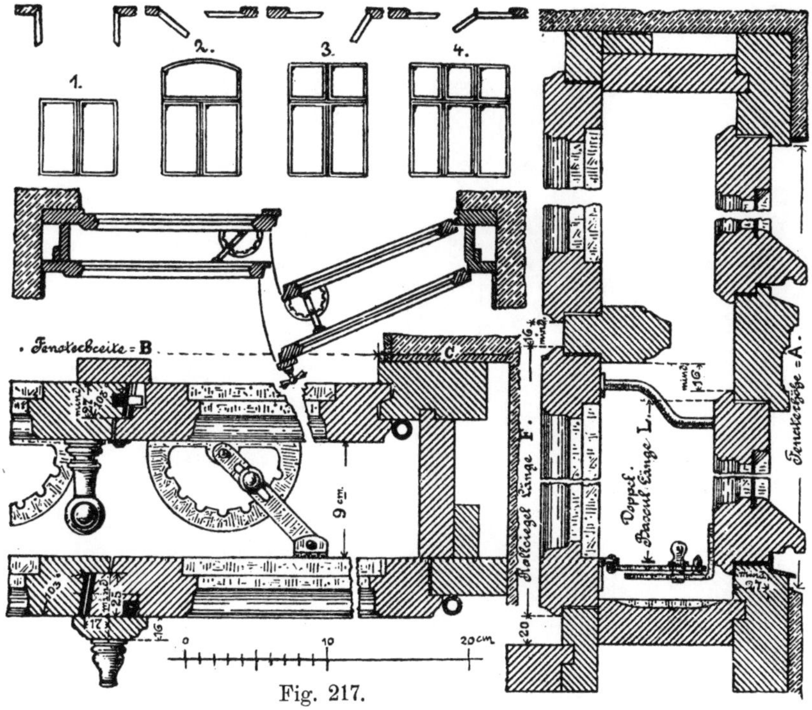

Fig. 217.

f) Doppelfenster von Prof. Rinklake.

Auf den Fensterflügeln der äusseren Fenster (Fig. 221 bis 223) sind hier ∟-Eisen a befestigt, die die Fensterfugen überdecken und somit das Eindringen von Feuchtigkeit verhindern. Ein zweites Fassoneisen b bewirkt beim Schliessen des Fensters ein festes Aufeinanderpressen der Fugen. Durch Auflegen eines zweiten leichten Rahmens mit Verglasung wird ein Doppelfenster gebildet.

4. Kippfenster.

Der Flügel oberhalb des Kämpfers bei Wohnzimmer-Fenstern ist häufig so eingerichtet, dass er sich um eine horizontale Achse dreht und in das Innere hineinklappt. Er hat unten zwei Scharnierbänder oder zwei Fischbänder, oben eine sogen. Schere, Federfalle und Zugkettchen. Die Klappflügel liegen in einem Falz (Fig. 224.)

5. Schiebefenster.

Das englische Schiebefenster

ist der Höhe nach in zwei Hälften geteilt. Die untere Hälfte ist innerhalb des Raumes hinaufschiebbar. Sie läuft zwischen Leisten in einem Futter, das auf

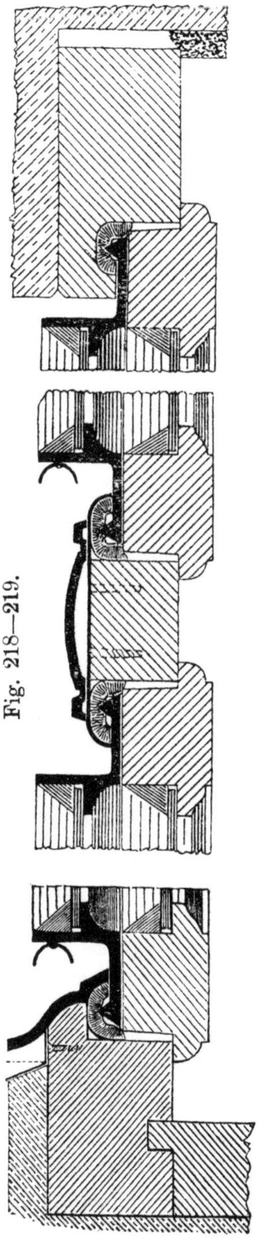

Fig. 218—219.

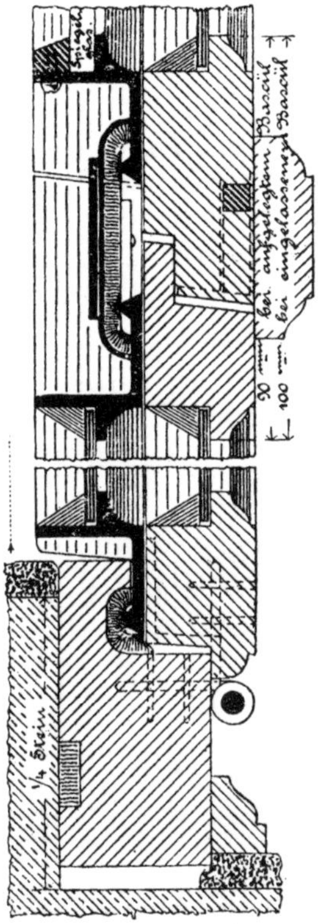

Horizontalschnitt

Fig. 220.

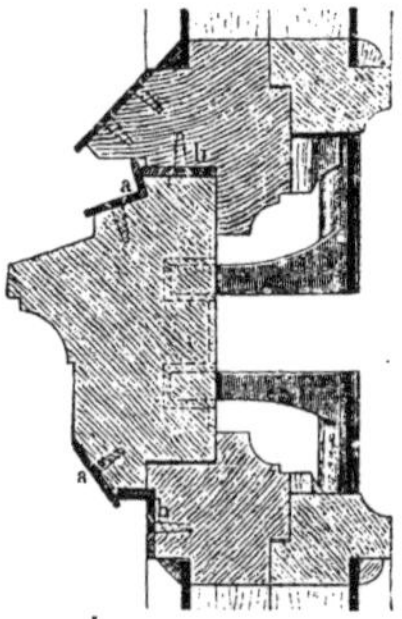

Fig. 221.

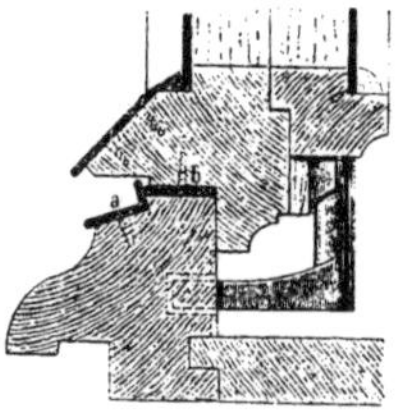

Fig. 222.

Rinkale'sches Doppelfenster

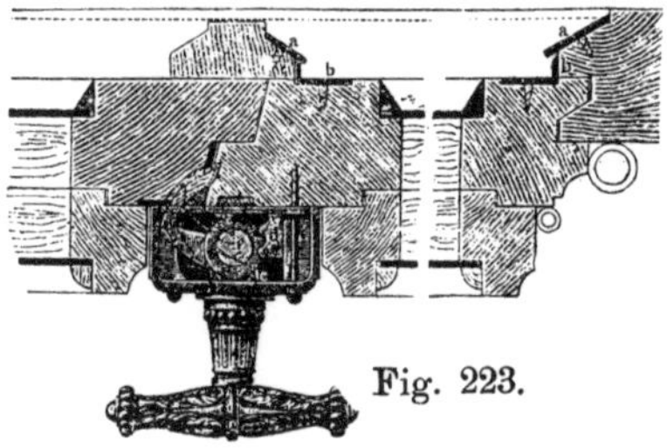

Fig. 223.

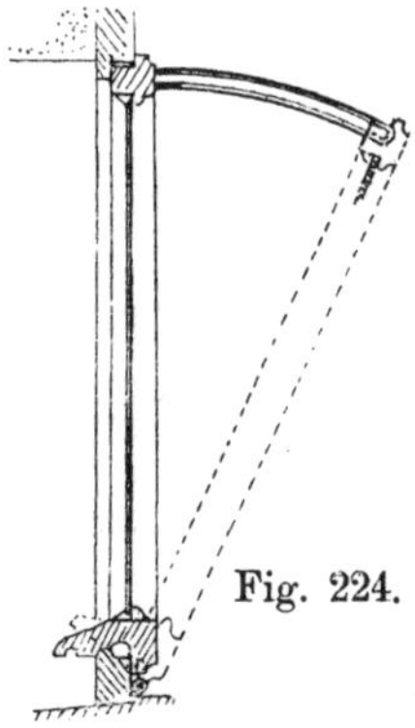

Fig. 224.

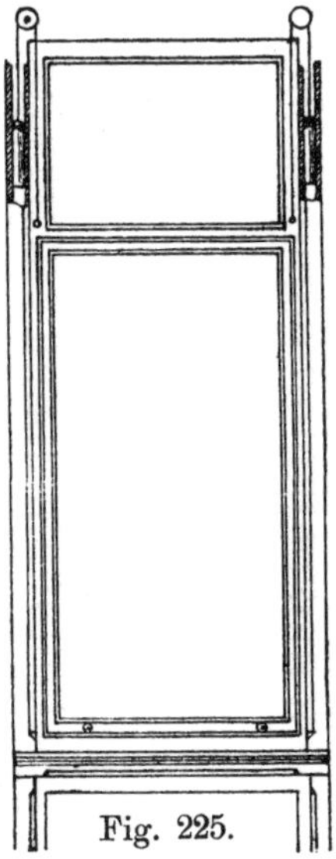

Fig. 225.

der Brüstung steht. Hinter dem Futter sind zu beiden Seiten Hohlräume angebracht, an denen Gegengewichte an Schnuren hängen. Diese sind über Rollen nahe am Sturze geführt (Fig. 225, 226, 227).

6. Schaufenster.

Schaufenster für Verkaufsläden sind feststehende Fenster von 2 bis 4 m Breite. Der **Futterrahmen** ist aus Eichenholz, 4 bis 8 cm stark und 12 bis 15 cm breit. Das **Glas** ist Spiegelglas von 6 bis 8 mm Stärke und wird in einem Falz des Rahmens durch vorgeschraubte Leisten gehalten. Der Rahmen selbst liegt in einem Anschlage oder ist stumpf durch eingegipste Bankeisen in der Oeffnung befestigt (Fig. 228 und 229).

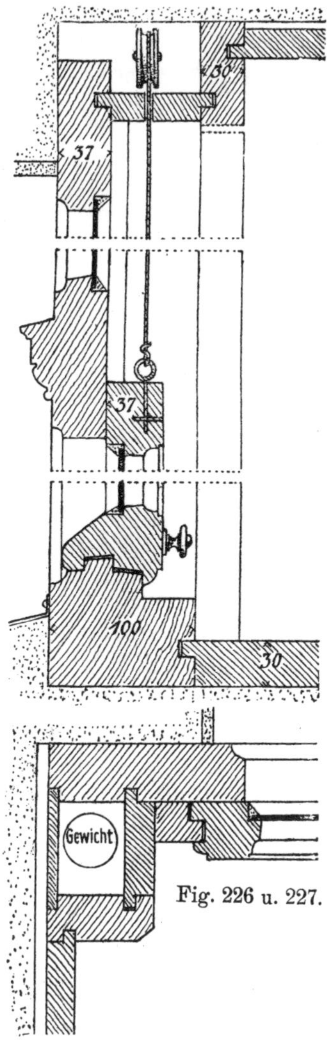

Fig. 226 u. 227.

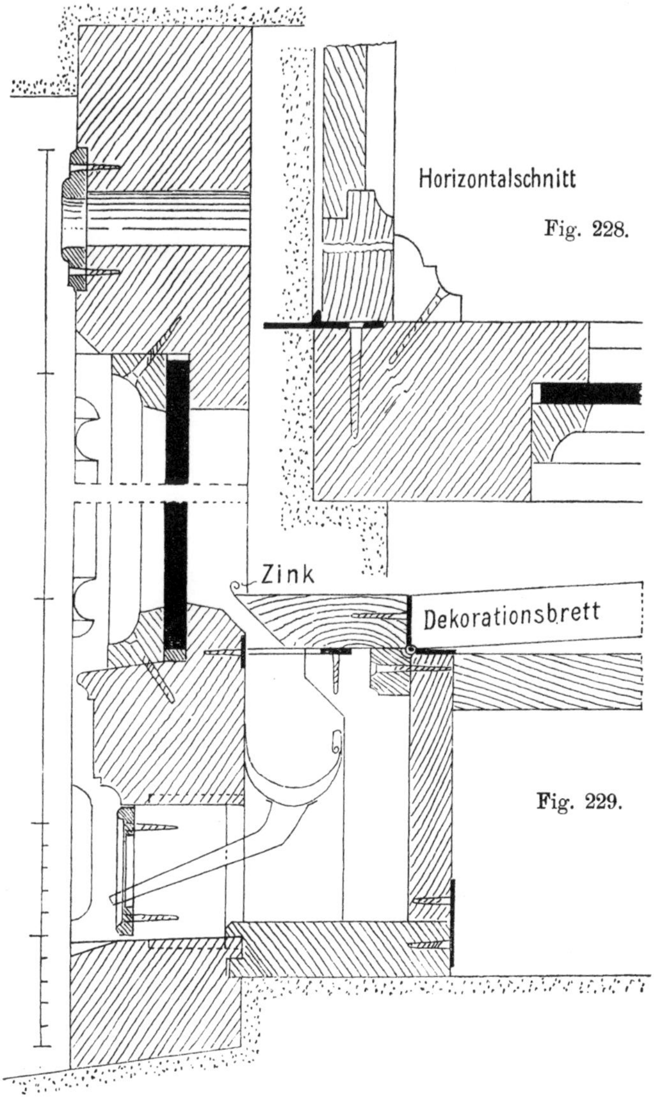

Fig. 228.

Fig. 229.

Der Boden des Schaufensters kann doppelt gemacht werden, so dass untere Luft durch geschlitzte Bleche eintreten kann, die durch den Boden des Schaufensters zieht und oben durch ähnliche Schlitze wieder abgeführt wird. Hierdurch wird die Temperatur hinter der Scheibe so geregelt, dass Niederschläge

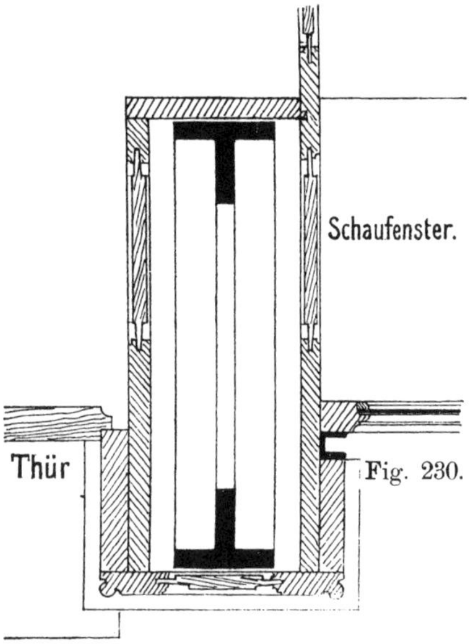

Fig. 230.

Fig. 231.

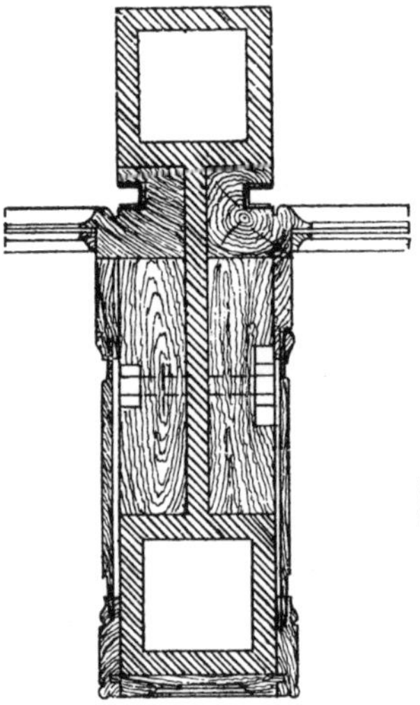

Fig. 232.

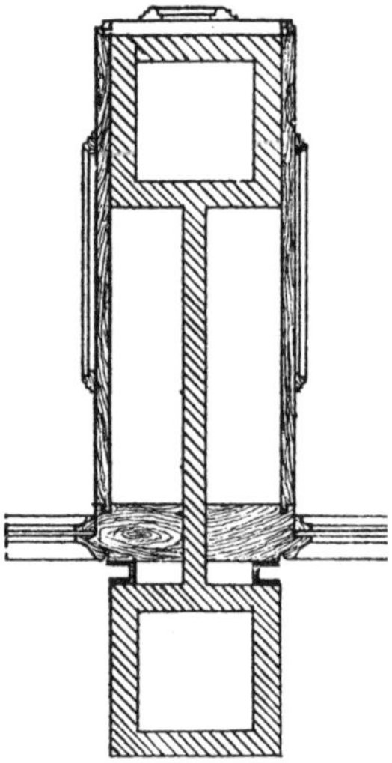

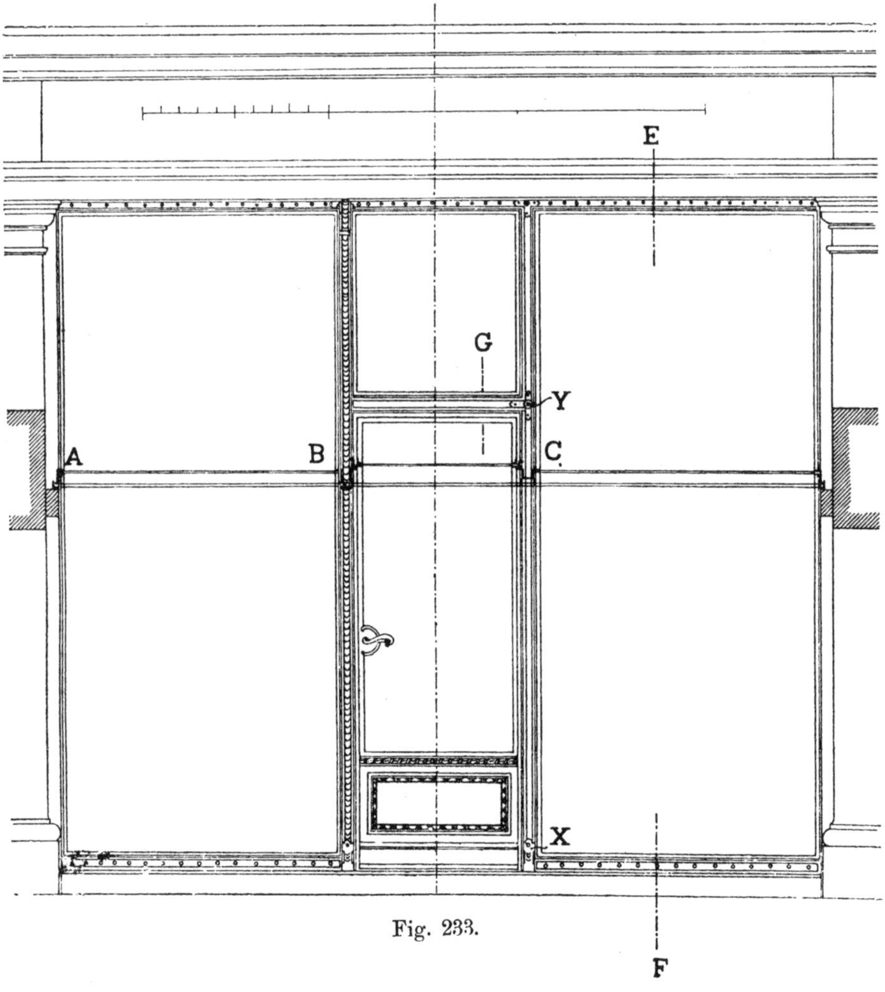

Fig. 233.

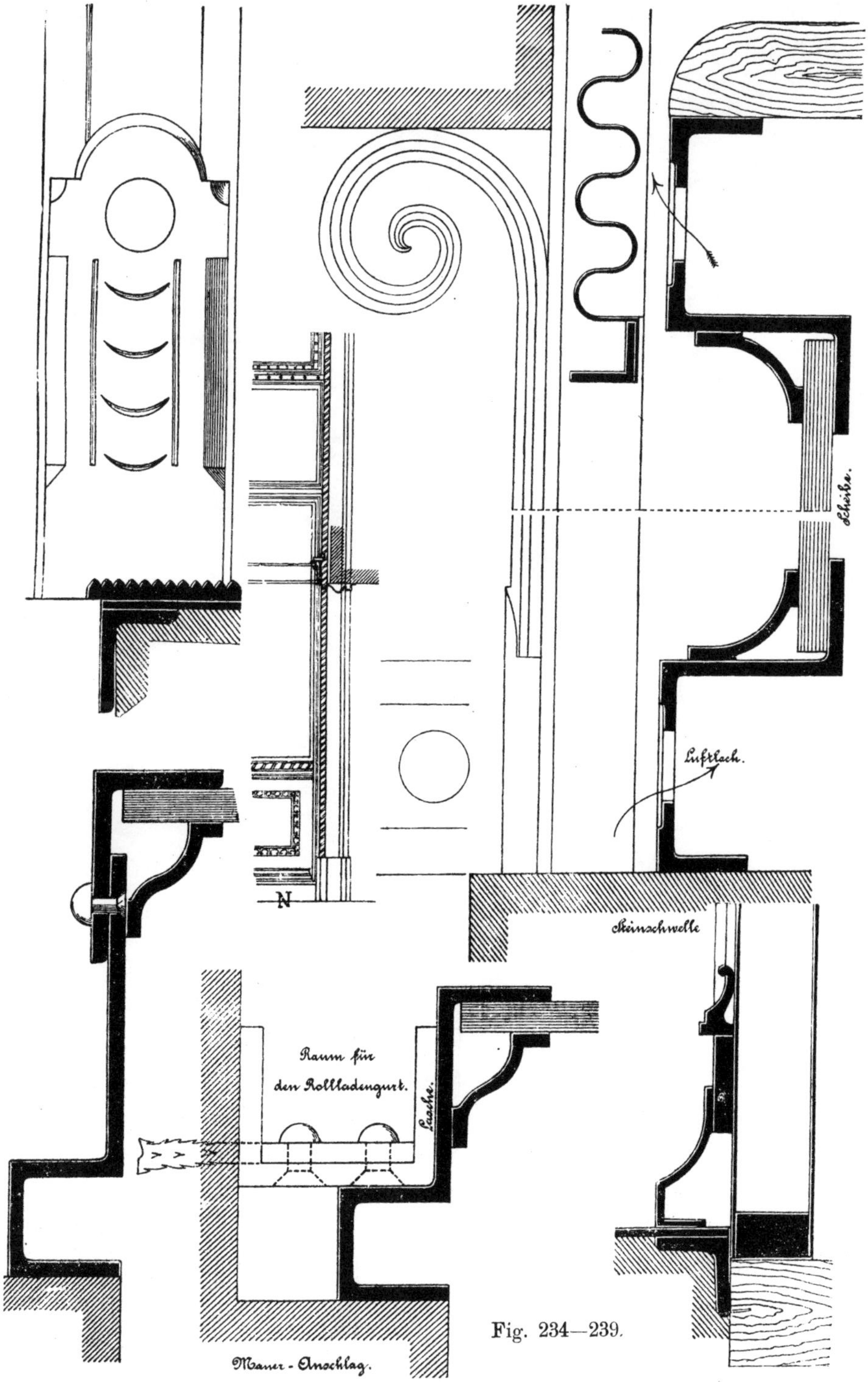

Fig. 234—239.

von der Scheibe ferngehalten werden. Ein Beschlagen und Befrieren der Scheibe wird dadurch verhindert.

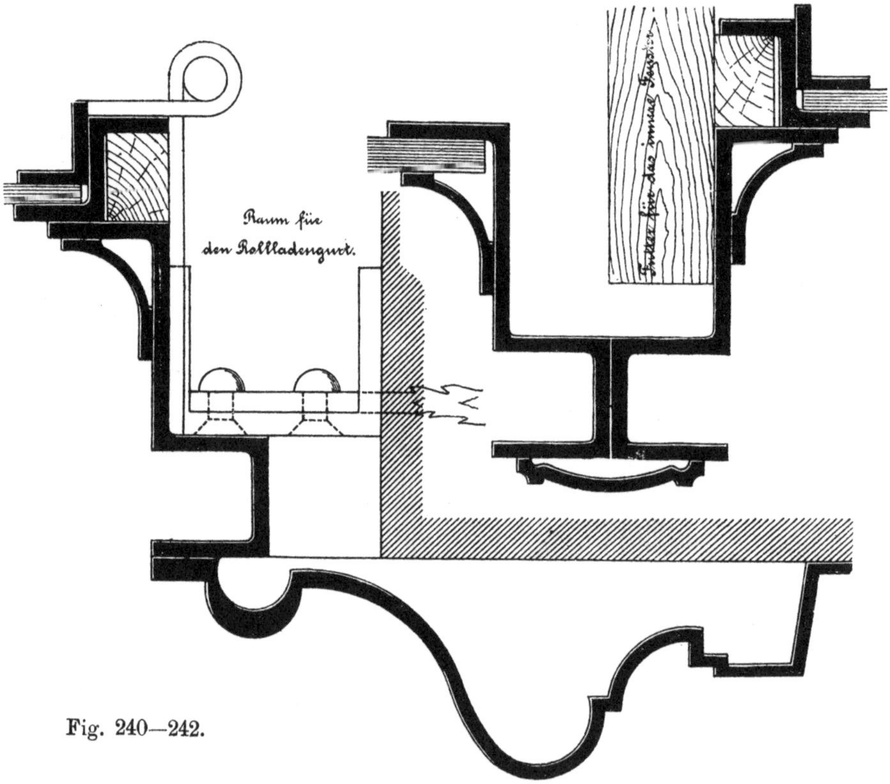

Fig. 240—242.

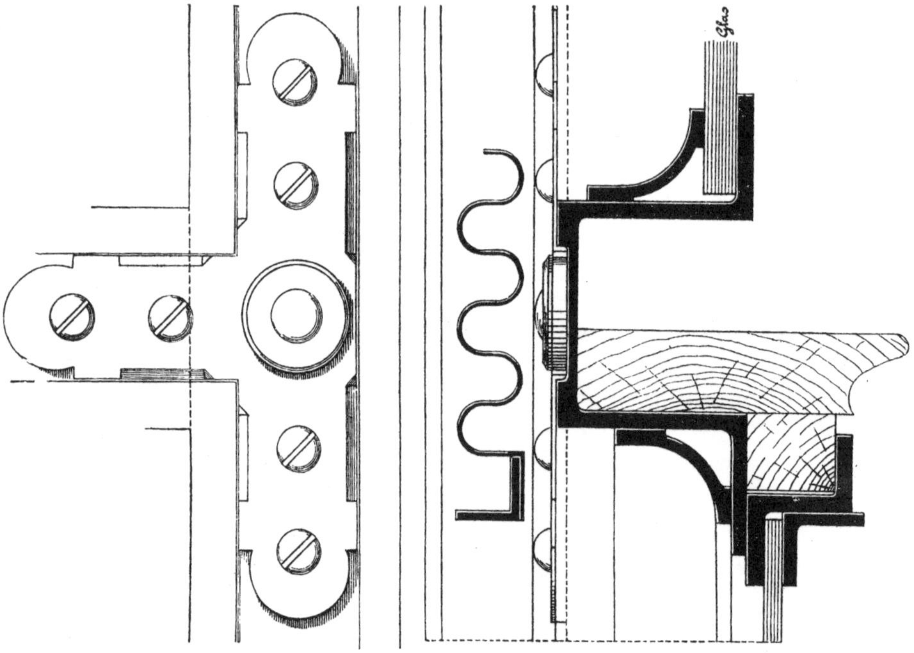

Eiserne Stützen und Pfeiler in der Schaufensteröffnung werden mit Holzverkleidung umgeben (Fig. 230 bis 232) oder bleiben frei sichtbar.

Der Schaufensterraum wird oft durch eine innere zweite Glaswand abgeschlossen. Diese verhindert das Beschlagen bzw. Gefrieren des Fensters. Durchbrochene Metallfüllungen am Fusse der Scheibe und oben helfen auch etwas, aber wenig.

7. Eiserne Fenster.

Bei Werkstätten, Fabrikräumen und Schulräumen kommen auch eiserne Fenster zur Verwendung. Sie bestehen entweder aus Guss- oder aus Schmiedeeisen und sind feststehend oder nur in kleineren Teilen beweglich.

Rahmen und Sprossen erhalten in Gusseisen möglichst gleiche Stärke. Die bewegliche Luftscheibe ist häufig um eine mittlere senkrechte Achse an Zapfen drehbar. Soll das Luftfenster ein Kippfenster sein, so ist es um eine horizontale Achse drehbar.

Bei schmiedeeisernen Fenstern macht man die Rahmen aus Stabeisen, die Sprossen aus gewalztem Profileisen; beide werden miteinander vernietet. Die Sprossen unter sich werden verstemmt oder überschnitten.

Eiserne Schaufenster

von L. Mannstädt in Kalk bei Köln geben die Fig. 233 bis 243. Die beigegebenen Querschnitte reichen hin, um die Zusammensetzung vollständig zu erklären. Das Hauptprofil für derartige Schaufenster-Konstruktionen bildet nicht nur den Rahmen für die von aussen einzusetzende Glasscheibe, sondern enthält auch die Laufnuten für den Rollladen.

Durch diese Einrichtung ist es zur Unmöglichkeit gemacht, den Rollladen durch Entfernung der sonst hölzernen äusseren Deckleiste hochzuheben. Es ist mithin ein guter Schutz gegen Einbruchsversuche geboten. Von allen Städten Deutschlands bietet München die meisten Schaufenster-Anlagen aus Eisen.

Fig. 243.

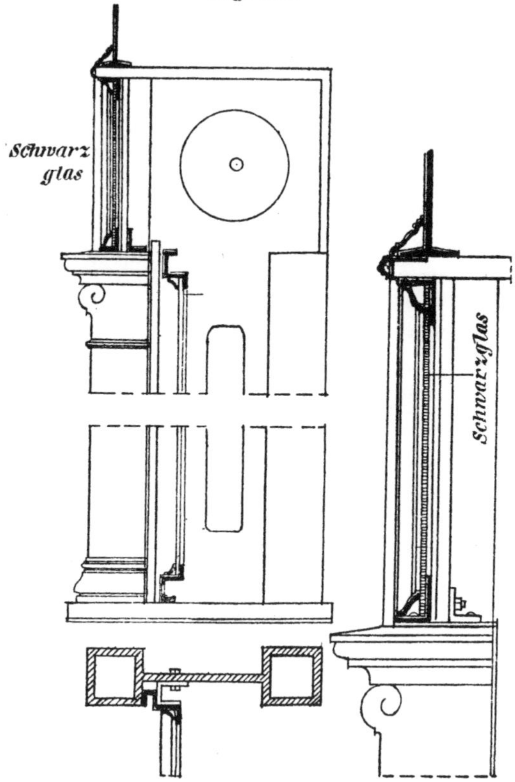

Werden eiserne Kastenstützen verwendet, so werden die Führungsschienen unter Zuhilfenahme von Laschen aus ⊔-förmig gebogenem Flacheisen, die einerseits mit der Schiene vernietet, andererseits mit der Mittelwand (dem Steg) der Stütze verschraubt werden, befestigt (Fig. 243).

8. Oberlichtfenster.

Deckung mit Glas.

Für Glasbedachungen findet namentlich gegossenes Rohglas mit und ohne Drahteinlage Verwendung, ausnahmsweise auch wohl bei enger Sprossenteilung und geringen Tafellängen (Gewächshäuser) Fensterglas.

Rohglas ist das im Guss fehlerhaft geratene Spiegelglas, welches nicht geschliffen und entweder glatt oder geriffelt in Stärken von 4 bis 13 mm hergestellt wird. Die grössten Abmessungen für gewöhnliche Handelsware betragen:

bei 4 bis 6 mm Stärke = 81 × 210 cm,
bei 6 bis 13 mm Stärke = 150 × 300 cm.

Drahtglas ist gegossenes Rohglas, in dessen Innerem sich ein feinmaschiges Eisendrahtgewebe von etwa 1 mm Drahtstärke befindet, welches dem Glase grosse Widerstandsfähigkeit gegen Beschädigung durch Stösse und Feuer verleiht.

Mit Rücksicht auf die Dichtigkeit gegen Schlagregen und um zu verhindern, dass das sich bildende Schweisswasser an den Ueberdeckungsstellen der Tafeln abtropft (Fig. 244), ist die Neigung der Glasdächer möglichst steil, jedenfalls aber nicht flacher als 30° zu wählen.

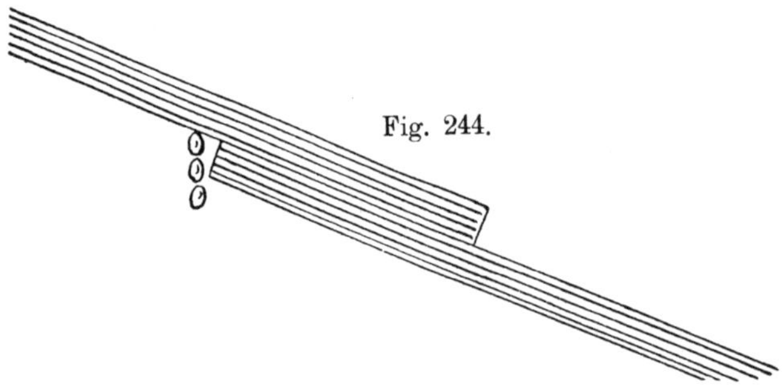

Fig. 244.

Die Dichtigkeit eines Glasdaches hängt aber nicht nur von der Neigung der Dachflächen, sondern auch von der Ueberdeckung der einzelnen Tafeln ab. Je kleiner die Tafeln sind, um so geringfügiger sind die in ihnen vorkommenden Unebenheiten; sie liegen also dichter aufeinander als grosse Tafeln, insbesondere als solche aus gegossenem Rohglas. Man nimmt deswegen bei Gewächshäusern, wo in der Regel kleine Tafeln aus glattem Fensterglas Verwendung finden, eine Ueberdeckung von nur 1 bis 3 cm an, bei Eindeckungen mit grösseren Rohglastafeln dagegen eine solche von 10 bis 15 cm.

Meist sind die Tafeln rechteckig gestaltet, nur bei Gewächshäusern, welche mit schwächeren Tafeln gedeckt werden, schneidet man die Tafeln am unteren Ende flachbogig zu, damit das Wasser mehr nach der Mitte der Tafel gewiesen wird und schneller abfliesst.

Die Tafeln sind gewöhnlich durch **Sparren** oder **Sprossen** unterstützt, welche in der Richtung der Dachneigung liegen, so dass die Längsfugen der Tafeln mit den Sprossen zusammenfallen. Wagerechte Sprossen kommen nur ausnahmsweise vor; sie dienen dann entweder zur besseren Dichtung der Querfugen oder zum Tragen der Glastafeln. Diese Sprossen werden meist aus Metall, seltener aus Holz hergestellt. Sie müssen so geformt sein, dass sie den Glastafeln ein zweckmässiges Auflager bieten und eine gute Dichtung der Fugen ermöglichen. Ueber Räumen, welche nicht in Verbindung mit der Aussenluft stehen, bei denen mithin Schweisswasserbildung auf der Innenseite der Glastafeln zu erwarten ist, sind die Sprossen so zu gestalten, dass das Schweisswasser durch die Sprosse selbst, oder durch an derselben angebrachte Rinnenkonstruktionen in das Freie geleitet werden kann.

Bei Verwendung von **Holzsprossen** kann die Auflagerung der Glastafeln auf einfachste Weise nach Fig. 245 in einem Kittlager, welches in die Ausfalzung der Sprossen gestrichen wird, geschehen. Die Dichtung der Fuge zwischen Sprosse und Tafel durch Kitt ist jedoch keine haltbare, da der Kitt bald spröde und rissig wird und sich infolge der Veränderlichkeit des Holzes von diesem häufig ablöst. Eine bessere Auflagerung finden die Tafeln nach Fig. 246 auf Filzstreifen, welche auf die Falze der Sprossen gelegt werden. Die Dichtung

Fig. 245.

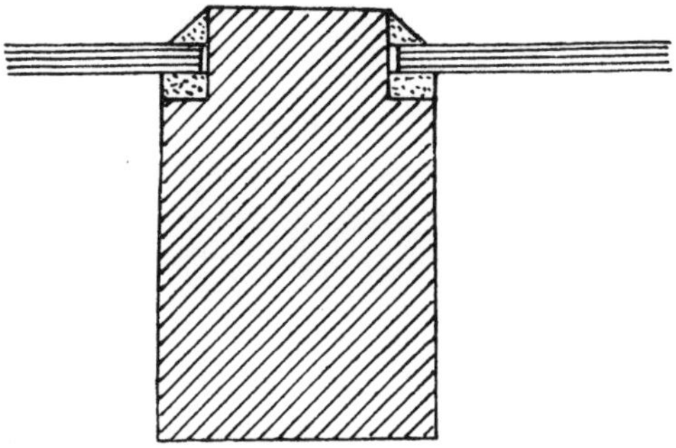

Fig. 246.

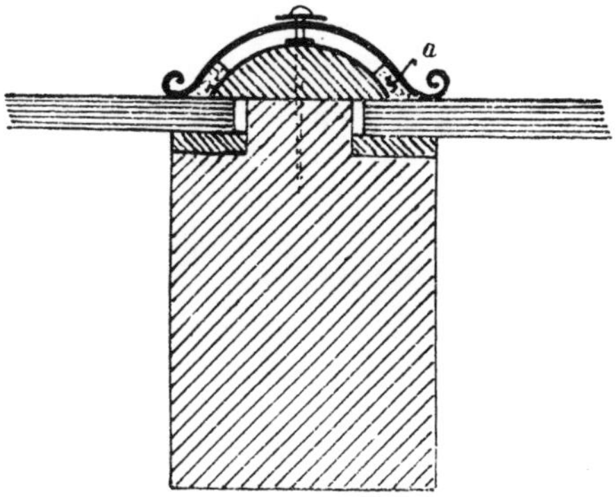

kann dann mittels aufgeschraubter Holzleisten, welche ihrerseits durch Blechkappen abgedeckt sind, erfolgen. Zur Verhinderung des Eindringens von Regenwasser zwischen Glasscheibe und Blechkappe empfiehlt sich das Einpassen eines mit Teer getränkten Hanfstrickes bei a. Die Ausfalzung der Sprossen kann dadurch umgangen werden, dass man nach Fig. 247 kleine Winkeleisen an die Holzsprossen anschraubt und auf diesen die Glastafeln verlegt.

Fig. 247.

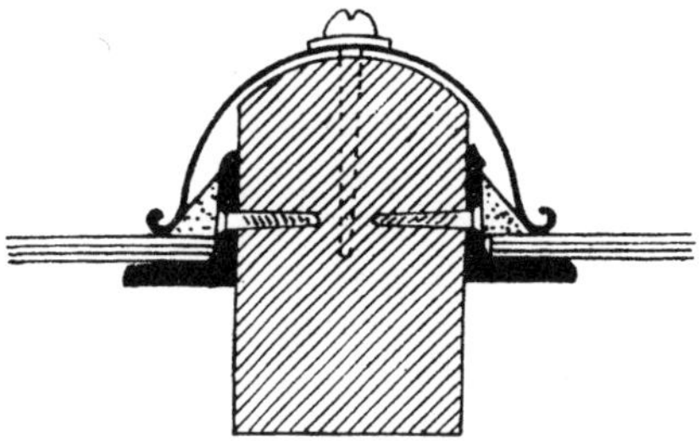

Fig. 248.

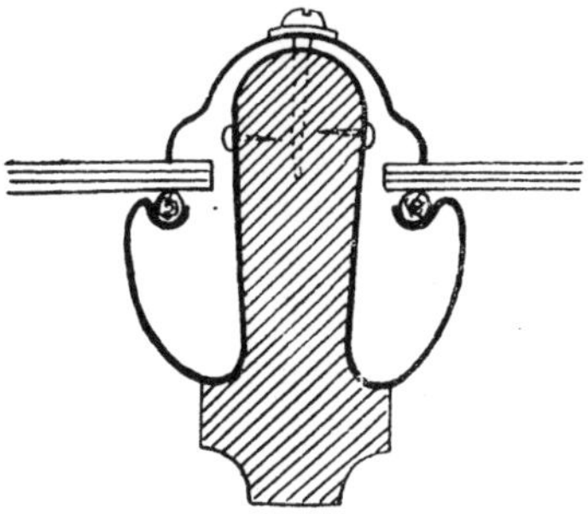

In England werden die Holzsprossen vielfach mit Zinkblech umhüllt*) und dieses gleichzeitig zur Bildung von Schweisswasserrinnen benutzt (Fig. 248). Die Auflagerung der Tafeln geschieht meist auf geölten Hanfsträngen, welche unter die Glastafeln in eine Vertiefung der Zinkumhüllung gelegt werden. Zur

*) Nach Landsberg, Die Glas- und Wellblechdeckung.

weiteren Dichtung dient eine über die Sprosse gelegte Zinkkappe, die durch Anziehen von Schrauben fest gegen die Glasplatten gepresst werden kann.

Die Tatsache, dass alle angewandten Dichtungsmittel (Glaserkitt, Filz, Gummi) auf die Dauer ihren Zweck nicht erfüllen, da sie früher oder später die Eigenschaften, welche sie zu dem angegebenen Zweck geeignet erscheinen liessen, verlieren und dem Eindringen des Wassers keinen genügenden Widerstand mehr entgegensetzen können, hat den Glasermeister Heinrich Schäfer in Kassel

Fig. 249.

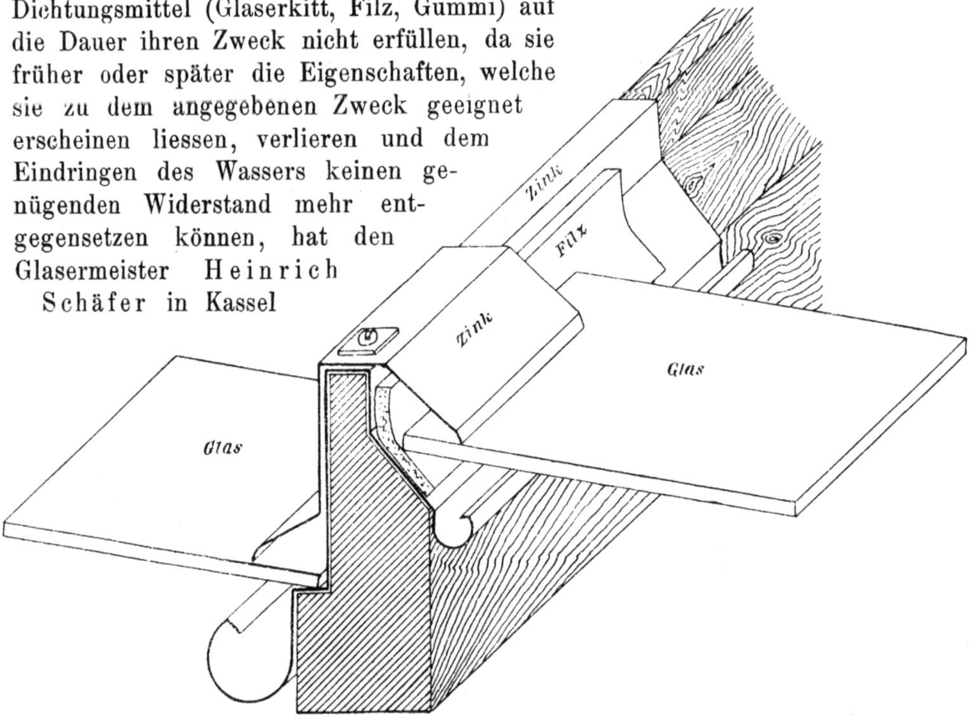

veranlasst, bei Glasdächern eine Dichtung überhaupt nicht vorzunehmen. Dagegen hat er die Auflagerung so eingerichtet, dass alles eindringende Wasser

Fig. 250.

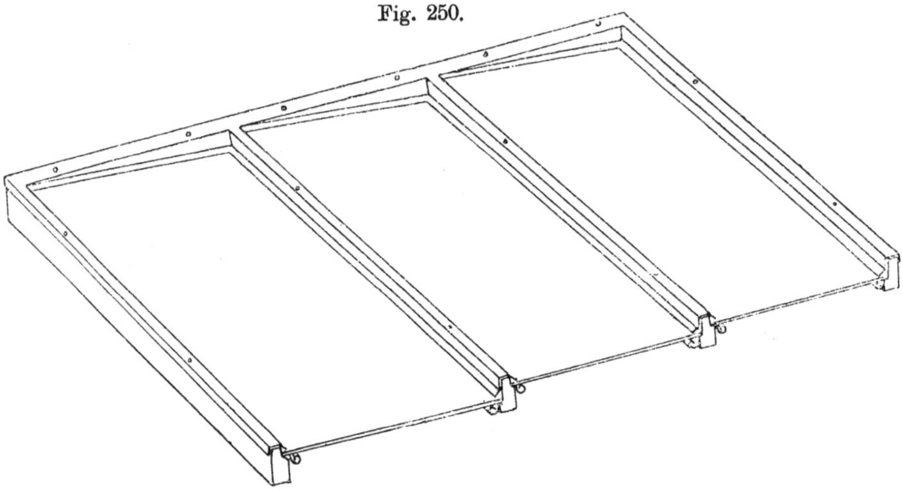

aufgefangen und in unschädlicher Weise abgeleitet wird. Zur Erreichung dieses Zweckes erhalten die Glastafeln ausser einer Neigung in der Richtung des Dachgefälles, eine solche nach einer Seite hin. Alles auf die Tafeln auffallende Wasser wird nach der tiefer gelegenen Seite derselben geleitet, dringt hier in das Gebäudeinnere, wird von einer in der Richtung der Dachneigung laufenden Rinne aufgefangen und wieder auf die Dachfläche geführt.

Die Holzsprossen (Fig. 249) sind mit Zinkblech, welches an beiden Enden so umgebogen ist, dass hier kleine Rinnen zur Aufnahme des Regen- und Schweisswassers entstehen, abgedeckt. Letzteres wird sich allerdings unter gewöhnlichen Verhältnissen kaum bilden können, da die Deckung keine luftdichte ist; bei Räumen, in welchen jedoch durch Entströmen von Wasserdämpfen oder aus anderen Ursachen eine Schweisswasserbildung an den Glasflächen unvermeidlich ist, sorgt das Rinnensystem der Schäferschen Deckweise für möglichst vollkommene Ableitung.

Da die Glastafeln nur lose auf den Abbiegungen des Zinkbleches aufruhen, also nicht eingespannt sind, so ist ein Zerspringen derselben, infolge von Bewegungen im Holzwerke nicht zu befürchten und es können deshalb sehr grosse Glastafeln verwendet werden. Für gewöhnlich werden Rohglastafeln von 60 bis 84 cm Breite und 2,0 bis 3,0 m Länge eingelegt.

Fig. 251.

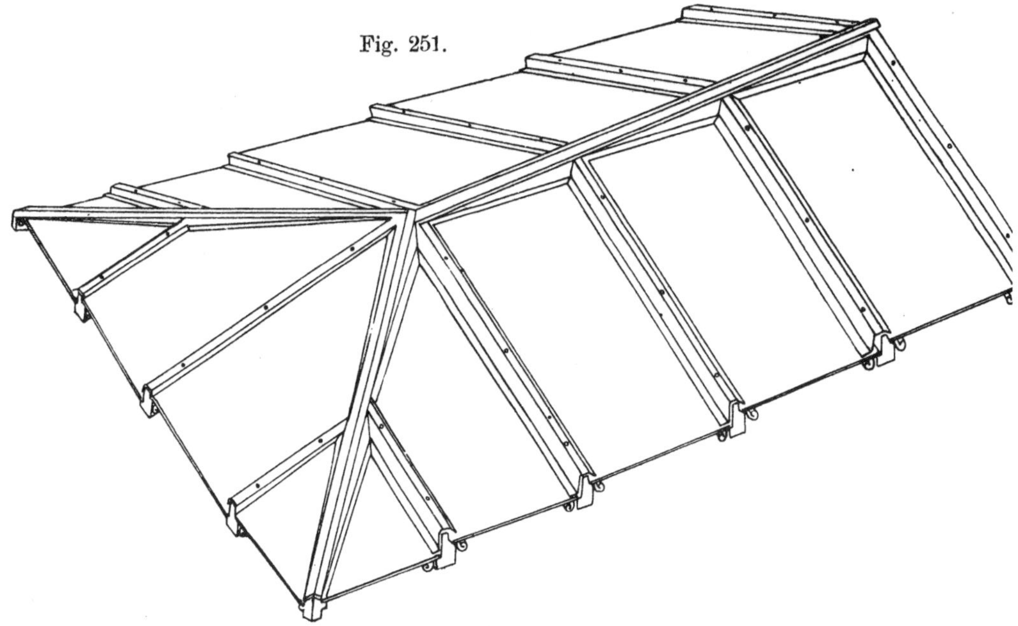

Die Figuren 250 bis 252 veranschaulichen die Schäfersche Deckweise bei einem Pultdache, einem abgewalmten Satteldache und einem Zeltdache. Sollen die seitlichen Neigungen zweier benachbarter Glastafeln symmetrisch gegen die sie trennende Sprosse wie bei Fig. 252 und 253 angeordnet werden, so ist diese Sprosse nach Fig. 254 zu gestalten und abzudecken.

Allerdings hat sich bei dieser Deckart gezeigt, dass über Räumen, in denen im Winter stark geheizt wird, der schmelzende Schnee in grösseren Mengen in die Rinnen übertritt, wo er bei abnehmender Innentemperatur, also namentlich während der Nacht gefriert und die Rinnen verstopft, so dass der Wasserabfluss gehemmt wird. In solchen Fällen wird nichts anderes übrig bleiben, als auf die alte Methode, die Glastafeln in Kitt zu verlegen, zurückzugreifen.

Meist werden nicht die ganzen Dachflächen, sondern nur Teile derselben als „Oberlichte“ zum Zweck der Erleuchtung von Innenräumen (Treppenhäuser, Korridore, Badezimmer usw.), welche kein Seitenlicht erhalten können,

Fig. 252.

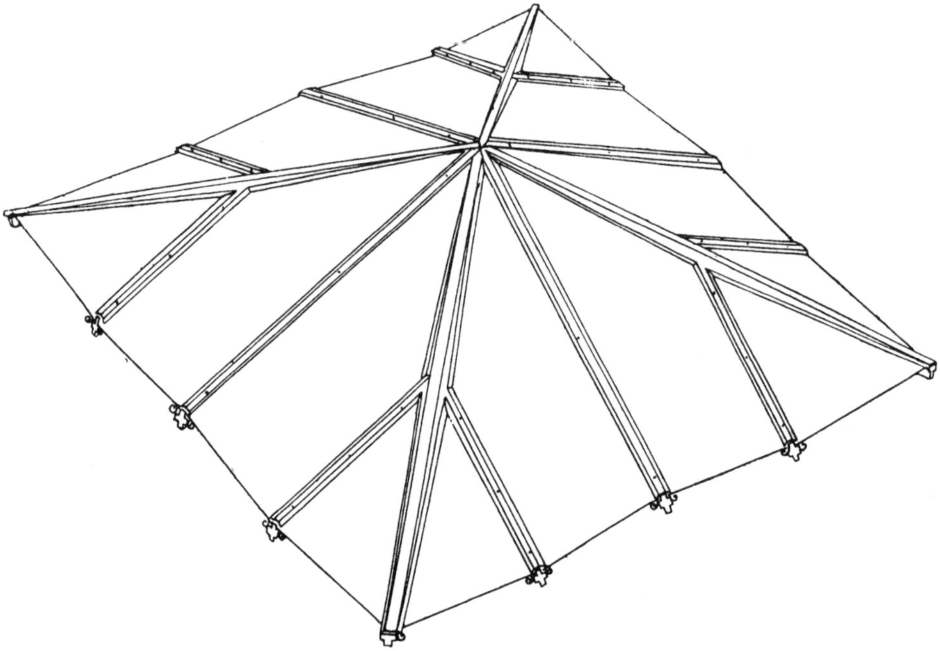

mit Glas eingedeckt. Fig. 255 stellt ein solches Oberlicht dar, welches sich in einer nach dem belgischen Leistensystem mit Zinkblech gedeckten Dachfläche

Fig. 253.

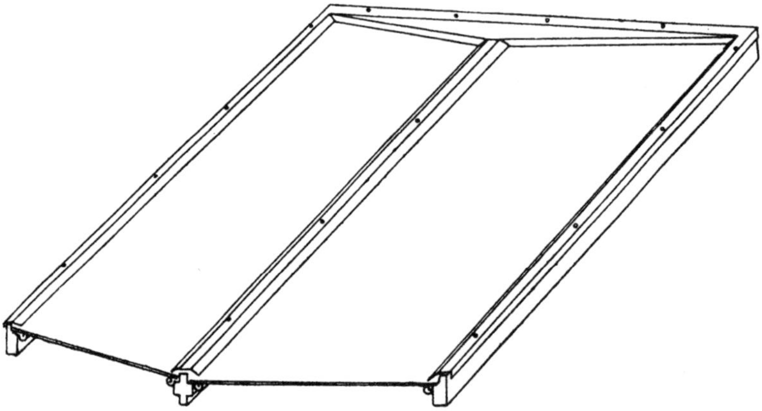

befindet. Die Sprossen sind aus Holz hergestellt und, wie aus den Fig. 256 bis 258 hervorgeht, mit Zinkblech, an welches die Schweisswasserbleche angebogen sind, abgedeckt. Oberhalb des Oberlichtes, an der dem Firste zugekehrten Seite, sind zur Ableitung des Wassers nach den Seitenkanten des Oberlichtes dreieckige keilförmige Holzleisten auf die Schalung genagelt (Fig. 255 und 258).

Der Anschluss der Seitenteile an die Dachdeckung (Fig. 256) erfolgt mittelst eines Anschlussstreifens durch Lötung bei A, an welchen wiederum bei B eine halbe Fenstersprosse angelötet wird. Die Zwischensprossen (Fig. 257) sind aus 2 cm breiten und 3 cm hohen Holzleisten gebildet und in gleicher Weise wie die Rahmensprossen mit Zinkblech abgedeckt. An der Traufseite ist der Rahmen um die Höhe der Zwischensprossen niedriger gehalten als der obere und die Seitenrahmen. Gegen diesen Rahmen stossen die Deckleisten der Zinkdeckung und sind mit der Aufbiegung der Deckbleche in bekannter Weise verbunden. Zur Befestigung der Deckbleche und der Kopfenden der Deckleisten dienen Haftbleche, welche auf dem Oberlichtrahmen angenagelt und zwischen den Zinksprossen bei C (Fig. 259) aufgekantet sind, um das Eindringen von Schnee zu verhindern. Diese Aufkantung darf jedoch nur so hoch sein, dass noch etwa 2 mm Spielraum zwischen derselben und den Glastafeln verbleibt, damit das Schweisswasser

Fig. 254.

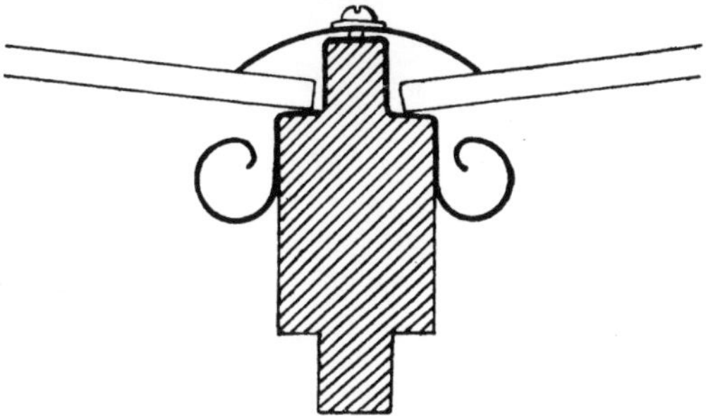

Fig. 255.

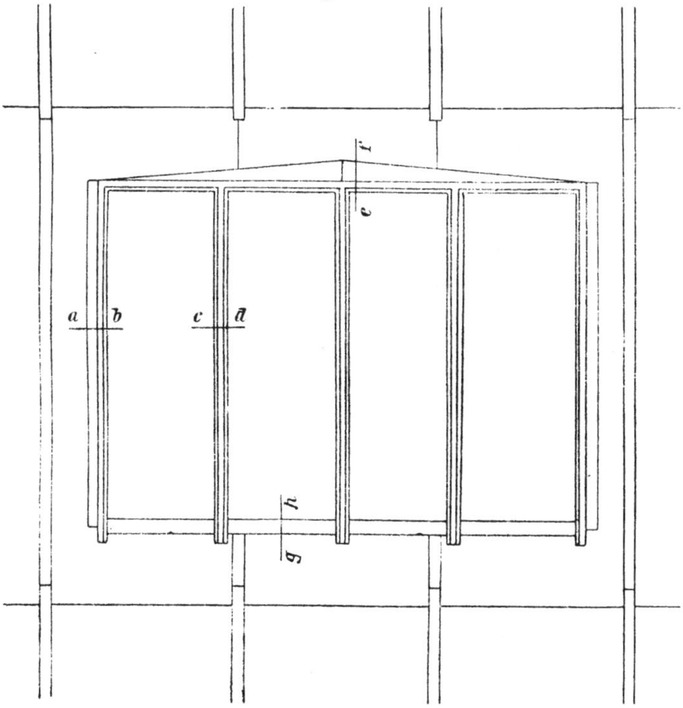

abfliessen kann. Die Zinksprossen werden bei D durch eine Hafte von verzinktem Eisen, welche in eine an die Sprosse angelötete Oese eingreift, gehalten.

Eisensprossen kommen hauptsächlich in folgenden Formen zur Anwendung:

a) ⊥-förmige Sprossen;

b) +-förmige Sprossen;

Fig. 256.

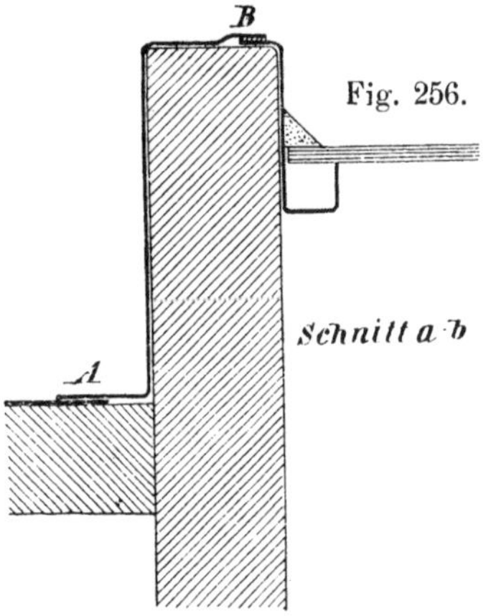

Fig. 257.

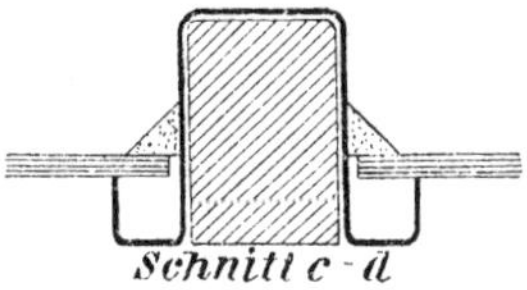

c) Sprossen aus Flacheisen mit Zinkmantel;
d) rinnenförmige Sprossen.

Die $\perp$-förmigen Sprossen werden meist aus $\perp$-Eisen, seltener aus zwei nebeneinander gelagerten L-Eisen gebildet.

Die Glastafeln werden auf die parallel zur Dachneigung gerichteten Schenkel unter Zuhilfenahme von Glaserkitt oder Filz gelagert. Nimmt man als geringste Glasstärke 3 mm, als Stärke der einzelnen Kittbettungen an den Ueberdeckungsstellen der Querfugen ebenfalls 3 mm, sowie als Stärke des als Schutz gegen Abheben einzuschiebenden Stiftes 6 mm an, so ergibt sich nach Fig. 260 als geringste Höhe einer $\perp$-förmigen Sprosse rund 3 cm. Da ferner die Auflagerbreite der Glastafeln nicht geringer als 6 mm sein darf, die Stegstärke aber mindestens 4 mm beträgt, und ausserdem die Tafeln nicht fest eingespannt werden dürfen, so ist als kleinste Breite der Basis der Sprossen $2 \times 6 + 4 + 2 \times 2 = 20$ mm anzunehmen. Meist werden aber bei stärkeren Glassorten und grösserem Sprossenabstande höhere Profile erforderlich.

Da der bei Fig. 260 angewendete äussere Kittverstrich schon nach kurzer Zeit rissig und bröckelig wird, jedenfalls aber eines häufig zu erneuernden Oelfarbenanstriches bedarf, wenn er eine längere Dauer versprechen soll, so hat man wohl eine Dich-

Fig. 258.

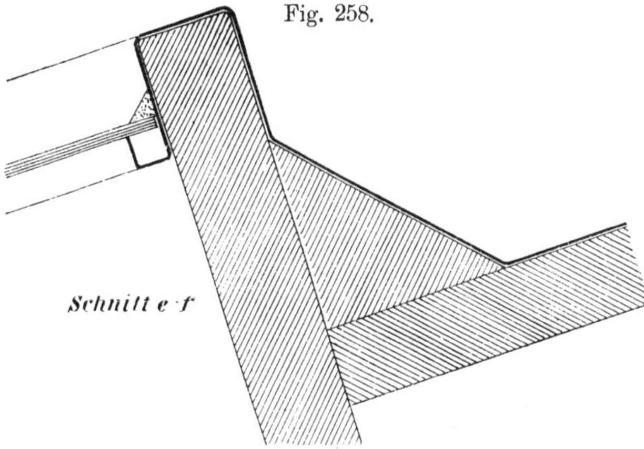

Fig. 259.

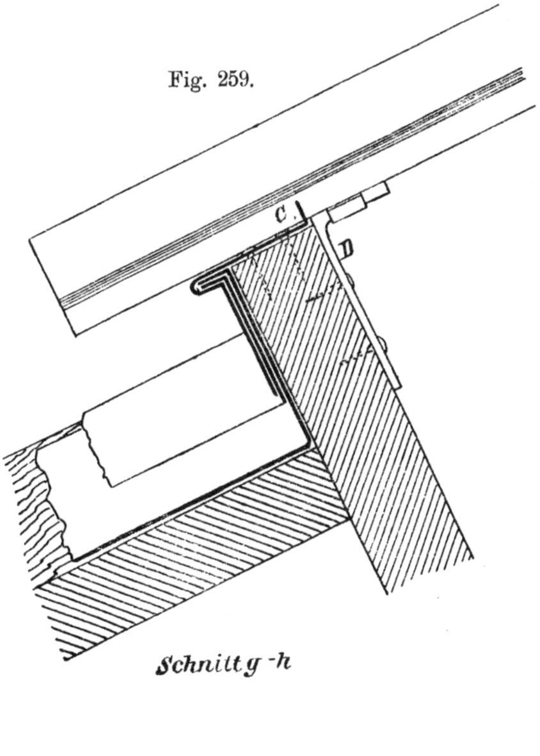

tung dadurch zu erreichen gesucht, dass die Sprossenstege nach den Fig. 261 bis 262 mit Kappen aus Zinkblech oder verzinktem Eisenblech überdeckt werden.

Fig. 260.

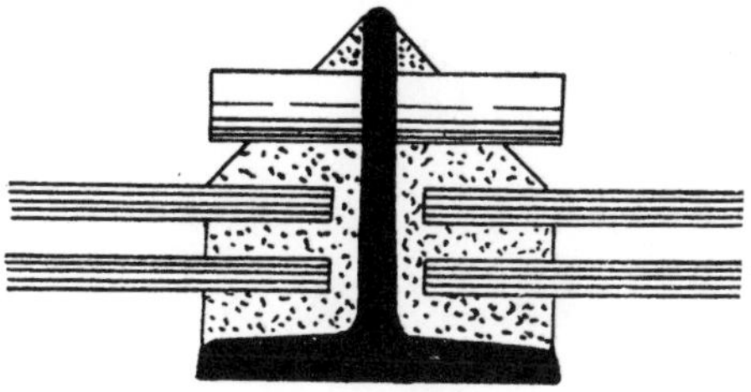

Fig. 261.

Fig. 262.

Fig. 263.

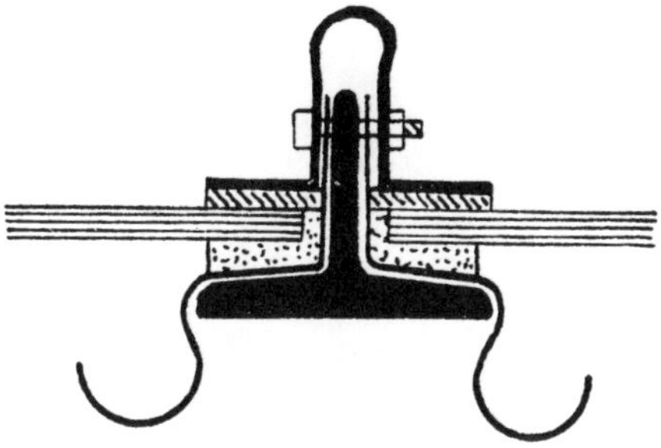

In Amerika werden vielfach ⊥-förmige Sprossen verwendet, deren Basis rinnenförmig ausgewalzt ist. Nach der Drummondschen Anordnung (System „Unrivalled“) wird die Dichtung durch eine aus Blei hergestellte Rippe, in welche ein Kittkörper eingeschlossen ist, sowie durch eine Blechklappe aus Zink, Blei oder Kupfer, die an den lotrechten Schenkel das ⊥-Eisens angeschraubt wird,

Fig. 264.

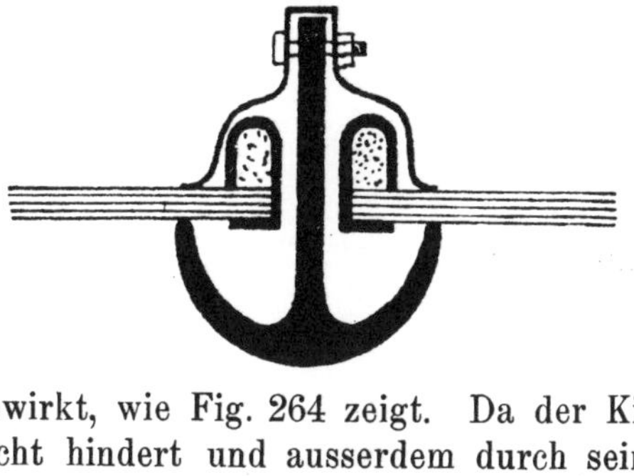

Fig. 265.

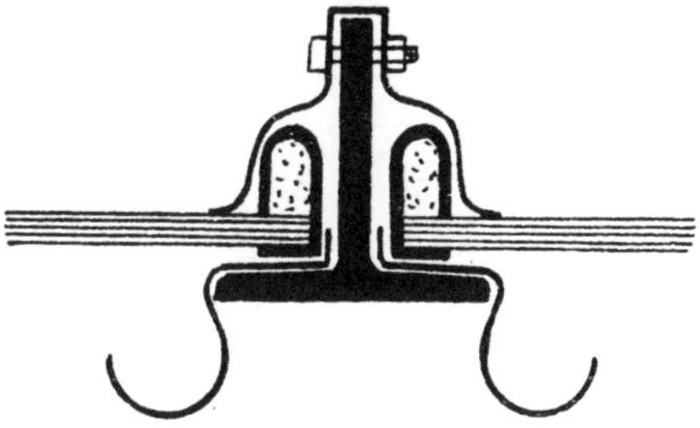

bewirkt, wie Fig. 264 zeigt. Da der Kitt die freie Beweglichkeit der Glastafeln nicht hindert und ausserdem durch seine Lagerung in der Bleirippe und durch die Deckkappe den Einflüssen der Witterung entzogen ist, so verspricht diese Konstruktion eine längere Haltbarkeit.

Statt der rinnenförmigen ⊥-Eisen verwendet Drummont auch gewöhnliche ⊥-Eisen, welche bessere Auflagerflächen gewähren und an deren wagerechte Schenkel Schweisswasserrinnen angehangen werden können (Fig. 265).

Die ┼-förmigen Sprossen haben ihre Anwendung hauptsächlich dem Umstande zu verdanken, dass es mit Rücksicht auf die nicht zu vermeidenden Bewegungen im Dachgerüste bei gewöhnlichen ⊥-Eisen sehr schwer hält, die Fuge zwischen der Sprosse und der Glastafel dauernd dicht zu halten. Man

Fig. 266.

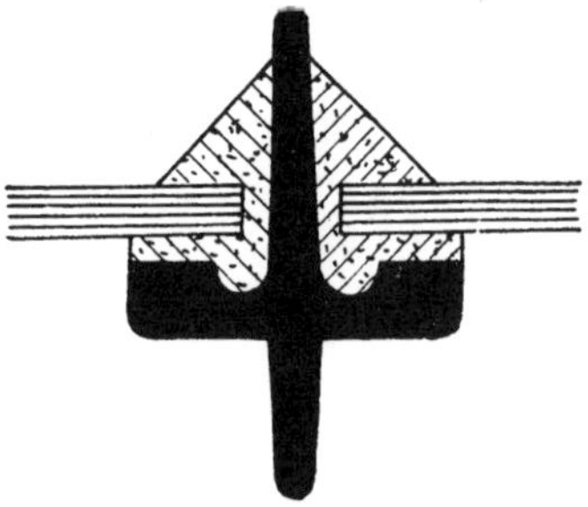

Fig. 267.

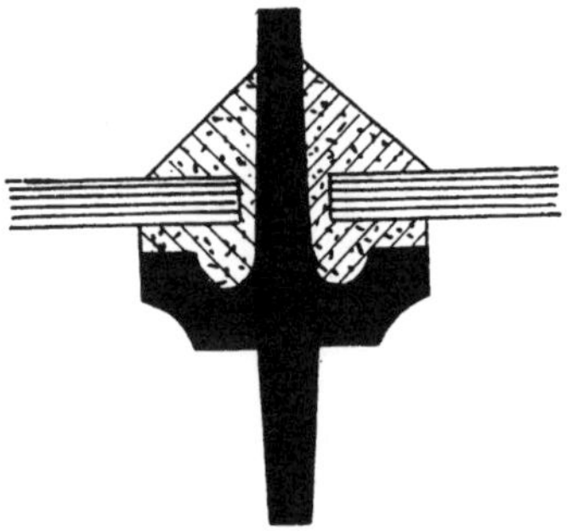

Fig. 268.

Fig. 269.

Fig. 270.

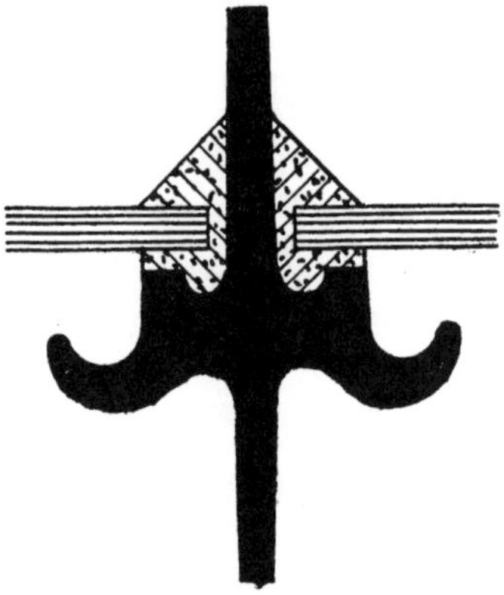

Fig. 271.

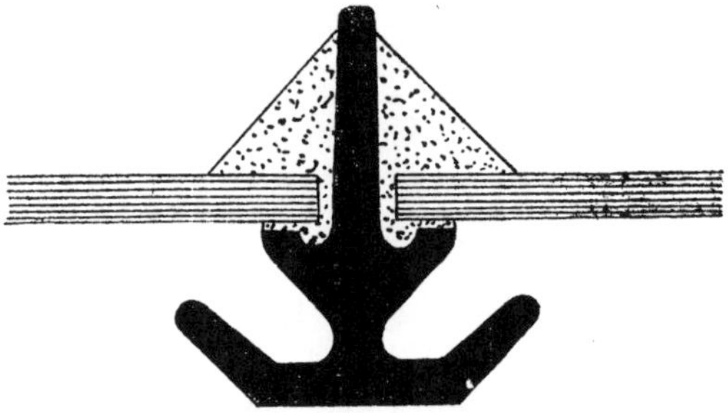

versah deswegen die wagerechten Schenkel der ┼-förmigen Sprossen mit Längsrinnen (Fig. 266 bis 268), in welche sich das Kittlager einpresst. Die Erwartung, dass die Rinnen gleichzeitig zur Ableitung des etwa von oben eindringenden Wassers dienen würden, hat sich nicht erfüllt, da dieselben sich durch Schmutz und Staub bald zusetzen. Besser sind für diesen Zweck jedenfalls die in Fig. 269 bis 271 dargestellten Profile, bei denen die unmittelbar am lotrechten Stege der Sprosse befindlichen kleinen Rinnen ausschliesslich zur besseren Befestigung des Kittbettes dienen, während die seitlichen, etwa 5 mm tiefen und 10 mm breiten Rinnen geeignet sind, sowohl das durch die etwa undicht gewordene Dichtungsfuge von aussen eindringende Wasser, als auch das an der Innenseite der Glastafeln sich bildende Schweisswasser abzuleiten.

Fig. 272.

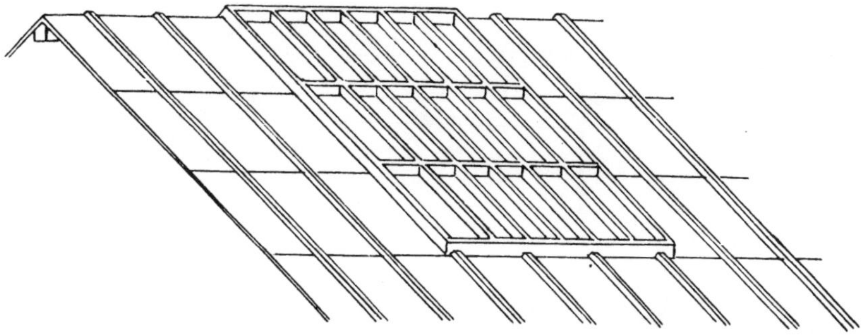

Sprossen aus Flacheisen kommen namentlich in Deutschland zur Anwendung. Dieselben tragen einen Zinkmantel, welcher als Auflager für die Glastafeln dient und beiderseits angebogene Rinnen erhält, die das eindringende Wasser und das Schweisswasser ableiten sollen.

Fig. 273.

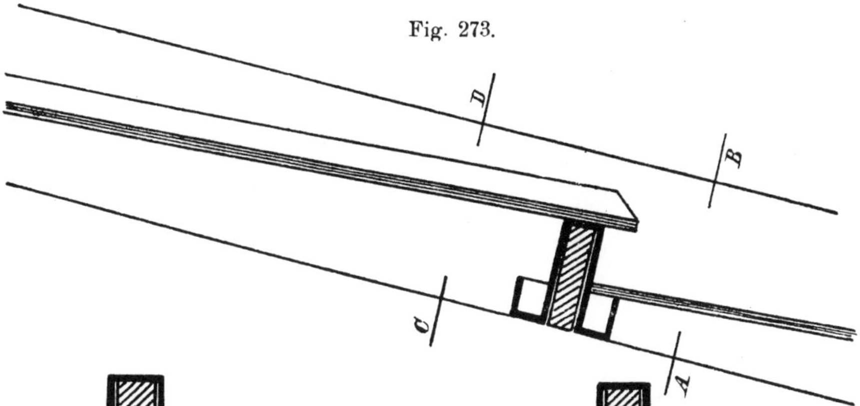

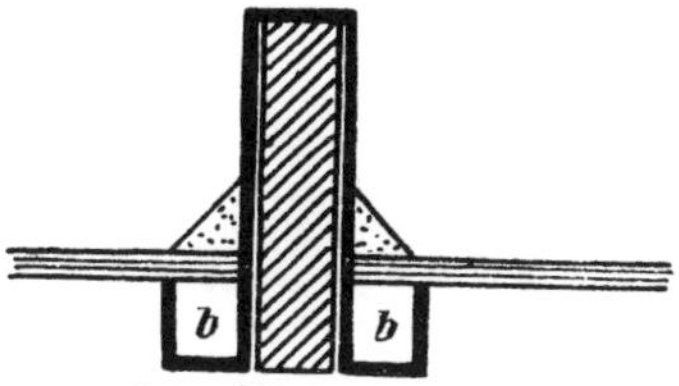

Schnitt A-B Fig. 274.

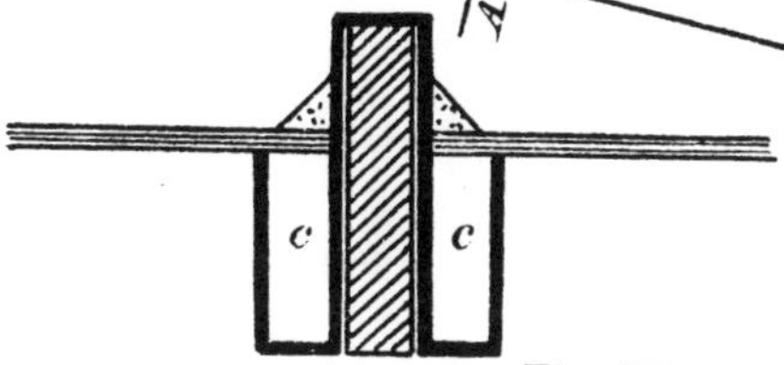

Schnitt C-D Fig. 275.

Bei dem durch die Fig. 272 bis 275 dargestellten Oberlichte ruhen die Glasscheiben mit den unteren Kanten auf dem Flacheisen, mit den oberen und seitlichen Kanten dagegen auf den Schweisswasserrinnen (Fig. 273). Damit das Wasser in den sämtlichen Rinnen an den Quer- und Längsschienen frei und ungehindert abziehen kann, ist bei vorliegender Anlage dort, wo die Querschienen gegen die Längsschienen stossen, aus ersteren so viel auszusparen, als die Rinne b (Fig. 274) hoch und die Rinne c (Fig. 275) breit ist. Die Dichtung zwischen den Glasscheiben und Sprossen erfolgt hier durch Glaserkitt.

Fig. 276.

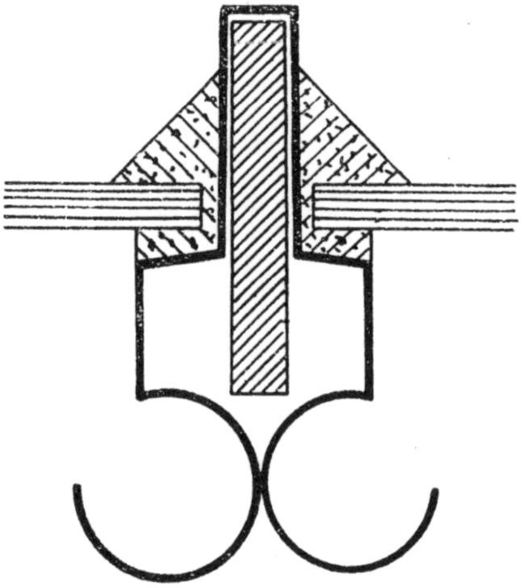

Fig. 277.

Etwas andere Formen zeigen die Figuren 276 und 277, bei denen die Glastafeln mit allen Kanten auf seitlichen Umkantungen des Zinkmantels aufruhen, so dass die Schweisswasserrinnen unterhalb dieser Auflagerung zu liegen kommen. Auch hier geschieht die Dichtung durch Glaserkitt.

Fig. 278.

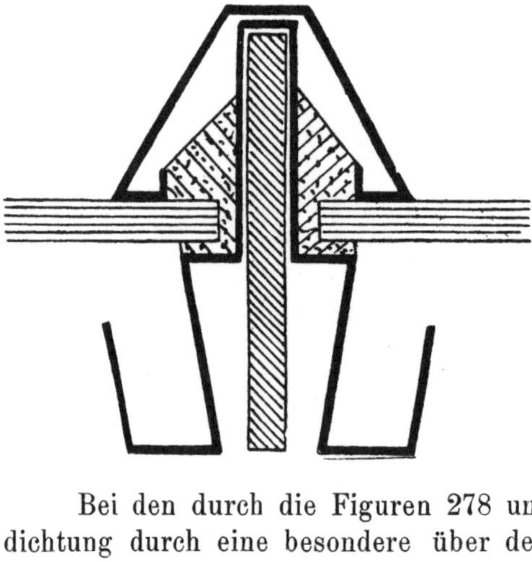

Fig. 279.

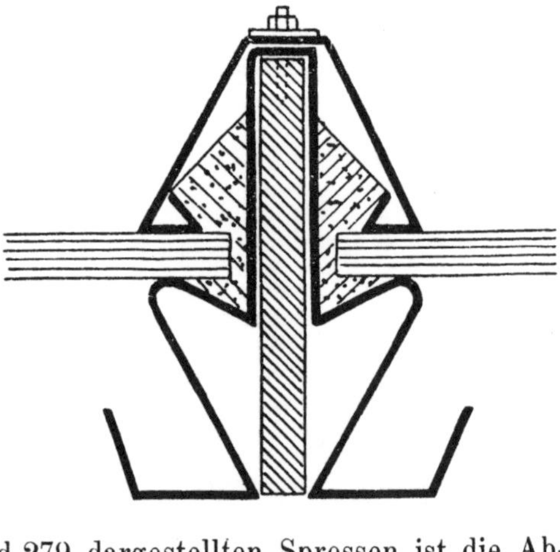

Bei den durch die Figuren 278 und 279 dargestellten Sprossen ist die Abdichtung durch eine besondere über den Zinkmantel geschobene Zinkkappe bewirkt. Die Befestigung dieser Zinkkappen auf den Zinkmänteln der Sprossen kann sowohl durch Lötung, als auch durch Verschraubung geschehen. Die Glastafeln werden entweder in ein Kittbett oder lose auf den Zinksprossen verlegt und ebenso kann die Dichtung zwischen den Glasscheiben und den Zinkkappen durch Glaserkitt oder Filz erfolgen.

Bei geringen Sprossenlängen (bis 1,0 m) und Sprossenentfernungen (bis 0,40 m) verwendet man auch Zinksprossen ohne Eiseneinlagen, welche nach Fig. 280 gestaltet sind.

In Amerika werden vielfach Sprossen nach dem „System Hayes“ (Fig. 281) verwendet. Bei denselben wird das Auflager der Glastafeln und die Schweisswasserrinne durch eine Zinkblechumhüllung der Flacheisensprosse gebildet. Die

Fig. 280.

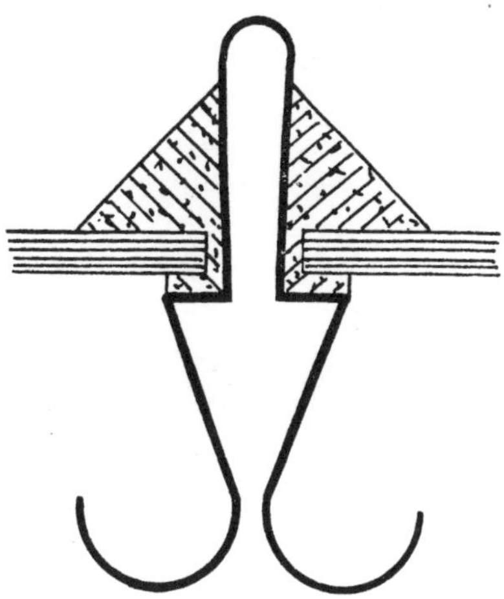

Fig. 281.

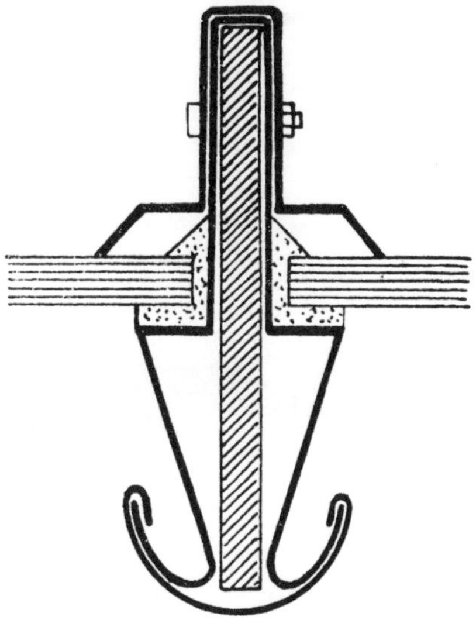

Tafeln ruhen in Kittbettung, die Dichtung ist durch eine an das Flacheisen geschraubte Zinkkappe hergestellt.

Fig. 282.

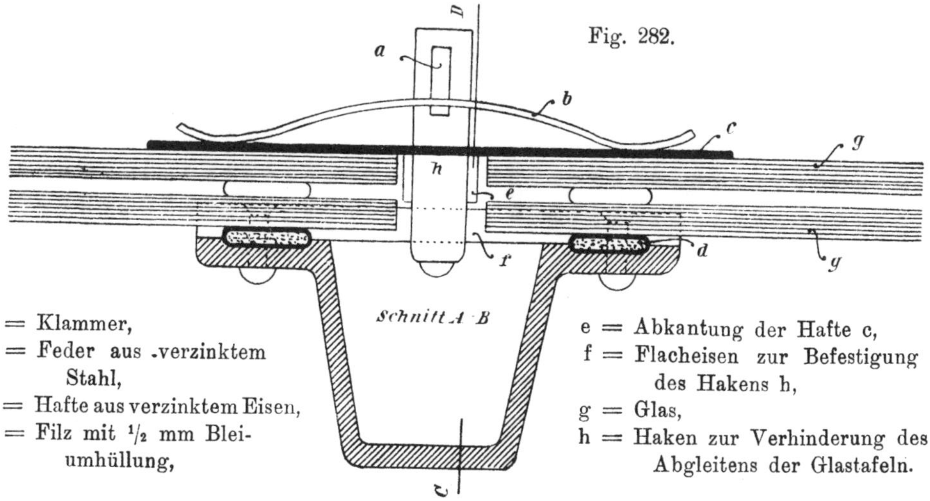

a = Klammer,
b = Feder aus verzinktem Stahl,
c = Hafte aus verzinktem Eisen,
d = Filz mit $^1/_2$ mm Bleiumhüllung,
e = Abkantung der Hafte c,
f = Flacheisen zur Befestigung des Hakens h,
g = Glas,
h = Haken zur Verhinderung des Abgleitens der Glastafeln.

Die rinnenförmigen Sprossen werden in neuerer Zeit in Deutschland, namentlich bei grösseren Glasdachflächen, in ausgedehntestem Maſse angewandt, weil bei denselben besondere aus Zink oder Kupfer hergestellte Schweisswasserrinnen überflüssig sind und ihre Befestigung an den Dachpfetten eine weit einfachere als bei anders geformten Sprossen ist. Damit die Glastafeln überall ein volles Auflager finden, werden die Rinneneisen entweder an den Ueberdeckungsstellen der Tafeln entsprechend gekröpft (Fig. 282) oder es werden zwischen die Rinneneisen und Glastafeln Holz- oder Eisenkeile gelegt und mit ersteren verschraubt (Fig. 283 und 284). Für Dachflächen grösseren Umfanges und einfachere Verhältnisse, bei denen es nicht auf grösste Vollkommenheit in der Dichtung ankommt, wie bei Bahnsteighallen, begnügt man sich meistens mit der Ausgleichung des Höhenunterschiedes durch ein keil- und stufenförmiges Kittlager. Die Befestigung der Glastafeln geschieht durch Federn aus Kupfer oder Zink, die Dichtung durch Kitt oder Filz.

Die Querfugen, welche durch das Ueberdecken der Tafeln gebildet werden, liegen meist wagerecht. Bei durchaus ebenen Tafeln ist eine Dichtung dieser Fugen nicht erforderlich; im anderen Falle legt man wohl ein Kittband zwischen die sich überdeckenden Tafeln (Fig. 285) oder dichtet durch einen Kittverstrich an der Innenkante der unteren Tafel (Fig. 286). Werden Quersprossen verwendet, so kann man den Schwierig-

Fig. 283.

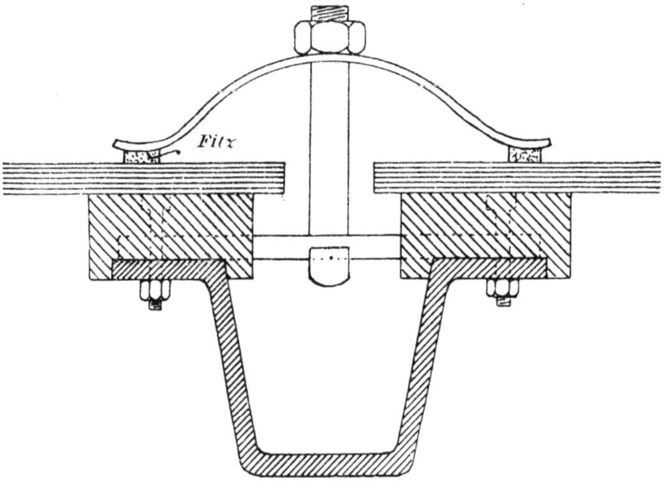

Fig. 284.

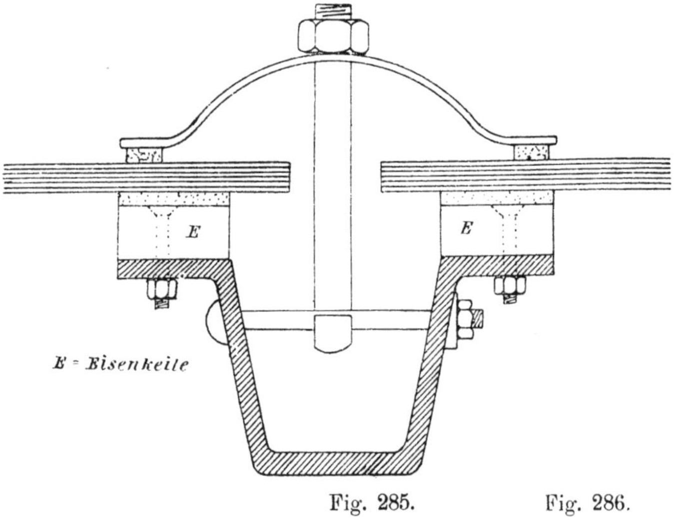

Fig. 285.

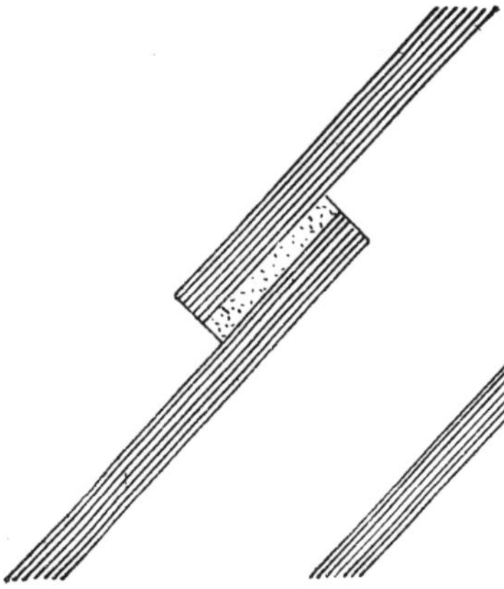

Fig. 286.

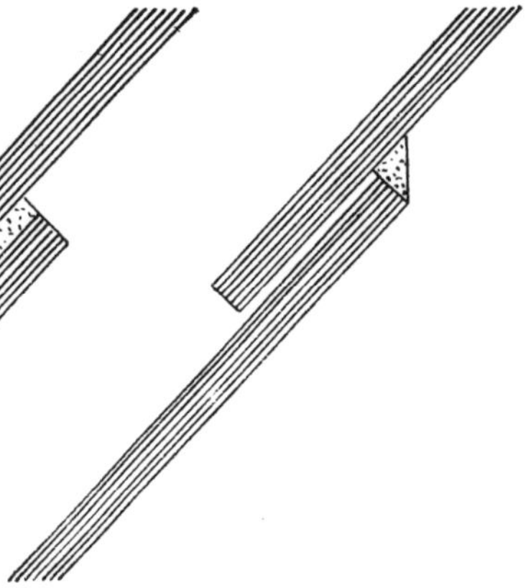

keiten, welche die Dichtung der Querfugen bei stark unebenen Tafeln verursacht, dadurch begegnen, dass man die Glasflächen stufenartig (vergl. Fig. 283) anordnet. Diese Konstruktion ist jedoch nicht anzuraten, weil das auf den Glasflächen durch den Wind emporgetriebene Wasser an den lotrechten Flächen aufgehalten wird und leicht in die dort vorhandenen Fugen eindringt, wenn nicht besonders sorgfältige Dichtungen vorgenommen worden sind.

Fig. 287.

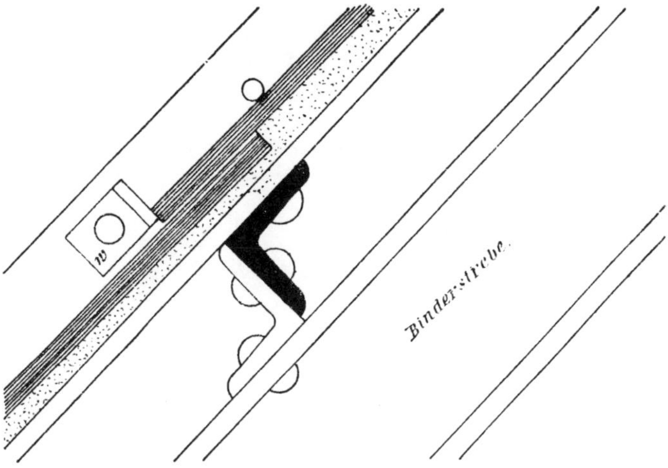

Will man dennoch zur Vermeidung wagerechter Ueberdeckungsfugen die stufenartige Anordnung der Glasflächen beibehalten, so muss man durch Anordnung wagerechter Rinnen, welche mit den geneigt liegenden Rinnen in Verbindung stehen, für die Abführung des ein-

Fig. 288.

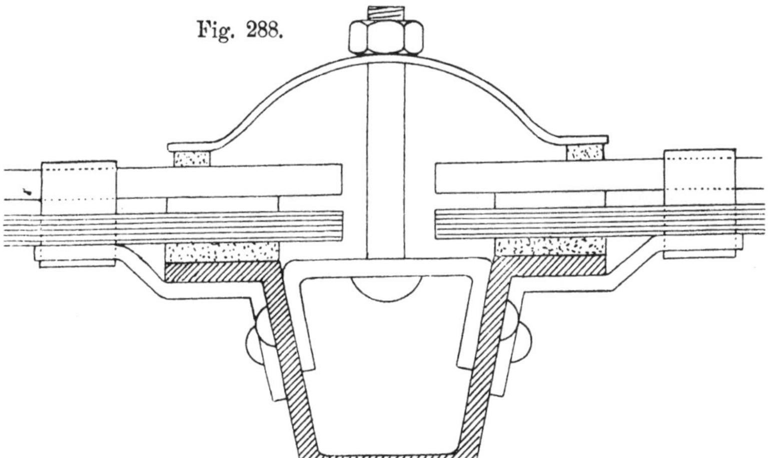

Fig. 289.

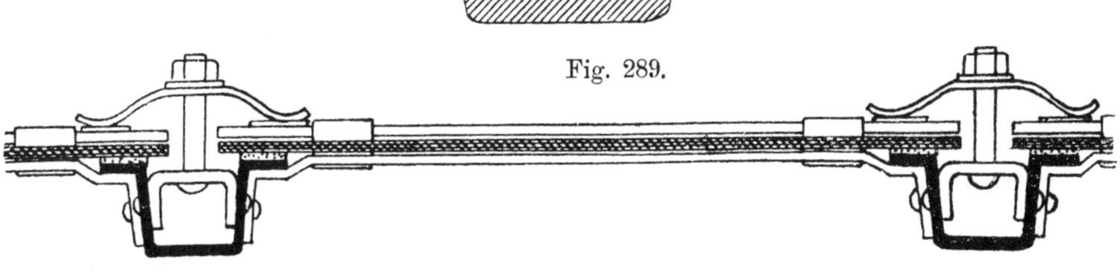

dringenden Wassers Sorge tragen, wie dies bei dem durch die Fig. 272 bis 275 dargestellten Oberlichte geschehen ist.

Zur Verhinderung des Abgleitens der Tafeln genügt bei flachen Neigungen und sehr kleinen Tafeln, wie solche namentlich über Gewächshäusern

Verwendung finden, ein Kittlager. In allen anderen Fällen muss eine besondere Befestigung der Glastafeln an den Sprosseneisen oder an sonstigen Teilen der Dachkonstruktion erfolgen. Bei ⊥-förmigen Sprossen geschieht diese Befestigung

Fig. 290.

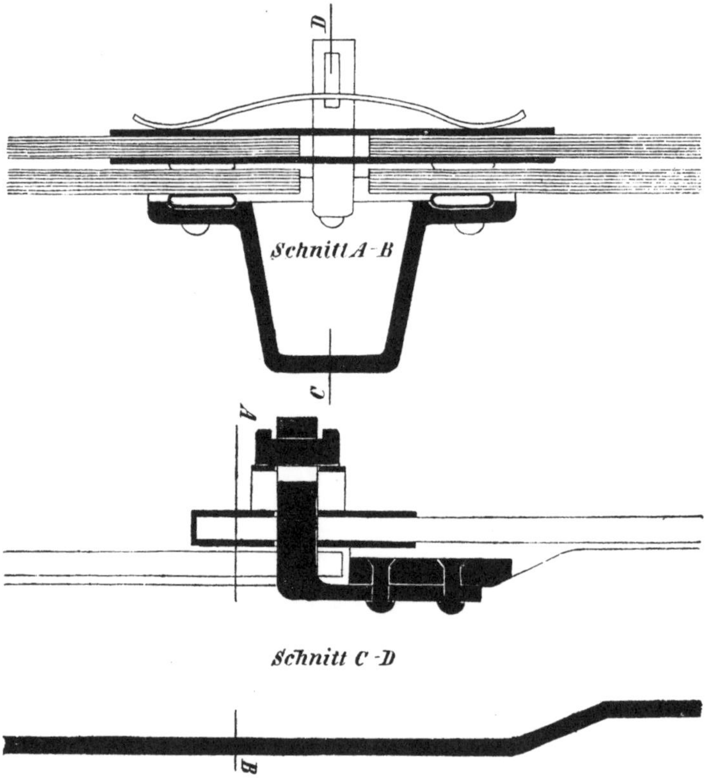

am zweckmässigsten durch Winkeleisenabschnitte w, welche nach Fig. 287 an die lotrechten Schenkel der Sprossen genietet werden. In gleicher Weise kann auch das Abgleiten der Tafeln bei +-förmigen und Flacheisensprossen verhindert werden.

Fig. 291.

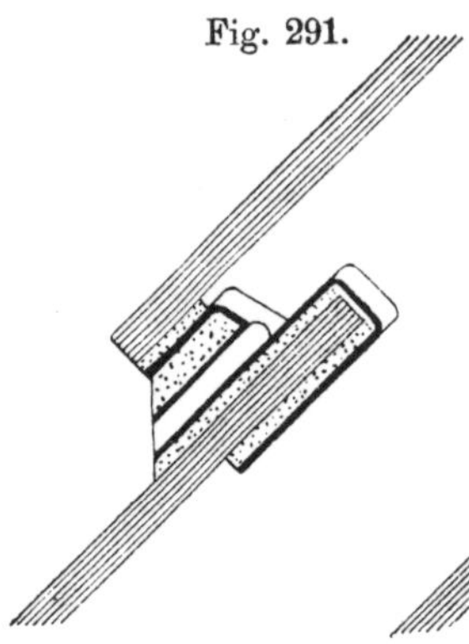

Fig. 292.

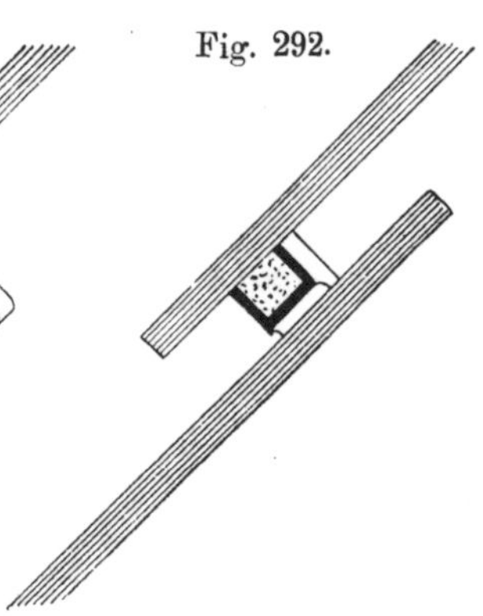

Bei rinnenförmigen Sprossen bringt man entweder nach Fig. 288 an jeder Tafelseite einen Haken an und hängt diese Haken an Flacheisenstücke oder nach Fig. 289 an durchlaufende Flacheisen, welche an die Sprossen angenietet sind, oder man verwendet Haken, welche an die zur Federbefestigung dienenden Bolzen angehangen werden und mithin, wie bei Fig. 282 oder Fig. 290, die Enden von zwei benachbarten Glastafeln festhalten.

Bei sehr sorgfältig ausgeführten Konstruktionen legt man die Glastafeln an den Ueberdeckungsstellen nicht unmittelbar aufeinander, sondern lässt zwischen denselben einen geringen Zwischenraum, den man durch Quersprossen dichtet. Diese werden entweder aus starkem Zinkblech (Fig. 291) oder aus Eisen (Fig. 292) hergestellt und zweckmässig so gebogen, dass das Schweisswasser einem in ihrer Mitte angebrachten Loche zugewiesen wird.

Fig. 293.

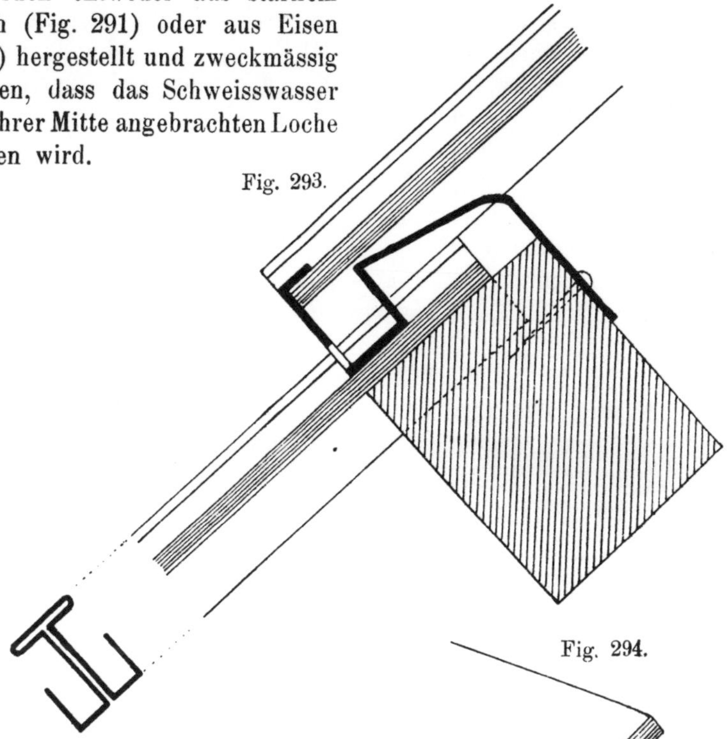

Fig. 294.

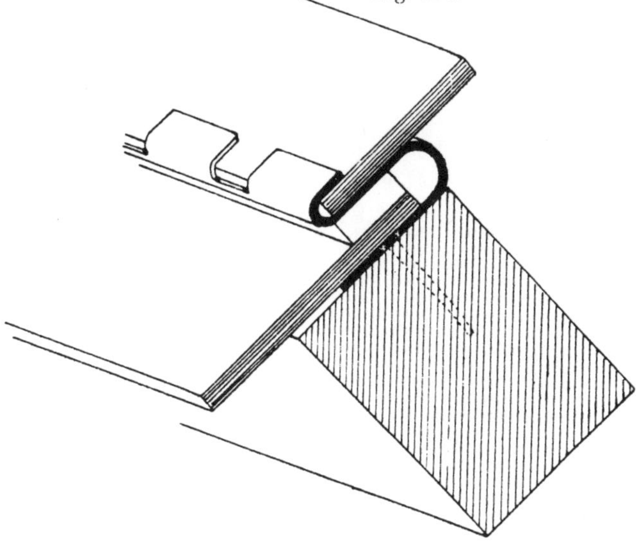

In Amerika und England werden die Quersprossen häufig aus Holz hergestellt und behufs Dichtung der Ueberdeckungsstellung und Abführung des Schweisswassers mit Zink- oder Kupfersprossen abgedeckt. Am verbreitetsten sind die Rendle'schen Systeme. Hierbei sind entweder Längssprossen aus Zink beibehalten (Fig. 293) oder es fehlen dieselben (Fig. 294), so dass die Tafeln sich in der Richtung der Dachneigung gegenseitig überdecken. Die Quersprossen sind an ihrem unteren Ende derart ausgeschnitten, dass das von oben kommende Regen- und Schweisswasser ablaufen kann.

9. Fensterbeschlag und Fensterverschlüsse.

a) Beschläge zum Festhalten der Fenster.

Winkel oder Scheinecken. Zur Verstärkung der Eckverbindungen der Flügel bringt man bei Wohnhausfenstern eiserne „Winkel“ an. Sie sind etwa 2 mm stark, 2 cm breit und in den Schenkeln 12 cm lang. Bei schweren Flügeln erreichen sie 5 mm Stärke, 5 cm Breite bei 25 cm Schenkellänge. Sie werden auf der Innenseite bündig mit der Holzfläche eingelassen, auch wohl nur aufgelegt und mit zwei bis drei Schrauben befestigt (vergl. Fig. 207, 209 und 212). Bei ganz einfachen Fenstern erhalten sie noch eine Oese, die auf einen Dorn passt und bilden nun eine Art Winkelbänder.

Fischbänder. Den gebräuchlichsten Beschlag zum Aufhängen von Wohnhausfenstern bilden die Fischbänder, die wir bereits weiter oben als Türbänder vorgeführt haben. Sie sind in diesem Falle schwächer und werden mit dem oberen Lappen in den Flügel, auf der Kante hinter dem Deckfalz, mit dem unteren in den Blindrahmen von vorn her in einen Schlitz eingeschoben und durch je zwei seitlich eingetriebene Stifte gehalten. Oft wird auch der untere Lappen am Blindrahmen eingelassen und angeschraubt. Die Länge der Bänder beträgt 12 bis 15 cm, ihre Stärke 1 cm. An gewöhnlichen Flügeln werden 2 Bänder 12 bis 15 cm von der oberen und unteren Kante eingelassen; bei hohen Flügeln ist ein drittes Band in mittlerer Höhe erforderlich.

b) Fensterverschlüsse für einflügelige Fenster.

Einfache Vorreiber werden am Futterrahmen angebracht (Fig. 295) und zwar je einer auf 1/4 der Flügelhöhe von oben und von unten. Beim Verschluss wird der Vorreiber quer auf den Flügelrahmen gestellt, wobei er über ein Reibeblech streift, das am Flügel eingelassen ist. Durch ein schmales, zur Mitte anschwellendes Leistchen (Auflauf) auf der Fläche des Reibebleches wird ein festes Andrücken der Flügel erzielt.

Als Griff dient ein Knopf in mittlerer Höhe des Flügels (Fig. 296).

Fig. 295.

Fig. 296.

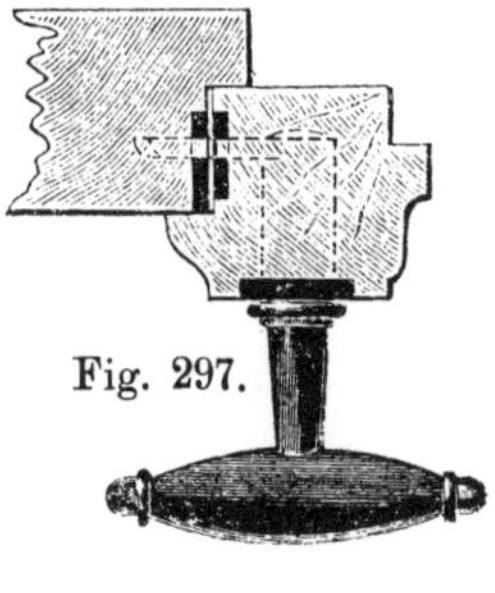
Fig. 297.

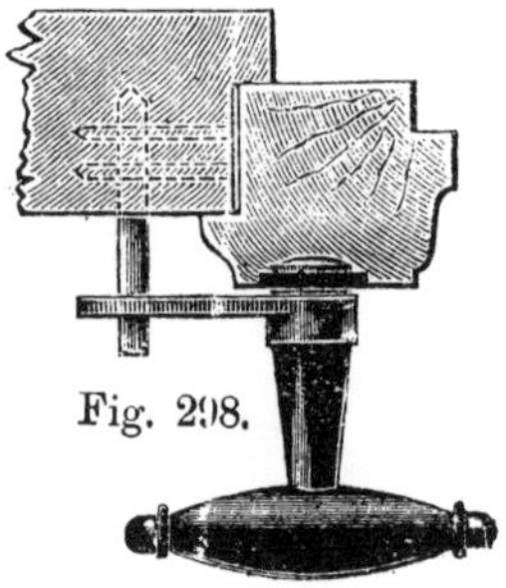
Fig. 298.

Der **Halbe Massiv-Oliven-Einreiber** und der **Halbe Massiv-Haken-Einreiber** sind halbe Ruderverschlüsse, die auf dem Flügelrahmen in mittlerer Höhe angebracht werden und ein Herandrücken des Flügels an den Futterrahmen bewerkstelligen sollen (Fig. 297 und 298).

c) Fensterverschlüsse für zweiflügelige Fenster.

Bei feststehendem Setzholz mit zwei anliegenden Flügeln kommen folgende einfache Verschlüsse zur Verwendung:

Der **Ganze Massiv-Vorreiber** (Fig. 299), der seinen Platz auf dem Setzholze erhält;

der **Ganze Massiv-Bügelreiber** (Fig. 300), eine ähnliche Konstruktion wie die vorige;

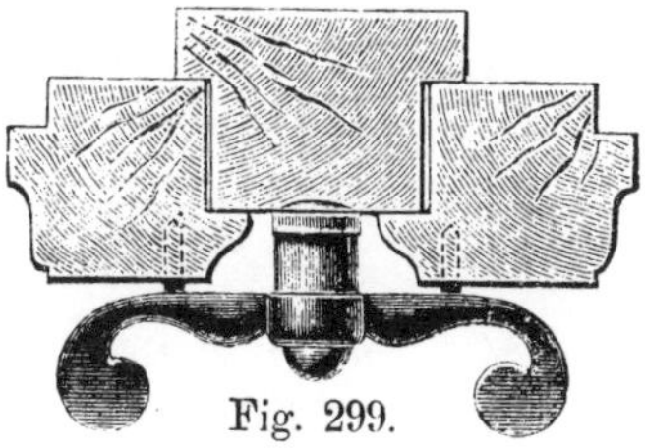

Fig. 299.

Fig. 300.

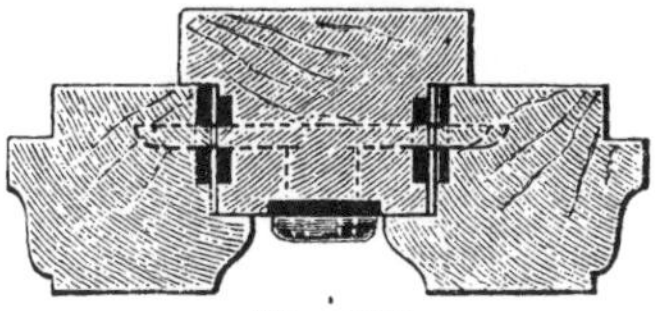

Fig. 301.

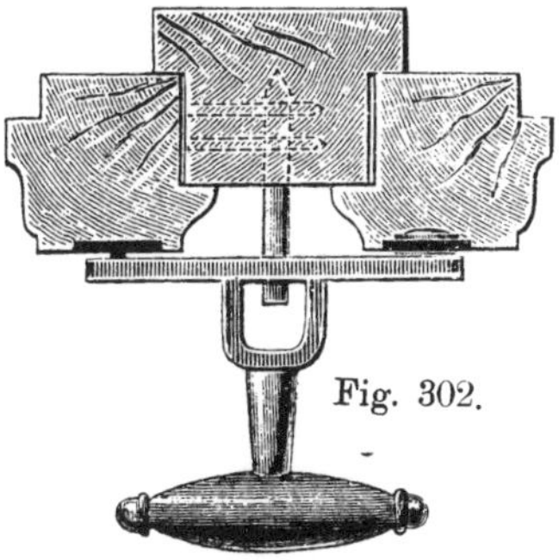

Fig. 302.

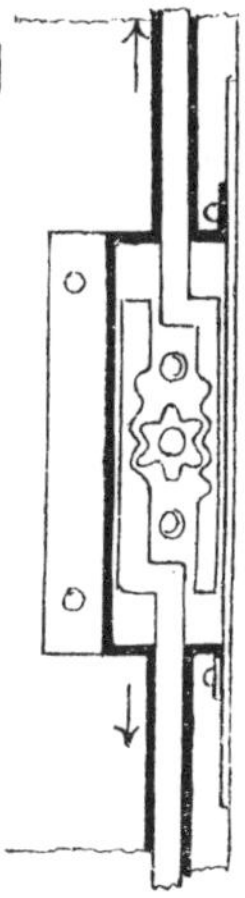

Fig. 303.

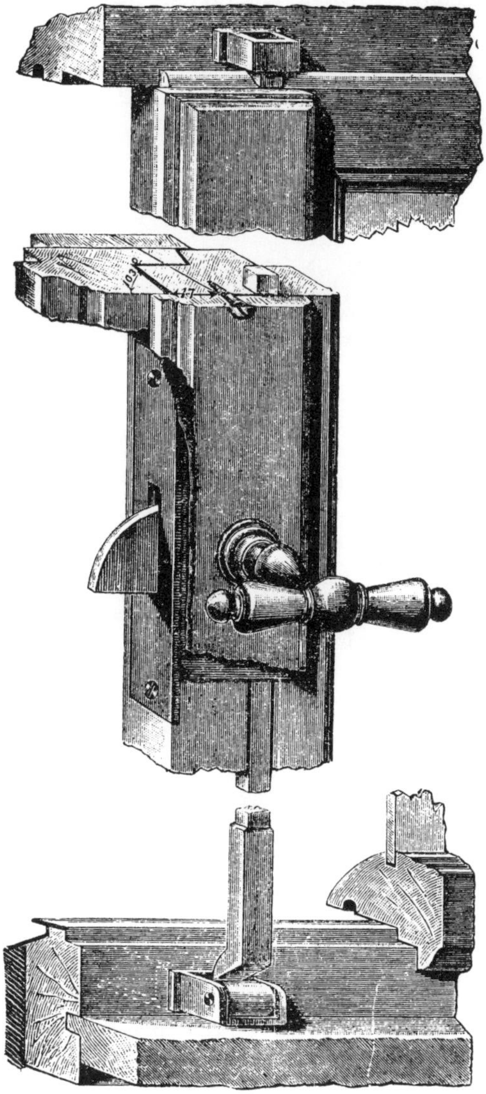

Fig. 304.

der **Ganze Massiv-Schlüsseleinreiber** (Fig. 301). Er besteht aus einer an einem Zapfen sitzenden Zunge, die in das Rahmenholz des Flügels eingelassen und durch eine Olive um einen Viertelkreis drehbar ist. Es wird hierbei ein Anziehen der Flügel ermöglicht, indem die Zunge an den Rahmhölzern in ein Schliessblech eingreift.

Der **Massiv-Oliven-Ruderverschluss** (Fig. 302). Auf dem rechten Flügel ist ein um einen Zapfen drehbarer Arm aufgeschraubt, der in einen am Setzholz befestigten Haken eingreift und hierbei den linken Flügel fest ausdrückt. Der Ruderarm hat auch in anderer Ausführung ausser dem als Griff dienenden Knopfe noch einen zweiten in symmetrischer Anordnung.

Riegel. Zu den älteren Fensterverschlüssen gehören Riegel, die bei aufgehenden Pfosten (blinder Schlagleiste) auf die Schlagseite des rechten Flügels gesetzt werden. Sie greifen oben und unten mit ihrem Kopf in Schliessösen ein. Eine dahinter gelegte Feder verhindert beim oberen Riegel das Herabfallen.

Fig. 305.

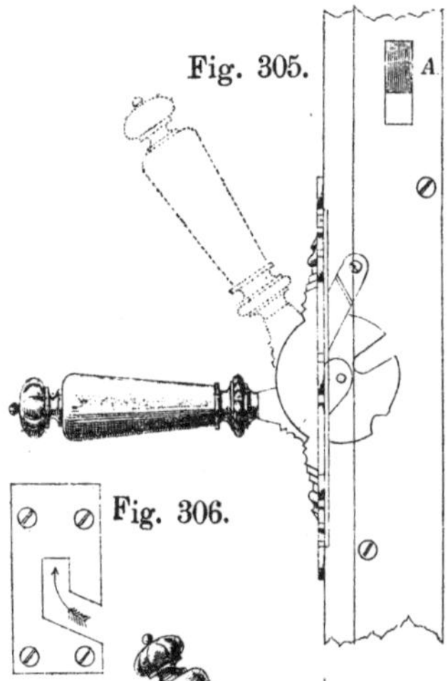

Fig. 306.

Fig. 307.

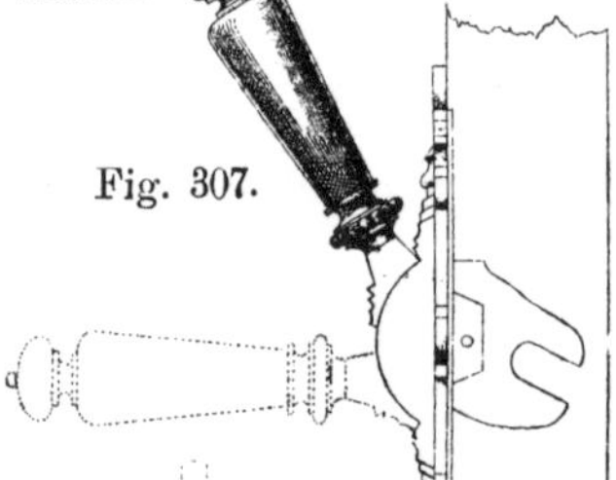

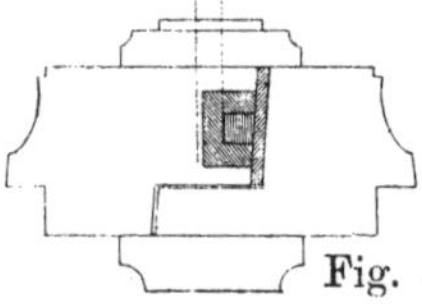

Fig. 308.

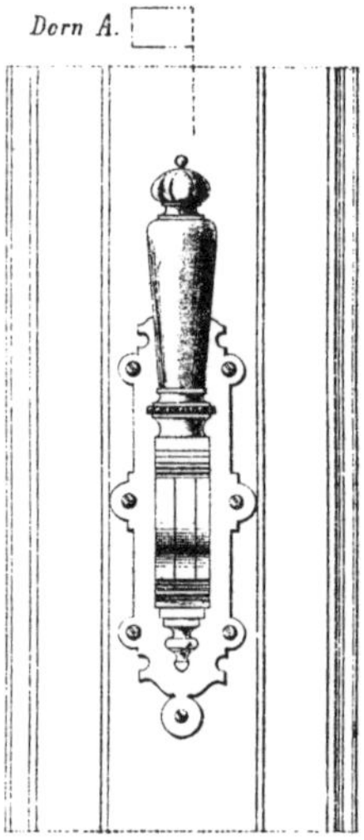

Fig. 309.

Der **Basküł-Verschluss** (bascule = Ziehstange) ist unter den neueren Fensterverschlüssen der verbreitetste. Er ermöglicht einen dreifachen Fensterverschluss durch eine einzige Handbewegung von einem Punkte aus nach oben, nach unten und in der Mitte. Auch er sitzt am rechten Flügel des Fensters auf der Schlagleiste. In der mittleren Flügelhöhe befindet sich das Schloss mit der Olive. Ein Zahnrädchen oder eine Scheibe im Innern des Schlosses sind nach oben und nach unten mit einer Triebstange verbunden, die durch sog. Ueberkloben geführt wird (Fig. 303). Wenn die Olive um einen Viertelkreis gedreht wird, bewegen sich die Triebstangen nach oben und nach unten und greifen in einen Schliesskloben ein.

An der Scheibe ist ausserdem eine Zunge angebracht, die den dritten Verschluss in der Flügelmitte herbeiführt.

Die Triebstange uud das Schloss können auf das Rahmholz aufgelegt oder in dasselbe hineingelegt werden. Im letzteren Falle fällt die Führung durch Ueberkloben fort (Fig. 304).

Fensterverschluss „System Thömer". Während bei den üblichen Fensterverschlüssen die Flügel höchstens an drei Stellen geschlossen werden können, ist in den Fig. 305 bis 309 ein Verschluss dargestellt, der es ermöglicht, die Flügelrahmen in der Höhe beliebig oft zu schliessen. Dies geschieht durch den Stift A, der beliebig oft in der Höhe angebracht werden kann. Der Verschluss ist ungemein handlich und fast keiner Abnutzung unterworfen.

Fig. 306 gibt die Anordnung für Fenster mit aufgehenden, Fig. 308 für solche mit feststehenden Pfosten.

Spengler's „Exakt"-Druckschwengel-Verschluss (Fig. 310). Bei Fenstern mit feststehenden Mittelpfosten ersetzt dieser Verschluss zwei Vorreiber oder zwei Ruder oder vier Oliven-Einreiber oder zwei Hebelriegel, wobei er oben und unten gleichzeitig schliesst. Während bei dem Baskül-Verschluss aus Nachlässigkeit öfter die Triebstange neben den Schliesskloben geschoben wird, wodurch sich schliesslich die Flügel krumm ziehen, ist das hier ganz ausgeschlossen. Bei sehr hohen Flügeln kann ein dreifacher Verschluss gemacht werden und man kann mit dem Druckschwengel beliebig den einen oder den anderen oder beide Flügel gleichzeitig öffnen, feststellen und schliessen.

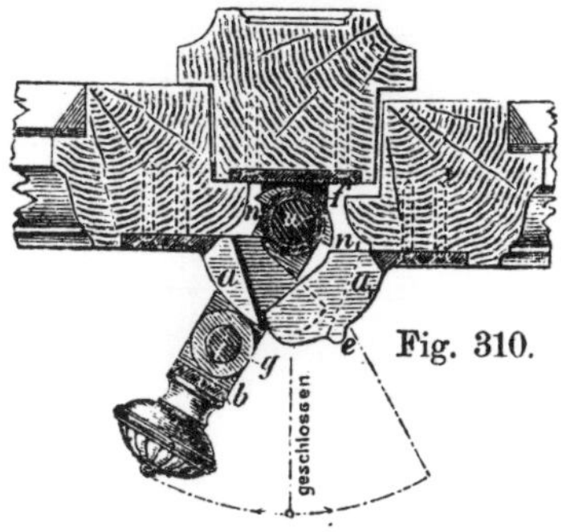

Fig. 310.

Der **Espagnolette-Verschluss**. Bei Fenstern mit aufgehenden Pfosten kann der Verschluss durch eine Triebstange aus starkem Rundeisen, die mehrmals durch Ueberkloben geführt wird, so hergestellt werden, dass diese Triebstange nicht gehoben, sondern gedreht wird. An beiden Enden sitzen abgerundete Widerhaken, die beim Drehen in entsprechende Haken am unteren Futterrahmen und am Kämpfer einfassen. In der Mitte der Flügelhöhe sitzt ein 10 bis 12 cm langer Hebel, der horizontal bewegt werden kann. Ausserdem ist er auch nach oben hin drehbar und wird dann, wie ein Ruder, von oben in einen besonders angebrachten dritten Schliesskloben eingelegt. Hierdurch wird ein Verschluss der Fenster in ihrer Mitte erzielt (Fig. 311 und 312).

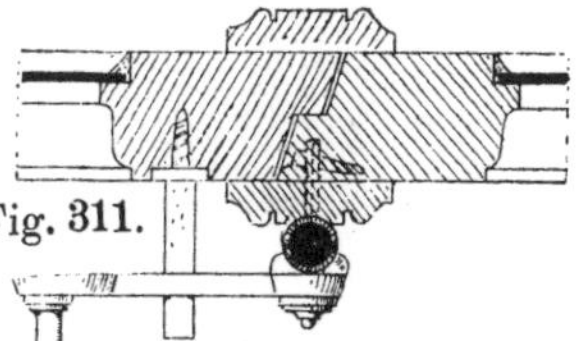
Fig. 311.

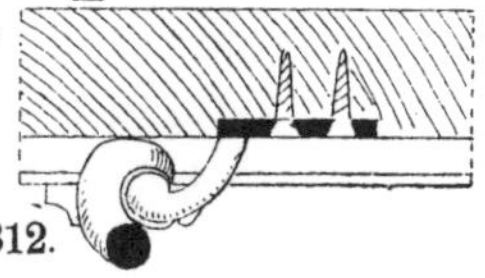
Fig. 312.

10. Die Ladenverschlüsse.

a) Fensterläden, sogen. Klappläden.

Man unterscheidet glatte, gehobelte und verleimte und gestemmte Läden, die in ihrer Konstruktion genau den entsprechend bezeichneten Türen (siehe weiter oben) gleichen. Innere Läden sind bequemer anzubringen als äussere.

Vorsetzläden, die im Innern des Zimmers das Fenster sichern, sind die einfachsten. Sie bestehen aus einem oder aus zwei Flügeln. Die Befestigung geschieht in einem Rahmen durch Zapfen an der Oberkante und durch einen Riegel oder eine Vorlegestange.

Innere Klappläden hängen an Bändern, sind in zwei oder mehrere Flügel eingeteilt und bewegen sich in Scharnierbändern. Auf den Fenster-Futterrahmen werden Leisten aufgeschraubt, die so breit sind, dass der vortretende Fensterverschluss zwischen Fenster und Laden Platz findet. Die Läden hängen an diesen beiderseitigen Leisten. Als Verschluss dient eine Vorlegestange. Bei geringer Mauerstärke werden diese Läden, damit sie nicht in das Zimmer hineinragen, in mehrere Ladenflügel gebrochen.

Gebrochene Klappläden bestehen aus vier bis sechs schmalen Tafeln, von denen die Hälfte je einen Flügel bildet. Sie legen sich, zusammengeklappt, an die Fensterleibung an- und aufeinander (Fig. 313 und 314).

Fig. 313.

Aeussere Fensterläden legen sich entweder stumpf an das Fenstergestell an oder sie liegen halb oder ganz im Falz (Fig. 315). Letzteres ist besser, da sie sich in geschlossenem Zustande so nicht aushängen lassen. Fensterläden über 60 cm Breite macht man zweiflügelig.

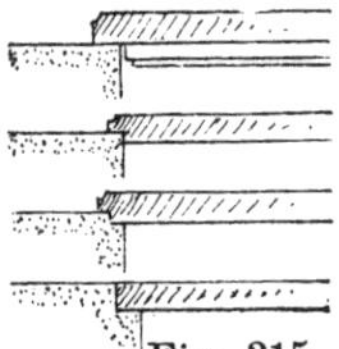

Fig. 315.

An der Wandfläche werden diese Klappläden durch Vorreiber festgehalten. Beim Schliessen legen sie sich mit Falz oder mit Schlagleisten übereinander. Als Verschluss dienen Riegel, die auf dem deckenden Ladenflügel sitzen und nach oben und nach unten gerichtet sind.

Die Konstruktion der Ladenflügel ist auch hier genau dieselbe wie bei Türen. Bei gestemmten Läden ist die Breite der Friese gleich 9 bis 10 cm. Die Füllungen bestehen aus 24 mm starken Brettern. Sie bestehen aus einem Stück oder sind aus mehreren Stücken gespundet.

Fig. 314.

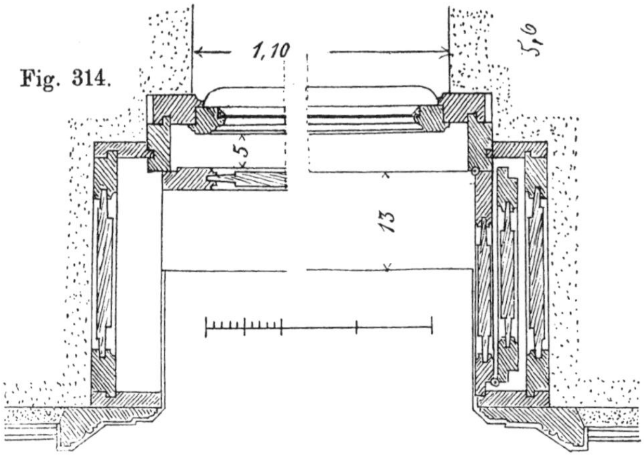

Fig. 316.

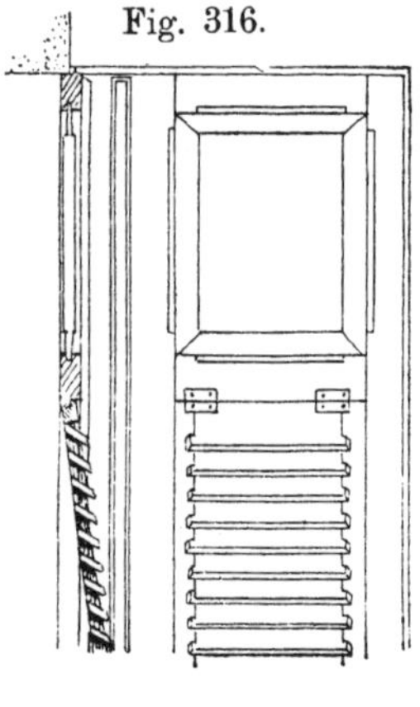

Jalousieläden haben den Vorteil, dass sie Luft und Licht durchlassen und sich zum Hindurchsehen eignen. Sie sind entweder „feststehende" oder „bewegliche", sogen. „Stelljalousien". Bei den feststehenden Jalousien stecken

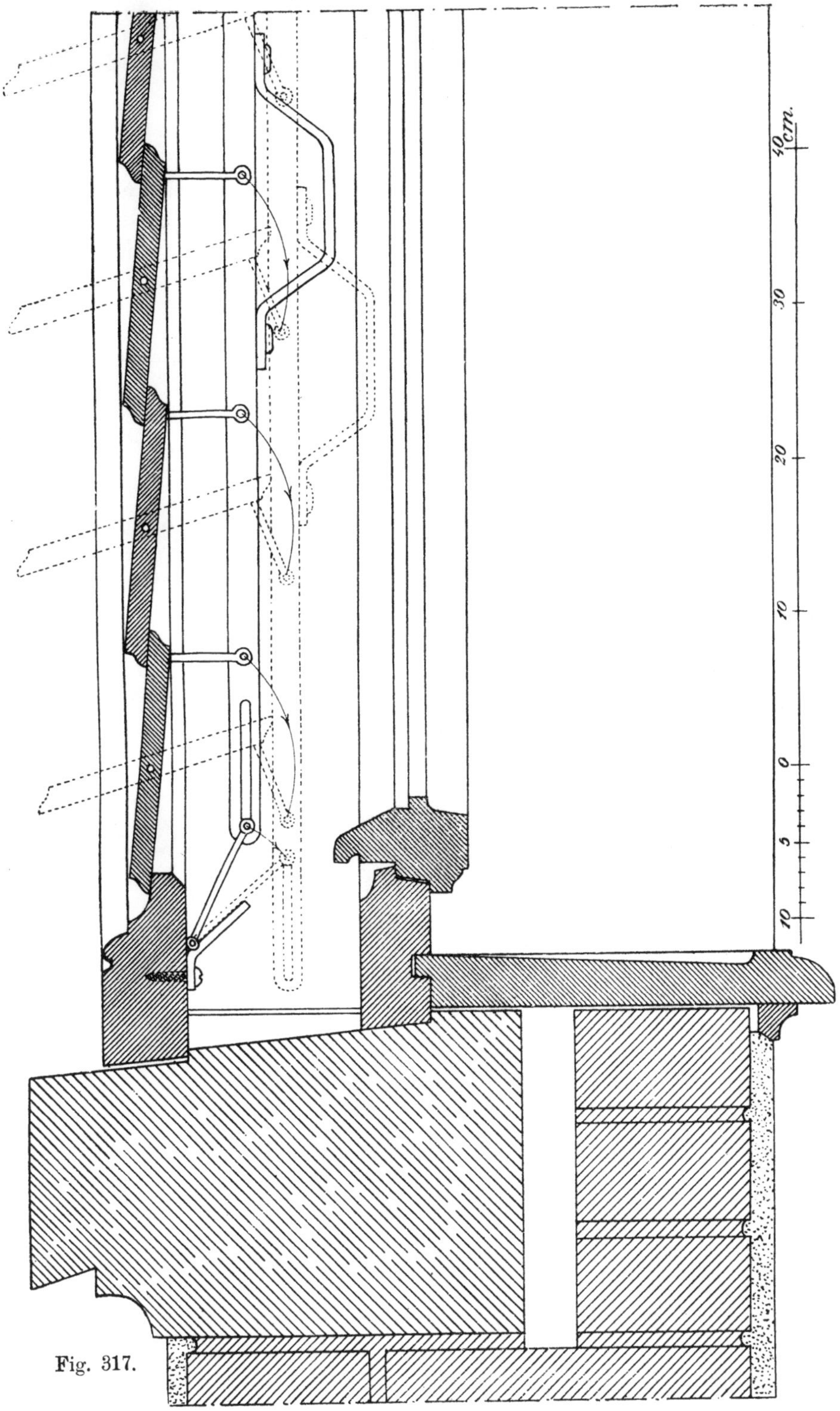

Fig. 317.

in den Rahmen statt der Füllungen eine Anzahl 10 bis 12 cm breiter und 1,5 cm starker Brettchen, die schräg nach aussen geneigt mit 5 bis 6 cm Abstand eingesetzt sind und sich gegenseitig überdecken. Die Brettchen bestehen aus Hartholz (Fig. 316).

Stelljalousien können so eingerichtet sein, dass entweder ein ganzer Flügel hinausgestellt werden kann oder jedes einzelne Brettchen wird beweglich gemacht. Die Bewegung der Brettchen geschieht durch eine mit Griff versehene Stellstange, die in der Mitte der Jalousie herabläuft und mit allen Brettern verbunden ist. Damit man von aussen nicht durch den Laden in das Zimmer hineinsehen kann, müssen die Jalousiebrettchen so angeordnet werden, dass die hintere Oberkante des unteren Brettchens 13 bis 16 mm über der vorderen Unterkante des oberen Brettchens liegt (Fig. 317).

Der **Ladenbeschlag** besteht aus Winkel- oder Schippenbändern mit Kloben in Stein oder Holz.

b) Roll-Läden.

In neuester Zeit verwendet man bei besseren Wohnhäusern fast nur noch Rolljalousien als Ladenverschlüsse. Dieselben werden in fertigem Zustande von Fabriken bezogen. Bekannte Firmen sind auf diesem Gebiete: C. Leius & Komp. in Stuttgart, R. Lottermann in Mainz, Bayer & Leibfried in Esslingen, C. W. Fuchs in Pforzheim, H. Müller Söhne in Düsseldorf, C. Schliessmann in Kastel-Mainz u. a.

Der Roll-Laden selbst bildet eine biegsame Fläche von der ganzen Breite der Fensteröffnung. An den beiden Seiten wird der biegsame Laden in eisernen

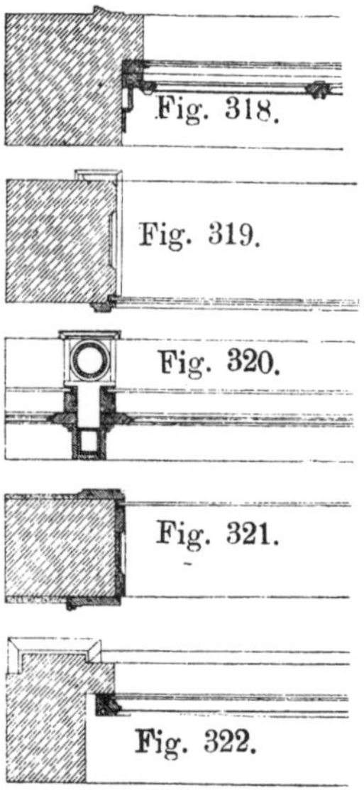

Fig. 318. Fig. 319. Fig. 320. Fig. 321. Fig. 322.

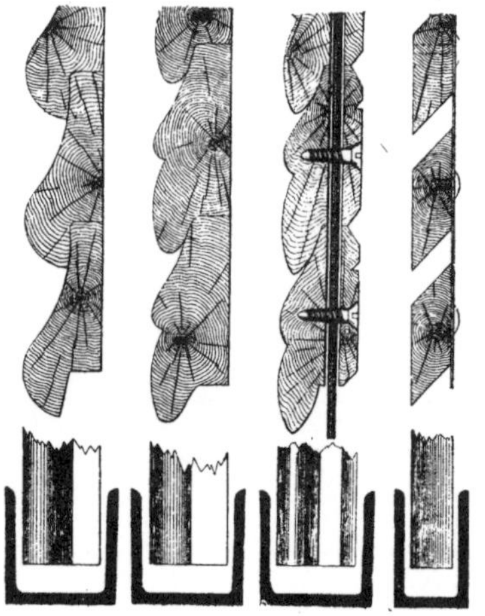

Fig. 323. Fig. 324. Fig. 325. Fig. 326.

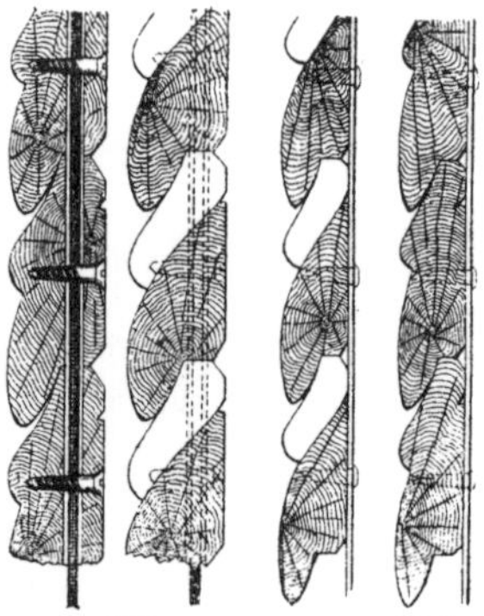

Fig. 327. Fig. 328.

Nuten, sogen. Laufnuten, geführt; diese können verschieden angeordnet werden. Sie liegen im Futterrahmen des Fensters versenkt — dann darf das Fenster nach aussen hin keine bedeutenden Vorsprünge aufweisen, da sonst der Laden keinen Platz findet. Man verdoppelt deshalb auch den Futterrahmen, um Platz zu gewinnen, und legt die Laufnute in den äusseren Rahmen ein.

Fig. 318 bis 322 zeigen verschiedene Anordnungen der Laufnuten.

Das Material des Ladens selbst kann Holz, Eisen oder Stahlblech sein.
Der **Ballendurchmesser** verschiedener Roll-Laden:

Ladenhöhe	1,60	1,80	2,00	2,20	2,40	2,60	2,80	3,00
Roll-Laden auf Leinwand geleimt .	0,22	0,25	0,24	0,25	0,26	0,27	0,28	0,29
Roll-Laden mit Gurtendurchzug . .	0,21	0,23	0,24	0,25	0,26	0,27	0,28	0,29

Hölzerne Roll-Läden bestehen aus $1^1/_2$ bis 2 cm starken, 3 bis 5 cm breiten Stäbchen, die miteinander überfalzt und auf Leinwand aufgeleimt sind. Wetterbeständiger wird die Konstruktion, wenn die Stäbchen auf Stahlbändern sitzen (Fig. 323 bis 326). Dabei können die Stäbchen feststehen oder verstellbar angeordnet werden. Letztere Anordnung ist bei Wohnzimmer-Fenstern die beliebtere, während die erste für Schaufenster und Türen genügend ist.

Fig. 326 zeigt eine feststehende Rolljalousie aus Prismastäben auf Stahlbändern. Die Fig. 327 und 328 geben dieselbe Konstruktion, aber mit verstellbaren Stäben.

Eiserne Roll-Läden wendet man nur als Sicherheitsverschluss für Schaufenster usw. an. Die einzelnen Teile des Ladens bestehen hier aus S-förmig gebogenen Blechstreifen, die mit Wulsten übereinander geschoben sind. In Stahlblech wird die ganze Fläche von einer einzigen Blechtafel mit horizontal laufenden Wellen gebildet. Sie ist sehr biegsam und lässt sich aufrollen (Fig. 329 und 330).

Der **Rollkasten.** Ueber dem äusseren Fenstersturz befindet sich im Innern des Zimmers der sogen. Rollkasten, der bestimmt ist, den aufgezogenen Roll-Laden in sich aufzunehmen. Man hat also schon bei der Anlage der Fenster wohl darauf zu achten, dass dieser Rollkasten über der Oeffnung auch Platz findet. Seine Grösse richtet sich nach der Höhe des Fensters, also nach der Höhe des Ladens und nach dem gewählten Materiale. Wenn der Laden ganz aufgewickelt ist, soll zwischen dem Ballen und der Kastenwand noch mindestens 4 cm freier Spielraum sein.

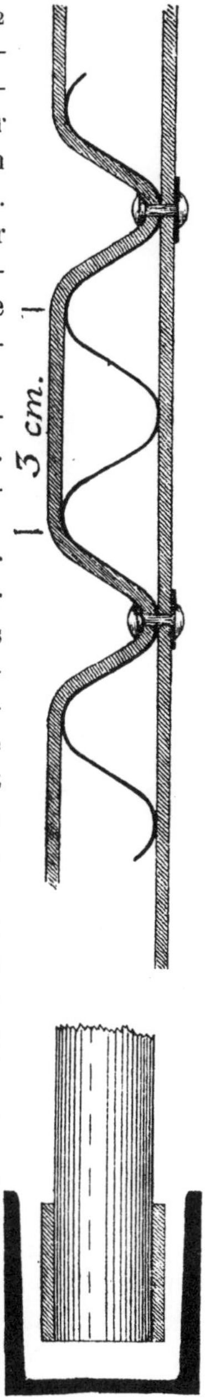

Fig. 329.

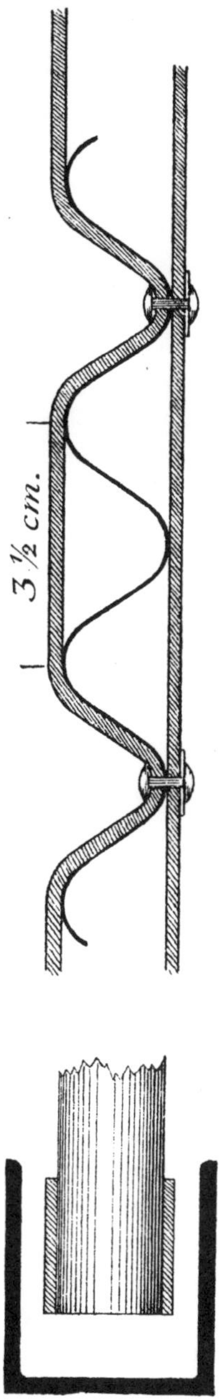

Fig. 330.

Im Kasten findet eine horizontale Welle von 7 bis 10 cm Stärke Platz, auf die der

Roll-Laden aufgewickelt wird. Eine Klappe im Rollkasten ermöglicht die etwaigen Reparaturen. Der Roll-Laden tritt am Fenstersturze durch einen Schlitz zwischen zwei Leisten aus dem Rollkasten heraus. Die innere Leiste, über die der Laden streift, muss an der Kante gerundet oder besser mit Gleitrollen besetzt sein. Dann gleitet der Laden in den Laufnuten weiter.

Die Fig. 331 bis 335 erläutern verschiedene Arten der Anlage des Rollkastens bei Schaufenstern.

Fig. 331.

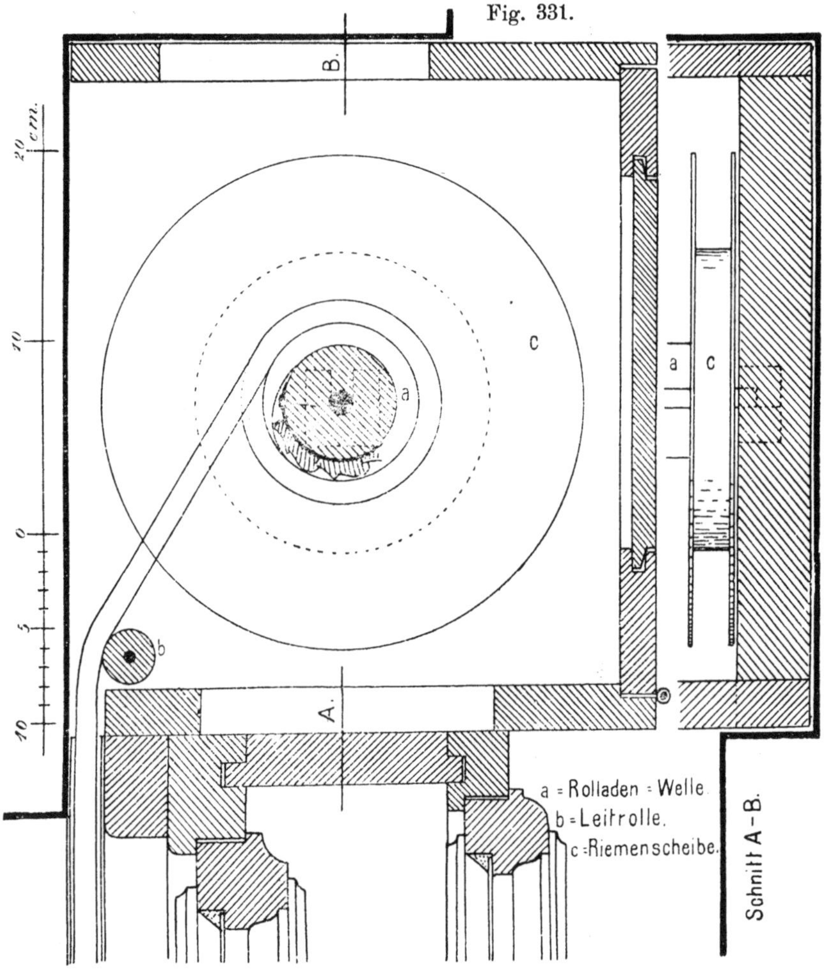

Untere Befestigung. An seinem unteren Ende hat der Roll-Laden eine Winkelschiene, die sich auf die Fensterbrüstung aufsetzt und durch Riegel usw. gesichert wird. Diese Schiene verhindert zugleich, dass der Roll-Laden über den Fenstersturz hinaus gezogen werden kann (Fig. 336 und 337).

Die **Welle** besteht in der Hauptsache aus Holz. Sie ist etwa 10 cm länger als die Ladenbreite beträgt und läuft mit eisernen Zapfen in offenen Lagern, die an beiden Seiten am Futterrahmen des Fensters angeschraubt oder in der Leibung eingegipst sind. An beiden Enden sitzen starke Blechscheiben, die ein Abgleiten des Ballens verhindern. Die Welle wird durch Zugriemen oder durch Federmechanismus oder durch Getriebe und Kurbel bewegt.

Roll-Läden für Schaufenster (Fig. 338 bis 340). Bei grösseren und mithin schwereren Läden von Schaufenstern wird meist ein Getriebe mit Kurbel erforderlich. Die Welle wird durch eine in bequemer Höhe liegende Kurbel bewegt. Die Drehung der Kurbelwelle wird durch Vorgelege auf eine Scheibe und von dieser durch Kette ohne Ende auf die Welle des Roll-Ladens übertragen, oder eine senkrecht stehende Welle wird durch die Drehung der Kurbelwelle bewegt und führt durch konische Räder zur Roll-Laden-Welle über.

Fig. 332.

Fig. 333.

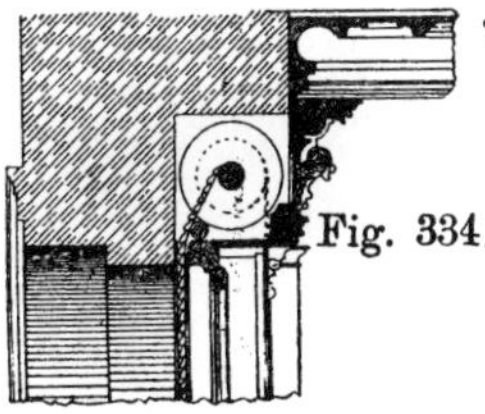
Fig. 334.

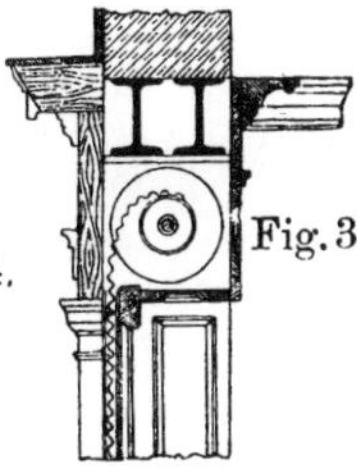
Fig. 335.

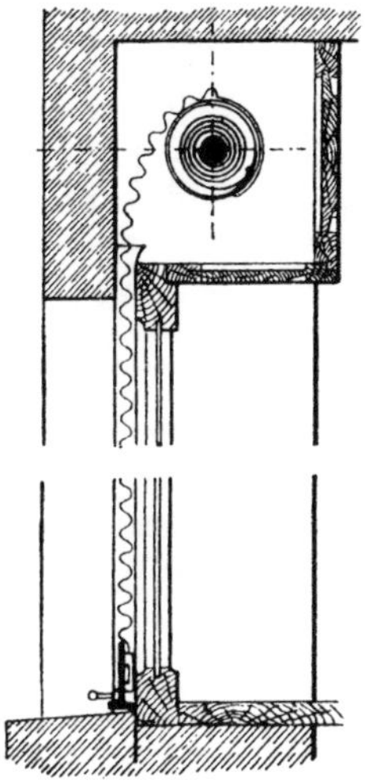
Fig. 336.

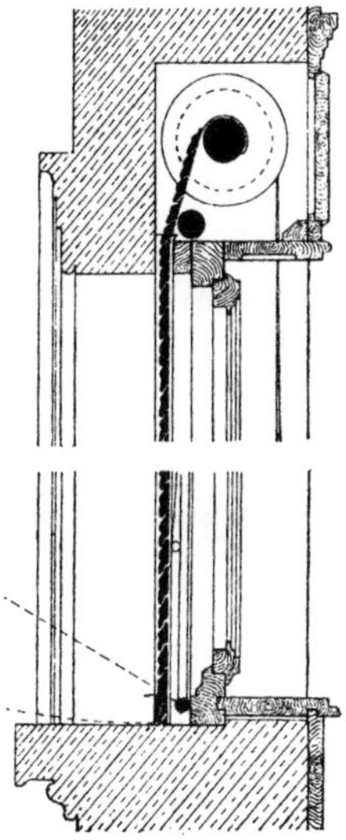
Fig. 337.

Platten-Läden für Schaufenster. Ebenfalls für grosse Schaufenster kommen Platten-Läden zur Verwendung, die aus einer Anzahl von starken Eisenblech-Platten bestehen. Die Breite der einzelnen Platten beträgt 30 bis 50 cm, die Stärke $1^1/_2$ bis 2 mm. Jede Platte ist an ihren horizontalen Kanten durch Eisenschienen verstärkt, von denen die obere auf die Aussenfläche, die untere inwendig aufgenietet ist. Je zwei übereinander sitzende Tafeln greifen somit bei geschlossenem Laden ineinander. Bei feststehender unterster Platte sitzen sämtliche Platten fest. An den Seiten wird jede Platte durch Führungsnuten, die dicht nebeneinander liegen, geführt.

Fig. 338.

Fig. 339

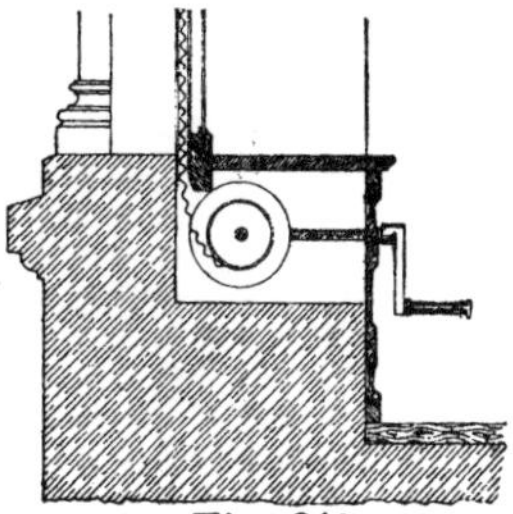
Fig. 340.

c) Roll- oder Zug-Jalousien.

Zur Abhaltung der Sonnenstrahlen werden sehr häufig in der äusseren Fensterleibung sogen. Zugjalousien angebracht, die mit Zugschnüren nach oben zusammengezogen werden können. Sie bestehen aus einzelnen etwa 3 mm starken und 60 cm breiten Brettchen aus geradfaserigem Tannenholz, die durch Gurten oder durch Ketten in bestimmter Entfernung voneinander gehalten werden.

Durch Zugschnüre können sie zusammengezogen und in beliebige Entfernungen voneinander gebracht werden. Diese Jalousie wird an ein 3 cm starkes und 6 cm breites Brettchen befestigt und unmittelbar unter dem Fenstersturz angebracht (Fig. 341 bis 343).

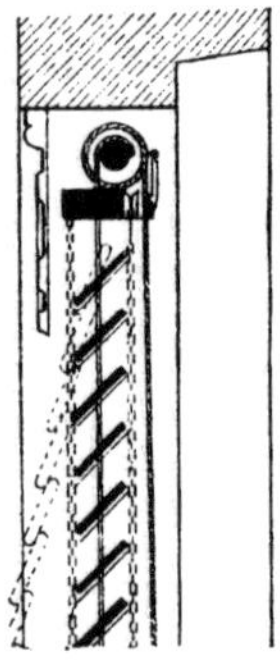

Fig. 341.

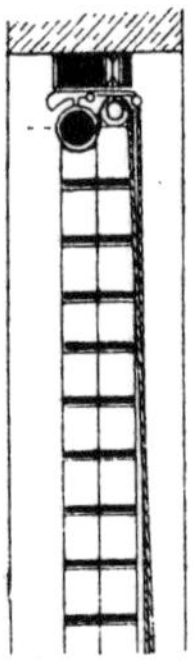

Fig. 342.

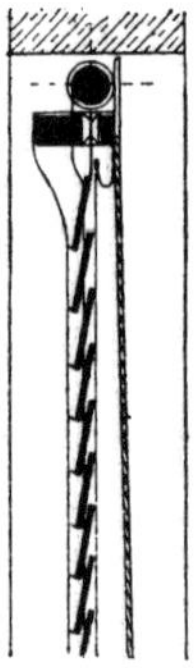

Fig. 343.

Auf dem Brettchen befindet sich eine Holzwalze, auf der sich die Zugschnüre aufwickeln. Die Walze wird mittelst einer Hanfzugschnur gedreht. Dabei ziehen zwei verzinkte Stahldrahtschnüre das unterste Brett herauf und dieses nimmt die einzelnen Brettchen dabei mit. Ein Schnurhalter, der angedrückt werden kann, bewirkt das Feststellen der Jalousie. Der Laden kann unten festgemacht und durch Anziehen der Schnur gespannt werden, dann werden die Brettchen nach Belieben eingestellt. Zur Verkleidung der Aufzieh-Vorrichtung benutzt man sogen. Zink-Galerieen. Doch ist zu beachten, dass hierbei vom Oberlicht des Fensters ein Teil verdeckt wird, welchem Umstand bei Anlage des Fensters Rechnung getragen werden muss.

III. Wandvertäfelungen.

1. Geschichtliche Entwickelung.

Der Ursprung der Wandvertäfelung lässt sich bis in das ferne Altertum hinein verfolgen; für uns kommt aber nur das Getäfel in Betracht, das sich im Mittelalter in den Wohnungen entwickelte. Hierdurch gewann die Wohnung ungemein an Behaglichkeit und Stimmung, sie wurde wohnlicher und kam den gesteigerten Lebensbedürfnissen des städtischen Bürgers fördernd entgegen.

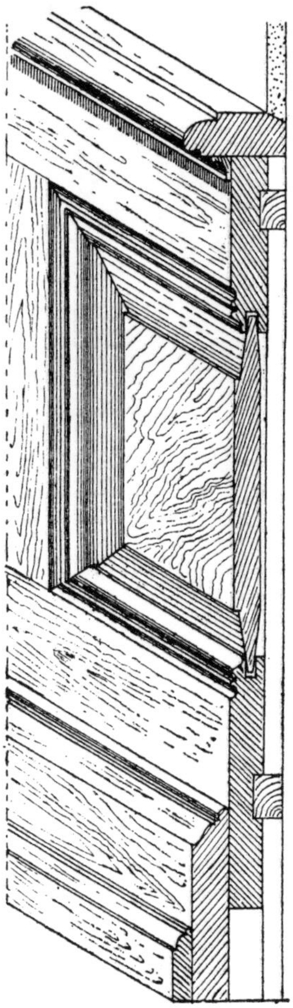

Fig. 344.

Da die Bekleidung der Wände mit Brettern ausserdem die Wohnung wärmer macht, so sehen wir die Täfelung hauptsächlich in den nördlich der Alpen gelegenen Kulturländern sich verbreiten, während z. B. Italien wohl grossartige Kunstwerke auf diesem Gebiete der Schreinerkunst hervorbrachte, die in Kirchen und Palästen ihren Platz fanden, dem Behagen des Wohnens aber nicht zu dienen hatten. In der Tat ist das Wandgetäfel zuerst in den Kirchen im Gebrauch gewesen, wo es hauptsächlich im Chor die unteren Wandflächen schmückte und eine ungemein kunstreiche Gestaltung mit der Zeit gewann.

Hatte es zuerst in seinem konstruktiven Aufbau nur aus gespundeter Arbeit bestanden, so vervollkommnete es sich vom 14. Jahrhundert ab in der Weise, dass nun gestemmte Tischlerarbeit üblich wurde. Es bestand in der Hauptsache aus Rahmenwerk mit Füllungen und einem Abschlussgesims. Die Füllungen nahmen als Schmuck buntgemalte Ornamente auf.

Zum Schutze des Holzes wurde dasselbe schon in frühester Zeit von der Wand isoliert, indem man das Getäfel auf mit der Wand verklammerte Leisten nagelte (Fig. 344).

Später wuchs in den reichen Patrizierhäusern das Wandgetäfel höher hinauf, so dass sich bereits eine

Teilung durch mittlere Querfriese nötig machte. Ueber den unteren niedrigeren erheben sich schlank aufsteigende höhere Füllungen. Ein Fries unter dem Abschlussgesims bereicherte den Aufbau und die Füllungen selbst erhielten geschnitzten Schmuck von eigenartiger Form, die an Pergamentblätter erinnert (Fig. 345).

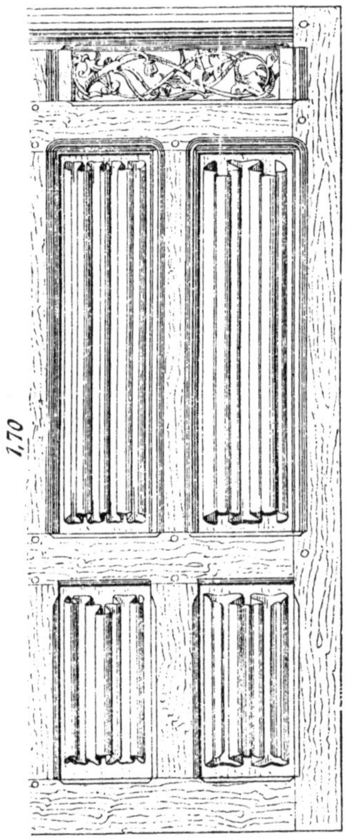

Fig. 345.

Diese Füllungsbehandlung wurde für gotische Tischlerarbeiten an Türen, Kasten und Täfelungen so mafsgebend, dass sie jede andere Schmuckweise fast verdrängte.

Mit der fortschreitenden Entwickelung des Hausrates und mit der gesteigerten künstlerischen Behandlung der Wohnräume entwickelte sich auch die Wandtäfelung zu immer grösserem Reichtum, besonders als im 16. Jahrhundert die mittelalterlich gotischen Formen dem Renaissancestile, der von Italien seinen Ausgang nahm, weichen mussten. Die italienische Renaissance hatte die alten römischen Bauformen mit frischem Geiste wieder lebendig gemacht, und, wie überall, so übertrugen sich dieselben auch auf das Getäfel am Stuhlwerk des Kirchenchores. Der Aufbau wurde nun strenger als bisher nach den Gesetzen der Architektur behandelt. Die durchlaufenden Horizontal-Teilungen an Gurt- und Brustgesimsen, die Felderumrahmungen der Rückwand, die bekrönenden Hauptgesimse trugen römische Profilierungen und zeigten die antike Stockwerkseinteilung Die farbigen Füllungen verschwanden jetzt. Sparsame Verwendung von Gold, plastisches Schnitzwerk und eingelegte Arbeit, sogen. Intarsien, traten an deren Stelle.

Das einfache Gerüst aus Rahmen und Füllungen, das die Gotik streng betont hatte, wurde nun an den Wandtäfelungen durch architektonische Stütz- und Gebälkformen ersetzt. Diese monumentale Behandlung des Chorgetäfels übertrug sich dann auf die Wohnung, wenn sie auch anfangs noch bescheiden auftrat. Das Getäfel wurde jetzt meist bis zu zwei Drittel der Zimmerhöhe hinaufgeführt. Flache Pilaster, die oft ein auf Konsolen ausgekragtes Gesims trugen, traten an Stelle der einfachen senkrechten Rahmen. Die weit ausladende Deckplatte des Gesimses diente als Bord für allerhand Schmuckgerät. So ist diese Wandtäfelung auch in unsere Wohnungen wieder eingezogen und hat in dieser bescheidenen Form gewiss ihre Berechtigung. Am Ende des 16. Jahrhunderts aber war die technische Fertigkeit im Kunsthandwerk eine so grosse geworden, dass sie sich in reichen Patrizierhäusern mit so einfachem Wandschmuck nicht mehr begnügen wollte. Es entstanden da die überprächtigen, phantastischen, hölzernen Aufbauten, die an Stelle des Getäfels die Wand in ihrer ganzen Höhe bedeckten, und Säulen und Pilaster, Hermen und Figuren und all das krause Ornament des schon angebrochenen Barockstiles in sich vereinigten. Unterstützt wurde diese Richtung auf dem Gebiete der Kunsttischlerei durch zahlreiche

Bücher über Säulenordnungen und antike Phantasiebauten, die bis in die kleinste Werkstatt ihren Eingang fanden.

Mit dem Fortschreiten des Barockstiles zu Anfang des 17. Jahrhunderts schreiten dann diese Geschmacklosigkeiten immer weiter fort. Ganz besonders liebt man es nun, die plastische Wirkung der architektonischen Gliederungen und Umrahmungen bis ins Ungeheure zu übertreiben. Die Füllungsflächen werden kastenartig vertieft und durch mächtige überschobene Rahmenprofile umsäumt. In anderen Fällen ersetzt man die Füllung gänzlich durch architektonische Aufbauten, die ähnlich wie reiche Fenster oder Portale wirken, und in Holz den steinernen Aufbau getreulich nachahmen. Sogar Quadermauerwerk kommt zur Darstellung und das einzig Lobenswerte bleibt nur noch die vorzügliche Technik und die solide Arbeit aus altem nachgedunkelten Eichen- und Nussbaumholz.

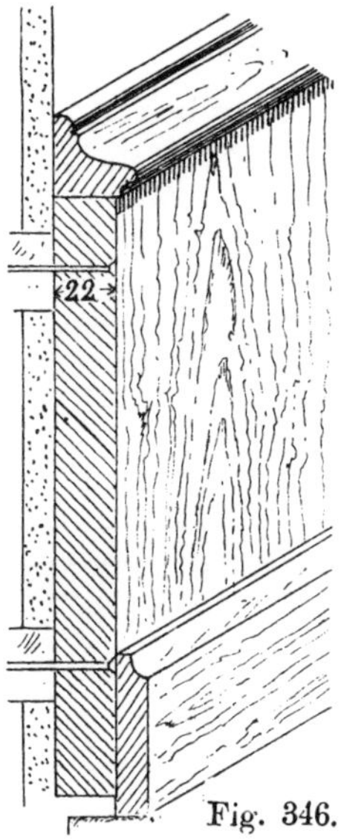

Fig. 346.

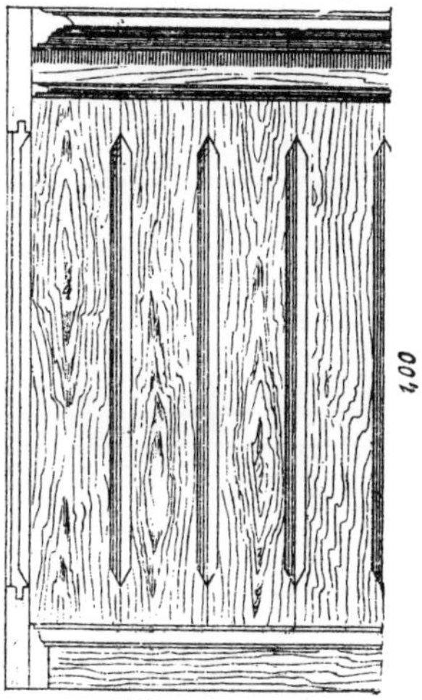

Fig. 347.

Diese immerhin technische Blüte des Kunsthandwerks ging in Deutschland zunächst zugrunde im 17. Jahrhundert durch den alles verwüstenden dreissigjährigen Krieg. Nach Beendigung desselben um die Mitte des 17. Jahrhunderts suchte sich das Kunsthandwerk neue Vorbilder in Frankreich, das mittlerweile die tonangebende Rolle auf allen Gebieten der Kunst und des Geschmackes übernommen hatte.

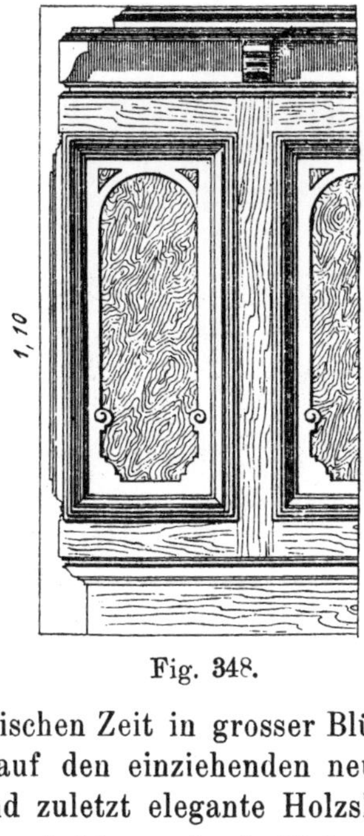

Fig. 348.

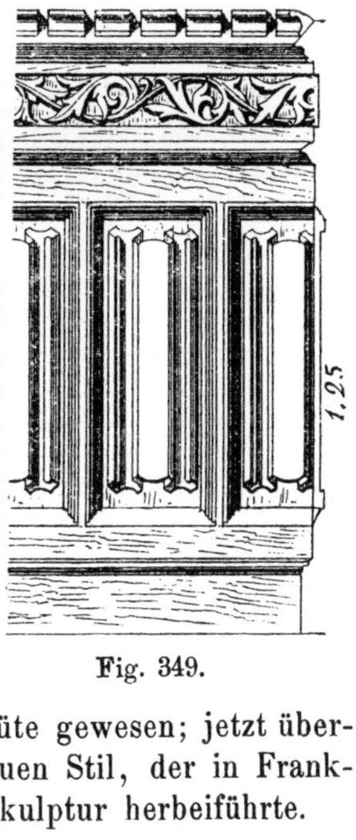

Fig. 349.

Die französische Kunstschreinerei pflegte nun, beeinflusst ebenfalls von der italienischen Renaissancebewegung, hauptsächlich das geschnitzte Ornament. Die Holzskulptur war in Frankreich schon zur gotischen Zeit in grosser Blüte gewesen; jetzt übertrug sich diese Kunstfertigkeit auf den einziehenden neuen Stil, der in Frankreich eine ungemein zierliche und zuletzt elegante Holzskulptur herbeiführte.

Für die Wandtäfelung, die auch hier meist in Eichenholz üblich war, treten ausser dem Schnitzwerk noch metallische Verzierungen hinzu und die Täfelung selbst stieg bald vom Fussboden bis zur Decke. In der Mitte etwa trennte man durch eine reichere architektonische Gliederung den ganzen Aufbau in zwei Teile, von denen nur der Unterbau mehr ruhig und schlicht, der Oberbau aber zierlich

Fig. 350.

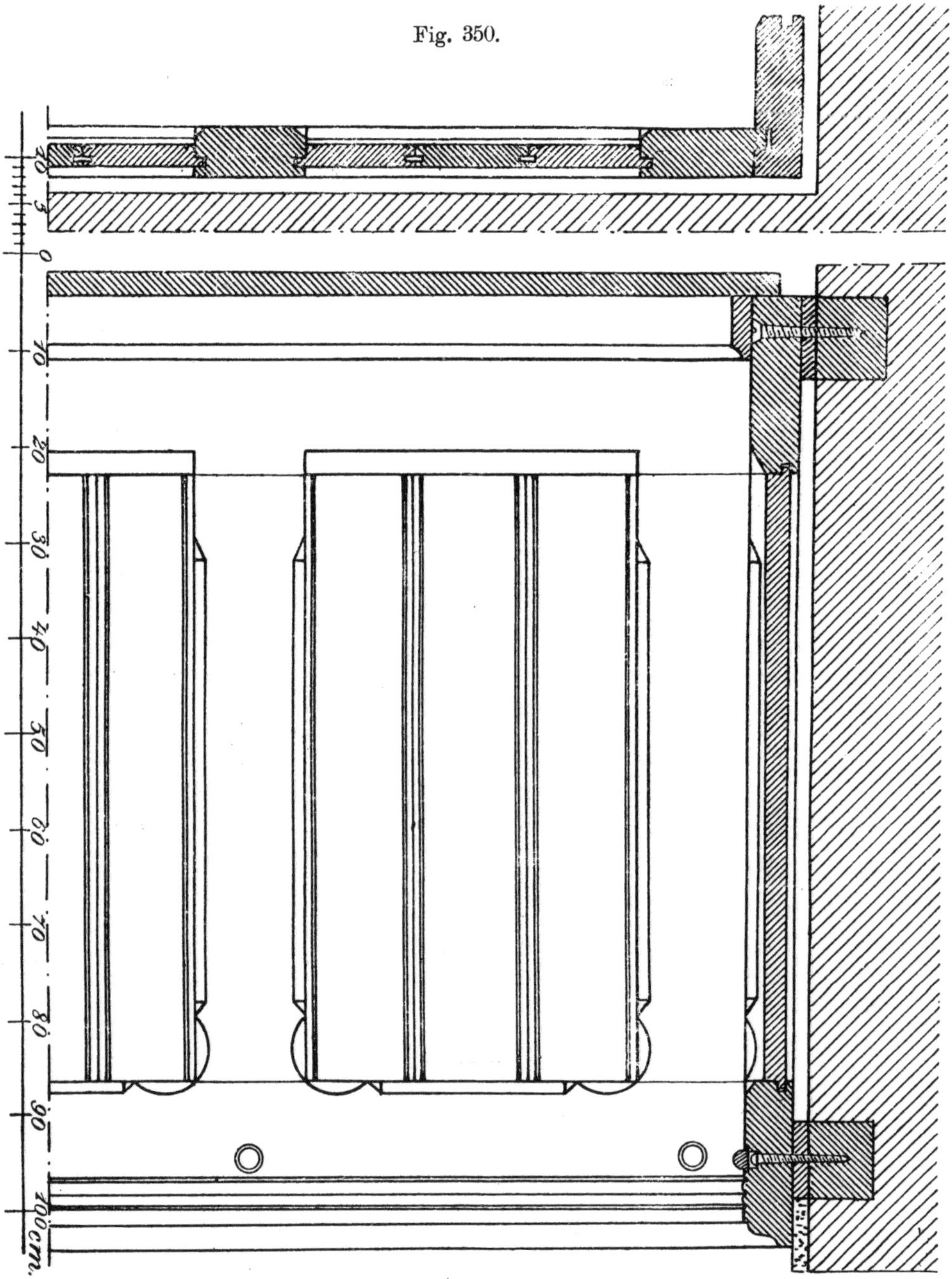

und reich und zugleich auch farbig behandelt wurde, indem Stillleben und ähnliche Motive in die Füllungen hineingemalt wurden.

Diese Geschmacksrichtung hielt sich bis zum Anfange des 17. Jahrhunderts. Hatte man bisher schon gern die Füllungsumrahmungen vergoldet, so überzog man nun allenthalben, Möbel, Wandtäfelungen und Türen aus Holz mit einer verdeckenden Farbe oder ersetzte es geradezu durch ein- und aufgelegte andere Stoffe. Der einfache, ruhige und warme Holzton musste prunkvolleren Farbenwirkungen weichen. In einzelnen Fällen wurde auch das Wandgetäfel durchaus vergoldet und die Füllungen mit farbigen Malereien geschmückt. Aber auch diese Farbenliebhaberei verschwand mit dem Ende des 17. Jahrhunderts und wurde durch Ueberzug von weissem Lack oder durch marmorartige Behandlung des Holzes verdrängt. Im 18. Jahrhundert überzog man schliesslich die Wand ganz mit Stuck. Das zarte Rankenwerk des Rokokostiles trat in phantastischen, dünnen Wandfelder-Umrahmungen an Stelle hölzerner Bekleidung und in den einfachen Bürgerhäusern bedeckten sich die Wandflächen mit der inzwischen eingeführten chinesischen Papiertapete.

Der Empire-Stil am Ende des 18. Jahrhunderts und im Anfang des 19. Jahrhunderts ist für die Wiederbelebung der Wandtäfelung ohne Einfluss gewesen. Erst die zweite Hälfte des 19. Jahrhunderts hat auch auf diesem Gebiete der Wohnungs-Ausstattung verdienstvolle Wandlung geschaffen. Während man aber zunächst sich den warmen Naturholz-Tönen, wie sie das 16. Jahrhundert liebte, und der reichen Formengestaltung bei der Holzdekoration des Zimmers zuwandte, ist heute der englische Geschmack herrschend geworden, der hellen Farben und zarten einfachen Formen an Wandtäfelungen, Türen und Decken den Vorzug gibt.

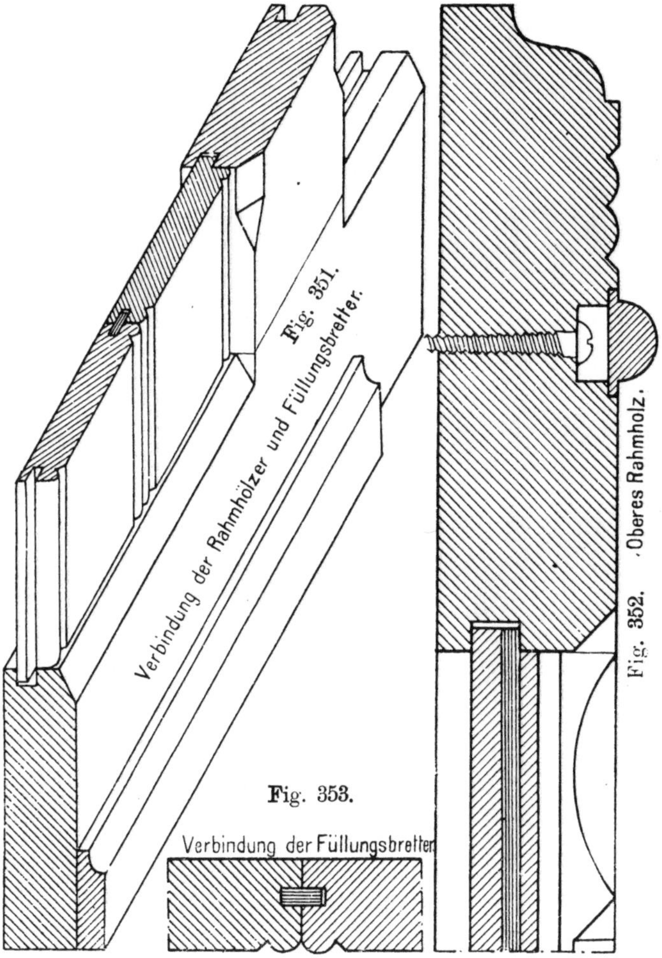

Fig. 351. Verbindung der Rahmhölzer und Füllungsbretter.

Fig. 352. Oberes Rahmholz.

Fig. 353. Verbindung der Füllungsbretter

Fig. 354.

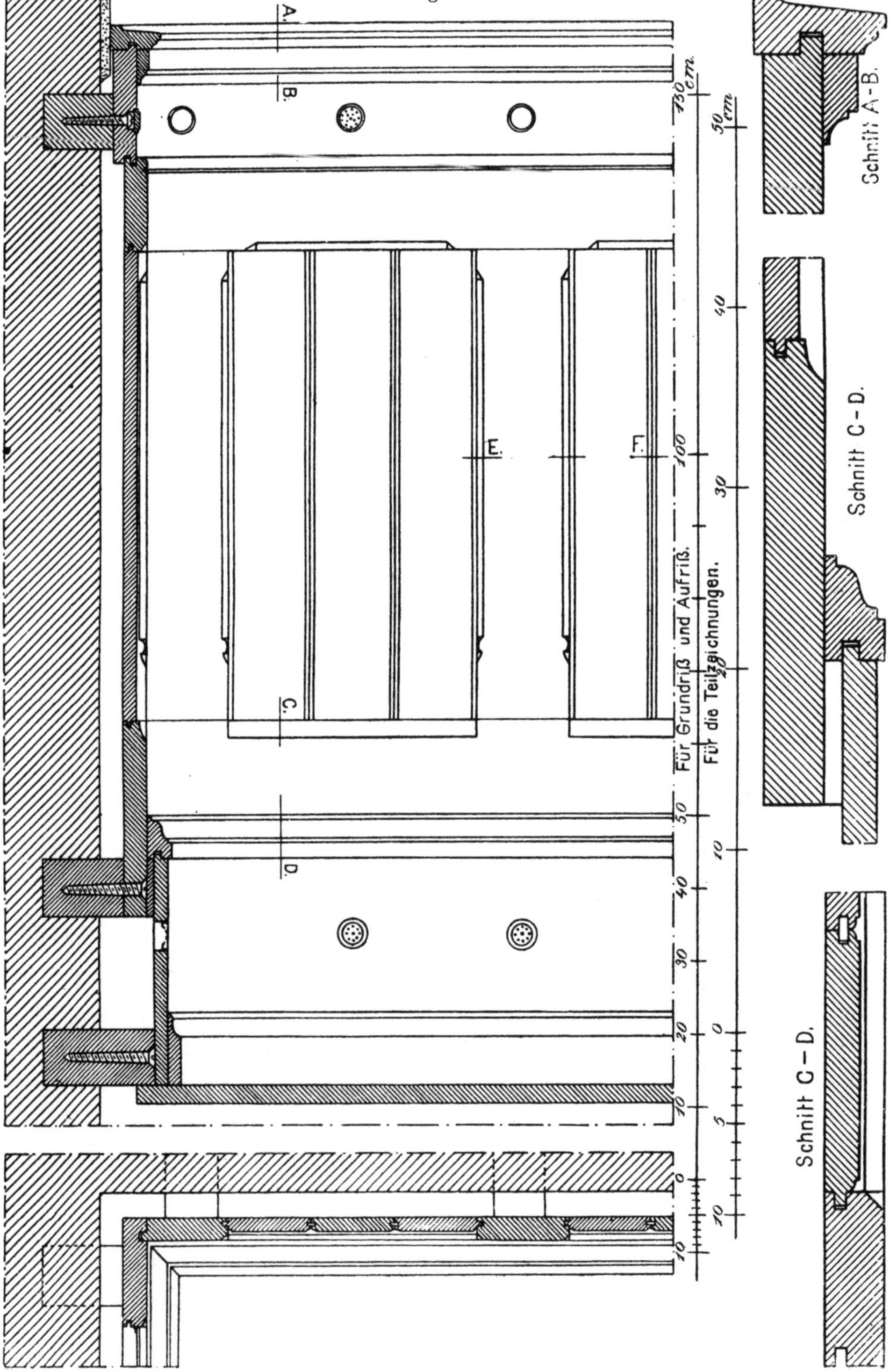

A.
B.
C.
D.
E.
F.
Schnitt A-B.
Schnitt C-D.
Schnitt C-D.
Für Grundriß und Aufriß.
Für die Teilzeichnungen.

2. Einfache Täfelungen.

Die einfachste künstlerische Behandlung der Wand erfordert eine Einteilung derselben nach der Höhe in Sockel, Mittelteil und bekrönenden Abschluss (Fig. 346). Dabei fällt der Wandvertäfelung naturgemäfs die Verkleidung des unteren Wandteiles zu, um so mehr, als der braune Holzton einen vortrefflichen Hintergrund

Fig. 355.

für das Mobiliar bildet. Besonders an den Wänden der heute beliebt gewordenen Dielen, deren mittlere Wandflächen keine Tapetenbekleidung erhalten, ist die Täfelung von vortrefflicher und warmer Wirkung. Das Getäfel selbst kann dabei ganz schlicht sein, z. B. aus naturfarbenem Tannenholz bestehen, bei dem die hervortretende Maserung zur Wirkung kommt. Es kann aber auch gebeizt und lackiert werden. Die einzelnen Bretter werden mit dem Profilhobel abgestossen und oben mit einer profilierten Deckleiste und mit einer Sockel bildenden Scheuerleiste versehen.

Die Befestigung geschieht bei massiven Wänden an eingemauerten Holzdübeln. Von Vorteil ist aber auch hier die schon weiter oben besprochene Isolierung des Getäfels durch Latten, die noch ausserdem mit Karbolineum getränkt werden.

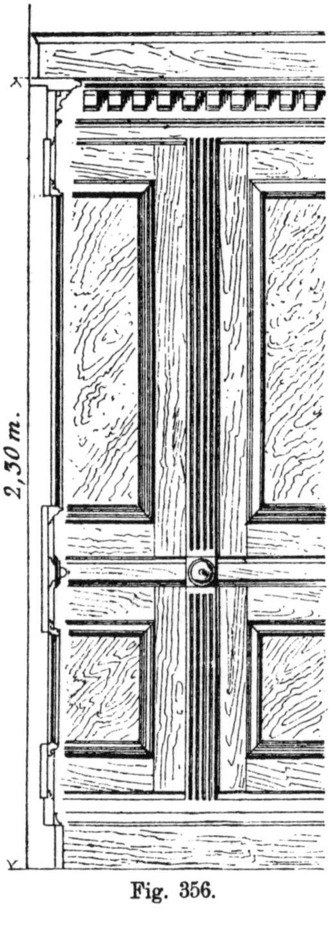

Fig. 356.

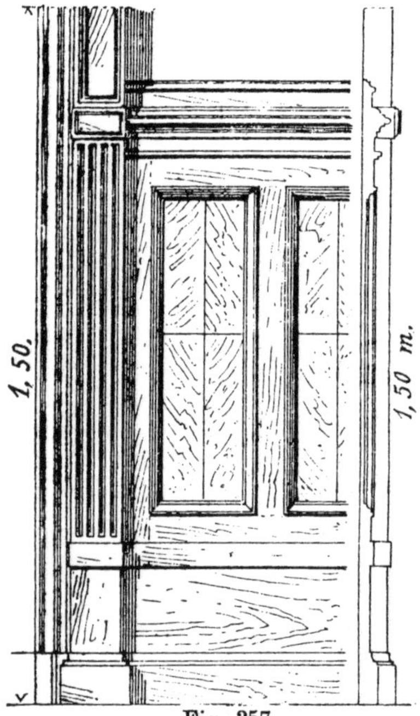

Fig. 357.

3. Gestemmte Täfelungen.

(Fig. 347 bis 349 und Taf. 3 nach „Der Innere Ausbau" von Cremer und Wolfenstein.)

Höhere Wandtäfelungen werden meist in gestemmter Arbeit hergestellt. Sie haben eine Höhe von 80 cm bis etwa 2 m. Je höher die Wandtäfelung wird, um so höher gestaltet sich auch der Sockel, der nun verdoppelt werden muss. Die Umrahmungsprofile der Füllungen können einfache angehobelte sein, aber auch durch aufgesetzte Leistchen verstärkt werden.

Ansicht.
Schlafzimmertür
mit anschliessendem Getäfel
von
Ende & Böckmann, Berlin.
aus
„Der Innere Ausbau“
von
Cremer und Wolfenstein.
Vertikalschnitt.

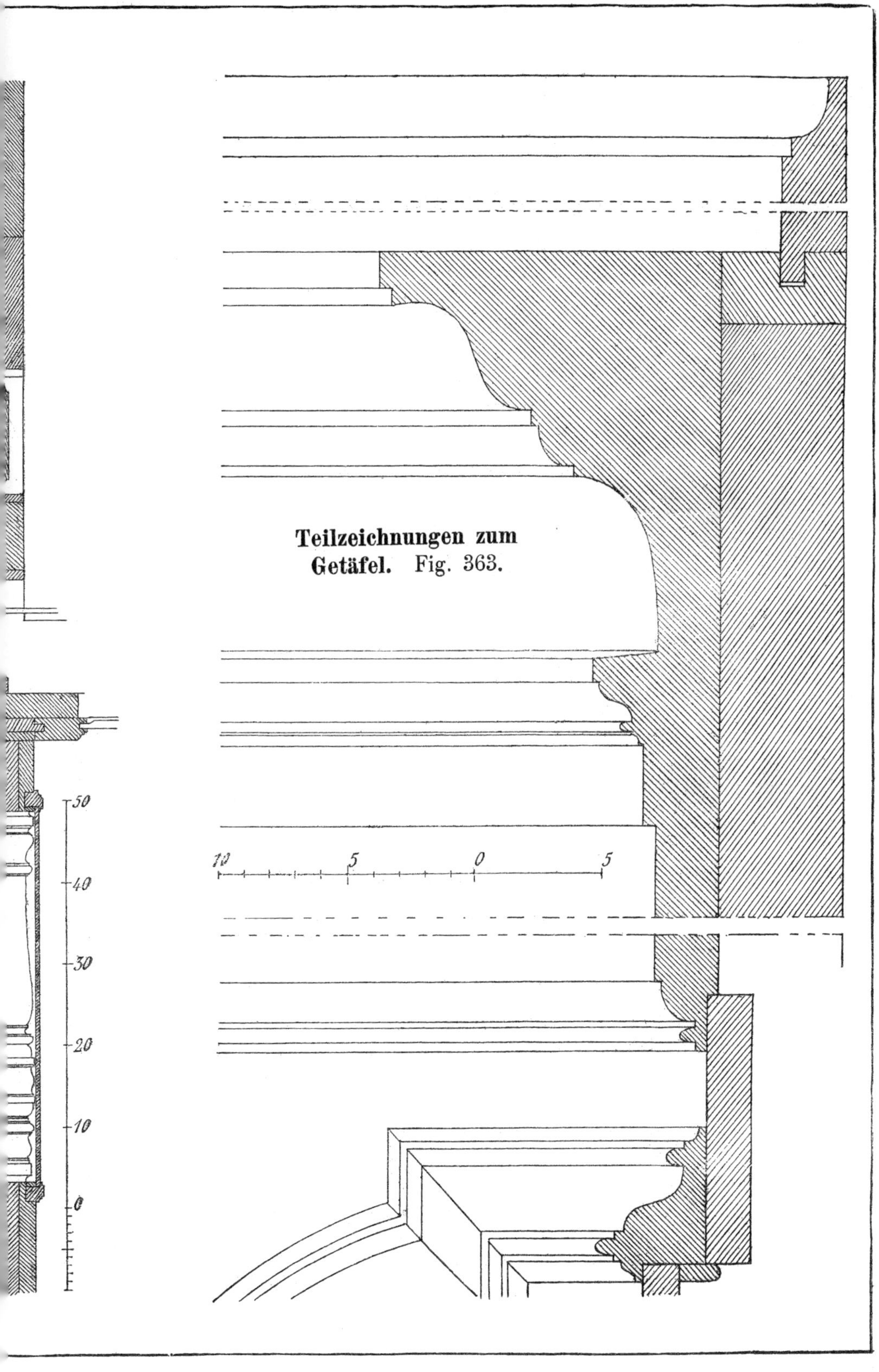

Teilzeichnungen zum Getäfel. Fig. 363.

Wird das Getäfel höher und sollen hölzerne Stühle an die Wand gestellt werden, wie z. B. in Restaurationszimmern, so empfiehlt sich eine Teilung in obere und untere Felder. Zwischen beiden, genau in Stuhlhöhe, bringt man

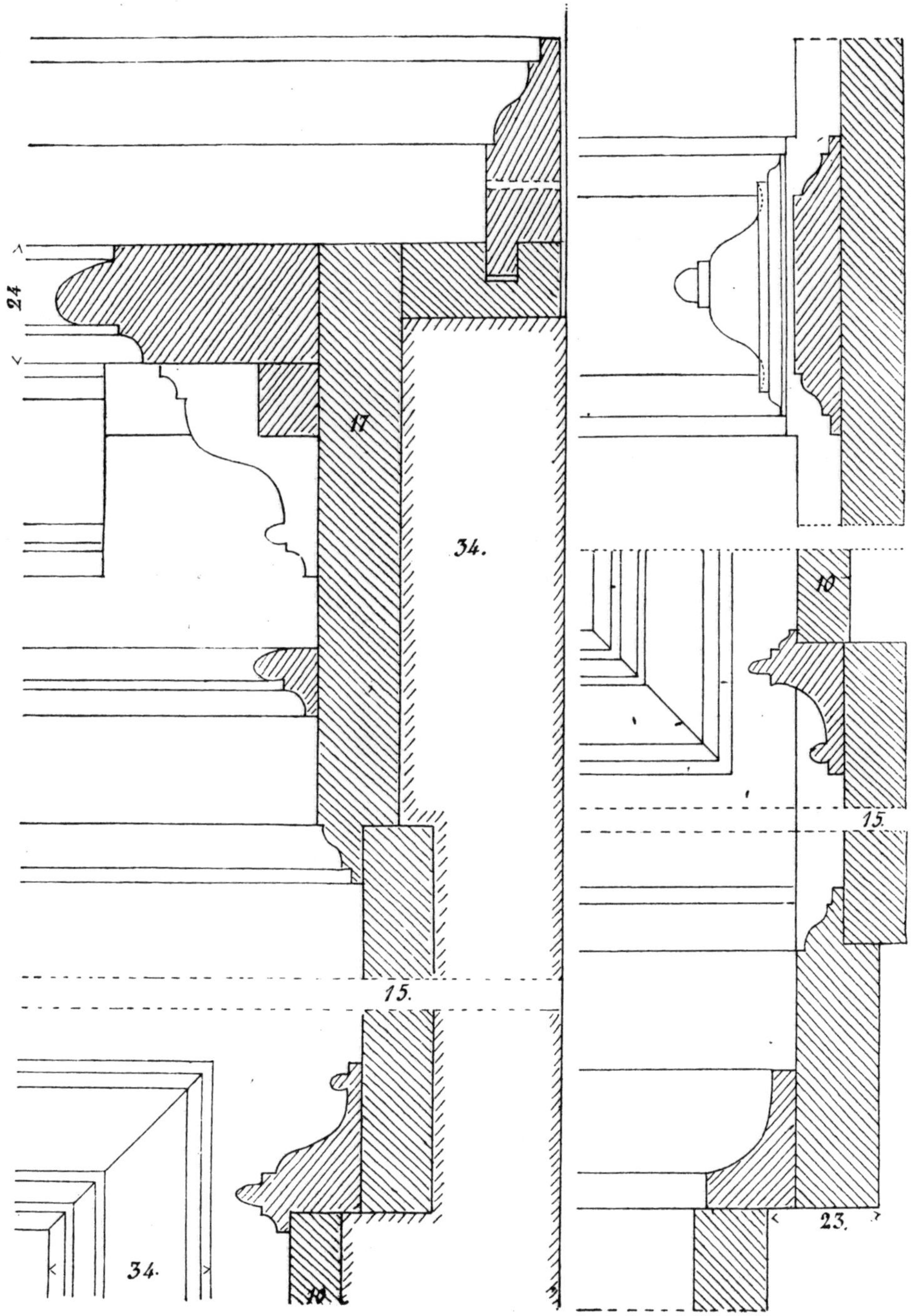

Fig. 358.

Teilzeichnung zu Fig. 356.

eine horizontal herumlaufende, etwa 10 cm breite, glatte, abgefaste Leiste an, die das Getäfel vor Beschädigung zu schützen hat (Fig. 356 und 358).

Ein reicheres Aussehen erzielt man bei hohen Täfelungen durch geschickte Einteilung in Füllungen von verschiedener Grösse und Ausgestaltung. Rosetten und Knöpfe dienen zur Belebung der Querfriese, Pilaster und Hermen für die Verkleidung der Höhenfriese. Ein weit ausladendes Deckgesims auf Konsolen schliesst das Getäfel oben ab. Es erhält dazu noch eine aufgesetzte Fussleiste, die den Uebergang vom Getäfel zur glatten Wandfläche vermittelt (Fig. 359, 360, 362 und 363).

Fig. 359.

Das Holzmaterial für solche Täfelungen wird selbstverständlich ein besseres sein müssen. Bei besseren Zimmereinrichtungen wählt man für die Möbel und die Täfelung die gleiche Holzart. Eichenholz, Nussbaum, Eschenholz sind hier beliebt. Oder man gibt dem struktiven Rahmenwerk einen dunkleren, den Füllungen einen helleren Ton. Besonders ungarische Eschen wirken hier für die Füllungen gut. Schliesslich lässt sich auch eine mässige farbige Wirkung erreichen, wenn man eingelegte Arbeit, Intarsia, zum Schmuck der Füllungen verwendet oder in leichten Lasurtönen, die die Holzmaserung noch durchscheinen lassen, farbige

Füllungen aufmalt. Auch Brandmalerei ist hier verwendbar, bedingt aber immer einen hellen Grundton des zu verwendenden Holzes.

Der Anschluss der Täfelung an eine Tür kann verschiedenartig hergestellt werden. Wenn das Deckgesims der Täfelung wenig ausladet, so kann es sich einfach an der Türbekleidung totlaufen und die Täfelung schliesst dicht an die Verkleidung an. Geht dies nicht, weil die Ausladung der Täfelung zu gross ist, so muss entweder die Verkleidung der Tür an der Stelle, wo das Deckgesims des Wandgetäfels anschliesst, so weit verstärkt werden, dass ein Totlaufen möglich ist, oder die Täfelung hört vor der Verkleidung auf und ihr Deckgesims läuft neben der Verkleidung frei aus (Fig. 360, 362 und 365 aus „Der Innere Ausbau“ von Cremer und Wolfenstein).

Fig. 360.

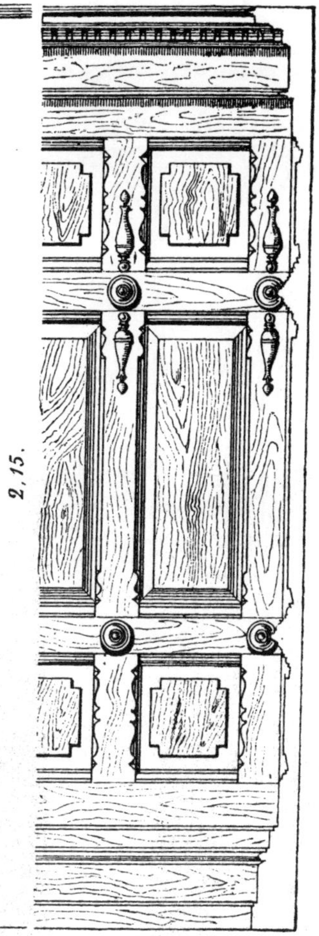

Fig. 361.

4. Die Holz-Intarsia.

Die Herstellung von Holz-Intarsien geschieht auf folgende Weise. Die auf Papier mit Bleistift oder besser mit der Feder angefertigte Zeichnung des Flachornamentes wird auf ein dünnes Holzblatt, z. B. Mahagoni, geklebt und ein zweites, z. B. Ahorn-Furnier, darunter gelegt. Beide werden dann so fest als möglich miteinander verbunden. Mit der Laubsäge sägt man nun die Umrisse des Musters durch beide Blätter hindurch. Auf diese Art entstehen je zwei einander entgegengesetzte Ausschnitte, deren Seiten mit Papier überklebt und die mit ihrer Rückseite nach Mafsgabe der Zeichnung dann auf ein meist weiches Blindholz geleimt werden. Die Dicke des Blindholzes kann 3,5 mm, die der Furniere 1,8 mm betragen. Nach dem vollkommenen Trocknen erfolgt die

Fig. 362.

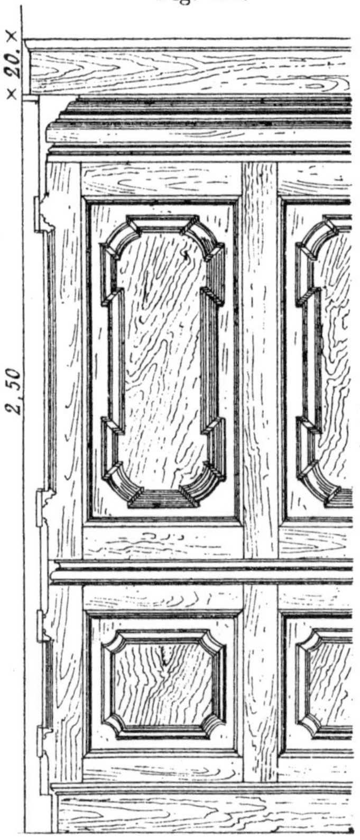

Fig. 363.

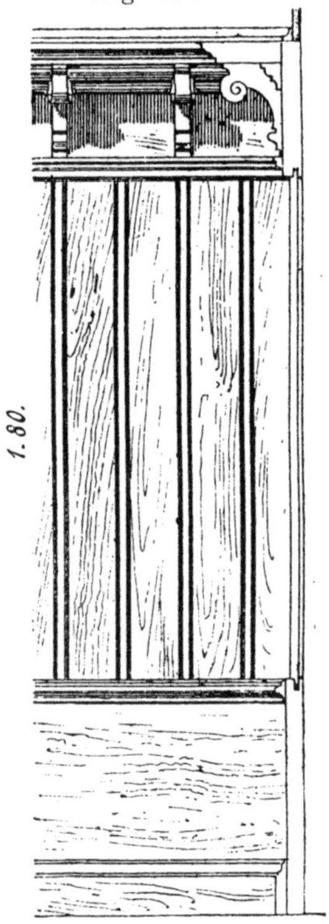

Fig. 364.

Reinigung der Vorderseite von Papier und Leim und das Glätten der Fläche mit Hobel und Schabeisen. Die an den Umrissen durch Abfall der Sägespäne entstehende Fuge muss mit Schellack ausgefüllt werden. Ein schiefer oder konischer Schnitt hilft zur Vermeidung dieser Fuge, namentlich, wenn beide Furniere so übereinander gelegt werden, dass die Fasern sich kreuzen und daher jedes nach entgegengesetzter Seite quillt. Von grossem Einfluss auf das Gelingen ist die Reinheit und Genauigkeit der Zeichnung. Deshalb ist es bei feineren Arbeiten geraten, solche unmittelbar auf das Holz selbst aufzuzeichnen.

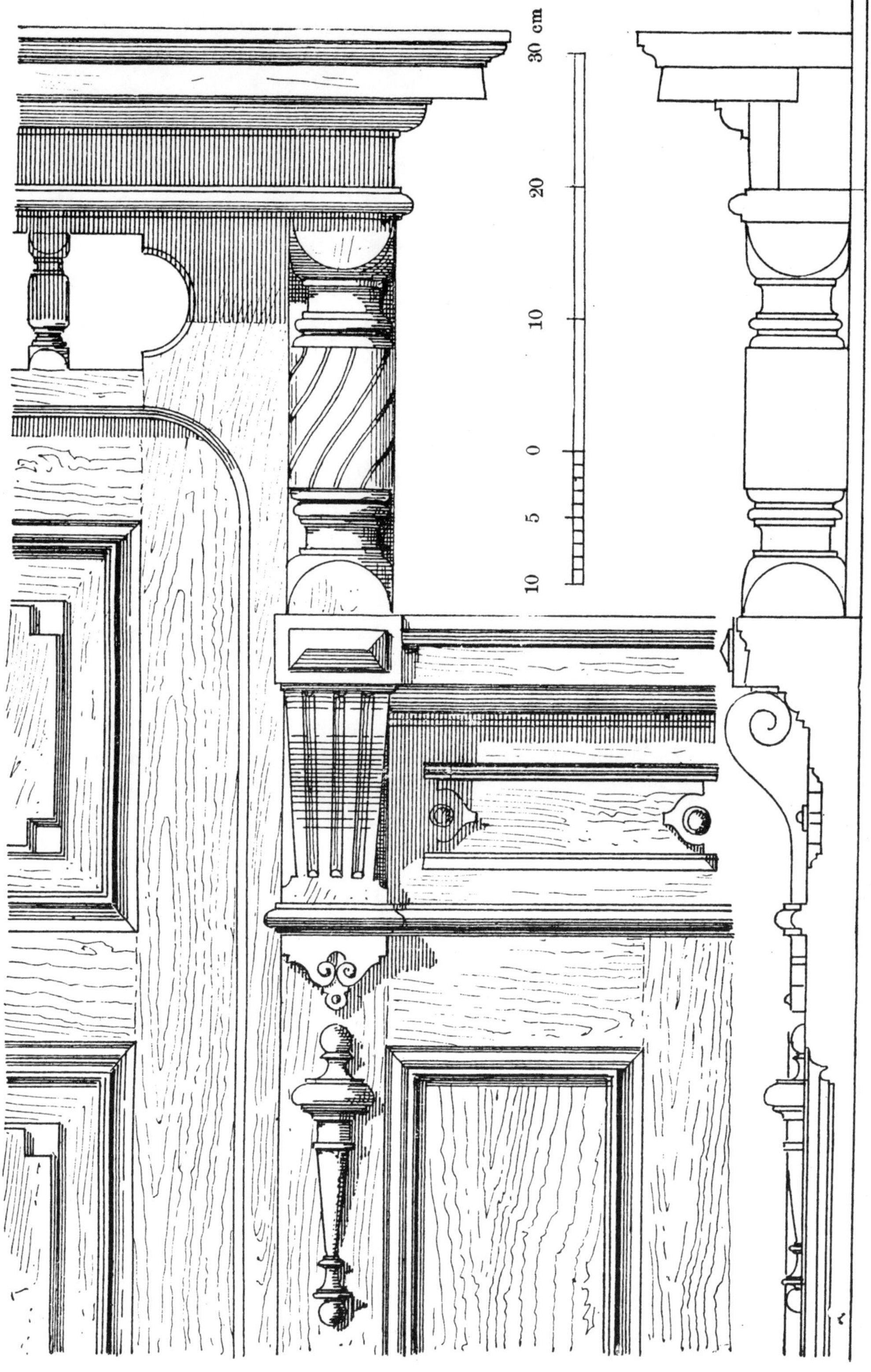

Fig. 365.

IV. Deckenvertäfelungen.

1. Die geschichtliche Entwickelung.

Die älteste Form der hölzernen Decke war die Sparrendecke, die sich als untere Verschalung der Dachsparren dem Anblick darbot. Sie wurde bei grösseren Spannweiten durch Unterzüge, sogen. Pfetten, zur Unterstützung der Sparren in Felder geteilt, in der Farbe meist dunkel gehalten und mit bunten Farben in gleichmässigem Feldermuster bemalt, meist aber nur an den Kanten und Fasen der Pfetten verziert. Die Hauptbinder wurden in ihrer Konstruktion sichtbar gemacht und ebenso farbig, wie die übrigen Deckenhölzer behandelt.

Hatte diese Sparrendecke im Altertum in den südlichen Ländern eine flache Neigung gehabt, so sehen wir im Mittelalter, etwa um die Mitte des 12. Jahrhunderts, Holzdecken bei steilen Dächern entstehen, die sich in ihrer Form mehr dem Gewölbe nähern. Auch hier werden die Sparren bis zum Kehlbalken verschalt und nur die Zargen, Hängesäulen und sonstigen Konstruktionsteile der Binder bleiben sichtbar. Ihre vornehmste und eigenartigste Gestaltung erhielten dann diese Decken in der sogen. normannischen Bauweise in England, wo sie bis zum heutigen Tage bei Monumentalbauten in Anwendung kommen. Es wird hierbei die Konstruktion des steilen Daches unter Hinzutat von gotischen Zierraten gänzlich dem Auge blossgelegt. Die berühmteste Decke dieser Art ist die Hallendecke im Schlosse von Westminster (1397).

In Deutschland entwickelte sich in der vornehmen Wohnung des Mittelalters die hölzerne Flachdecke. Sie schloss sich unmittelbar an die Balkenlage des Zimmers an, indem diese sichtbar gemacht und die Verschalung darüber oder dazwischen angebracht wurde.

Farbige Verzierungen, bunte Abfasungen der Balkenkanten, Zickzackmuster auf der Unterseite der Balken treten bald als Schmuck hinzu. An den Wänden bekamen diese Balken ein sichtbares Auflager in Gestalt von Konsolen, die erst einfach, später reich und phantastisch behandelt wurden (Fig. 366 und 367).

Bei grösseren Spannweiten wurden naturgemäss Unterzüge notwendig, die dann durch ganz besonders kräftige Konsolen an den Auflagern unterstützt erschienen. In der gotischen Zeit erhielt sich diese Art der Flachdecken-Konstruktion, nur wurden jetzt die Balken reich geschnitzt und tief und kräftig profiliert. Wie überall, so liebte es der gotische Stil auch hier die Konstruktion stark zu betonen. Im 15. und 16. Jahrhundert unter dem Einflusse der italienischen Renaissance erhielt die hölzerne Flachdecke eine andere Gestaltung und zugleich die grossartigste künstlerische Behandlung.

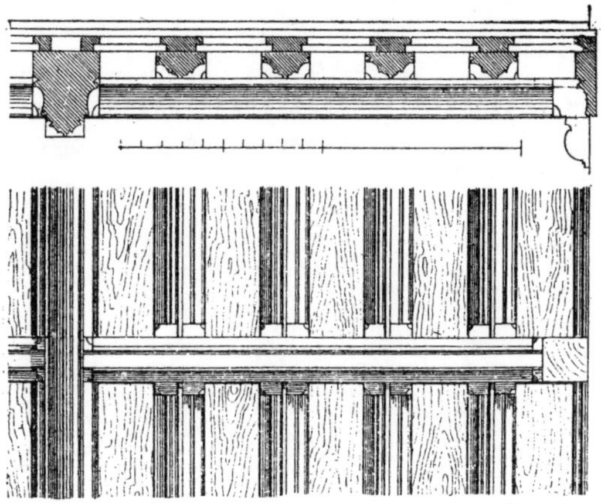

Fig. 366.

Zunächst verwendete man in den Kirchen die antike Kassettendecke, die durch eingelegte Wechsel zwischen den Hauptbalken leicht erreicht werden konnte.

Durch die gleichmäſsige Wiederholung desselben Musters erscheint eine solche Decke etwas eintönig, deshalb nahm man zu ihrer Belebung reiche Vergoldung und lebhafte Farbengebung hinzu. An den Kreuzungsstellen der Balken befestigte man kräftige Nagelköpfe und in die Kassetten setzte man geschnitzte und vergoldete Rosetten (Fig. 368). Gold, weiss und blau waren hier beliebte Farbenzusammenstellungen.

Fig. 367.
Rathaus Braunschweig.

Allmählich ging man aus der strengen und gleichmässigen Feldereinteilung der Kassetten zu freierer Behandlung der Decke über. Man fasste z. B. vier Kassetten in rhythmischer Verteilung zu einem einzigen Felde zusammen (Fig. 369) oder man teilte die Decke ein in grosse quadratische und kleine rechteckige Felder (Fig. 370 und 371).

Schliesslich machte man sich ganz unabhängig von der eigentlichen Balkenlage, verschalte dieselbe und schuf nun auf der Verschalung durch aufgelegtes Rahmenwerk eine Decke, die alle möglichen Felderformen aufnehmen konnte.

Meist gruppierten sich um ein grösseres Mittelfeld kleinere Umrahmungsfelder, wobei dann runde und ovale Felder, die ausserdem mit reichen Deckengemälden geschmückt wurden, Aufnahme fanden. Dies war besonders Sitte am Ende des 16. und zu Anfang des 17. Jahrhunderts, als die italienische Renaissance zum Barockstil übergegangen war (Fig. 372 und 373).

Anders als in Italien gestaltete sich die Holzdecke in Deutschland. Hier blieb sie zunächst eine Balkendecke, deren Zwischenfelder durch aufgenagelte Leistchen verziert und deren Balken-Unterkanten mit kräftigen Füllungen ver-

Decke aus dem Palazzo Marescalchi in Bologna.

Fig. 368.

sehen wurden (Fig. 374 und 375). Durch eingeschobene Wechsel wurde dann die Feldermusterung eine lebhaftere. Immer aber behielt die Decke den natürlichen Holzton, der in Verbindung mit dem Wandgetäfel das Zimmer warm und wohnlich erscheinen liess. Mehr Farbenwirkung gab man hie und da den Decken durch Hinzufügung bescheidener Vergoldung oder durch Verwendung von verschiedenen Holzarten.

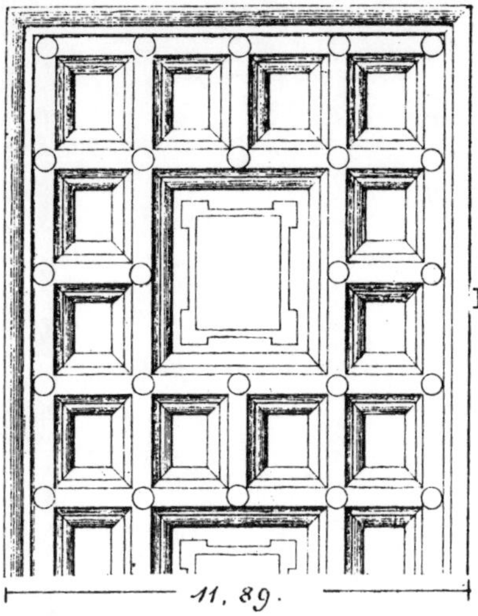

Fig. 369.

So machte man z. B. die Friese aus Eichen-, die Kehlungen aus Kiefernholz, die Füllungen aus ungarischer Eschenmaser und gab an den Rändern Nussbaum-Einlagen zu. Die Fig. 376 bis 379 zeigen reizende Feldereinteilungen von Holzdecken aus dem Schlosse Velthurns in Tirol (Gewerbehalle, Stuttgart).

Mit dem 17. Jahrhundert musste dann unter der Herrschaft des französischen Barockstiles die Holzdecke dem Stuck Platz machen, der nun die gesamte Deckenverschalung überzog. In den Prachtbauten der Fürstenschlösser nahmen kolossale Deckengemälde das Hauptfeld der Decke ein; in den Bürgerhäusern verbarg sich die hölzerne Deckenverschalung hinter bescheidenem Stucküberzug, der allmählich im 18. und zu Anfang des 19. Jahrhunderts zur ganz glatten, spärlich bemalten oder meist getünchten Zimmerdecke herabsank. Auch auf diesem Gebiete ist seit der Mitte des 19. Jahrhunderts Wandel geschaffen und heute kommt im besseren bürgerlichen Wohnhause, ganz besonders für Herrenzimmer, für Diele und Speisezimmer, die Holzdecke in natürlichem Holzton wieder zu ihrer vollen Geltung.

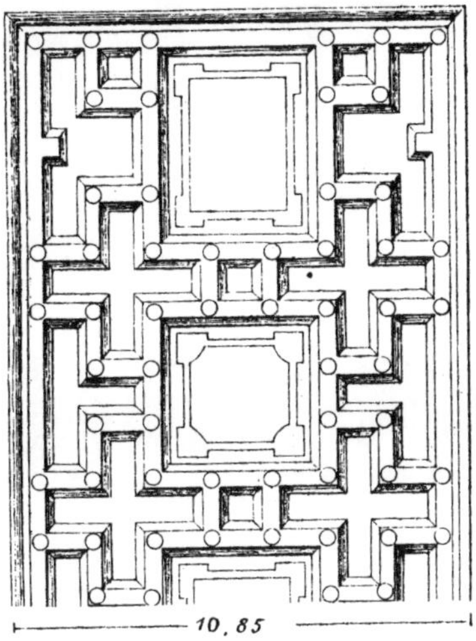

Fig. 370.

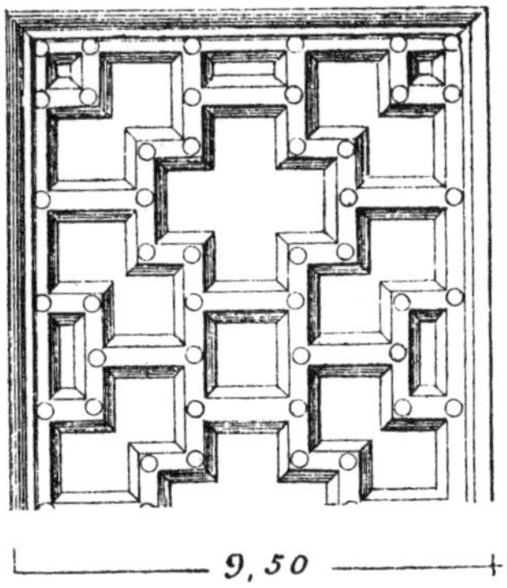

Fig. 371.

2. Moderne Holzdecken.

Im allgemeinen schliessen sich die neueren Holzdecken an die schon im 16. Jahrhundert üblichen Formen an. Sie zeigen entweder die reine Konstruktion der Balkendecke mit den eingeschobenen Bretterfüllungen, wobei die Balken mehr oder weniger reich verziert und die Bretter mit angehobelten Profilen versehen werden, oder sie sind als Blinddecken an die versteckte Balkenlage angeschraubt. Im letzteren Falle kann

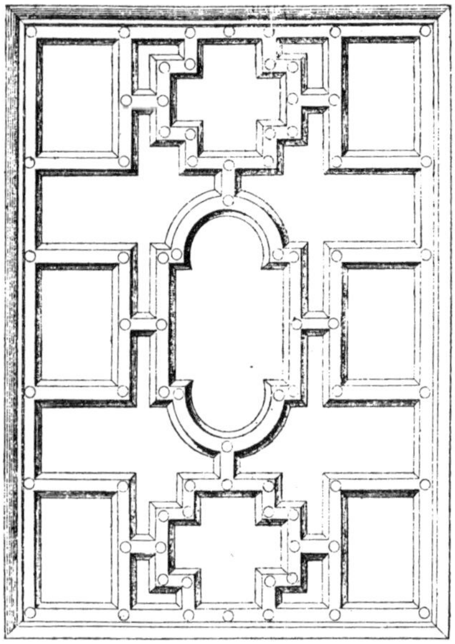

Fig. 372.

Fig. 373.

Fig. 374.

Fig. 375.

die Decke flach gehalten sein, so dass die stärker vortretenden Rahmen, die das Balkengefüge vertreten sollen, nun aus Bohlen vorgelegt sind. Oder die Decke ist stark profiliert, so dass sie sich nach dem mittleren Hauptfelde mehr und mehr vertieft und eigentlich aus zwei Decken zusammengesetzt ist. Hierbei werden starke Ausfütterungen nötig.

Fig. 376.

Fig. 377.

Fig. 378.

Fig. 379.

Das **Material und die Konstruktion.** Gewöhnliche einfache Holzdecken, die die Konstruktion der Balkendecke deutlich zeigen, können aus gutem trockenen

Fig. 380 und 381.

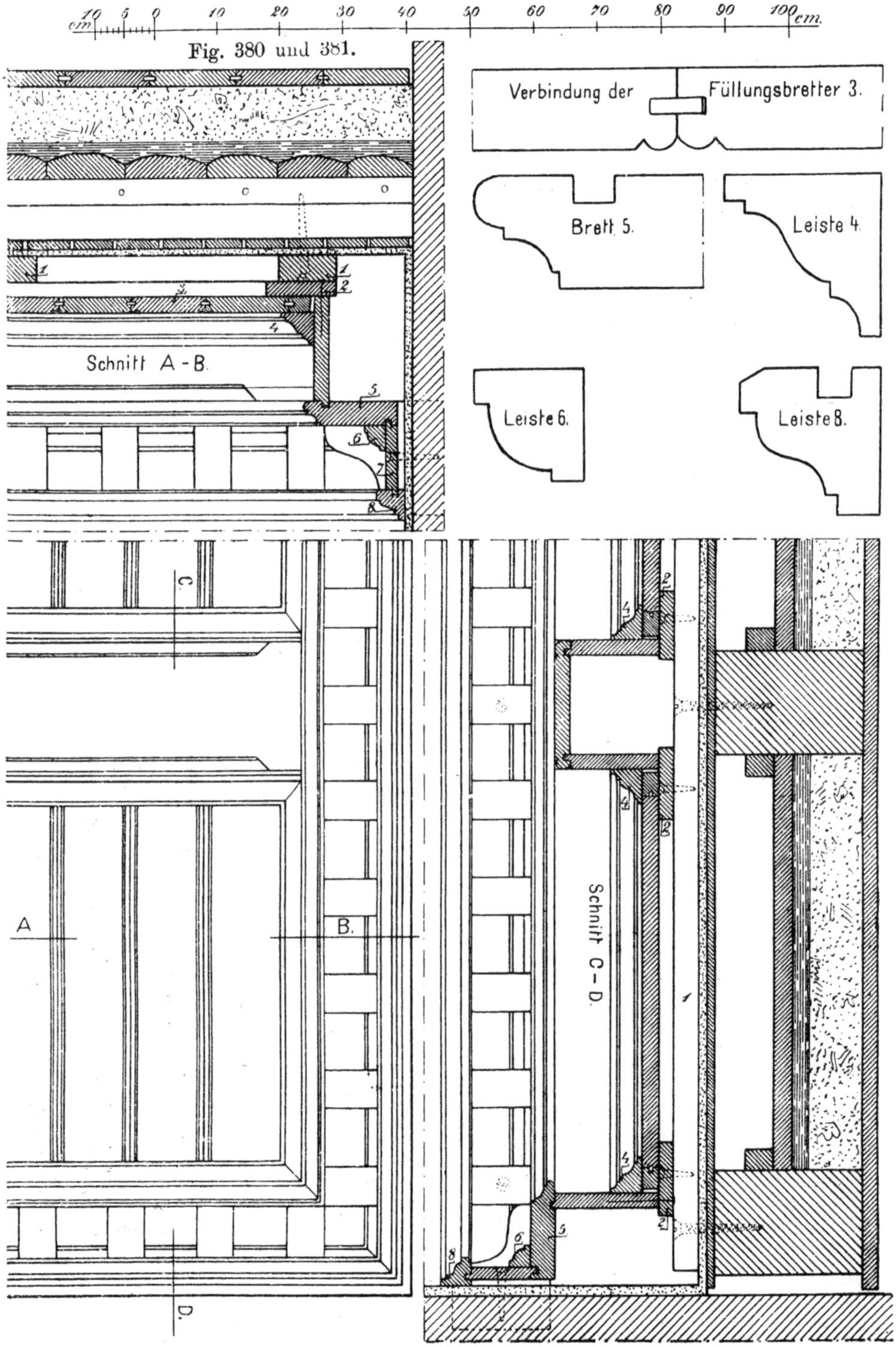

Bauholz hergestellt werden. Die Balken werden an den Kanten profiliert mit Kehlen und Rundstäben, die mit der Länge des Holzes mitlaufen. Sind Unterzüge oder Konsolen vorhanden, so dürfen sich diese Profile nicht daran totlaufen, sondern müssen in geeigneter Weise vor diesen Konstruktionsteilen auslaufen. Will man das Balkenholz selbst, der zu befürchtenden Risse halber, nicht zeigen, so verkleidet man dasselbe auf der unteren oder auf allen drei sichtbaren Seiten mit gehobelten Bohlen und gibt nun erst die Profilierung hinzu.

Fig. 382.

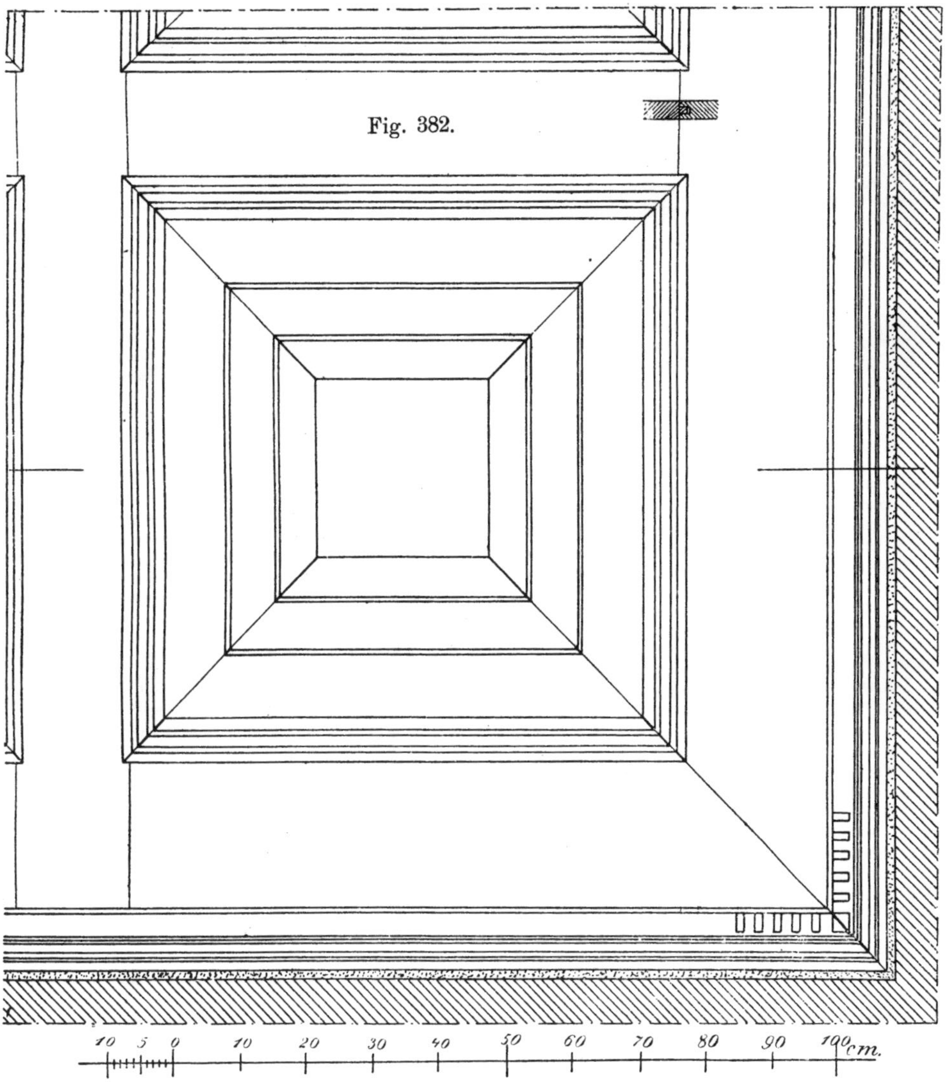

Soll eine Balkendecke in mässigen Stärken nachgeahmt werden, so stellt man die blinden Balken als hohle Bretterkasten her, die unter die Decke geschraubt werden.

Eine reichere Decke, die unter die Balkenverschalung geschraubt wird, stellt man aus edleren Hölzern her, wobei auch mehrere Holzarten zugleich

Verwendung finden können. Beliebt sind hier Eichen, Nussbaum, Ahorn, Eschen und amerikanische Luxushölzer.

Fig. 383. Schnitt A–B. (vergl. Fig. 382.)

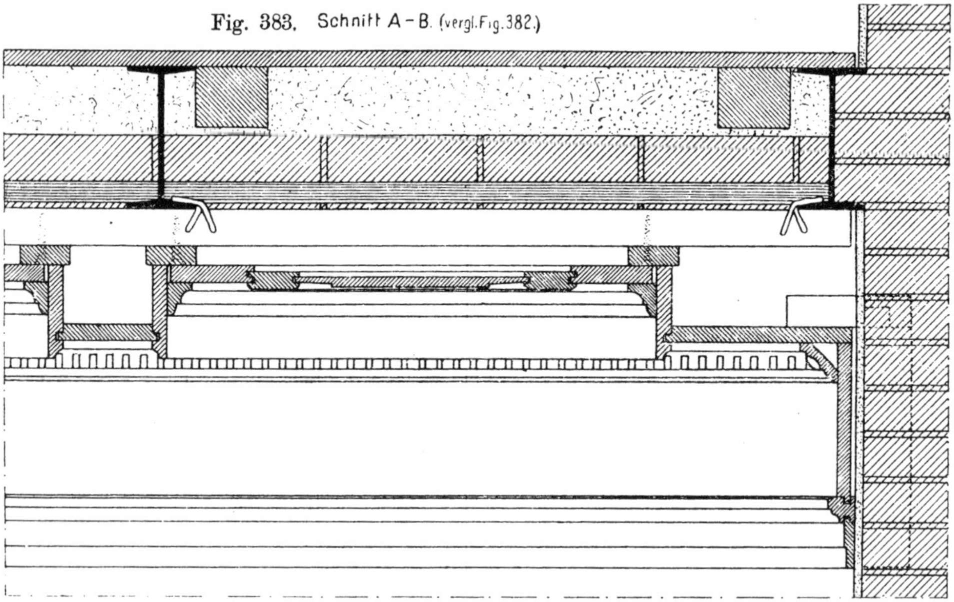

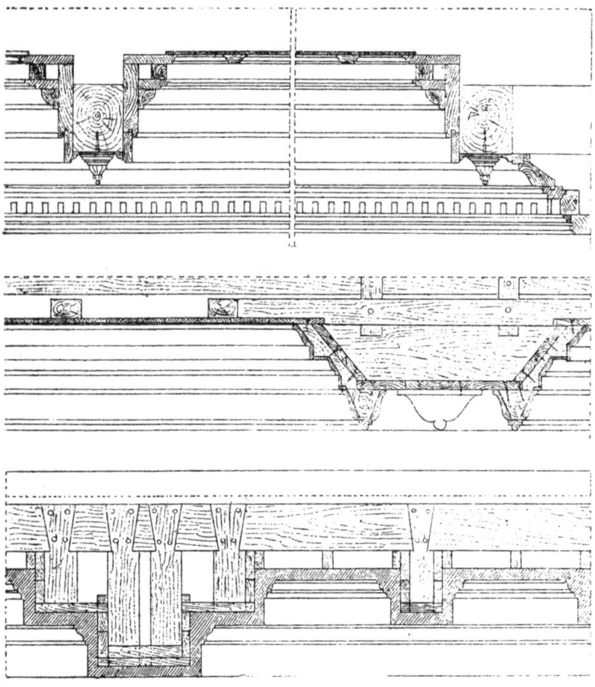

Fig. 384—386.

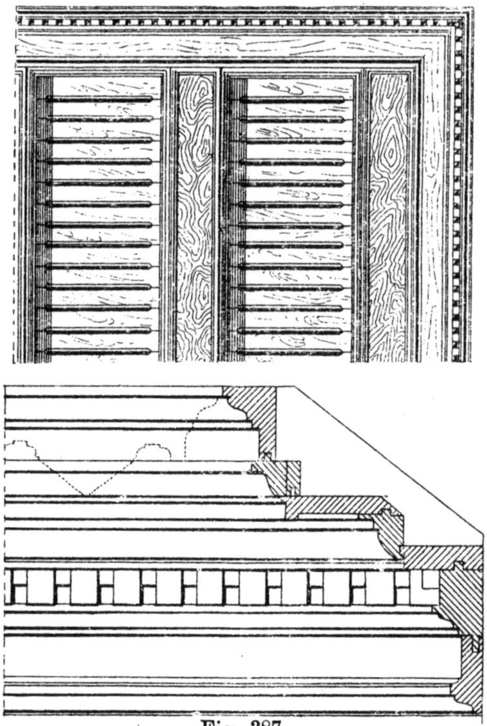

Fig. 387.

Die **Füllungen** bestehen bei einfachen Balkendecken aus schmalen Riemchen, die gespundet und an den Kanten mit Profilhobel abgestossen werden. Oft werden

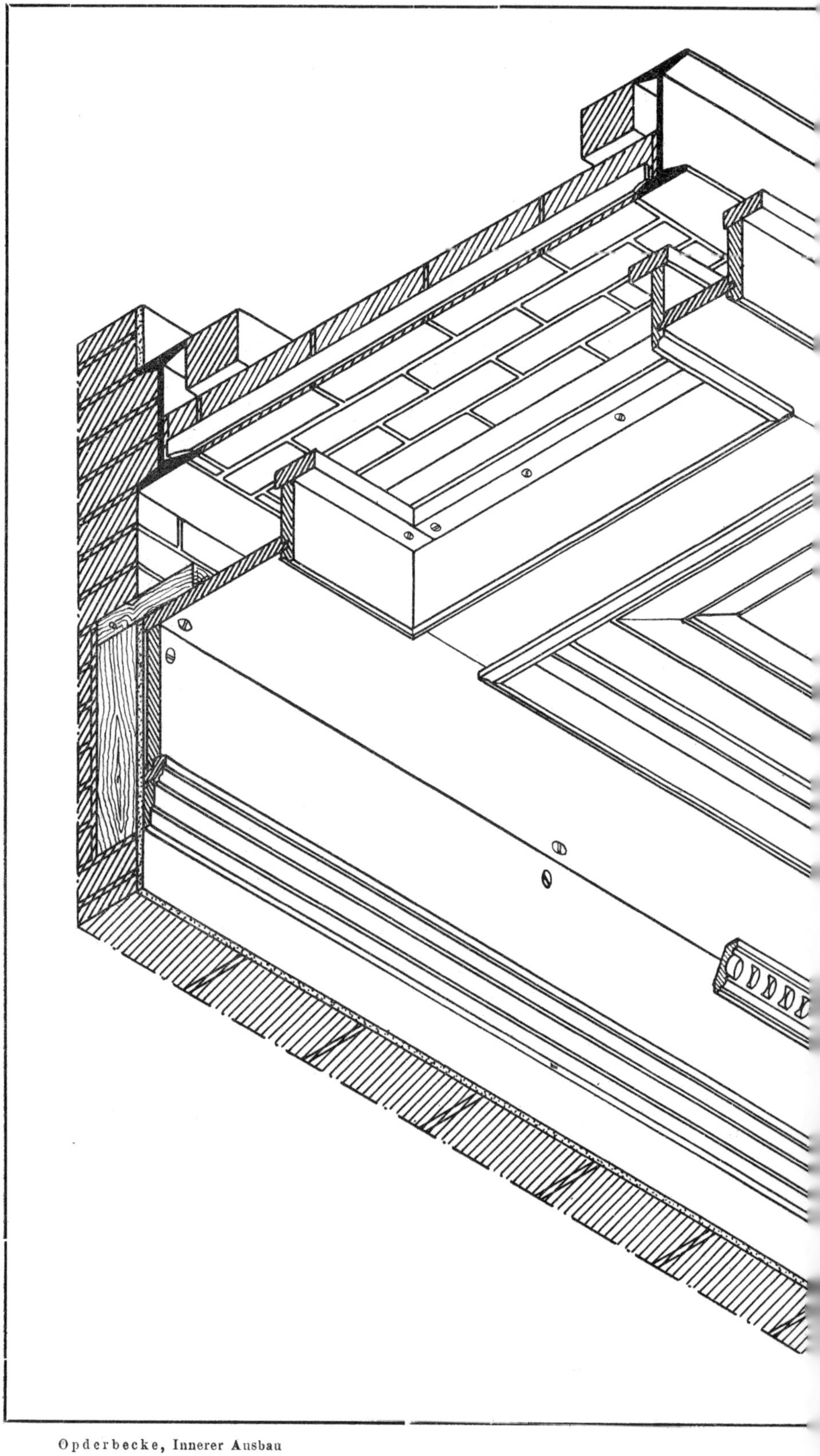

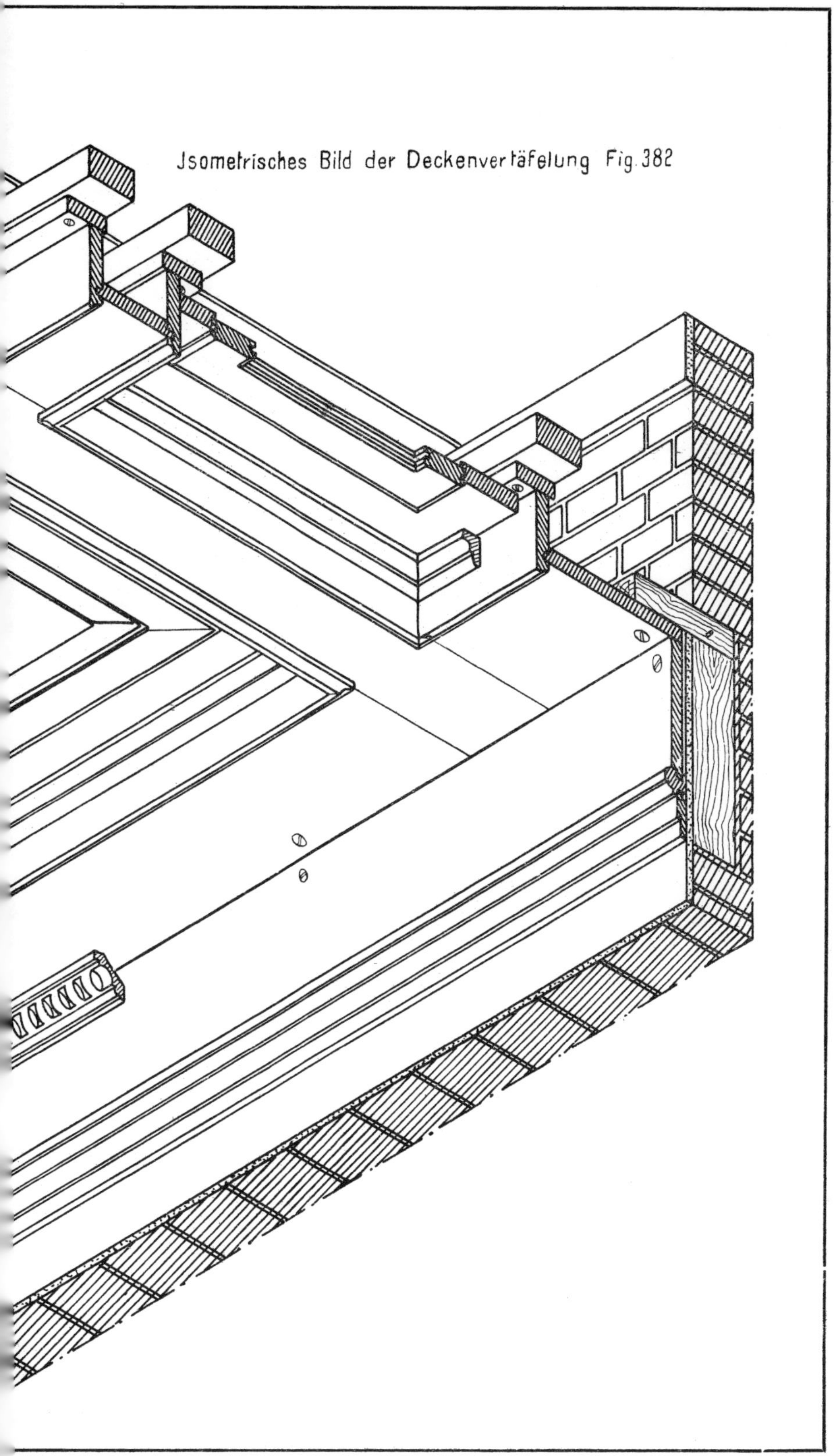
Jsometrisches Bild der Deckenvertäfelung Fig. 382

die Fugen auch mit profilierten Leisten überdeckt, die aber nur auf einem Brette aufgenagelt werden dürfen, damit sich das Holz bewegen kann. Breitere glatte Füllungen werden in gestemmter Arbeit hergestellt, wobei in die umrahmenden Friese Nuten eingearbeitet werden müssen, die die Füllung aufnehmen. Die Fuge zwischen Füllung und Balken deckt man durch eine profilierte Leiste.

Decken dieser Art sind durch die Fig. 380 bis 383 und 388, sowie durch Tafel 4 veranschaulicht.

Bei ganz einfachen Decken werden die Füllungen in die Balken eingesteckt oder an Leisten, die an den Balken sitzen, genagelt.

Dabei können sämtliche Füllungen in ein und derselben Ebene liegen, oder es werden ein mittleres Hauptfeld oder mehrere grössere Felder noch mehr vertieft und für sich mit reicheren Profilen, Zahnschnitten und Konsolen umrahmt. Diese reicheren Decken erfordern zu ihrer Befestigung eine Auffütterung, die fest mit der tragenden Balkendecke verbunden sein muss.

Fig. 388.

Alle schwereren Holzteile oder weiter angebrachten Zierrate von Knäufen, Rosetten usw. sollen mit durchgehenden Mutterschrauben befestigt werden. Schwere Kronleuchter usw. sitzen an Wechseln, wenn sie zwischen zwei Tragbalken ihren Platz finden müssen. Sie werden ebenfalls durch Schrauben, die durch den Balken ganz hindurchgehen, mit oben befindlicher nötigenfalls versenkter Mutter gehalten. Derartige stark vertiefte Decken nehmen aus der lichten Zimmerhöhe viel Platz fort, was bei dem Entwurf schon vorher zu berücksichtigen ist. Sitzt eine solche Holzdecke sehr niedrig, so wirkt sie drückend und schlecht. Die Fig. 384 bis 387 stellen solche Auffütterungen dar.

Kassettendecken werden in einem Muster gestaltet, das eine freie Fortsetzung sowohl nach der Länge als nach der Breite der Decke gestattet.

Während in früheren Zeiten die Kassetten fast nur in quadratischer Form auftraten, verwendet man heute alle möglichen Formen von Rechtecken, denen sich runde und rautenförmige Felder anschliessen.

An den Kreuzungen der Rahmen werden mit Vorliebe Knäufe oder auch Diamantquader angebracht. In neuester Zeit bringt man an solchen Hauptstellen

Fig. 388a. Decke von Architekt Heidecke-Berlin.

elegante Bronzeverzierungen an, die zugleich zur Aufnahme der elektrischen Beleuchtungskörper dienen. Das Licht wird auf diese Art gleichmässig über die Decke verstreut. Nach modern englischem Muster erhält dann die Decke einen hellfarbigen Anstrich, der mit jenem der übrigen Holzteile im Zimmer harmo-

Fig. 388b. Decke von Architekt Schlüter-Berlin.

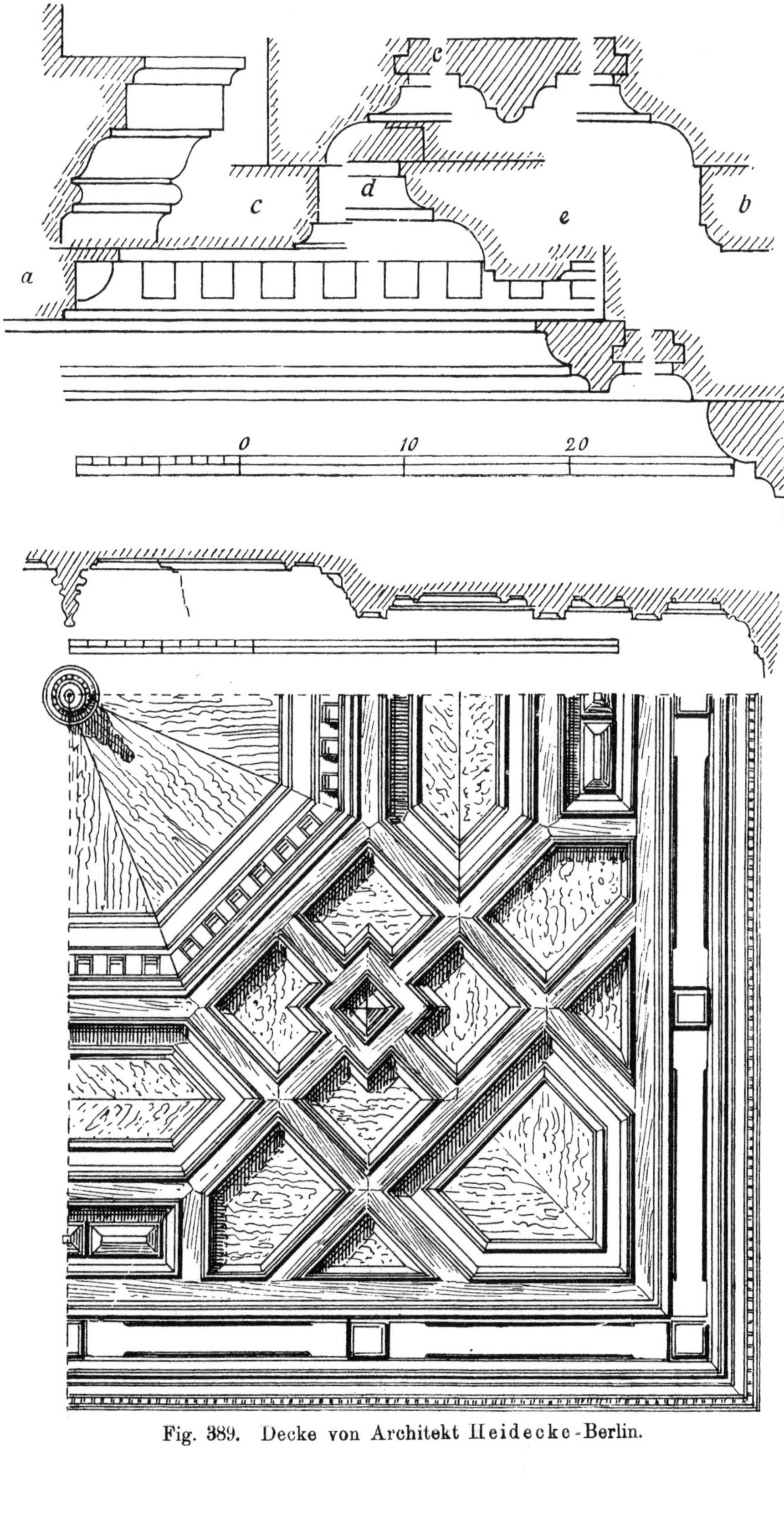

Fig. 389. Decke von Architekt Heidecke-Berlin.

niert. Die Kassettenfelder eignen sich zur Aufnahme von Malerei oder eingelegter und aufschablonierter Arbeit.

Felderdecken sind solche, die genau für einen bestimmten Raum abgepasst sind. Dabei gruppieren sich die kleineren und untergeordneten seitlichen Felder zumeist um ein reicher behandeltes grösseres Mittelfeld.

Bei sehr grossen Decken in sehr langen und verhältnismässig schmalen Räumen teilt man die Deckenfläche durch scheinbar oder wirklich eingefügte Unterzüge so ein, dass ein Hauptdeckenfeld verbleibt, dem sich je ein besonders behandeltes kleineres Deckenfeld anschliesst. Wir erhalten also zwei verschieden ausgebildete Decken. Verträgt es die Länge des Raumes, so können auch zwei oder drei gleichmässig ausgebildete Felderdecken Platz finden.

Die Art der Feldereinteilung hängt von dem Geschmacke und der Phantasie des Entwerfenden ab. Grosse Flächen erlauben grosse Felder und umgekehrt. Ebenso muss die Wirkung der Gesims- und Umrahmungsprofile aus der Höhe und Grösse der Decke, sowie aus deren Färbung abgeleitet werden.

Einige neuere Deckenmuster geben die Fig. 388, 388a, 388b und 389 (nach „Der Innere Ausbau“ von Cremer und Wolfenstein) wieder.

V. Die Treppen.

1. Allgemeines.

a) Das Steigungsverhältnis.

Bei allen für die tägliche Benutzung bestimmten Treppen gilt als Hauptgrundsatz, dass sie bequem zu begehen sind. Nur bei ganz untergeordneten Nebentreppen kann man von diesem Grundsatze der Kostenersparnis halber abweichen. Für „Haupttreppen“, die zu den einzelnen Stockwerken im Wohnhause führen, werden selbstredend mehr Kosten aufgewandt, als für Nebentreppen, die nur vom Dienstpersonal benutzt werden sollen. Das Steigungsverhältnis für erstere soll „sehr bequem“, das für letztere mindestens noch „auskömmlich“ bemessen werden. Die entsprechenden Verhältniszahlen sind weiter unten angegeben (siehe nächste Seite).

Die bequeme Steigung ist aus dem mittleren menschlichen Gehschritt ermittelt worden, den man mit kleinen Unterschieden zu etwa 62 cm Länge berechnet hat. Liegt die Ganglinie nun in einer Steigung, so kann man bequem etwa die Hälfte der Länge, also 30 bis 31 cm, ansteigend überwinden. Rechnen wir aber für das Aufsetzen des Fusses bei einer Treppe als genügende Länge 30 bis 32 cm, so ergibt sich als zu überwindende Steigung das Mafs von 15 bis 16 cm. In Fig. 390 ist dieses Verhältnis dargestellt und zugleich erwiesen: je

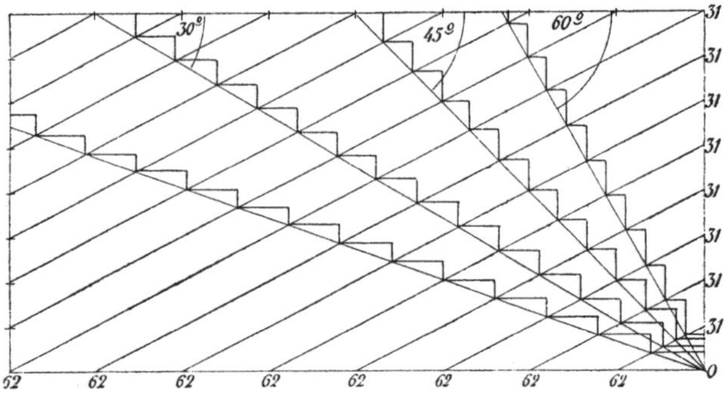

Fig. 390.

steiler die Treppenführung, also je höher die Steigung, um so kürzer die Auftrittfläche, — je niedriger die Steigung, um so breiter die

Auftrittfläche. Es liesse sich mithin für eine jede Treppe aus der gegebenen Höhe und je nach der gewünschten Steigung die Auftrittfläche durch Auftragen nach Verhältnismafsstab finden. Für die Praxis hat dies aber keinen Wert, vielmehr benutzen wir hier durch Erfahrung festgelegte Verhältniszahlen, die allerdings um ein Geringes unter sich verschoben werden dürfen, ohne dass die gute Anordnung gestört wird. Immer aber ist zu bedenken, dass je breiter die Auftrittfläche der Stufen wird, um so länger die gesamte Treppe ausfällt, sie also viel Raum beansprucht und mithin teuer ausfällt.

Steigung und Auftritt müssen in ein und demselben Treppenlaufe dieselben bleiben. Ueber 17,5 bis 18 cm geht man mit der Steigung bei Haupttreppen nicht hinaus; Kellertreppen macht man nicht unter 45°.

Feste Verhältniszahlen. Die Breite der einzelnen Treppenstufe, von ihrer Vorderkante bis zu derjenigen der nächstfolgenden gemessen, heisst „Auftritt", die Höhe der Stufe heisst „Steigung".

Eine erprobte Regel bestimmt das zu ermittelnde Steigungsverhältnis so, dass zwei Steigungen + einem Auftritt = 0,61 bis 0,63 cm sein sollen. Es lässt sich diese Forderung in die Gleichung kleiden:

$$2s + a = 61 \text{ bis } 63 \text{ cm},$$

wenn die Steigung mit s, der Auftritt mit a bezeichnet wird.

Hiernach gehört zu einer Steigung von:

16	cm	ein	Auftritt	von	29	bis	31	cm,
16,5	„	„	„	„	28	„	30	„
17	„	„	„	„	27	„	29	„
17,5	„	„	„	„	26	„	28	„
18	„	„	„	„	25	„	27	„
18,5	„	„	„	„	24	„	26	„
19	„	„	„	„	23	„	25	„
20	„	„	„	„	21	„	23	„

Treppen für mehrstöckige Gebäude. Im allgemeinen richtet man die Treppenläufe in mehrstöckigen Häusern so ein, dass sie untereinander dasselbe Steigungsverhältnis der Stufen einbehalten, wobei nur die Anzahl der Stufen in den oberen niedrigeren Stockwerken eine geringere wird. Dann muss man die Höhe der übrigen Stockwerke natürlich aus dem einmal für die Haupttreppe zum I. Stockwerk angenommenen Steigungsverhältnis bestimmen. Will man letzteres aber für die oberen Treppenläufe ändern, so darf doch der Unterschied nur ein ganz geringer sein und mehr als 1/2 cm in der Höhe nicht betragen.

Fig. 391.

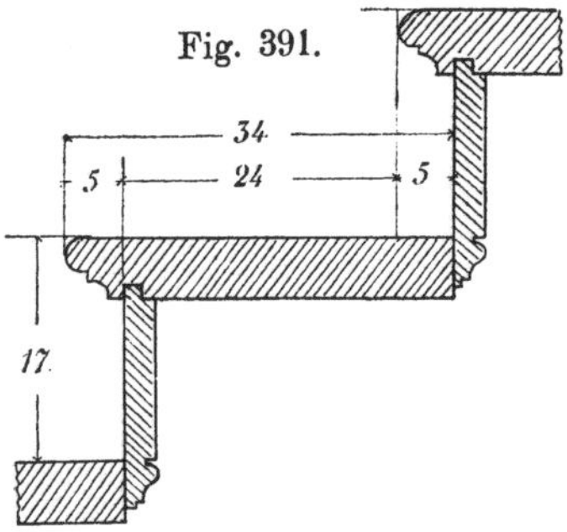

Die **Laufbreite der Treppen**. Je nach dem Zwecke der Treppe wird auch ihre Laufbreite sich ändern, doch lassen sich allgemein übliche Mafse von vornherein bestimmen. Für Haupttreppen in gewöhnlichen Wohnhäusern beträgt dieselbe mindestens 1 m, besonders wenn mehrere bewohnte Stockwerke übereinander liegen, und zwar des bequemen Möbeltransportes halber. Bei kleinen einstöckigen Häusern mit oberen Dachkammern genügt eine Breite von 90 cm.

Haupttreppen in besseren städtischen Wohnhäusern erhalten 1,20 bis 1,50 m Laufbreite. In öffentlichen Gebäuden, Schulen, Rathäusern usw. werden 1,50 bis 1,70 m Laufbreite nötig, während für Paläste und Monumentalbauten dieselbe bis 2 m und darüber anwächst.

Das **Stufenprofil.** Bei hölzernen, oft auch bei steinernen Treppen gibt man den einzelnen Stufen an ihrer Vorderkante ein Profil von etwa 4 bis 5 cm Ausladung.

Dieses Profil ist bei der Herstellung der Trittstufen der ermittelten Auftrittbreite hinzuzurechnen, so dass also bei einer gefundenen Auftrittbreite von 29 cm dieselbe in Wirklichkeit 33 bis 34 cm beträgt. Bei der Ermittelung des Treppenverhältnisses kommt aber dieser Vorsprung zunächst nicht in Betracht (Fig. 391).

b) Die Grundrissform.

Einarmige gerade Treppen. Als untergeordnete Treppen für Keller und Speicherräume, aber auch als Wohnhaustreppen in einstöckigen Familienwohnhäusern werden mit Vorteil einarmige Treppen mit einem einzigen geraden Treppenlaufe verwendet. Die Trittstufen sind dabei alle von gleicher Breite (Fig. 392).

Fig. 392.

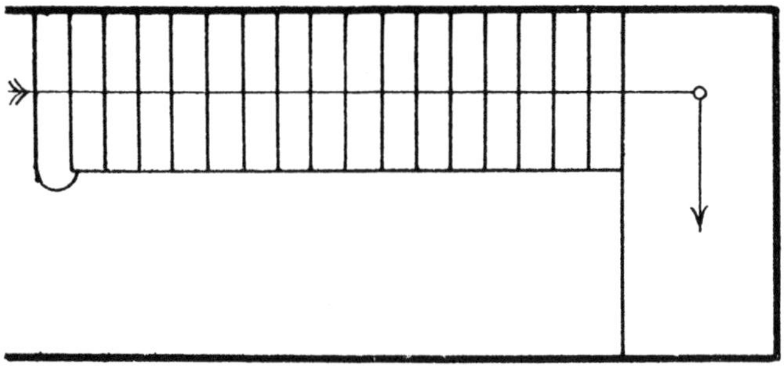

Einarmige gemischte Treppen. Wird der Treppenlauf durch die notwendige Anzahl der Stufen für den verfügbaren Raum zu lang, so kann man ihn verkürzen, indem man entweder am Antritt oder am Austritt oder an beiden zugleich eine sogen. Viertelwendelung einschiebt (Fig. 393).

Fig. 393.

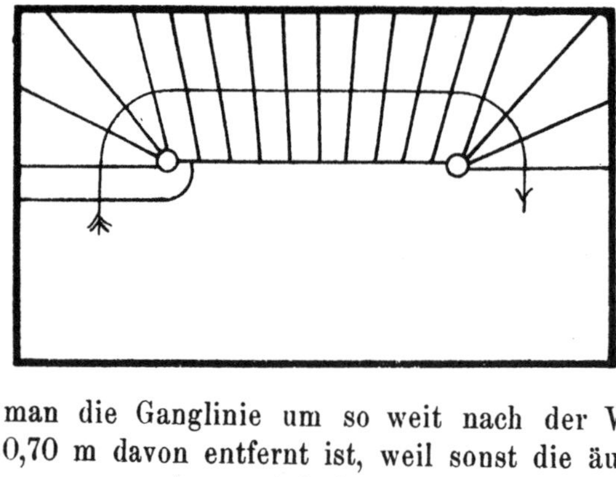

Die Richtung der Stufen bleibt nun nicht mehr dieselbe, ebensowenig ihre Breite. Der Uebergang von den gleichbreiten zu den „Spitzstufen" muss schön vermittelt werden durch das sogen. Verziehen der Stufen (siehe weiter unten). Die Ganglinie liegt bei diesen Treppen auf der Mitte der Stufen, d. h. sie werden hier gleich breit eingeteilt. Wird aber die Treppe sehr breit, 1,50 bis 2 m, so verlegt man die Ganglinie um so weit nach der Wand hinzu, dass sie etwa 0,50 bis 0,70 m davon entfernt ist, weil sonst die äusseren Stufenbreiten der Spitzstufen zu gross und unpraktisch werden würden.

Wird die Zahl der Stufen eine sehr grosse, so schiebt man wohl ein Zwischenpodest (Fig. 394) ein.

Fig. 394.

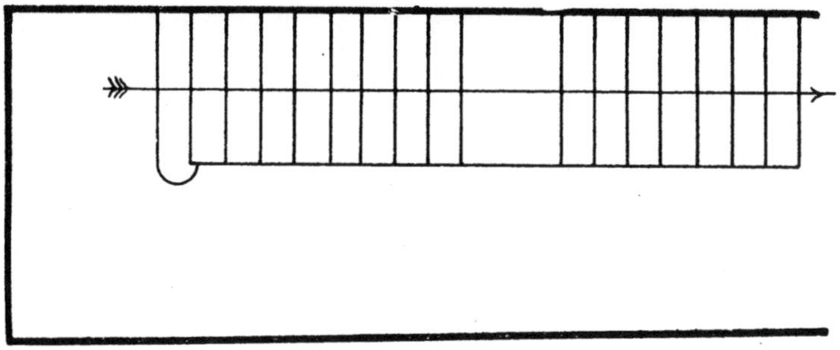

Zweiarmige gerade Treppen (Fig. 395) sind für grössere Geschosshöhen die gebräuchlichsten und billigsten. Die Länge der Treppenarme ist möglichst gleich zu berechnen; ein Arm soll höchstens $^1/_4$ bis $^1/_3$ der gesamten Stufenanzahl länger als der andere sein. Bei einer bequemen Treppe sollen nicht mehr als 12 bis 15 Steigungen in einen Arm gelegt werden; zwischen den beiden Armen liegt das Zwischenpodest. Seine Form ergibt sich aus dem Grundrisse der Treppe. Seine Breite ist mindestens gleich der Laufbreite oder auch grösser. Unter 1,10 m Breite sollte das Podest nicht angeordnet werden, damit die Möbel gut transportiert werden können. Mindestens muss das Podest zwei bis drei bequeme Schritte ermöglichen. Würde ein Podest nach der Berechnung des Treppengrundrisses zu knapp ausfallen, so lässt man es lieber fort und verwendet den gewonnenen Raum zu einem besseren Steigungsverhältnis der Treppe.

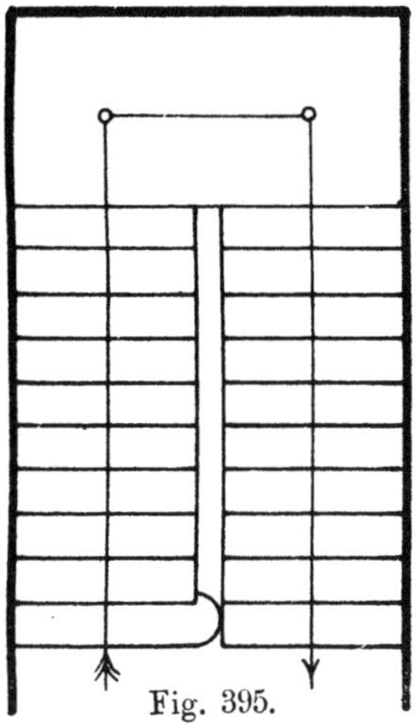

Fig. 395.

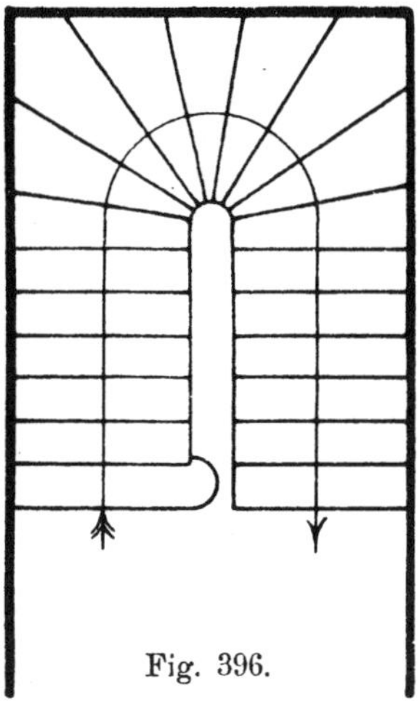

Fig. 396.

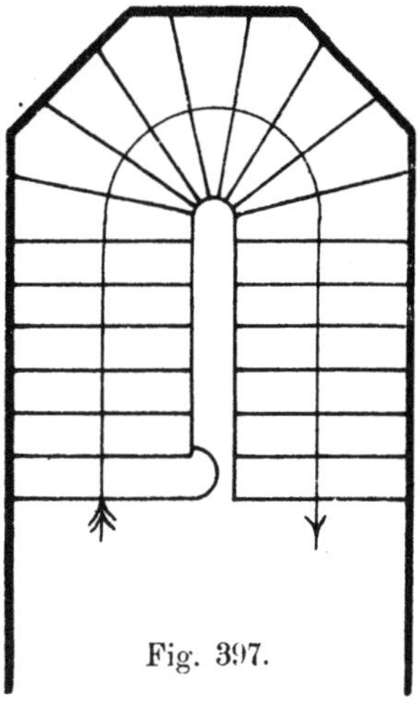

Fig. 397.

Zweiarmige gemischte und halbgewundene Treppen. Der Raumersparnis halber muss man bei zweiarmigen Treppen oft auf ein Podest verzichten. Statt dessen werden nun zwischen den beiden Treppenarmen eine Anzahl gewundener oder gewendelter Stufen eingelegt, die als Spitzstufen im Gegensatz zu den gleich breiten Treppenstufen bezeichnet werden. Sie laufen nicht etwa nach einem

Mittelpunkte, da sie dann zu spitz und unbequem werden würden, sondern müssen verzogen werden (siehe „Das Verziehen der Stufen"). An ihrer schmalsten Stelle sollen sie mindestens noch 10 cm breit sein (Fig. 396 und 397).

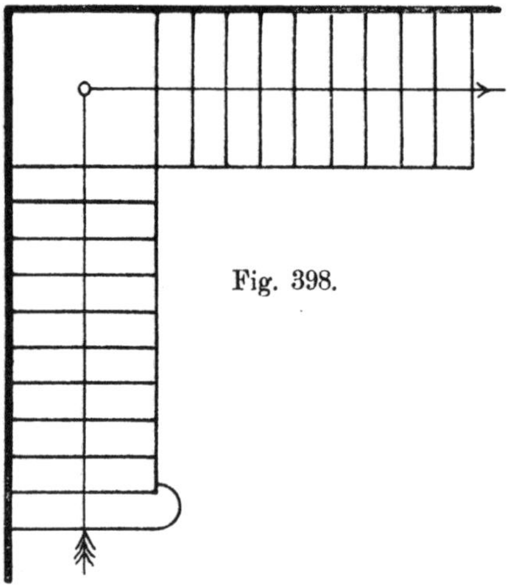
Fig. 398.

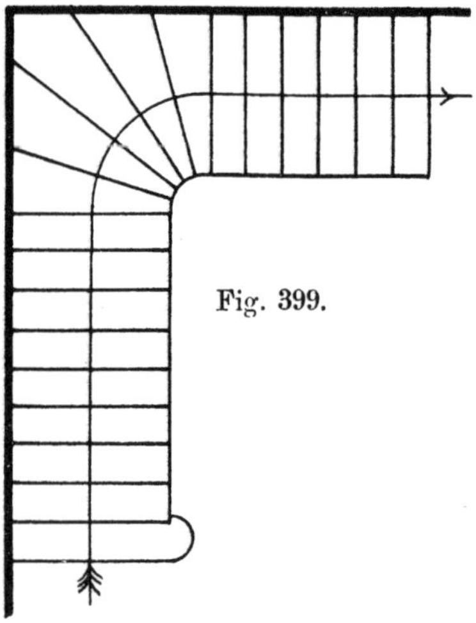
Fig. 399.

Die zweiarmigen Treppen werden zuweilen auch so gestaltet, dass beide Treppenläufe unter einem rechten Winkel zusammenstossen. Den Uebergang zwischen beiden Läufen vermittelt entweder ein Eckpodest (Fig. 398) oder es werden sogenannte Schwungstufen angeordnet (Fig. 399).

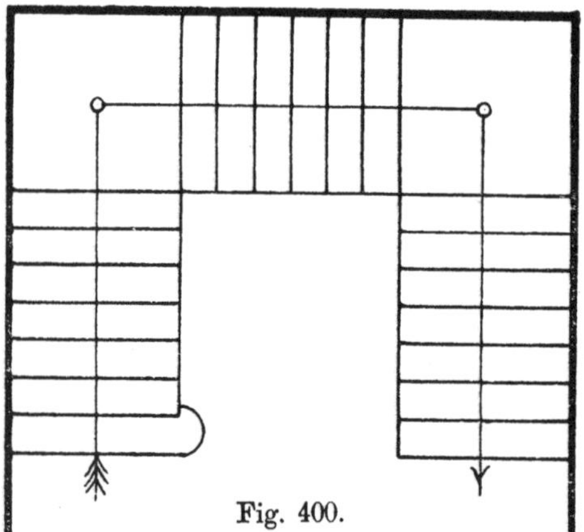
Fig. 400.

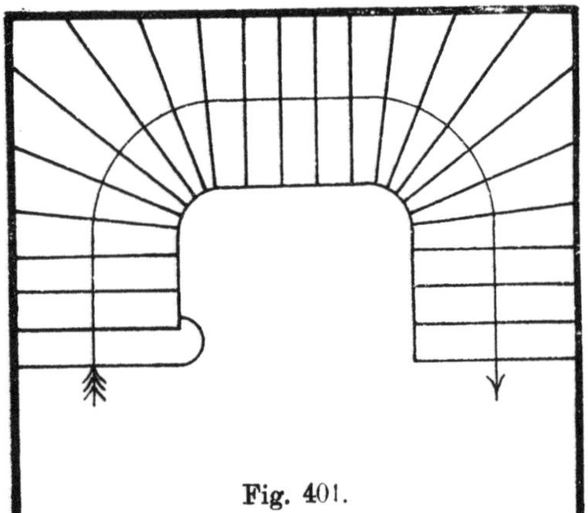
Fig. 401.

Dreiarmige Treppen kommen in herrschaftlichen Wohnhäusern und öffentlichen Gebäuden zur Verwendung. Sie erhalten entweder zwei Eckpodeste (Fig. 400) oder sie werden in einem einzigen Laufe ausgeführt, also mit Schwungstufen (Fig. 401) oder aber sie erhalten schliesslich ein Zwischenpodest, dessen Breite gleich der Summe der Laufbreiten ist (Fig. 402); seltener wird die in Fig. 403 dargestellte Form gewählt.

Ganz gewundene Treppen. Für kreisrunde, vieleckige, elliptische Treppenhäuser wendet man Treppen an, die nur aus verzogenen Stufen bestehen. Sie sind bequem zu begehen, da sie sich in den verschiedenen Stufenbreiten jeder

Schrittgrösse anpassen. Bedingung ist dabei, dass die Lichtöffnung zwischen den Wangen recht gross (etwa gleich der Treppenbreite) ist (Fig. 404 bis 406).

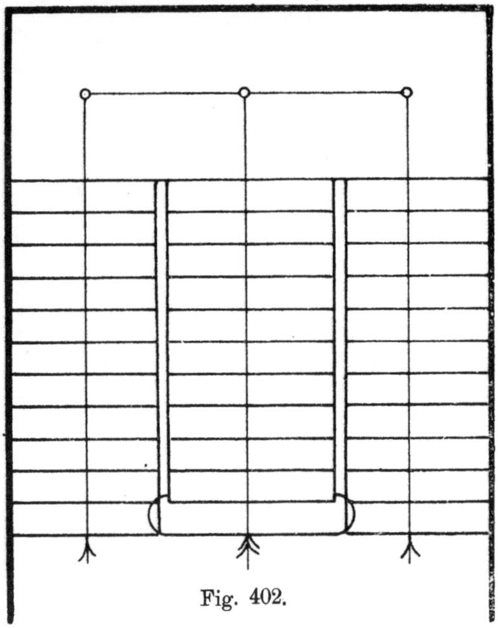

Fig. 402.

Zur Erläuterung der letzten Figur sei noch bemerkt, dass die Umgrenzung des Treppenraumes unter Zugrundelegung der beiden Achsen a b und c d als annähernde Ellipsenlinie in folgender Weise gefunden wurde: Um den Schnittpunkt m der Achse sind mit den halben Achsen Kreise beschrieben und hierauf durch m beliebige Strahlen gezogen, welche die Kreise in 1 I, 2 II, 3 III usw. treffen. Die Wagrechten durch 1, 2, 3 schneiden sich dann mit den Lotrechten durch I, II, III in den Punkten e, f und g der Raumbegrenzung. Schlägt man jetzt um m einen weiteren Kreis mit dem Halbmesser a m + e m, verlängert die Strahlen bis zu den Schnitten h, i und k mit der Peripherie dieses Kreises, verbindet h mit e, i mit f, k mit g usw., so findet man in l, m, n usw. Mittelpunkte, aus welchen die Umgrenzungslinie des Raumes und ebenso der inneren Wange und der Mittellinie des Treppenlaufes, auf welcher die gleichmäfsige Einteilung der Auftritte zu erfolgen hat, mit dem Zirkel verzeichnet werden kann. Zieht man jetzt durch die Teilpunkte der Mittellinie die Vorderkanten der Setzstufen in der Richtung nach den Mittelpunkten der zugehörigen Bogenstücke, so stehen diese normal zur Krümmung der inneren und äusseren Treppenwange.

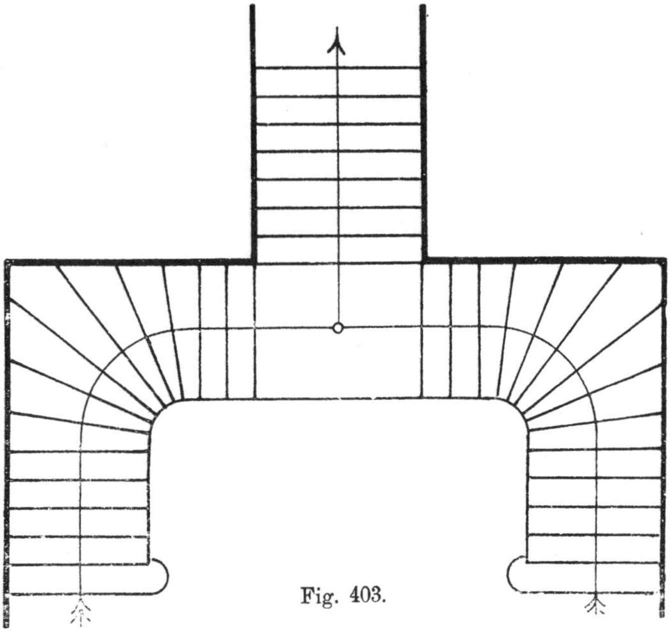

Fig. 403.

Wendel- und Spindeltreppen. Bei beschränktem Raume ordnet man Treppen mit meist kreisförmigem oder achteckigem Grundriss an, bei denen die zu ersteigende Stockwerkshöhe, in der Horizontalprojektion gesehen, nicht mit einem stetig ansteigenden Treppenarme, sondern durch ein Wiederkehr erreicht wird. Bei einem vollen Umlauf im Grundriss hat man also erst

Fig. 404.

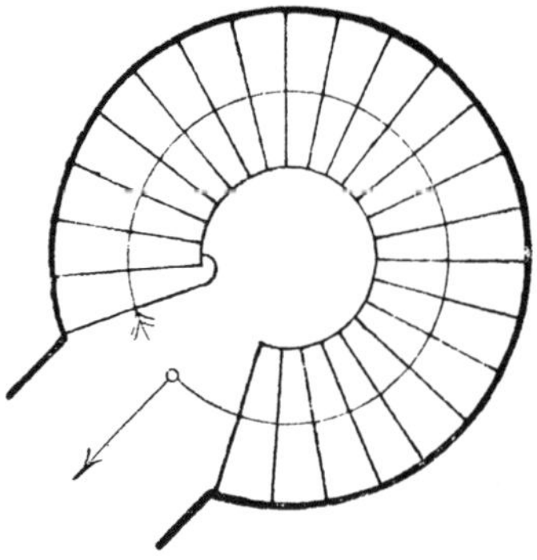

Fig. 405.

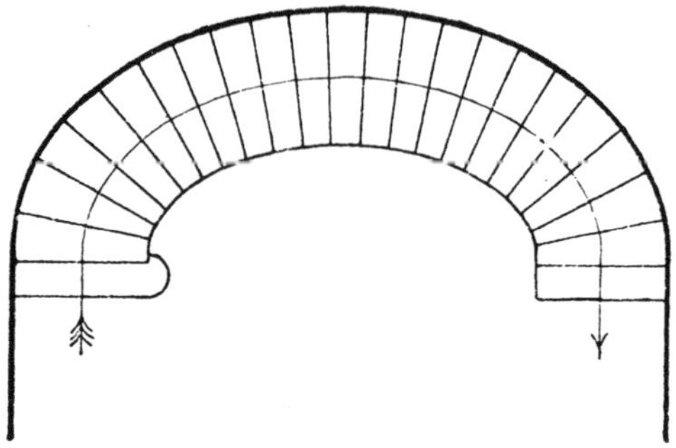

Fig. 406.

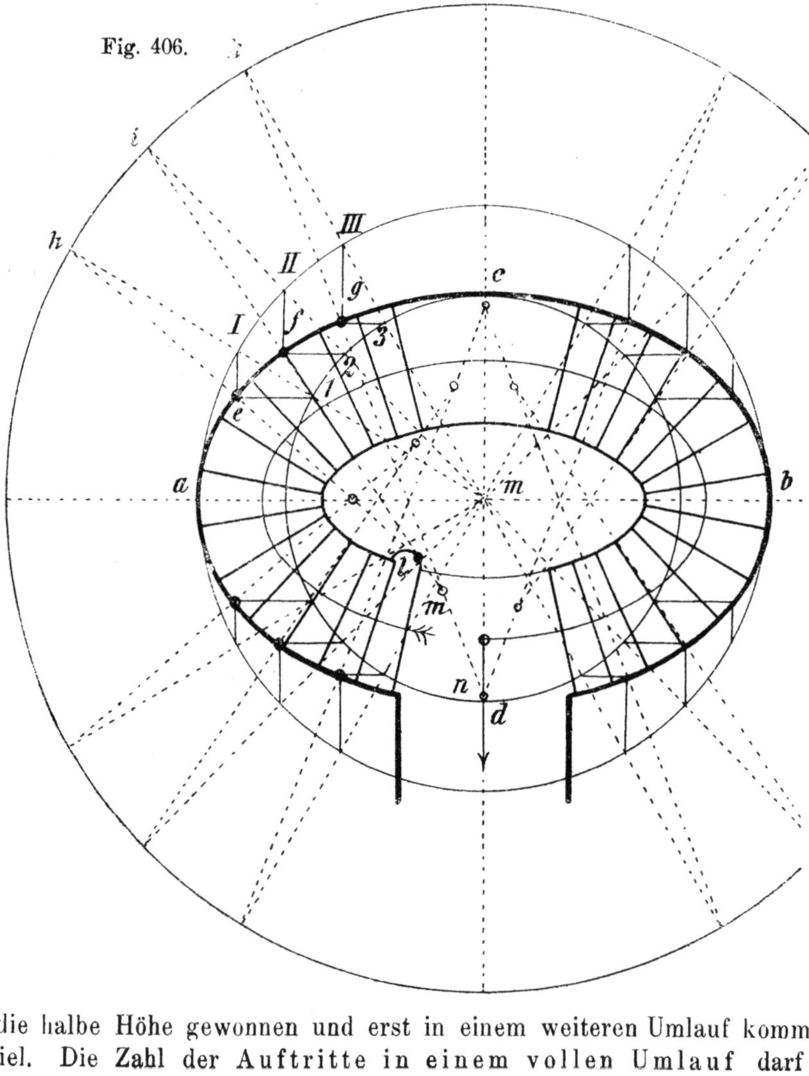

etwa die halbe Höhe gewonnen und erst in einem weiteren Umlauf kommt man ans Ziel. Die Zahl der Auftritte in einem vollen Umlauf darf nicht unter 10 betragen. Der zweite Umlauf muss über dem unteren so hoch liegen, dass über jeder Trittstufe ein lichter Raum von mindestens 1,80 m Höhe vorhanden ist. Hat die Treppe gewundene Wangen, so nennt man sie Wendeltreppe, laufen die Stufen in einen massiven Pfosten (aus Holz, Stein, Eisen), so nennt man die Treppe eine Spindeltreppe. Die Stufenhöhe soll aber hier auch bei untergeordneten Treppen 25 cm nicht übersteigen (Fig. 407 und 408).

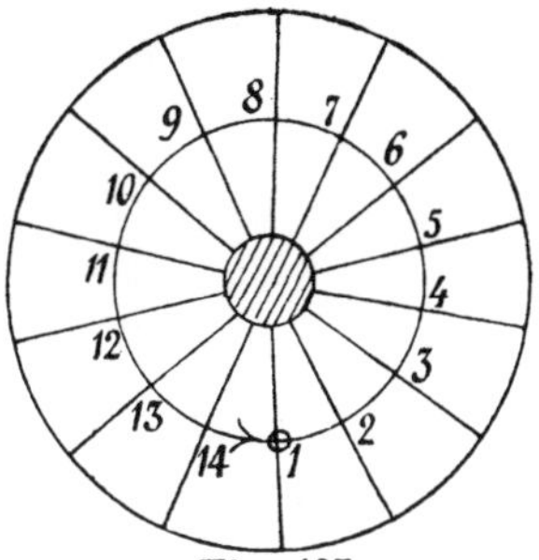

Fig. 407.

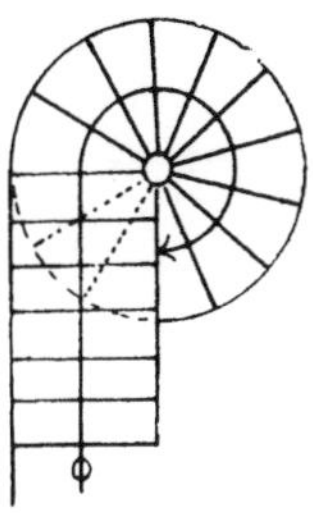
Fig. 408.

c) Das Verziehen (Wendeln) der Treppenstufen.

Bei gemischten und gewundenen Treppen kommen sogen. Spitzstufen vor, deren Anzahl aus den weiter oben angeführten Gründen auf Kosten der geraden vermehrt werden soll. Diese sämtlichen in Frage kommenden Stufen nennt man „verzogen“. Je mehr Stufen dabei verzogen werden, um so besser ist die Treppe zu begehen. Die Konstruktion der Treppe freilich wird hierdurch immer schwieriger (siehe weiter unten).

Im allgemeinen kann man den Uebergang von geraden in Spitzstufen nach dem Gefühle in den Treppengrundriss einzeichnen, die Treppe abwickeln und etwaige schlechte Stellen in der sich ergebenden Wangenlinie nachträglich verbessern und danach den mafsgebenden Grundriss fertig stellen.

Die **Abwickelungs-Methode.** In Fig. 410 ist der Grundriss einer halbgewundenen Treppe gegeben und die Abwickelung an der inneren Wange in Fig. 409, wobei auf einer Horizontalen a b die einzelnen Stufenbreiten aufgetragen und dann nach oben mit den zugehörigen Höhen verzeichnet sind.

Den Halbkreisbogen erhält man in der horizontalen Verstreckung genauer, wenn man seinen Radius dreimal aufträgt und noch $^1/_{10}$ der Quadrantensehne hinzugibt, hier c x d. Es ergibt hier eine über die Vorderkanten der Stufen gezogene Linie a c d b eine geknickte Form, die auch die Wange bekommen würde. Dies würde schlecht aussehen. Deshalb vermittelt man die Steigungen von c bis d nach unten und nach oben allmählich durch einen Uebergang, der durch die Kurven aus o und o 1 gewonnen wird. Man errichtet in der Mitte x ein Lot, macht x c = c e und x d = d e, errichtet Lote; ihre Schnittpunkte mit dem Lot aus x geben o und o 1. Nun verlegt man die Stufenvorderkanten an die gefundene Vermittelungskurve und zieht die entsprechenden Höhen dazu, so hat man eine bessere Stufenfolge gefunden. Die Wange entspricht der gefundenen Kurve und hat keinen Knick.

Die neuen verzogenen Auftritte werden nun in den Grundriss zurückgetragen. Natürlich muss man sich bei den bogenförmigen Teilen möglichster Genauigkeit beim Uebertragen befleissigen, indem man sie mit kleinen Zirkel-

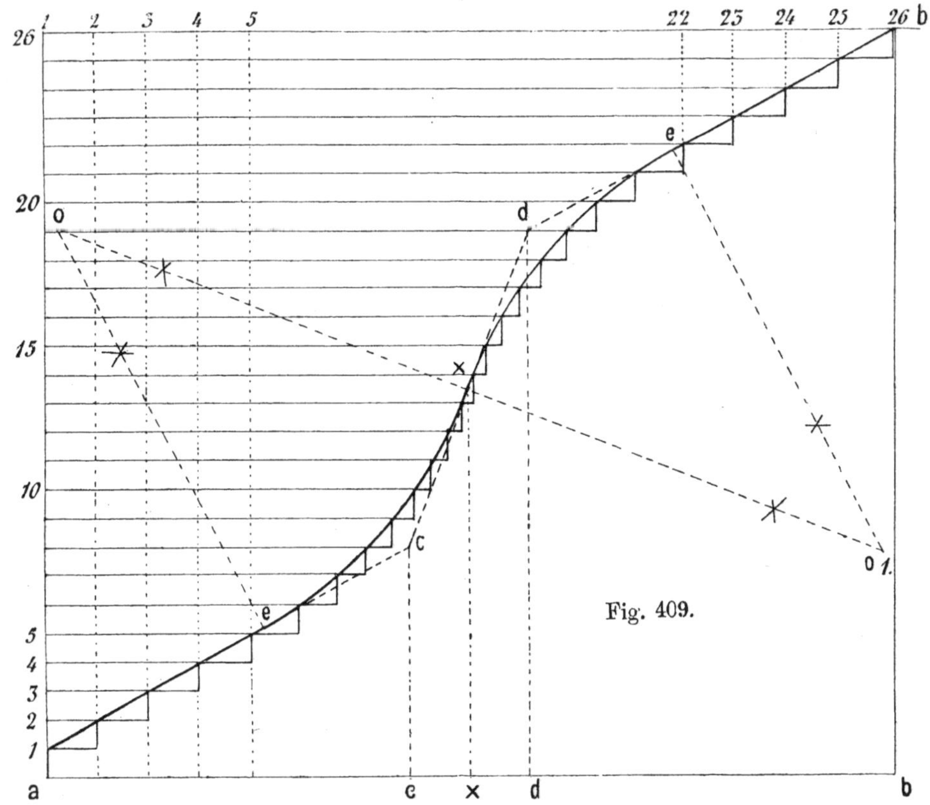

Fig. 409.

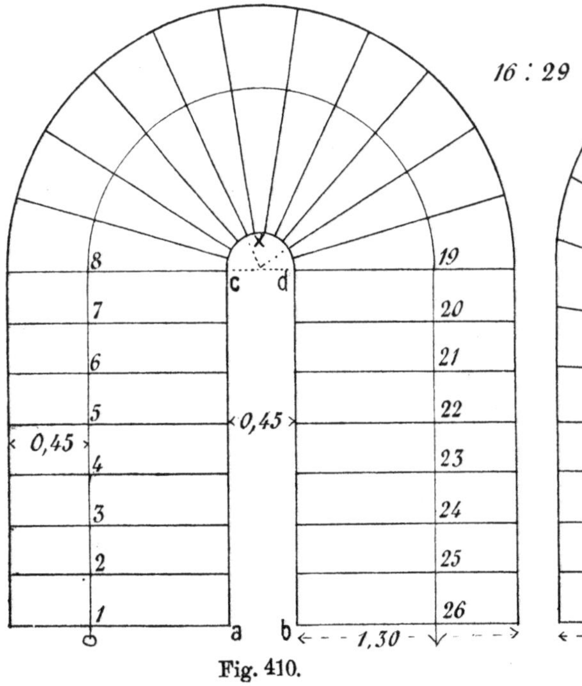

Fig. 410.

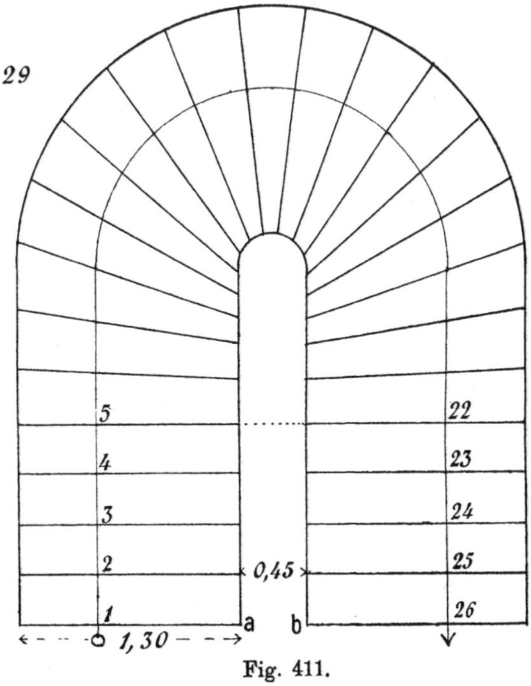

Fig. 411.

teilen hinübersticht. Daraus ergibt sich Fig. 411, die einen besseren Uebergang aus den geraden in die spitzen Stufen darstellt.

Einfacher sind Konstruktionen, die aus der Praxis überliefert sind und auf mechanischem Wege der idealen Lösung sehr nahe kommen.

Die **Halbkreismethode,** Fig. 412 (vergl. für Fig. 412 bis 415 Süddeutsche Bauzeitung 1893).

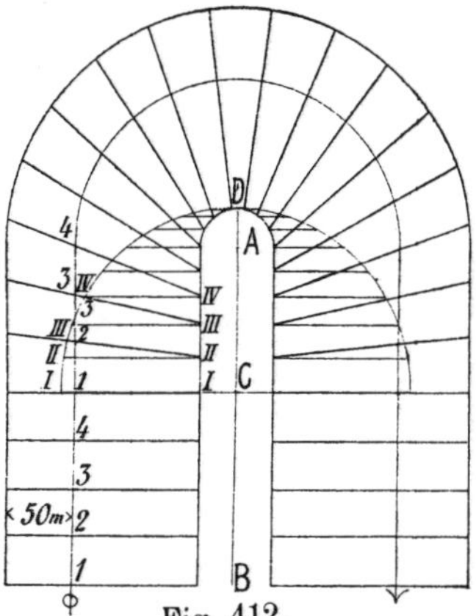

Fig. 412.

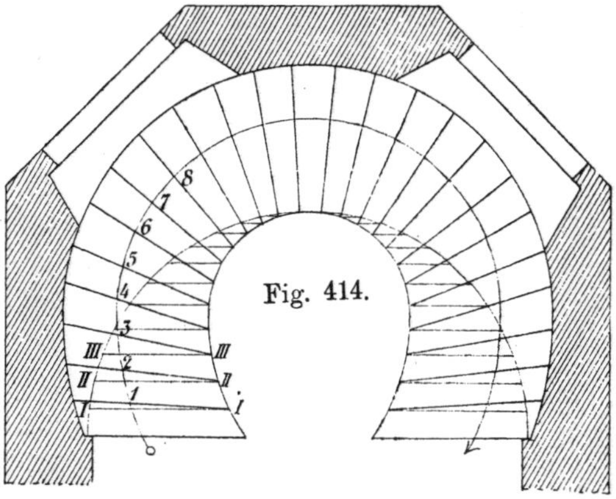

Fig. 414.

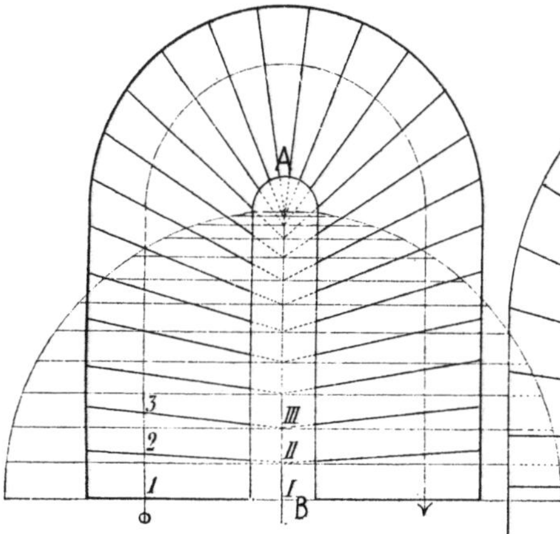

Fig. 413.

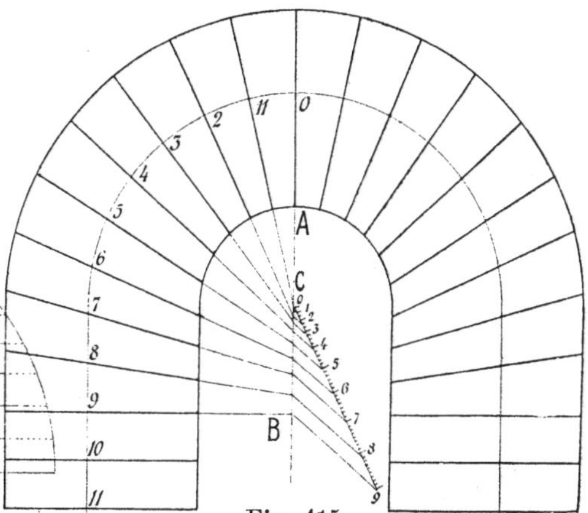

Fig. 415.

Die Anzahl der zu verziehenden Stufen wählt man hierbei selbst. Eine Stufe muss aber genau auf der Mitte des Halbkreises angeordnet werden, was auf der Ganglinie leicht zu bewirken ist. Die Ganglinie selbst nimmt man am besten bei einigermafsen breiten Treppen aus der Mitte heraus auf 50 cm Entfernung von der Wand an. Die beiden letzten geraden Stufen in jedem Treppenarme des Grundrisses verbindet man durch eine Horizontale, die die Achse A B in C schneidet. Von C schlägt man einen Halbkreis mit Radius C D. (Bei hölzernen Treppen liegt D an der Innenseite der Wange, ebenso die übrigen Stufen-Einteilungen.) Der Halbkreis wird in so viele gleiche Teile geteilt, als Spitzstufen nötig sind. Horizontale durch diese Teilpunkte geben die neuen Anhaltspunkte der Stufen I, II, III, IV usw.

Sollen in der Treppe nur Spitzstufen vorhanden sein, sollen also sämtliche Stufen verzogen werden, so legt man den Mittelpunkt des Halbkreises nach B in

Fig. 413 oder man verändert den Halbkreis so, wie es in Fig. 414 gezeigt ist. Er geht durch den Mittelpunkt der gekrümmten Wange und wird wieder in so viele gleiche Teile geteilt, als Stufen nötig sind. Die neuen Teilungspunkte für die Stufen findet man durch Horizontale vom Halbkreis an die Achse A B. Nach der in Fig. 412 gezeigten Methode ist die verzogene Treppe in Fig. 414 gelöst.

Die **Proportional-Teilung** (Fig. 415). Man verlängert die letzte gewählte gerade Stufe bis zur Achse A B. Den Achsenteil B C teilt man in so viele gleiche Teile, als die Hälfte der notwendigen Spitzstufen beträgt und zwar im Verhältnis von 1 : 2 : 3 : 4 : 5 : 6 : 7 : 8 : 9 usw. Die Richtung der mittleren Stufe muss durch den Mittelpunkt der Krümmung gehen.

Eine andere proportionale Teilung findet man in Fig. 416 für eine Treppe mit Viertelwendelung. Die Vorderkante der ersten verzogenen Futterstufe ist durch den Mittelpunkt A der gekrümmten Wange geführt und so weit verlängert, bis sie sich mit der Verlängerung der nächsten ersten geraden Futterstufe im Punkte C schneidet. Durch A ist eine Horizontale gelegt und mit A B ein Viertelkreis geschlagen A D. Letzterer wird in so viele gleiche Teile geteilt, als verzogene Stufen nötig sind. Die Teilpunkte werden senkrecht auf A C projiziert und ergeben hier neue Teilpunkte, die, mit den zugehörigen Futterstufen-Einteilungen auf der Ganglinie verbunden, die Richtung der verzogenen Stufen kennzeichnen. Die Vorderkanten der T r i t t s t u f e n werden als Parallele zu den gefundenen Futterstufen eingezeichnet.

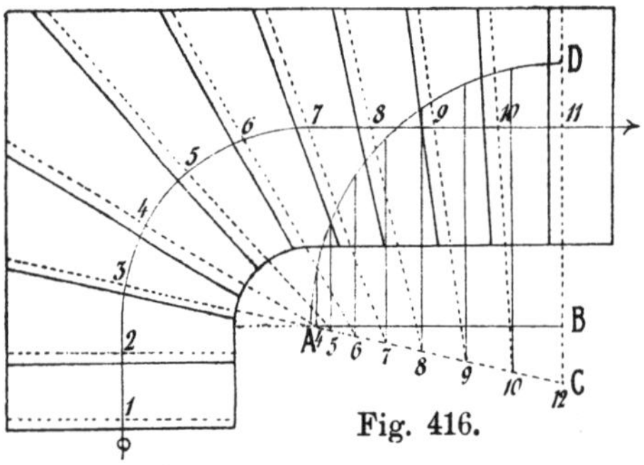

Fig. 416.

Es ist darauf zu achten, dass bei hölzernen Treppen keine Stufe in den Zusammenschnitt der Wangen in der Ecke trifft.

2. Die hölzernen Treppen.

Der **Baustoff.** Gewöhnliche Holztreppen stellt man aus trockenem Kiefern- und Fichtenholz her, das ausserdem ast- und splintfrei sein muss. Für feinere Treppen kommen Eichenholz, Mahagoni, auch Obstbaum (Birnbaum, Nussbaum) zur Verwendung, wobei die äusseren Ansichtflächen, die mit reicherem Schnitz- und Leistenwerk verziert werden können, häufig in verschiedenen Holzarten furniert werden. So bildet z. B. Eichen- und Zedernholz eine vornehme Zusammenstellung, während ebenso helle Füllungen aus Ahorn oder aus ungarischer Esche als Furniere zwischen dunkleren Friesen zur Verwendung gelangen.

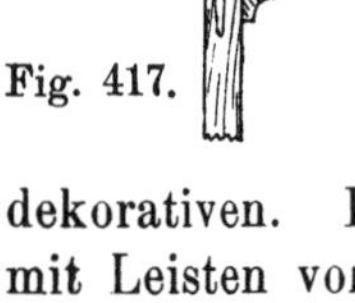
Fig. 417.

Immer muss für die tragenden und der Abnutzung unterworfenen Teile festeres Holz genommen werden, als für die dekorativen. Der Ersparnis halber fasst man auch Stufen aus weichem Holz mit Leisten von härterem, z. B. Eichenholz ein. Fig. 417 gibt die Anordnung derartiger Hirnleisten.

a) Die eingeschobenen Treppen.

Einfache Treppen für untergeordnete Zwecke werden so hergestellt, dass in zwei Wangen von etwa 6 cm Stärke und 25 bis 27 cm Höhe Trittstufen von 5 cm Stärke eingeschoben werden. Die Treppe ist zwischen den Trittstufen durchsichtig (Fig. 418 bis 421).

Kunstreichere Behandlung ist hier ausgeschlossen.

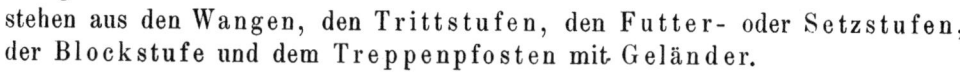

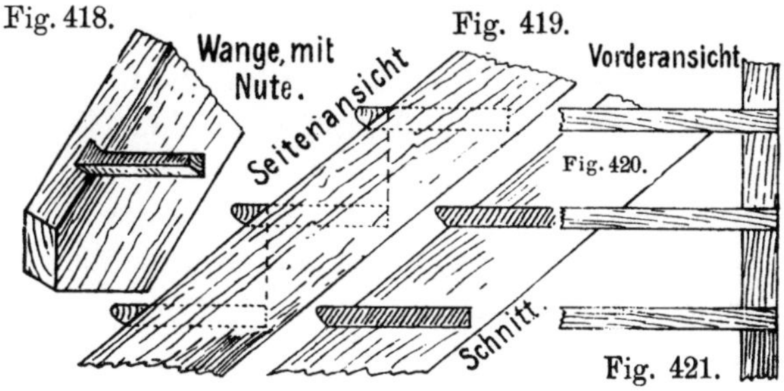

Fig. 418. Fig. 419. Fig. 420. Fig. 421.

b) Die eingestemmten Treppen

sind in unseren Wohnhäusern die gebräuchlichsten. Sie bestehen aus den Wangen, den Trittstufen, den Futter- oder Setzstufen, der Blockstufe und dem Treppenpfosten mit Geländer.

Die **Wangen**. Man unterscheidet hier zweierlei Wangen. Die äussere Wange, auch Wandwange genannt, liegt immer, z. B. bei gebrochenen Treppen, am grössten Treppenumfange. Sie wird etwa 6 cm stark und mit Bankeisen (Fig. 424) an der Wand befestigt.

Die zweite Wange heisst die innere Wange. Sie ist freitragend und daher mehr in Anspruch genommen. Ihre Stärke beträgt 6 bis 8 cm (Fig. 423).

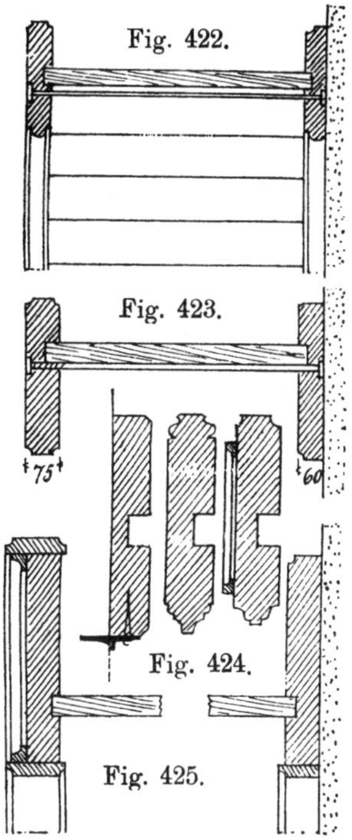

Fig. 422. Fig. 423. Fig. 424. Fig. 425.

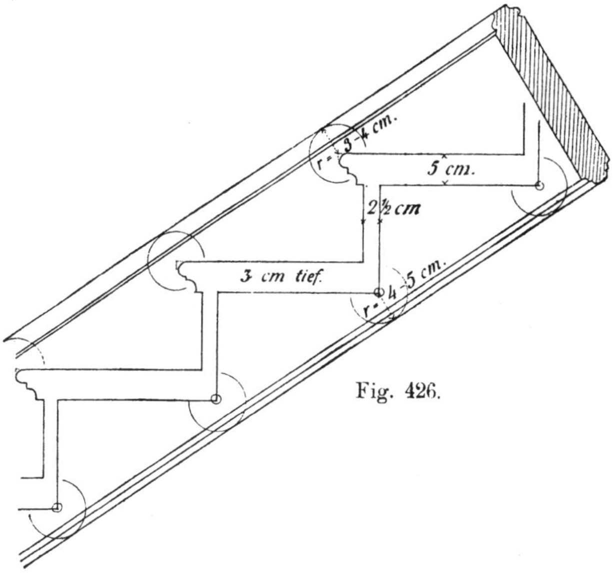

Fig. 426.

Die Höhe der Wange ermittelt man folgendermafsen: Man trägt einige Stufen in ihrem Steigungs- und Auftrittverhältnis genau auf einem Brette auf. An den

Vorderkanten der Trittstufen setzt man mit 30 bis 40 mm Radius ein und schlägt Kreise, ebenso an den Hinterkanten der Futterstufen mit 40 bis 50 mm. Aus den Kreismittelpunkten werden Senkrechte zur Treppenneigung gezogen bis an die Kreisumfänge, die Tangentenpunkte ergeben. Die Verbindungslinie dieser Tangentenpunkte je oben und je unten untereinander gibt eine Parallele zur Treppenneigung und zugleich den Wangenvorsprung (Fig. 426).

Am Antritt im ersten Treppenlaufe (wenn mehrere vorhanden) ruhen die Wangen mit Klaue und Zapfen in einer Blockstufe (Fig. 428). Am Austritt in Stockwerkshöhen und an den Zwischenpodesten nimmt unter gewöhnlichen Verhältnissen ein Podestwechsel die Wangen ebenfalls mit Klaue und Zapfen auf. Durch einen starken Schraubenbolzen werden die Wangen ausserdem von hinten her an den Wechsel herangezogen.

Für die Aufnahme der Tritt- und Futterstufen werden die Wangen genau entsprechend dem Querschnitt derselben 3 cm tief gelocht, so dass diese dicht schliessend hineinpassen.

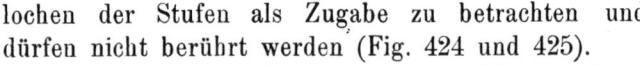

Des schöneren Aussehens halber profiliert man die Wangen an der Ober- und Unterkante mehr oder weniger reich. Diese Profile sind aber bei dem Verlochen der Stufen als Zugabe zu betrachten und dürfen nicht berührt werden (Fig. 424 und 425).

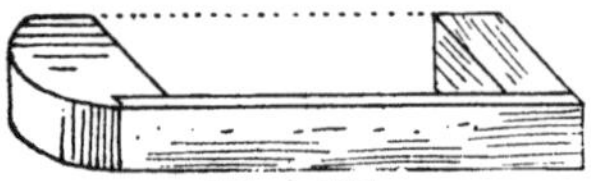

Fig. 427.

Die Aussenansicht der inneren Wangen kann allerhand Schmuck an Leistenwerk u. s. w. aufnehmen.

Um ein Ausbiegen der Wangen zu verhindern, werden sie durch eine oder zwei Zugstangen mit Schraubenmuttern zusammengehalten, die in dem Winkel unter der Trittstufe liegen (Fig. 422 und 423).

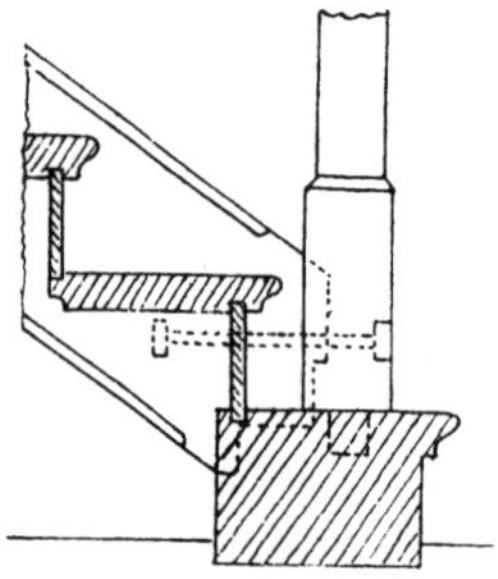

Fig. 428.

Die **Stufen.** Die unterste oder erste Stufe, auf der die Treppe gewissermaſsen ruht, nennt man Blockstufe. Sie kann aus vollem Holz oder aus zwei Stücken für die Aufnahme je einer Wange bestehen. Tritt- und Futterstufe kommen als Verkleidung des Holzblockes hinzu (Fig. 427 bis 431).

Die **Trittstufen** bestehen meist aus Eichenholz-Bohlen von 4 bis 6 cm Stärke. Die profilierte Vorderkante springt 4 bis 5 cm vor. Auch die Hinterkante kann profiliert sein, wenn die Rückseite der Treppe sichtbar gemacht werden soll (Fig. 432).

Sie können mit Hirnleisten versehen werden (Fig. 417).

Die **Setz-** oder **Futterstufen** dienen zur Verkleidung und können demgemäſs schwach und aus weichem Holze sein, 2 bis 3 cm stark. Die Verbindung mit den Trittstufen muss so hergestellt werden, dass beim Schwinden des Holzes keine Fuge entstehen kann (Fig. 432).

Das **Zwischenpodest.** Bei gebrochenen Treppen wird das Podest aus mehreren Podestbalken gebildet, von denen der erste an der Treppe die Treppenwangen aufnimmt. Er hat für mittlere Wohnhaustreppen eine Stärke von etwa 20×22 cm. Ein weiterer Podestbalken liegt an der Aussenwand des Treppenhauses; dazwischen dienen mehrere Podestwechsel zur Versteifung (Fig. 433). Der Haupt-Podestbalken wird an der Aussenfläche durch ein Brett verkleidet, das gleichzeitig die

Fig. 429.

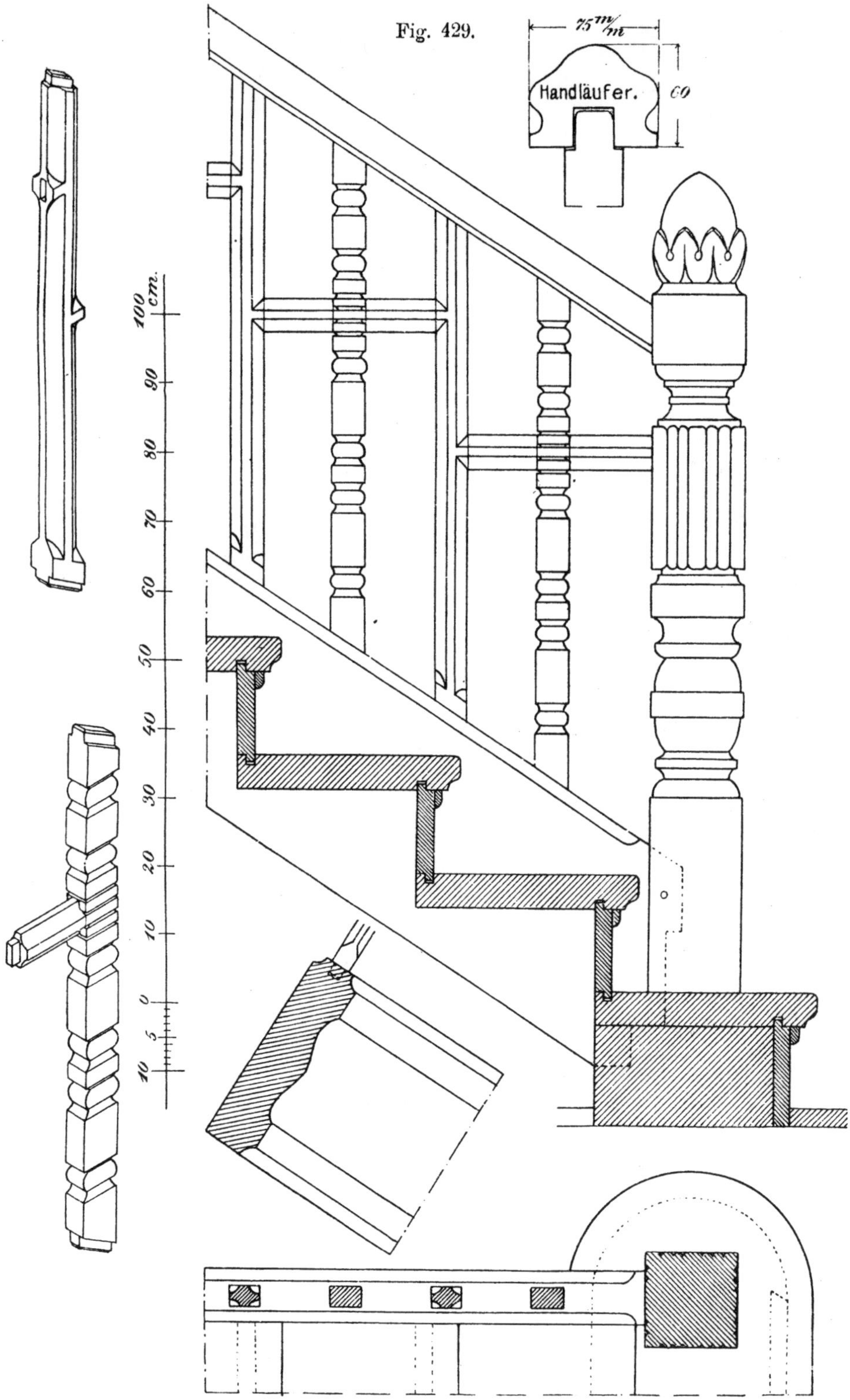

Fig. 430.

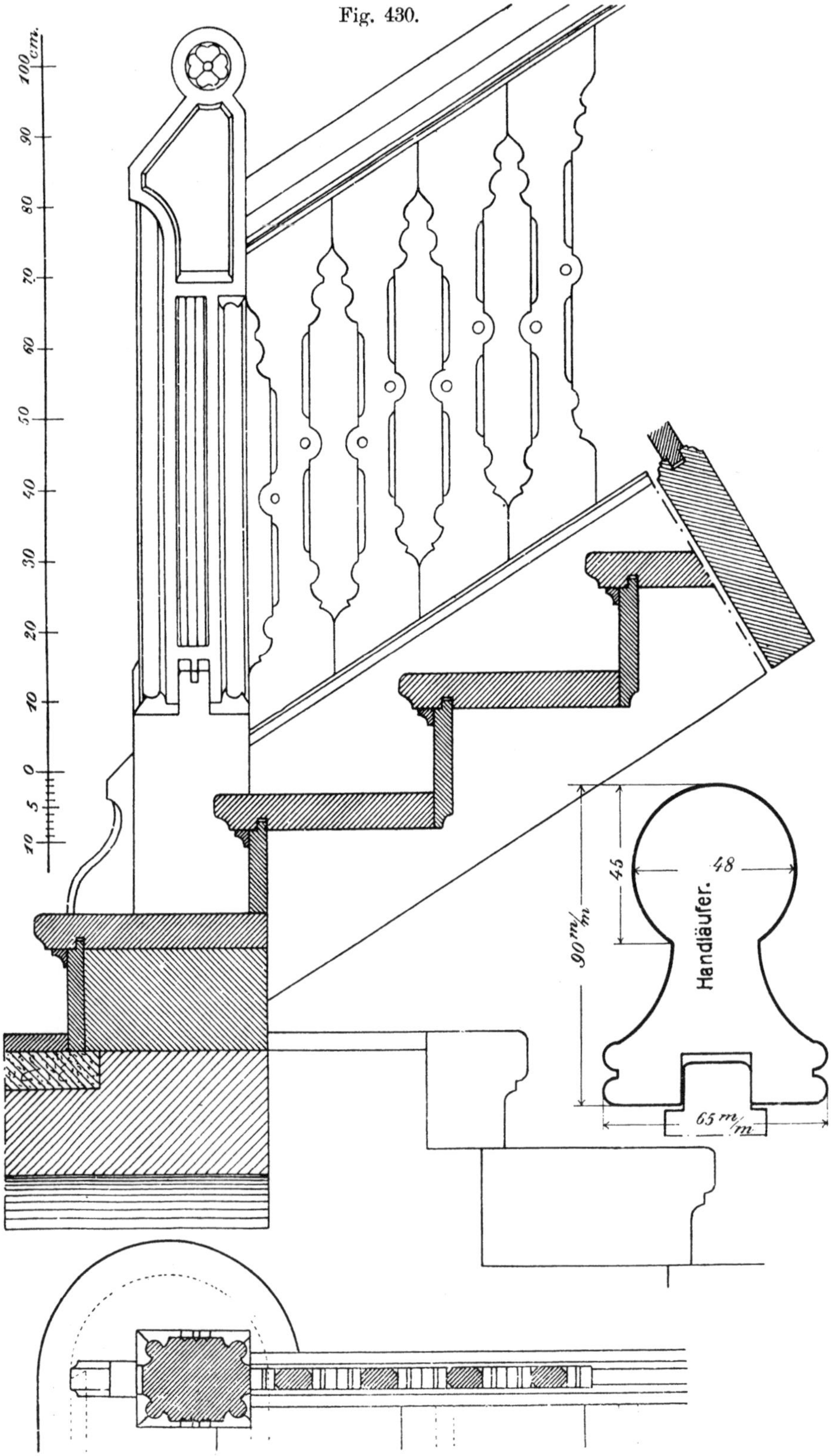

Futterstufe der letzten Treppenstufe bildet. Die letzte Trittstufe der Treppe wird nur als schmaler Streifen von 10 bis 12 cm auf den Podestbalken aufgeschraubt, damit auch der Podestbelag, aus 3 cm starken Dielen, sein Auflager hier finden kann (Fig. 434 bis 436).

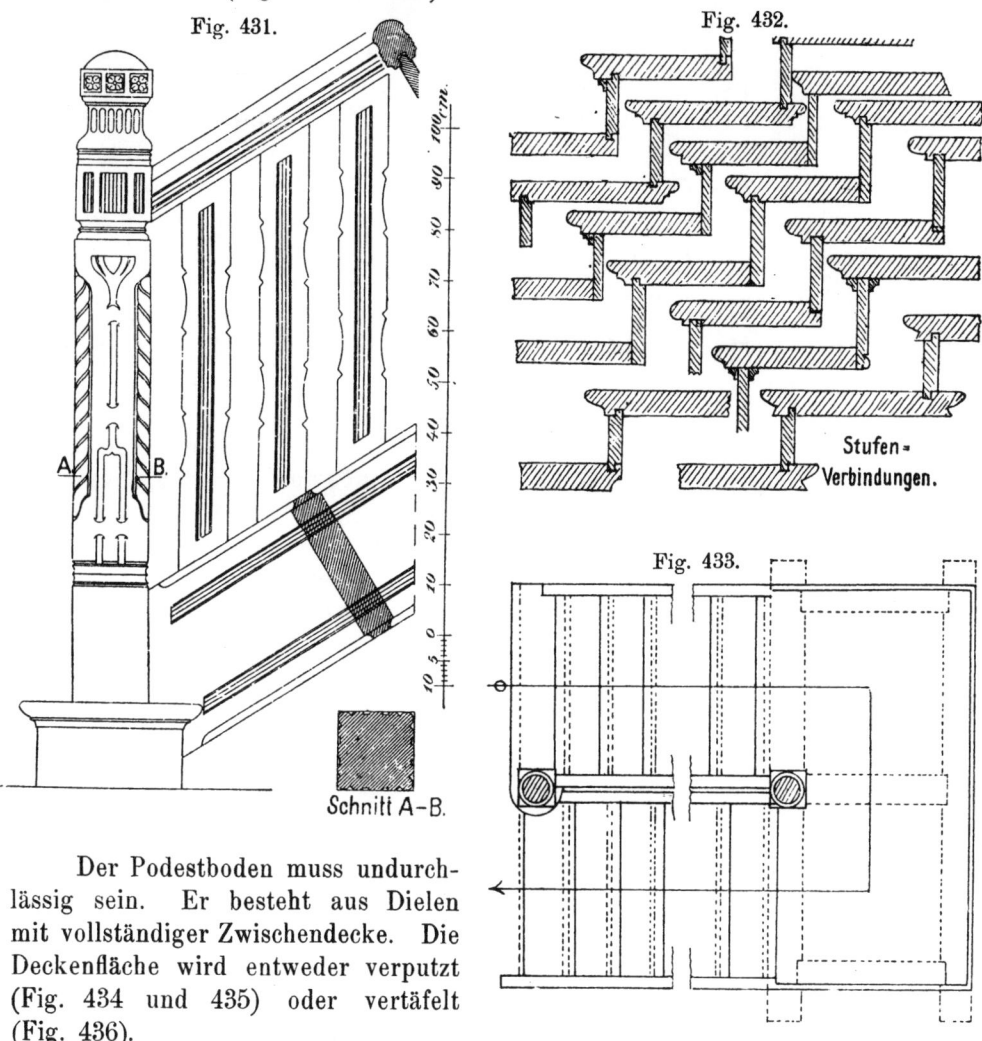

Fig. 431.

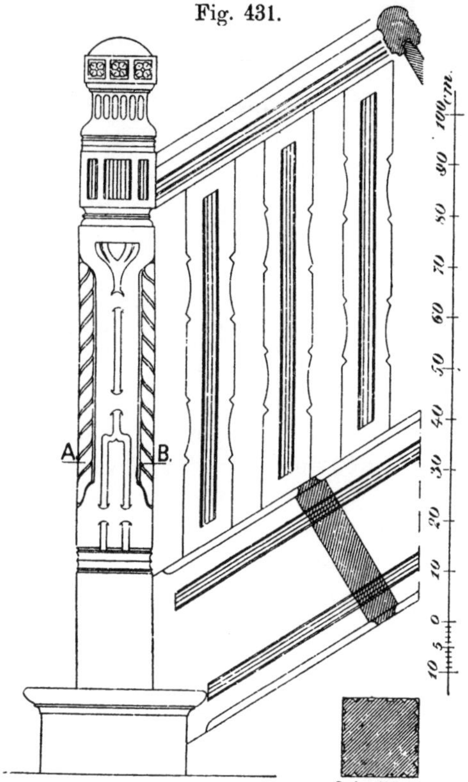

Fig. 432.

Fig. 433.

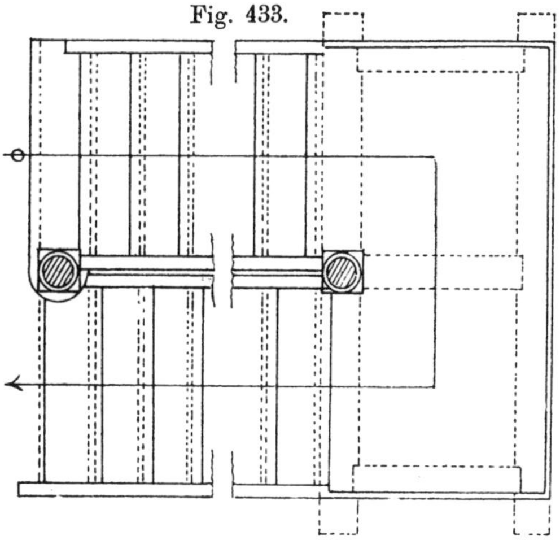

Der Podestboden muss undurchlässig sein. Er besteht aus Dielen mit vollständiger Zwischendecke. Die Deckenfläche wird entweder verputzt (Fig. 434 und 435) oder vertäfelt (Fig. 436).

Verbindung der Wangen durch einen Krümmling. Wenn das Geländer am Podest ohne Hinzunahme eines Pfostens fortlaufend herumgeführt werden soll, so wird zwischen die beiden Wangen ein Krümmling eingeschoben. Dieser soll die obere Fläche der unteren Wange in schöner Form auf die obere Wange überleiten. Hierbei erhält er die Form einer windschiefen Schraube. Beide Wangen werden in den Krümmling eingezapft. Der Krümmling selbst ist in den Podestbalken eingelassen und etwas mit ihm überschnitten (Fig. 434 und 436). Bei langen Läufen erhält das Geländer keinen festen Stand, wenn es ununterbrochen von dem Antrittpfosten bis zum Austrittpfosten in dem oberen Stockwerk durchläuft. Man ordnet deswegen bei durchgehenden inneren Wangen oft am Zwischenpodest einen Pfosten an, der sich in den Podestbalken einzapft und an dessen

Seitenflächen die Handläufer mit starken Holzschrauben befestigt werden (Fig. 434).

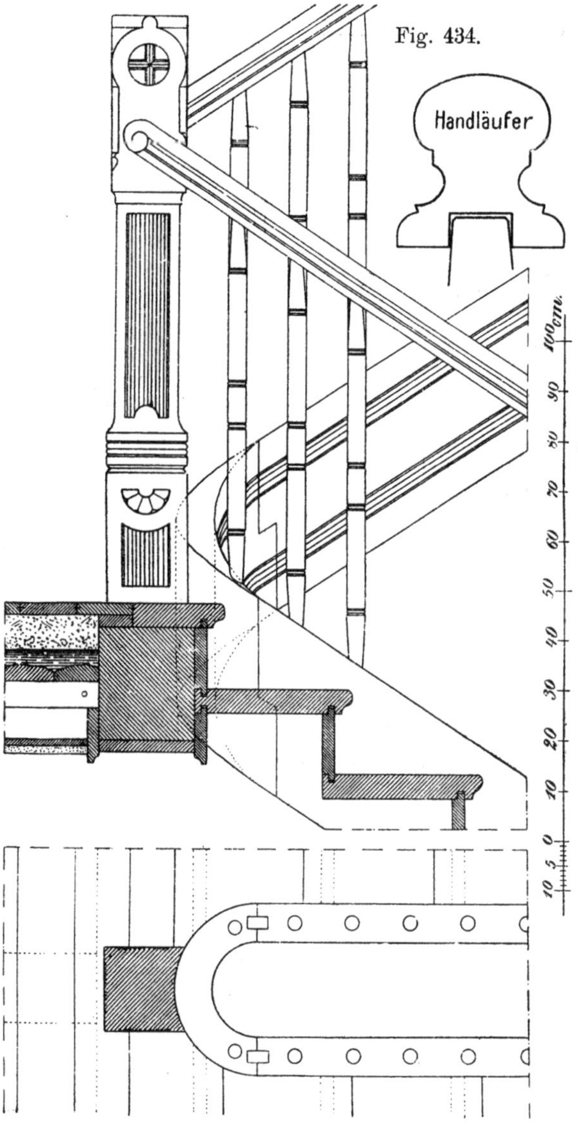

Fig. 434.

Eckpodeste. Hier können die Wangen ebenfalls durch einen Krümmling miteinander verbunden werden (Fig. 437) oder sie werden in einem Pfosten eingezapft. Sollen in letzterem Falle die Wangen in gleicher Höhe an den Eckpfosten anschneiden, so bedingt dies ein Anschneiden der in den Eckpfosten eingezapften Podestbalken a und b (Fig. 438 bis 442) an die Vorderkante des Eckpfostens. — Sollen dagegen die Podestbalken, wie bei Fig. 443 angenommen, in die Flucht der Treppenwangen, also auf die Mitte des Hängepfostens fallen, so werden die Wangen in ungleicher Höhe gegen den Hängepfosten anschneiden, wie dies aus den Fig. 444 bis 446 hervorgeht.

Das **Abschweifen der Stufen.** Bei schmalen Treppen kann man die ungünstige Wendung an einem Eckpodest dadurch verbessern, dass man die zwei letzten Stufen vor und die zwei ersten nach dem Podest abschweift. Der Treppenverkehr wird hierdurch bequemer. Der Radius des Krümmlings wird hierbei etwa gleich $1^1/_2$ Stufenbreite gewählt. Darauf teilt man den Krümmling an der Treppenseite in 9 Teile, so dass ein Teil durch die Diagonale halbiert wird. Die Stufen a, Fig. 447, erhalten dann $2^1/_2$ Teile, die Stufen b 3 Teile als Breite an der inneren Wange.

Der Mittelpunkt 0 1 für die Stufen a liegt auf der Mittellinie soweit von a ab, dass a bis 0 1 dem Treppenlichtmafse gleich ist. Der Mittelpunkt 0 2 liegt auf der Mittellinie soviel weiter, dass 0 1 bis 0 2 gleich ist 5 Stufenbreiten.

Die Fig. 448 bis 455 stellen eine eingestemmte einarmige Treppe durch Grundriss, Höhenschnitte und Teilzeichnungen dar. Diejenigen, welche sich eingehender mit dem Bau der Holztreppen beschäftigen wollen, seien auf das im

Verlage von Bernh. Friedr. Voigt in Leipzig erschienene Werk „Opderbecke-Behse, Der Bau hölzerner Treppen“ hingewiesen.

Fig. 435.

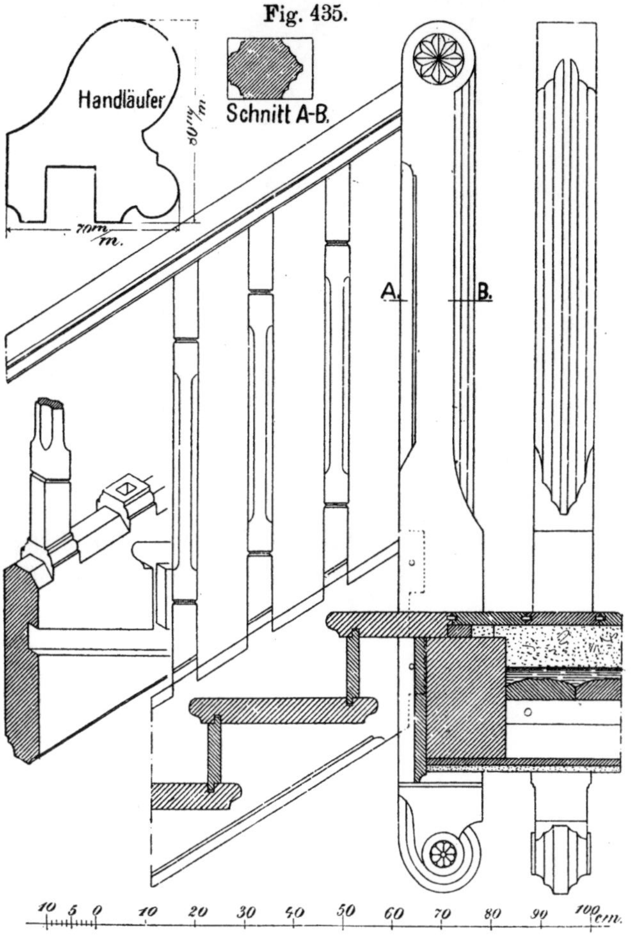

c) Die aufgesattelten Treppen.

Schöner, aber auch teurer als die eingestemmten, sind die Treppen mit aufgesattelten Stufen, weshalb sie mit Vorliebe in herrschaftlichen Treppenhäusern zur Verwendung gelangen. Die einzelnen Bestandteile sind dieselben wie bei der vorigen Art der Treppen.

Die **Wangen**. Innere und äussere Wangen, oder auch nur die inneren, werden an der Oberkante nach der Form der Treppe, die durch das Verhältnis von Steigung und Auftritt bestimmt wird, ausgeschnitten. Die Stufen werden aufgeschraubt. Ist nur die sichtbare innere Wange ausgeschnitten, so wird die Wandwange gelocht, und die Stufen sind hier eingestemmt. Die innere Wange erhält dann eine Stärke von 8 bis 10 cm und eine solche Höhe, dass sie an der schmalsten Stelle, senkrecht zu ihrer Neigung gemessen, noch 14 bis 18 cm Holz hat (Fig. 456 und 457).

Der Ersparnis halber können auch die stufenförmigen, dreieckigen Knaggen aufgeleimt und aufgeschraubt werden. Die Fugen verdeckt man später durch aufgesetzte Leisten.

Fig. 436.

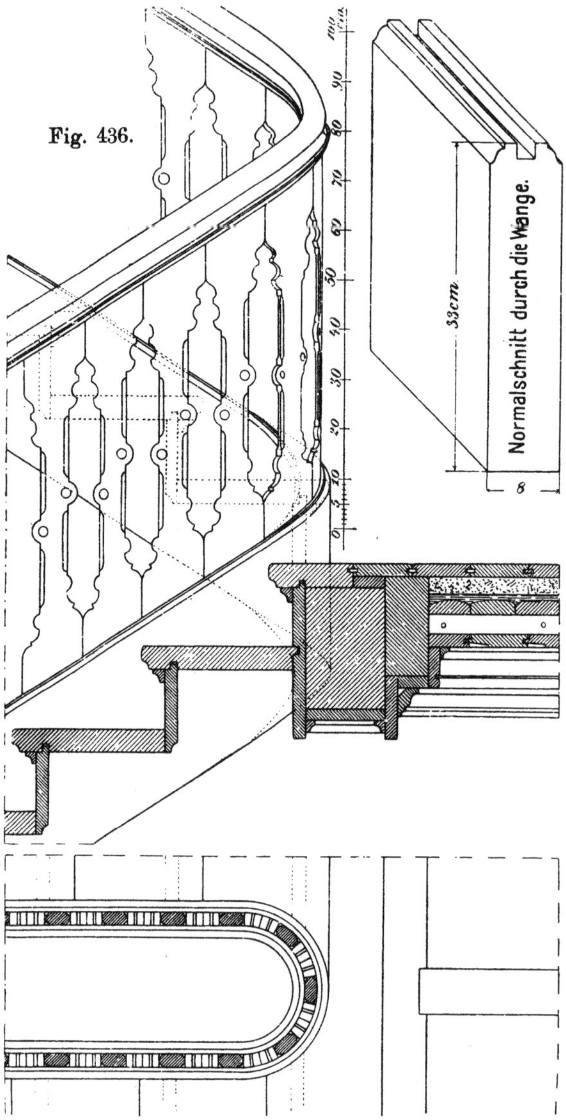

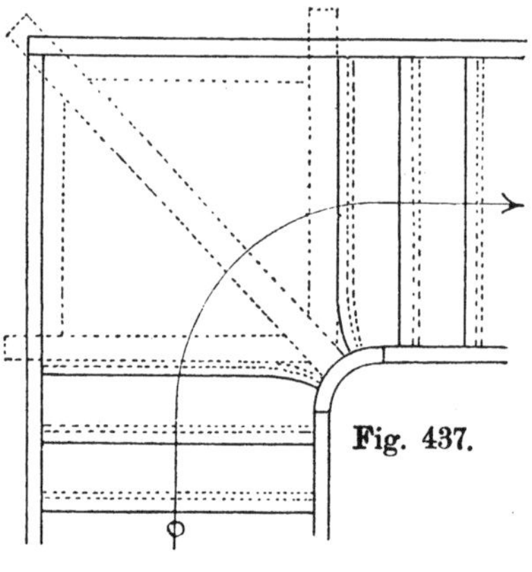

Fig. 437.

Ist die Wandwange als eingestemmte Wange behandelt, so bleibt sie als solche sichtbar. Ist sie aber für aufgesattelte Stufen hergestellt, so erhält sie oben ein mitlaufendes Bekleidungsbrett zum Schutze der Wand in Gestalt einer Scheuerleiste, die entweder aus einem Stück nach den Stufen ausgeschnitten ist oder aus einzelnen auf Kehrung zusammengeschnittenen Stücken besteht. Die erstere läuft in Abständen von 10 cm, die letztere in solchen von 15 cm um die Stufen herum (Fig. 458 und 459).

Die **Stufen** bestehen aus Tritt- und Futterstufen.

Die **Trittstufen** werden auf die Wangen mit je zwei Holzschrauben von oben her aufgeschraubt, wobei ihr Profil auch seitlich über der Wange mit seiner ganzen Ausladung übersteht. An der hinteren Ecke wird dieses Profil überstochen (Fig. 457, 460 bis 462).

Man verwendet auch seitliche Hirnleisten für die Seitenansicht der Stufen, so dass auch hier statt des Hirnholzes Langholz zur Ansicht kommt; es ist aber zu bedenken, dass hierbei die Struktur des Holzes nur schwer in Uebereinstimmung zu bringen und die Fuge nicht leicht unsichtbar zu machen ist (Fig. 460 und 461).

Das **Profil der Trittstufen** bereichert man häufig durch untergesetzte Leisten. Dieselben werden dann auch auf der sichtbaren Wangenseite

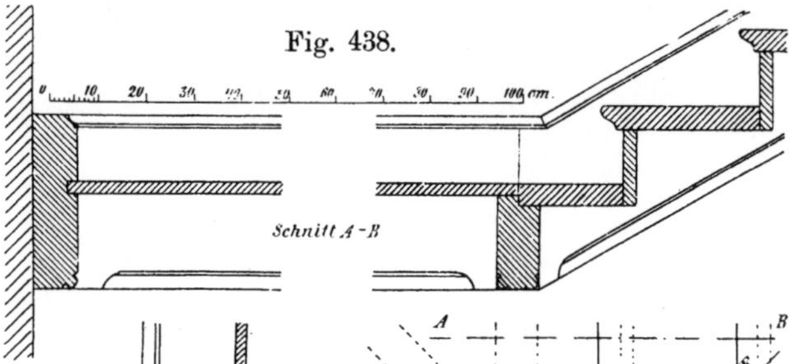

Fig. 438.

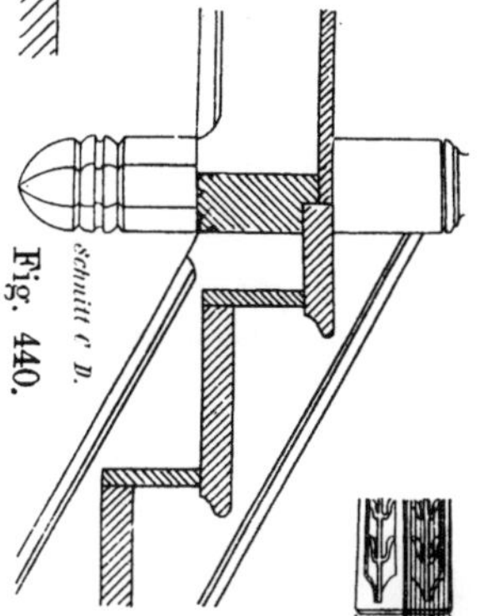

Fig. 440.

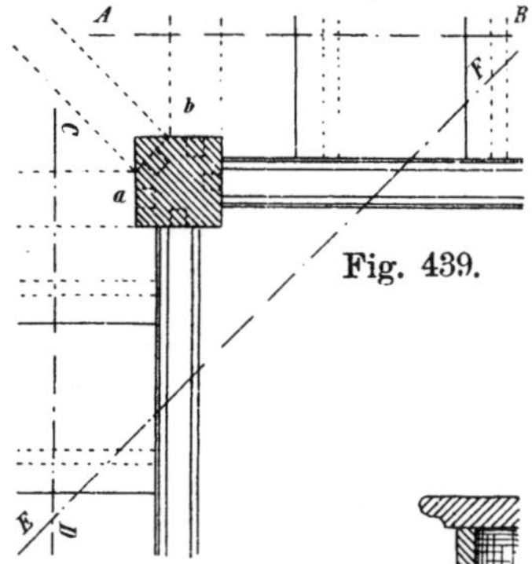

Fig. 439.

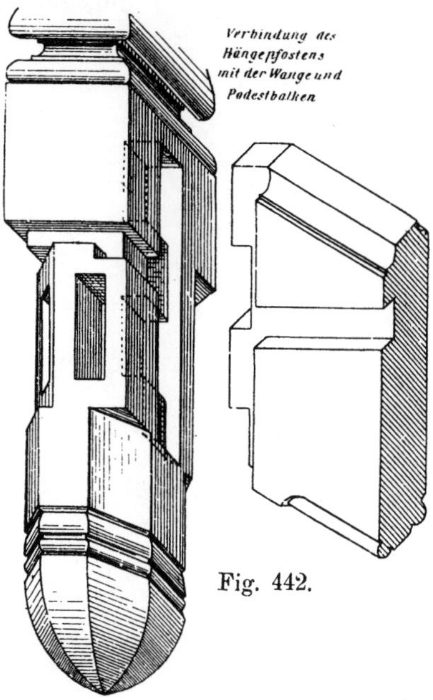
Verbindung des Hängepfostens mit der Wange und Podestbalken

Fig. 442.

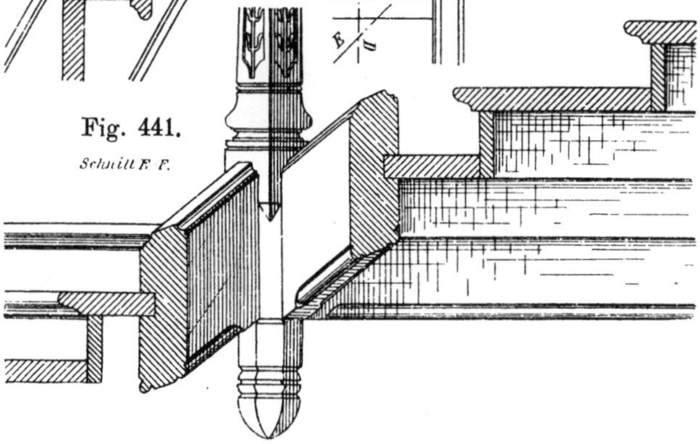
Fig. 441.

Schnitt E F.

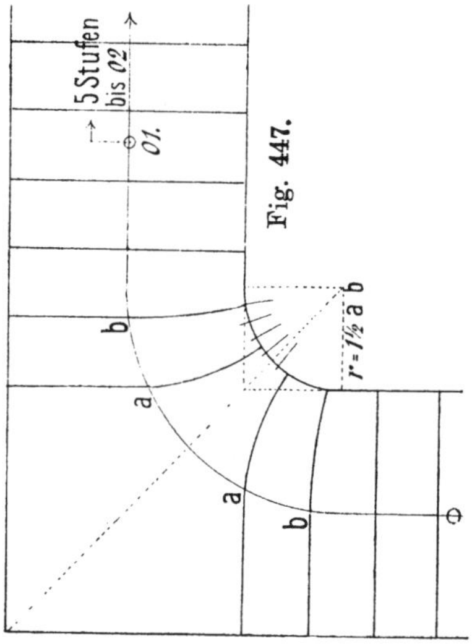

Fig. 447.

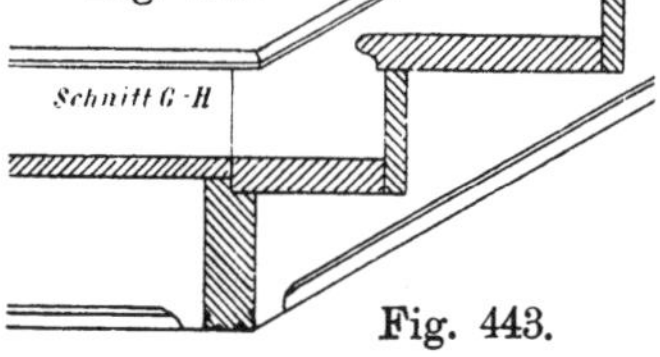

Fig. 444.

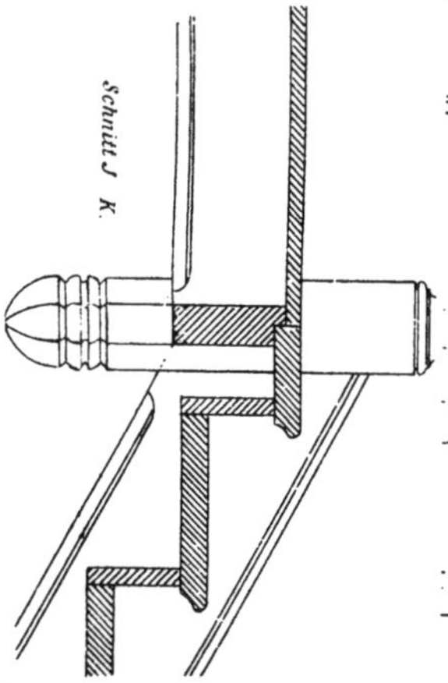

Fig. 445.

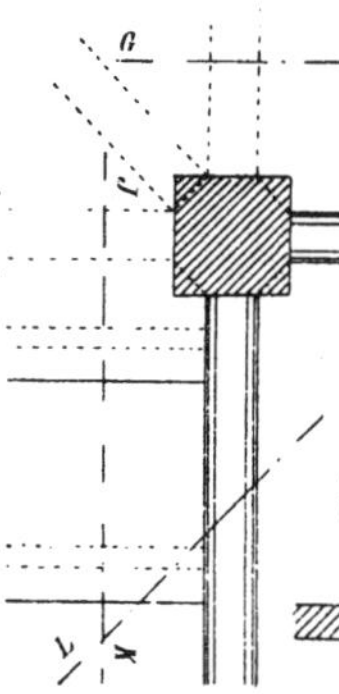

Fig. 443.

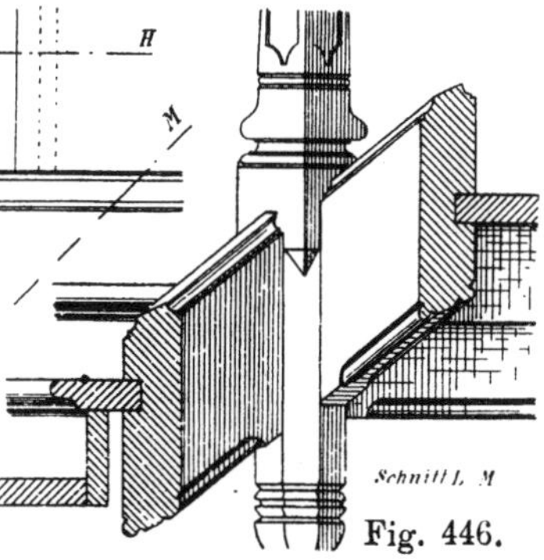

Fig. 446.

angesetzt. An der hinteren Ecke werden sie mit dem Gesamtprofil der Stufe überstochen.

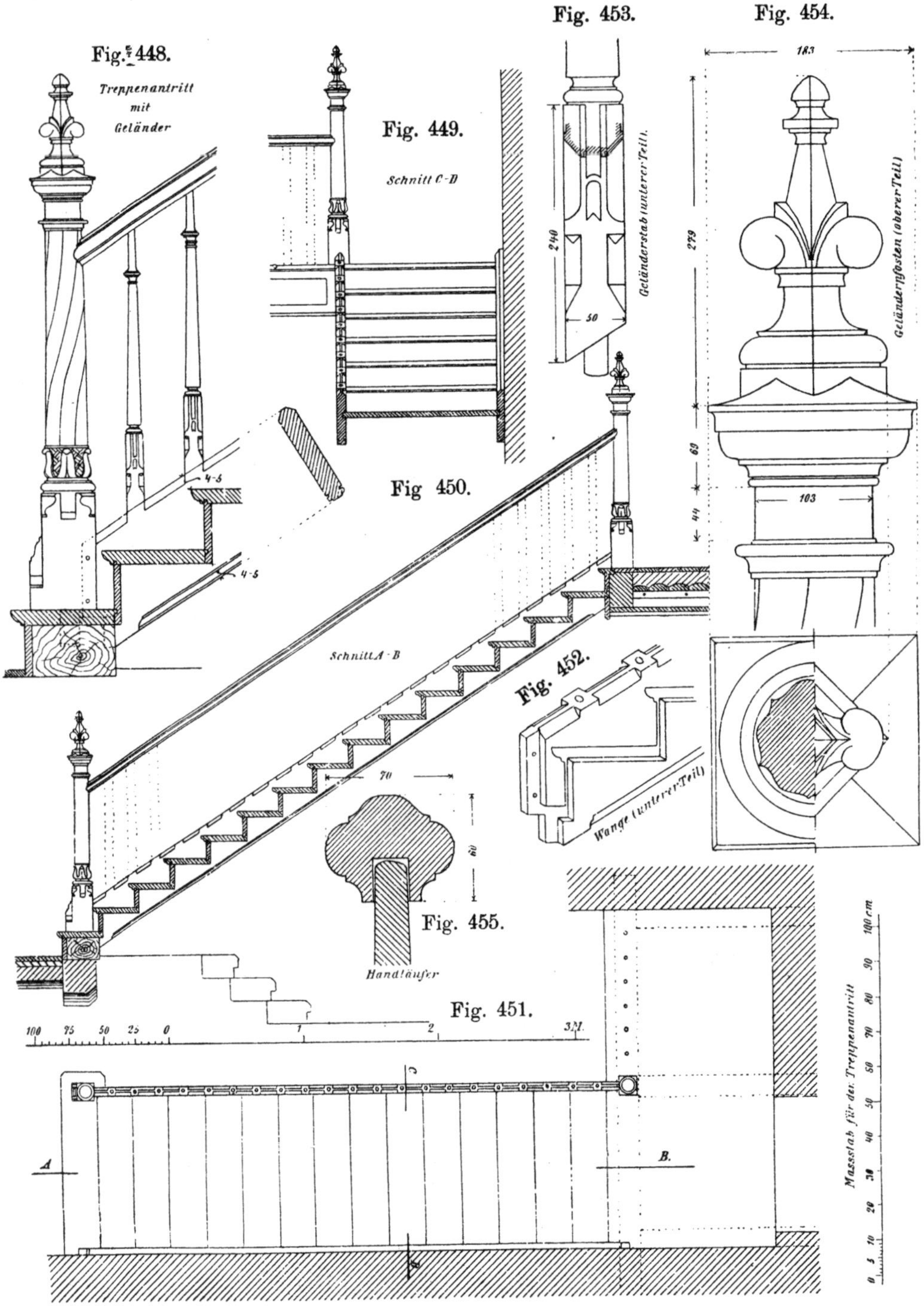

Die **Futterstufen**. Um das Hirnholz der vorgelegten Futterstufen nicht sichtbar zu machen, werden sie mit der Wange auf Kehrung zusammengeschnitten

(Fig. 460 und 461). Sind sie stumpf vorgesetzt, so wird die Ecke mit einem Rundstabe verziert. Die Verzierungsleiste unter den Trittstufen wird an den Futterstufen beiderseits seitlich herabgeführt.

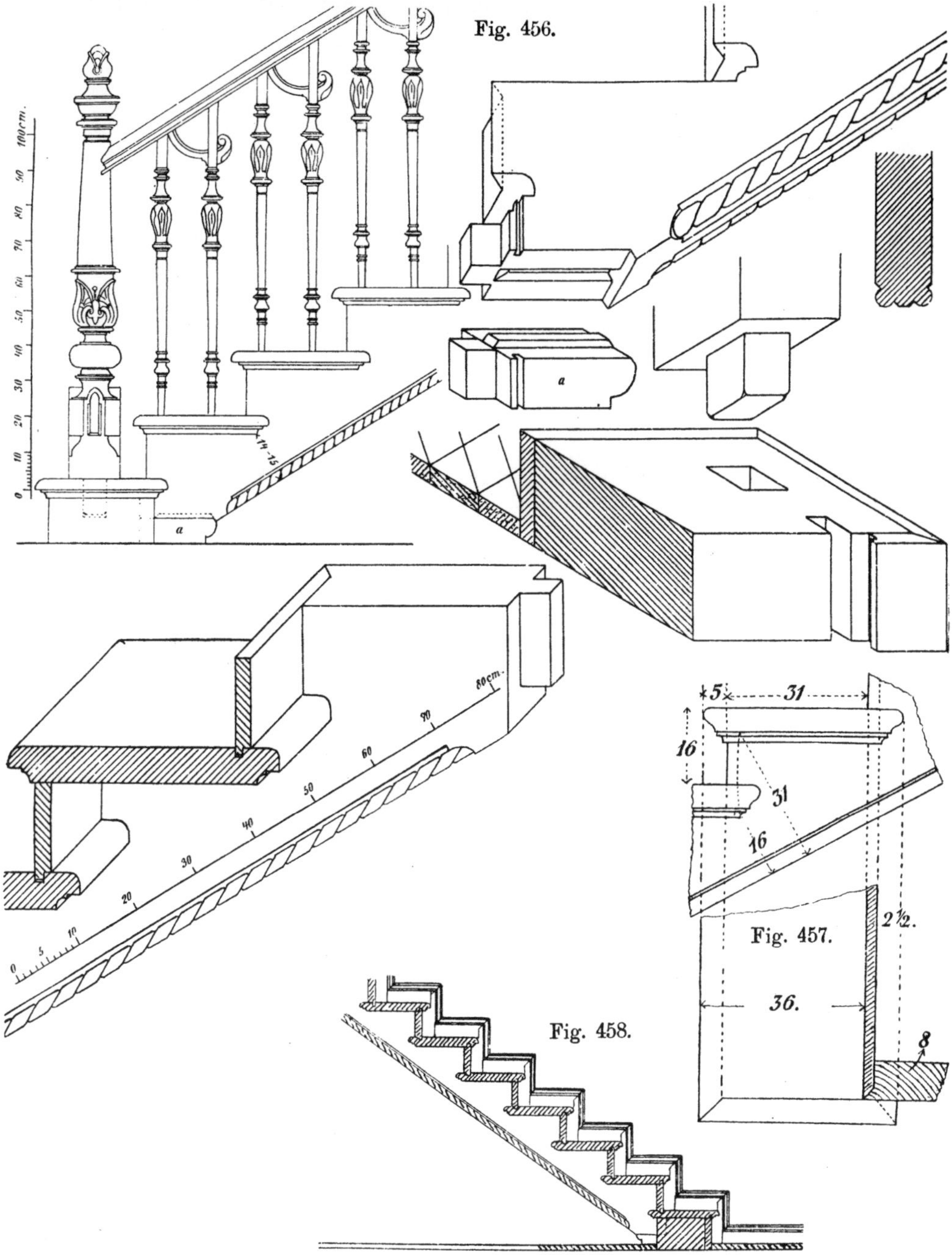

Fig. 456.

Fig. 457.

Fig. 458.

Die **Wangen am Antritt** sind auf einer Blockstufe aufgeklaut (Fig. 456).

Die **Wangen an Zwischenpodesten**. Der Podestbalken, gegen den sich die Wangen lehnen, muss zu deren Aufnahme sehr hoch sein. Er kann dann gleich der Wange profiliert werden, so dass sich die Gliederungen auf Kehrung zusammenschneiden (Fig. 463).

Bilden schwächere Podestbalken eine von unten sichtbare Decke, so eignen sie sich an und für sich nicht zur Aufnahme der hohen Wangen. Man legt in

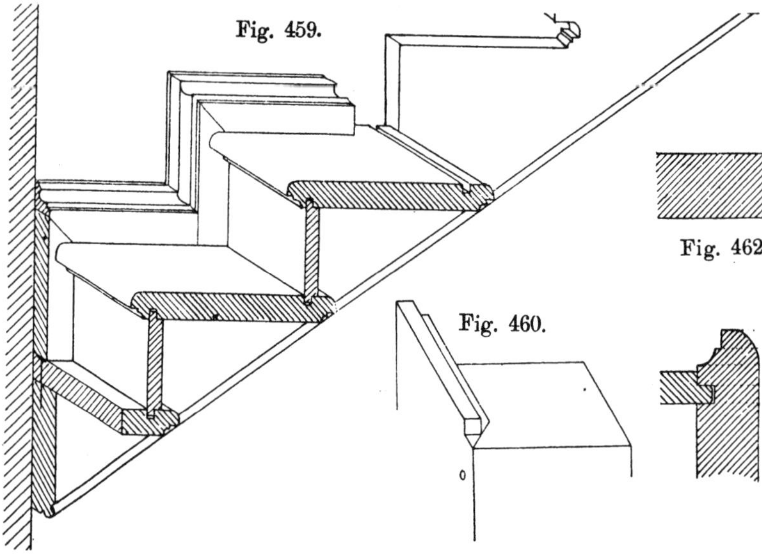
Fig. 459.

Fig. 460.

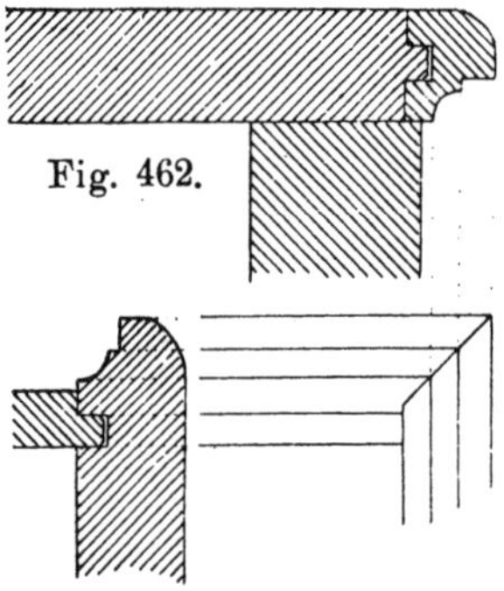
Fig. 462.

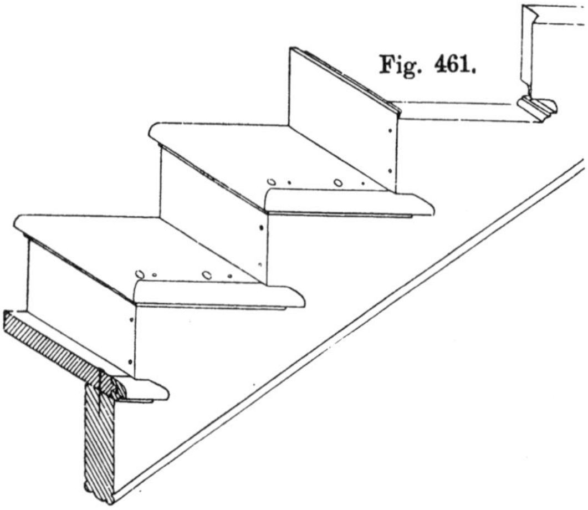
Fig. 461.

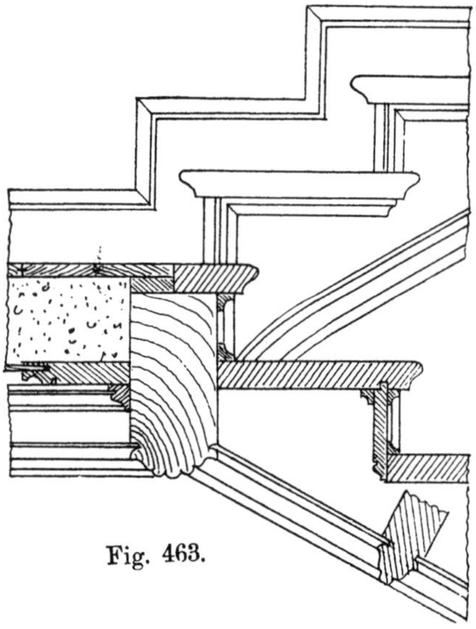
Fig. 463.

diesem Falle vor den Podestbalken eine 13 bis 15 cm starke Bohle von angemessener Höhe, die die Wange aufnimmt (Fig. 464).

Wenn man die Breite des Podestbalkens auf das geringste Mafs beschränken und beide Treppenarme in gleicher Höhe gegen denselben anlaufen lassen will, so muss man den Austritt des unteren Laufes um eine Auftrittbreite vorrücken.

Das **Geländer.** Pfosten und Traillen finden ihre Verwendung wie weiter oben beschrieben. Die Traillen werden in die Stufen eingebohrt oder auch seitlich angebracht. Man rechnet entweder zwei Traillen auf einen Tritt oder abwechselnd einmal zwei und dann wieder eine, je nach ihrer Ausbildung (Fig. 456, 464 und 465).

Die übrige Geländerkonstruktion ist dieselbe wie weiter oben beschrieben.

Fig. 464.

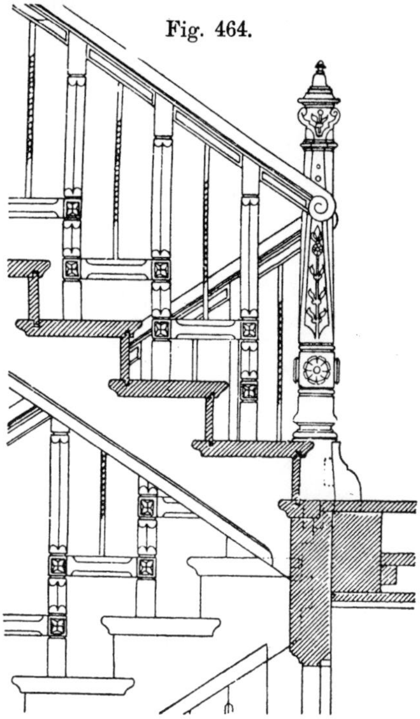

Fig. 465.

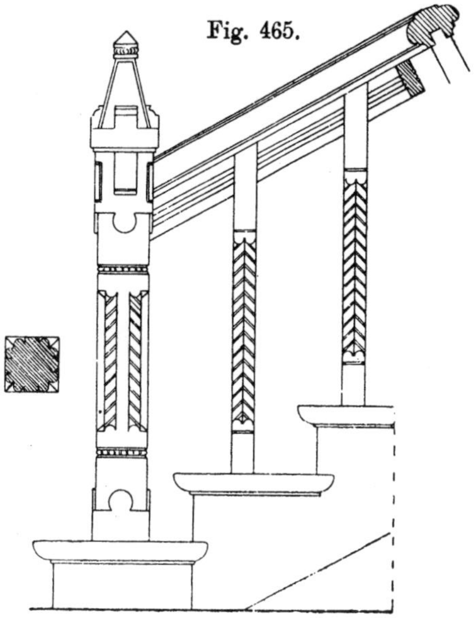

d) Gewendelte Treppen.

Die **Wangen**. Im allgemeinen bleibt bei Treppen mit Viertel- und halber Wendelung (Taf. 5) die Konstruktion der eingestemmten Wangen mit dem zugehörigen Krümmling dieselbe, wie sie weiter oben beschrieben worden ist. Der Krümmling nimmt eine Anzahl der gewendelten Stufen auf, während weitere verzogen sind. Man vermeidet dabei, dass eine Futterstufe gerade in die Ecke trifft, wo die äusseren Wangen durch Verzinkung miteinander verbunden sind.

Zum Austragen des Krümmlings konstruiert man sich zunächst die sogen. Verstreckungsschablone, d. h. die wirkliche Grösse derjenigen Fläche, nach welcher das Wangenstück ausgeschnitten wird. Diese wird auf die Ober- und Unterfläche des Holzstückes übertragen, wobei darauf zu achten ist, dass die Schablonen beider Flächen sich nach der aus der Ansicht entnommenen Lotschmiege gegeneinander verschieben. Ober- und Unterkante des gefundenen Wangenstückes werden nun nach der Schraubenlinie bearbeitet (abgekantet), so dass in jedem senkrechten Radialschnitt dieselben horizontal laufen, die Radialschnitte mithin Rechtecke bilden.

Konstruktion siehe Taf. 5, Fig. A, B, C, D, E, F, G. Gegeben ist der aus einem Treppengrundriss herausgenommene Krümmling a, c, b, der die Trittstufen I, II, III, IV, V, VI aufnimmt. Die für die Abwickelung der inneren

Wange nötigen Futterstufen sind angedeutet. Die Abwickelung der Stufen am Krümmling ist in Fig. B vollzogen; die Wangenhöhen sind aus Fig. C bestimmt, die die normalen Stufen mit zugehörigen Wangengrenzen zeigt. Der Aufriss des Krümmlings D ist aus dem Grundriss A und aus Fig. B entwickelt.

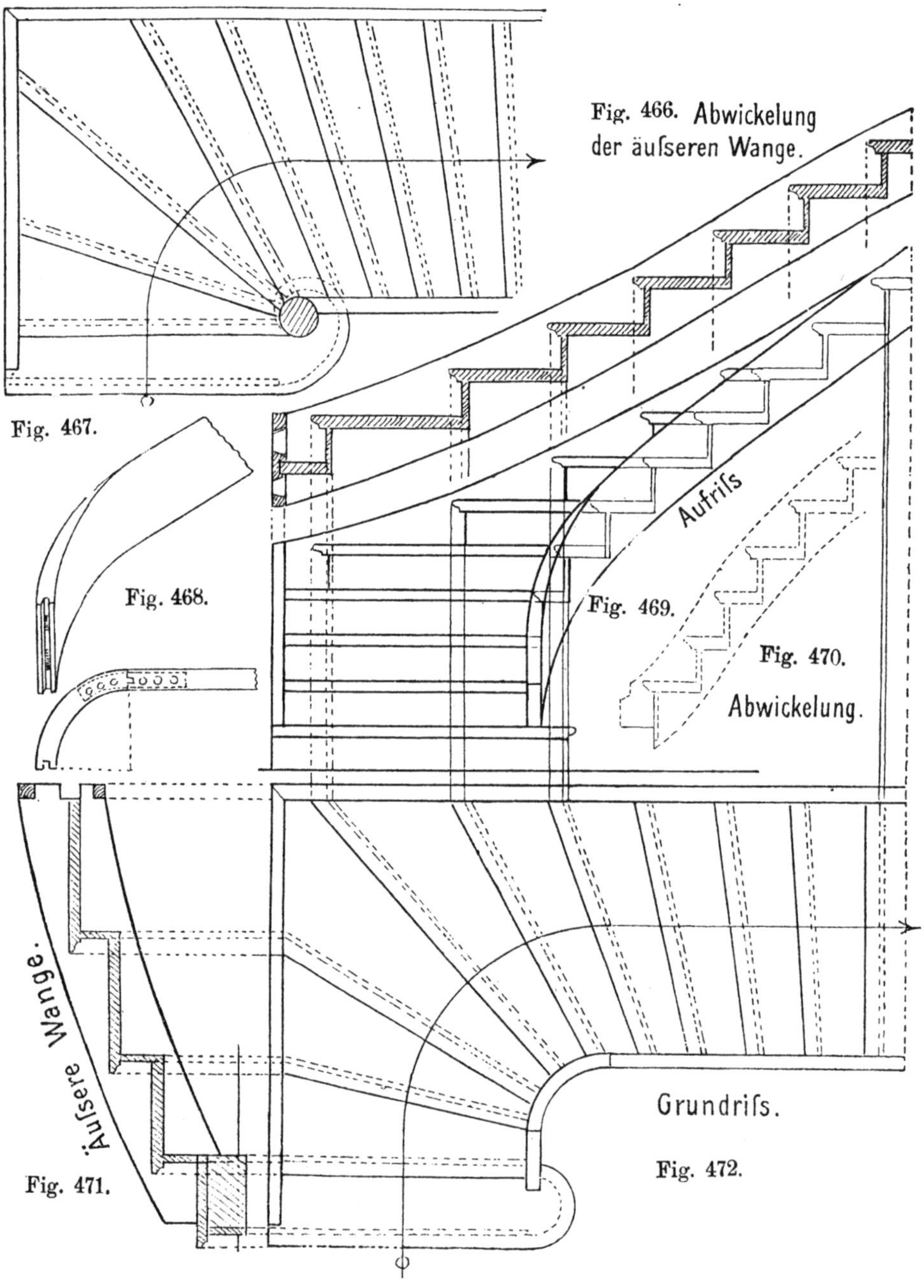

Fig. 466. Abwickelung der äuſseren Wange.

Fig. 467.

Fig. 468.

Fig. 469.

Fig. 470. Abwickelung.

Fig. 471.

Fig. 472. Grundriſs.

Dabei sind die Radialschnitte II—2, III—3, IV—4, V—5 aus dem Grundriss in den Aufriss übertragen worden und bilden hier die entsprechenden schraffierten Rechtecke.

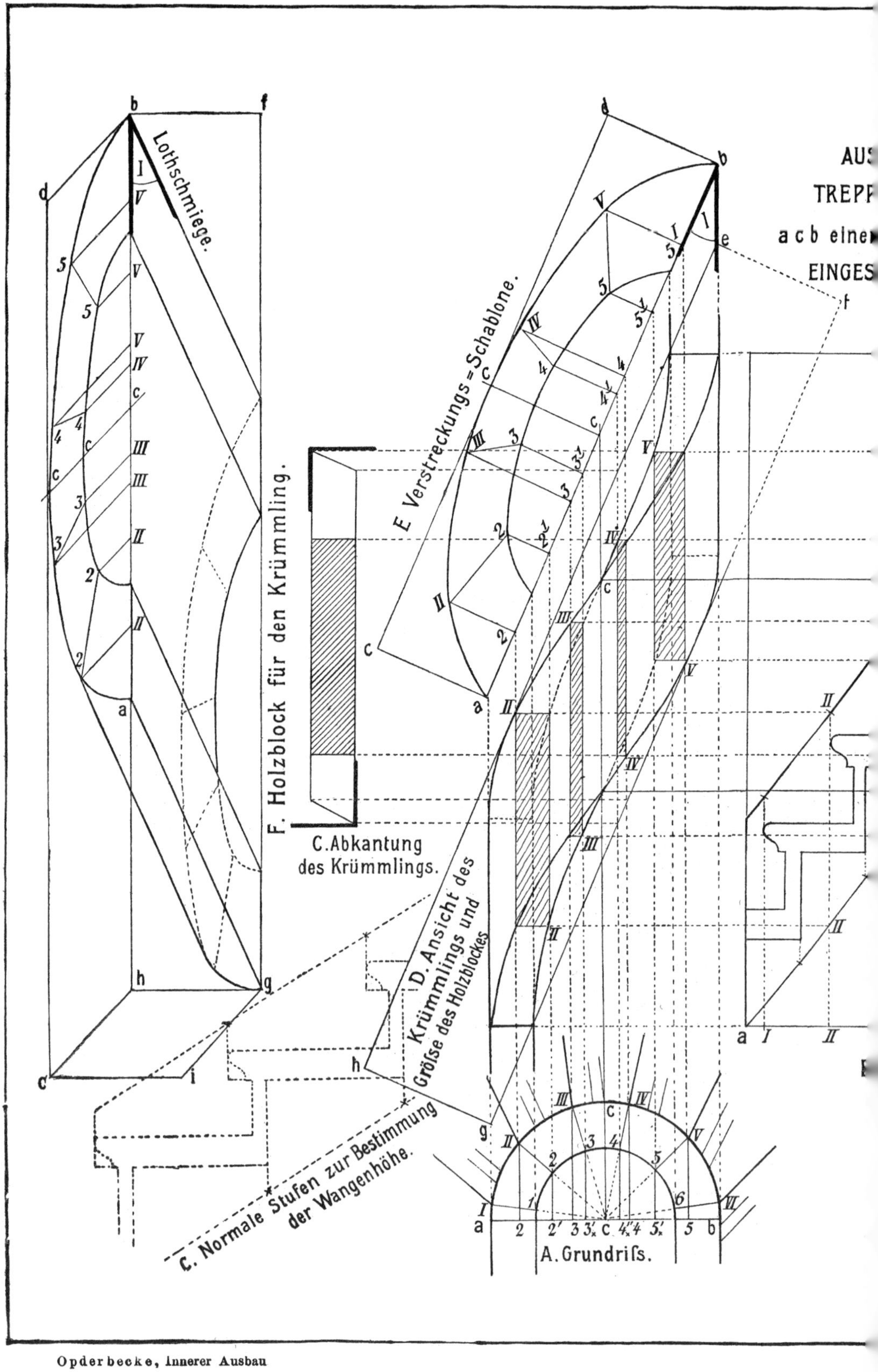
AUS
TREPP
a c b eine
EINGES
Lothschmiege.
E Verstreckungs = Schablone.
F. Holzblock für den Krümmling.
C. Abkantung
des Krümmlings.
D. Ansicht des
Krümmlings und
Grösse des Holzblockes
C. Normale Stufen zur Bestimmung
der Wangenhöhe.
A. Grundrifs.

UNG DES
ÜMMLINGS
GEWUNDENEN
TEN TREPPE.

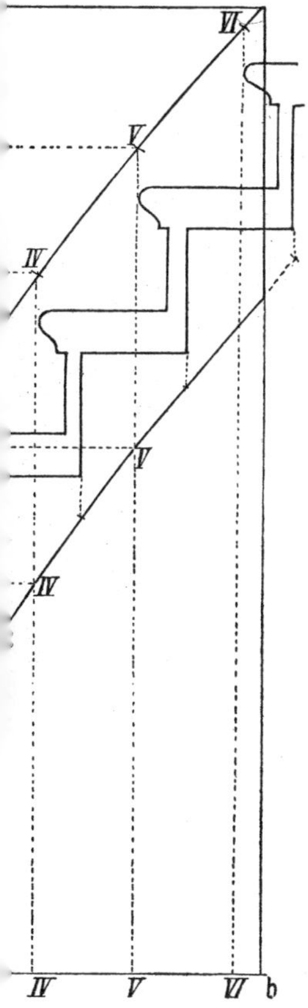

kelung des
nmlings.

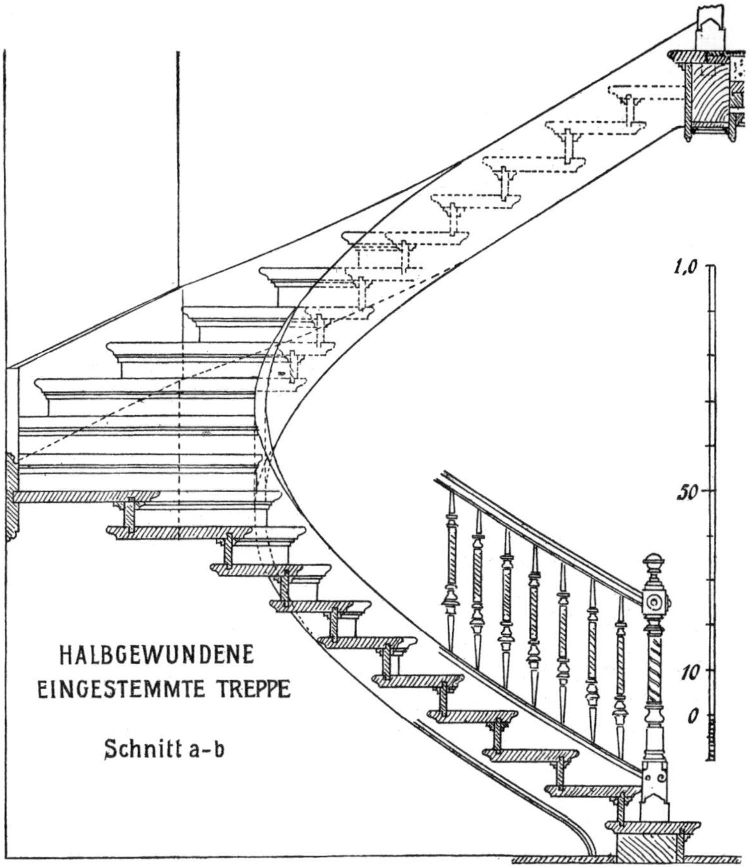

HALBGEWUNDENE
EINGESTEMMTE TREPPE

Schnitt a-b

Grundriſs.

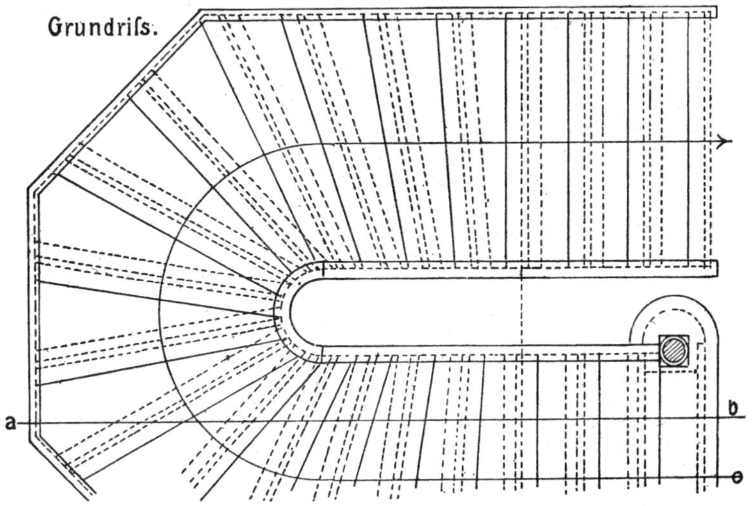

Die Begrenzungslinien h e, e f, f g, g h umschliessen den Holzblock, aus dem der Krümmling geschnitten werden kann, und zwar bilden sie die eine Seite. Die andere findet man in Fig. F.

Vorher wird aus Grundriss A und Aufriss D die sogen. Verstreckungsschablone E entwickelt. Die Radialschnitte II—2, III—3 usw. werden auf eine Parallele zu h e projiziert und die lotrechten Entfernungen II—2, 2—2[1], III—3, 3—3[1], 4—4[1], IV—4, 5—5[1], V—5 im Grundriss werden als Lote auf die Parallele a—b gebracht. Man zieht die verzogenen Radialschnitte II—2, III—3 und erhält durch Verbindung der entsprechenden Punkte die Verstreckungsschablone E.

In Fig. F ist dieselbe auf die eine Seite des Holzblockes d b h c unter 45° nochmals aufgetragen und die eigentliche Holzstärke des Krümmlings gefunden, indem die Lotschmiege l aus Fig. E an den Punkt b in Fig. F angetragen ist. Die durch d b f g i c umschriebene Fig. F gibt den für den Krümmling nötigen Holzblock.

Grundriss und Schnitt einer halbgewendelten Treppe sind in den weiteren Figuren auf Taf. 5 dargestellt.

Treppen mit Viertelwendung (Fig. 466 bis 472). Der Krümmlingsradius ist meist gleich einer Stufenbreite oder etwas grösser. Die Stufen werden nach der in Fig. 416 dargestellten Methode verzogen. Nachdem wieder die Abwickelung der inneren Wange ermittelt worden ist (Fig. 470), wird mit deren Hilfe der Aufriss konstruiert (Fig. 469). Weiter findet man, wie aus den Fig. 466 u. 471 ersichtlich, leicht die betreffenden Abwickelungen der äusseren Wangen. Statt des Krümmlings nimmt auch ein Pfosten einige verzogene Treppenstufen auf. An der schmalsten Stelle am Pfosten sollen aber immer noch einige Zentimeter Auftritt verbleiben. Im allgemeinen ist diese Anordnung nur bei Treppen in beschränktem Raume empfehlenswert, da der Uebergang der geraden Stufen zu den Spitzstufen am Pfosten nicht schön gelöst erscheint (Fig. 467).

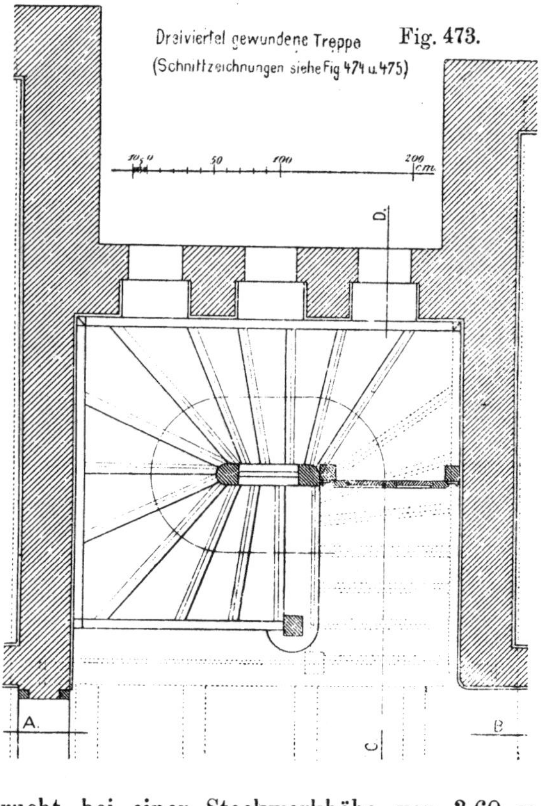

Fig. 473.

Die Fig. 473 bis 475 veranschaulichen eine dreiviertel gewundene Treppe durch Grundriss und Schnittzeichnungen. Die Treppe ist hier in den Winkel einer Diele eingebaut und beansprucht bei einer Stockwerkhöhe von 3,60 m einen Raum von nur 2,95 X 2,25 m Grundfläche.

Fig. 474.

Fig. 476.

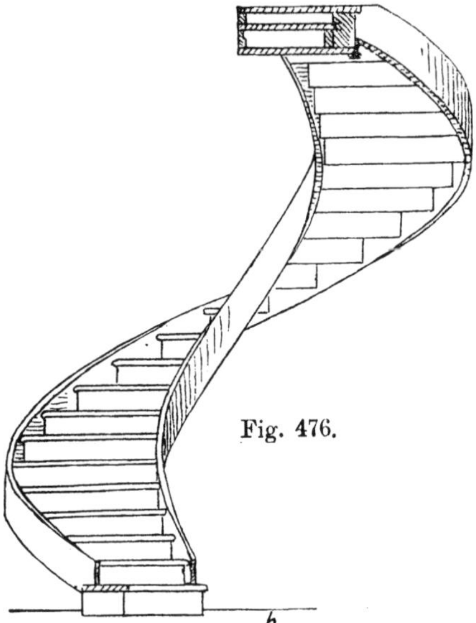

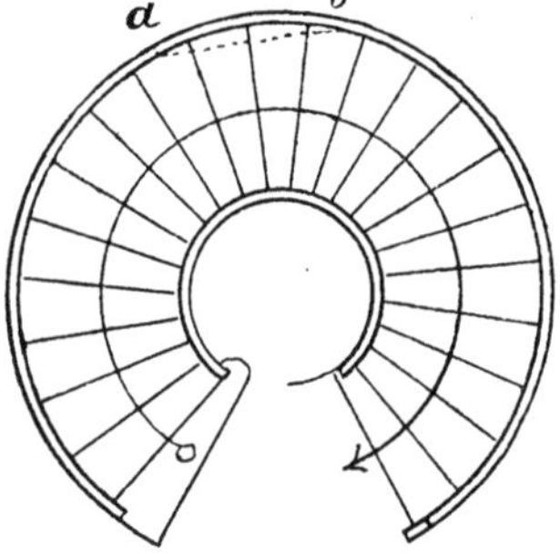

Fig. 477.

Fig. 475.

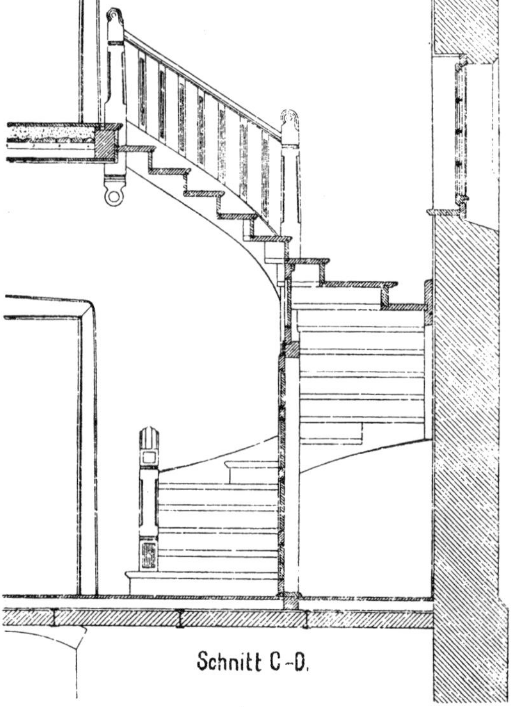

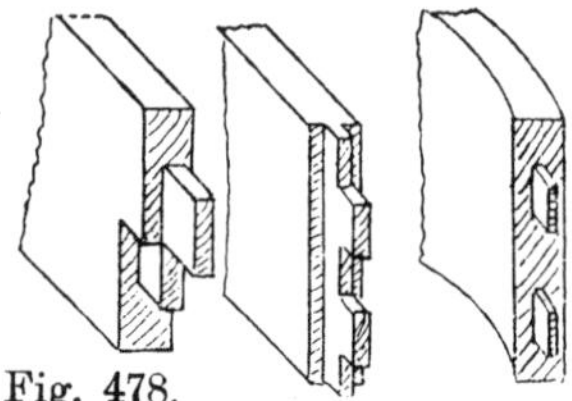

Fig. 478. Fig. 479. Fig. 480.

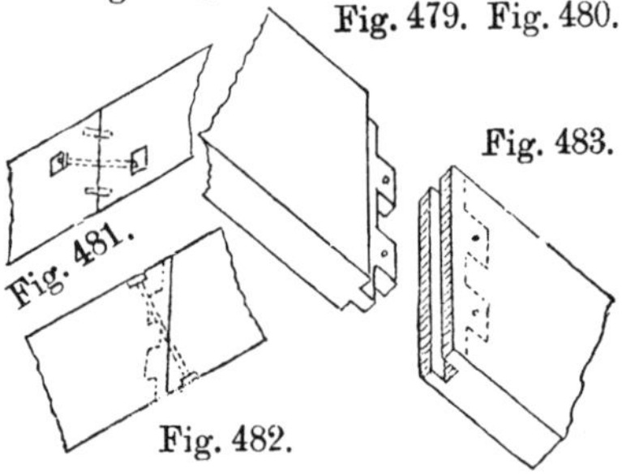

Fig. 481. Fig. 482. Fig. 483.

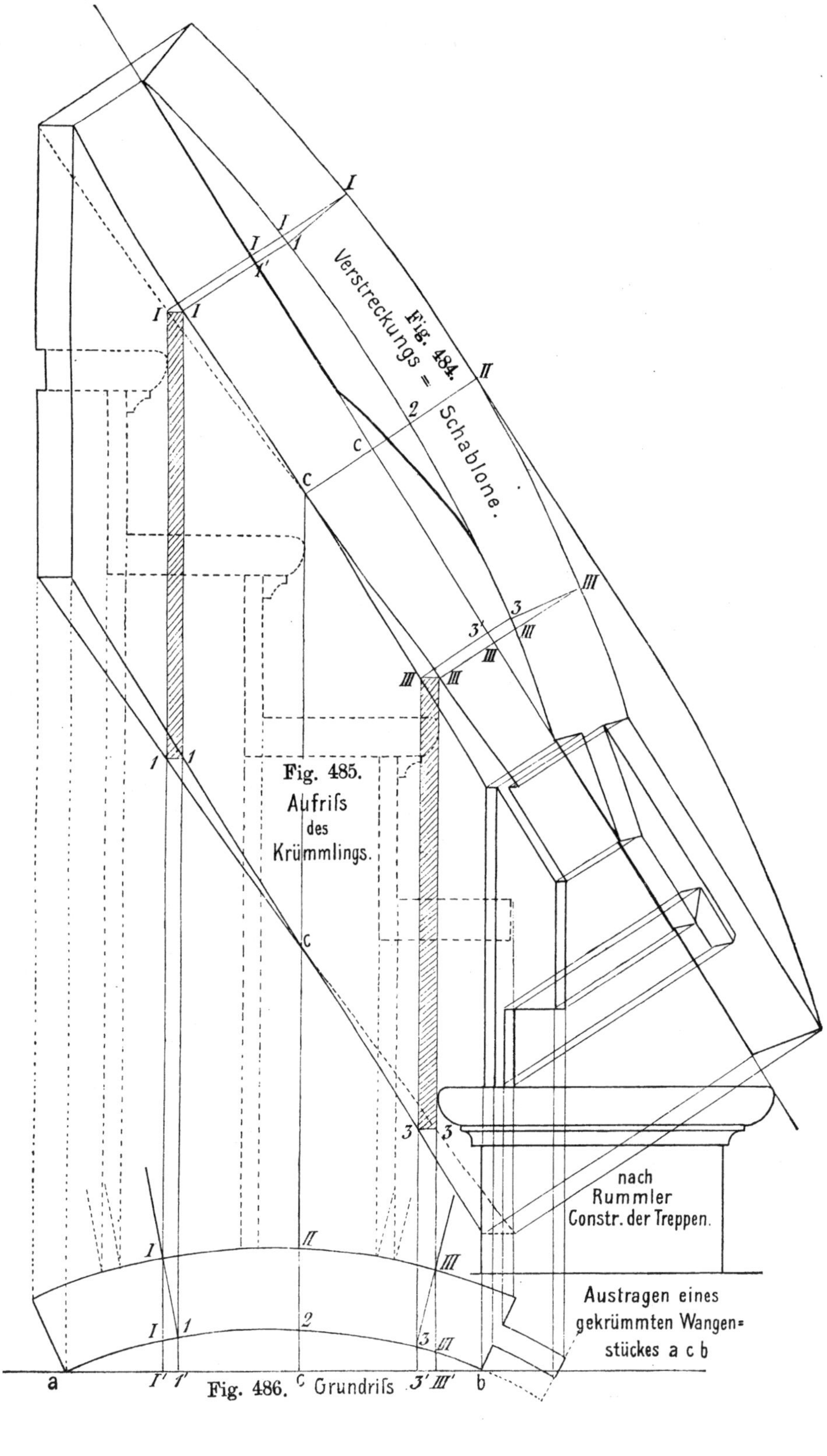
Fig. 484.
Verstreckungs = Schablone.
Fig. 485.
Aufriss des Krümmlings.
nach Rummler Constr. der Treppen.
Austragen eines gekrümmten Wangen= stückes a c b
Fig. 486.
Grundriss

Bei ganz gewundenen Treppen muss die innere Wange aus mehreren Stücken zusammengesetzt werden (Fig. 476 und 477). Die Stösse werden dabei so verteilt, dass sie etwa auf Stufenmitte treffen. Die Stücke macht man untereinander gleich und trägt sie genau wie einen Krümmling (krummes Wangenstück) aus.

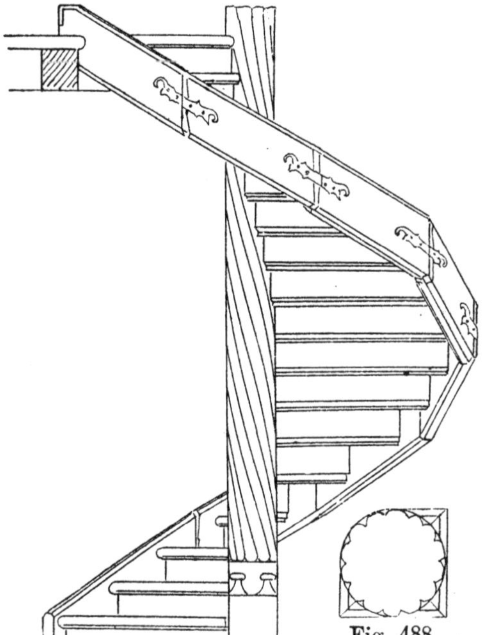

Fig. 488.

Fig. 487.

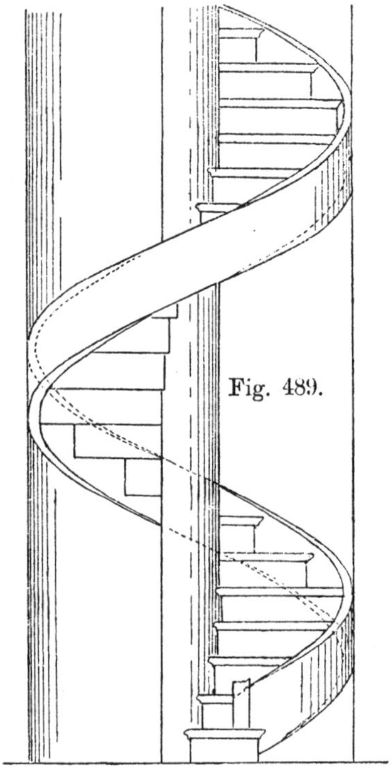

Fig. 489.

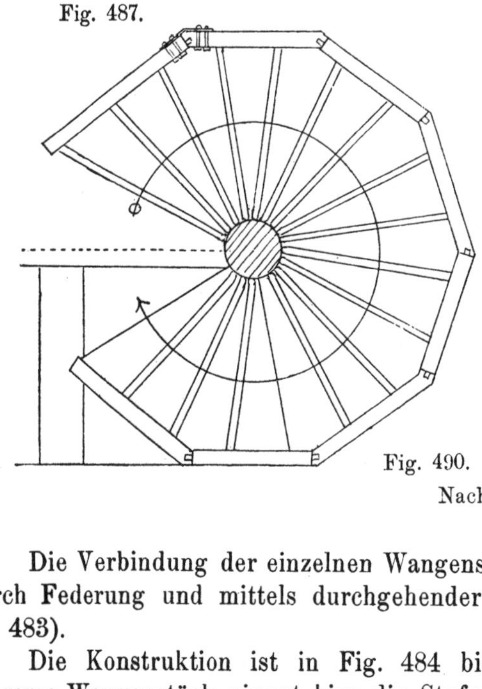

Fig. 490.

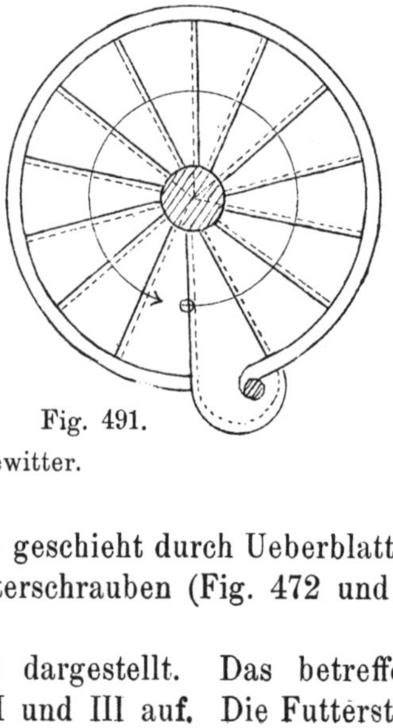

Fig. 491.

Nach Ungewitter.

Die Verbindung der einzelnen Wangenstücke geschieht durch Ueberblattung, durch Federung und mittels durchgehender Mutterschrauben (Fig. 472 und 478 bis 483).

Die Konstruktion ist in Fig. 484 bis 486 dargestellt. Das betreffende krumme Wangenstück nimmt hier die Stufen I, II und III auf. Die Futterstufen sind angedeutet. Man konstruiert den Aufriss mit Hilfe der Abwickelung, die hier fortgelassen ist, in bekannter Weise. Die Radialschnitte I—1, II—2, III—3 erscheinen auch hier im Aufriss des krummen Wangenstückes als Rechtecke (Fig. 485). Nun wird die Verstreckungsschablone in der auf Taf. 5 bereits gezeigten Weise gesucht. Hier gibt Fig. 484 dieselbe, sowie eine verstreckte Ansicht des ganzen Wangenstückes nebst zugehörigem Zapfen.

Die **Spindel.** Bei kleineren Wendeltreppen laufen die Stufen an der inneren Seite in eine massive Spindel aus Holz. Sie werden in dieselbe eingestemmt. Jede Trittstufe soll an der Spindel noch einige Zentimeter Auftritt erhalten. Die Spindelstärke beträgt etwa 20 bis 25 cm. Alle Futterstufen laufen radial zur Spindel, während die Trittstufen schräg an den Spindelumfang antreffen und auch demgemäfs eingestemmt werden (Fig. 487 bis 491).

Fig. 490 und 487 geben eine Wendeltreppe in Grundriss und Aufriss, bei der polygonale Wangen statt der gekrümmten gewählt sind. Es bietet dies den Vorteil, dass das Holz in seiner Textur nicht angegriffen wird, wie das im anderen Falle immer stattfinden wird. Die einzelnen Stücke der Wange sind mit Verfalzung aneinander gestellt, ineinander verzapft und durch aufgeschraubte eiserne Bänder ausserdem miteinander verbunden. Fig. 488 zeigt den Grundriss der Spindel.

3. Die Treppen aus Werkstein.

a) Der Baustoff.

Für Treppenstufen aus Werkstein kommen nur harte Gesteinarten in Betracht. Die am meisten verwendeten sind: Granit, Basalt, harter feinkörniger Sandstein, Syenit, Gneis, Kalkstein und Marmor. Letzterer kommt der Kosten halber meist nur als Verkleidung in 4 bis 5 cm starken Trittstufen und 2 bis $2^1/_2$ cm starken Setzstufen zur Verwendung. Die Platten werden mit der Marmorsäge aus dem Block geschnitten, geschliffen und in den Profilen gehobelt. Sehr dichte Steine, wie Granit, Marmor, werden durch das Schleifen zu glatt; solche Treppen müssen in der Ganglinie mit Läufern belegt werden. Daher findet man häufig, dass bei feinen Treppen dieser Art nur die beiden kurzen seitlichen Enden, die vom Läufer nicht bedeckt werden, geschliffen, das Verdeckte aber nur gekrönelt ist. An allen anderen Werksteintreppen werden die Stufen meist nur schariert.

Das Profil, das den Stufen von inneren Treppen gegeben wird, erhält $^1/_4$ bis $^1/_3$ der Stufenhöhe als Stärke und eine etwas geringere Ausladung. Freitreppen erhalten besser keine profilierten, sondern nur einfache Stufen in Blockform (Fig. 492, 493 und 499).

b) Das Steigungsverhältnis.

Für die Bestimmung des Steigungsverhältnisses bei massiven Treppen gelten im allgemeinen die schon für die hölzernen Treppen aufgestellten Regeln.

Da aber steinerne Treppenstufen nicht elastisch sind, wie Holzstufen, so begeht sich eine massive Treppe schwerer als eine hölzerne und deshalb muss für Haupttreppen im allgemeinen eine geringere Steigung angenommen werden.

Für Prachttreppen 13 : 34, 13,5 : 33; für Haupttreppen 14 : 32, 14,5 : 31, 15 : 30, 15,5 : 29, 16 : 28; für Nebentreppen 18 : 24.

Alle Treppenläufe der verschiedenen Stockwerke sollen dasselbe Steigungsverhältnis aufweisen. Die Stockwerkshöhen richtet man am besten auf ein Vielfaches der gewählten Steigungen ein. Nehmen wir z. B. im Mittel 15 cm Steigung an, so erhält

das Erdgeschoss	24 Stufen	=	3,60 m Stockwerkshöhe bis Balkenoberkante,
das I. Stock	26 Stufen	=	3,90 m,
das II. Stock	25 Stufen	=	3,75 m,
das III. Stock	24 Stufen	=	3,60 m,
das IV. Stock	23 Stufen	=	3,45 m usw.

c) Die Grundrissform.

Für Wohnhäuser wählt man meist geradarmige Podesttreppen, oder auch solche mit Viertelwendelung am Antritt. Gewundene Treppen, meist in elliptischer oder halbkreisförmiger Grundrissform, kommen in Prachtbauten vor. Wendeltreppen dienen als Nebentreppen zur Vermittelung des Küchenverkehrs in Wohnhäusern und als Rettungstreppen.

d) Das Versetzen der Stufen.

Eine jede Treppenstufe liegt auf der darunter liegenden etwa 3 bis 4 cm auf; dazu tritt auch ein 2 cm tiefer Falz oder eine schräge Stossfuge oder beides zugleich. Bei Freitreppen gibt man ferner am hinteren Rande der Auftrittfläche eine 2 cm hohe Kante von 3 bis 4 cm Breite zu, die das Eindringen von Wasser in die Fugen verhindert (Fig. 496 und 501).

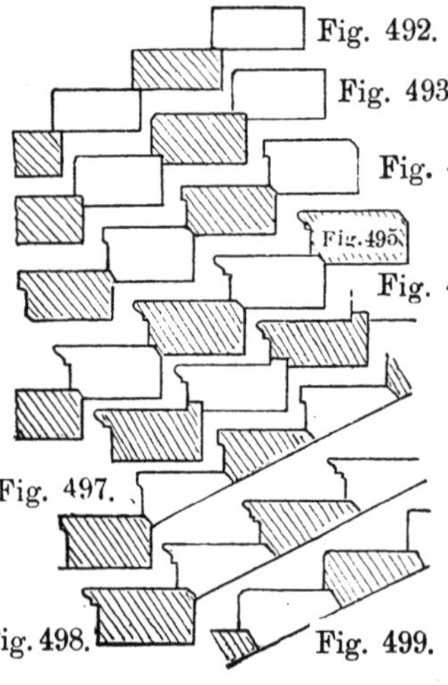

Fig. 492. Fig. 493. Fig. 494. Fig. 495. Fig. 496. Fig. 497. Fig. 498. Fig. 499.

Bei inneren Treppen erhalten die Stufen einen annähernd dreieckigen Querschnitt, wodurch das Gewicht der Treppe erheblich vermindert wird. Auch bei Stufen, die sehr breit sind und infolgedessen durch eine Unterwölbung unterstützt werden, erreicht man mit dreieckigem Querschnitt ein bequemeres Auflager (Fig. 497 bis 499).

Das Versetzen der Stufen erfolgt von unten auf.

e) Freitreppen.

Die Stufen der Freitreppen liegen entweder auf einer Untermauerung oder auf zwei seitlichen Wangen auf. Bei einer geringen Anzahl von Stufen genügt eine Wangenstärke von 25 cm, bei mehr als sechs Steigungen werden die Wangen 38 cm stark. Dabei können die Stufen sowohl auf als in den Wangenmauern liegen. Das Auflager beträgt mindestens 13 cm. Eine Isolierschicht aus Asphalt oder Zement oder Dachpappe gegen die aufsteigende Feuchtigkeit dient den Stufen als unmittelbares Auflager (Fig. 500 und 501).

Häufig liegen hinter den Freitreppen Kellerräume, denen man dann das Licht durch die Treppenstufen zuführt. Es werden dann Lichtschlitze eingearbeitet (Fig. 501 a) und in der Frontmauer Fenster angeordnet.

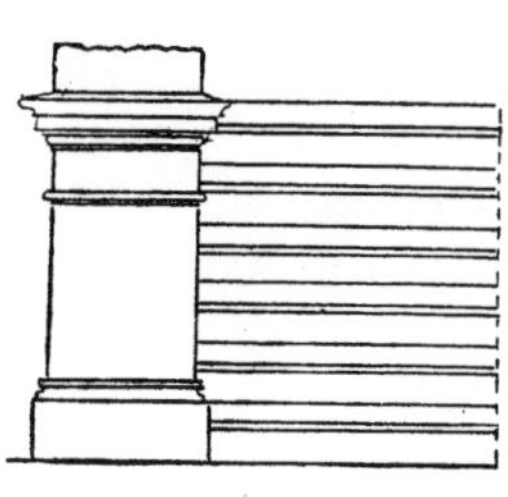

Fig. 500.

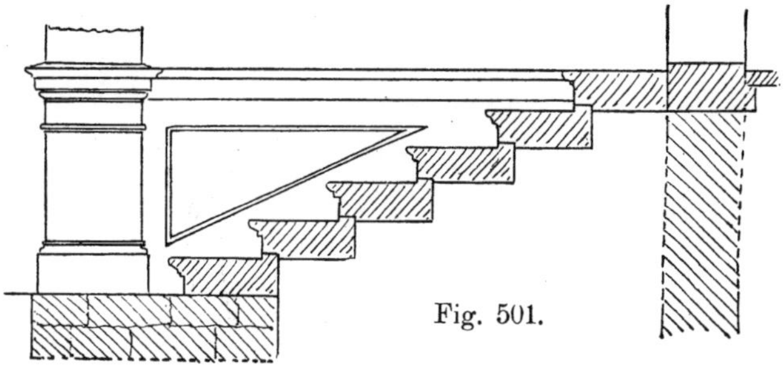

Fig. 501.

Fundamente für kleinere Freitreppen, bei denen die Stufen vollständig untermauert werden, führt man im Verbande mit dem Hauptmauerwerk und zwar in Zementmörtel auf, um ein ungleichmässiges Setzen der Stufen zu verhüten.

Fig. 501 a.

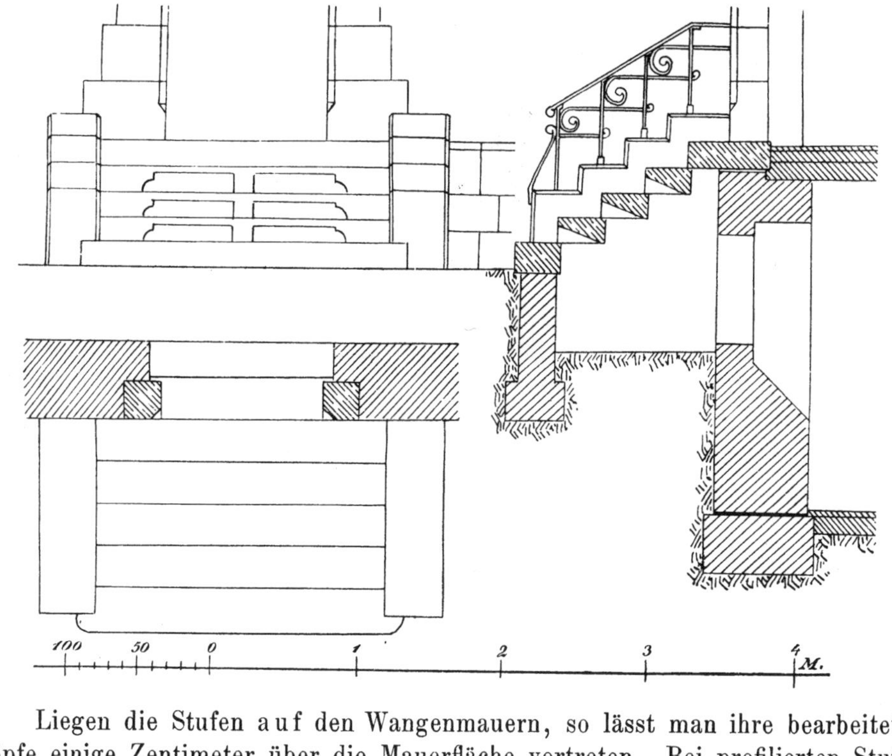

Liegen die Stufen auf den Wangenmauern, so lässt man ihre bearbeiteten Köpfe einige Zentimeter über die Mauerfläche vortreten. Bei profilierten Stufen wird das Profil herumgeführt und an der Hinterkante überstochen.

Die **Wangenmauern** werden entweder bis zur Podesthöhe aufgeführt oder in mehrere gleich hohe Absätze abgestuft und mit Platten abgedeckt. Die Absätze werden mindestens 20 bis 25 cm (ohne Deckplatte) über die Stufenauftritte emporgeführt.

Hausteinwangen, 20 bis 30 cm stark, werden bei kleinen Freitreppen angewendet. Die Stufen liegen hierbei in 5 bis 10 cm tiefen Lagern (Fig. 501a).

Einhüftige Bögen statt der vollen Wangenmauern werden 1 bis $1^1/_2$ Stein stark ausgeführt.

Fig. 502.

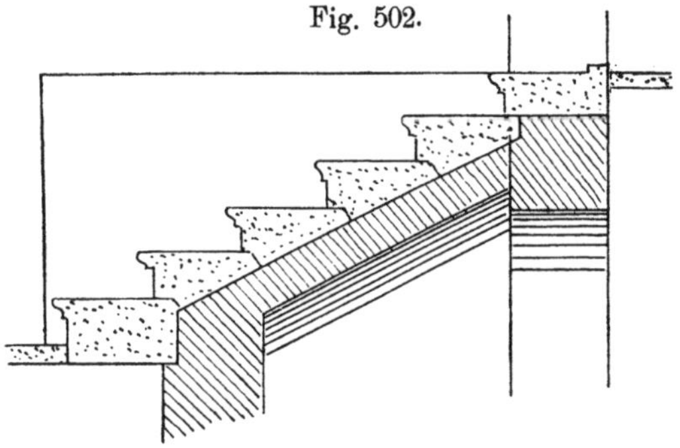

Fig. 502a.

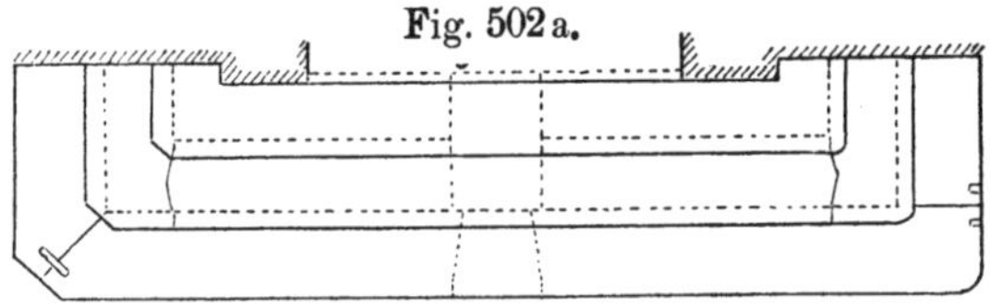

Freitragende Länge der Stufen. Die Stufen kleinerer Freitreppen bestehen meist aus einem Stück; solche aus festem Material, wie Sandstein und Kalkstein, können 2 bis 2,5 m, aus Granit und anderen harten Felsarten bis 3 m freigelegt werden. Für grössere Breiten empfiehlt sich die Anordnung von Zungenmauern in 2 Stein Stärke, auch von Gewölben (Fig. 502) oder von Trägern. Auf diesen werden die Stufen mit versetzten Fugen gestossen. Wenn die Stufen hierbei mit Falz aufeinander greifen und die Stösse dicht schliessend gearbeitet werden, sind eiserne Klammern nicht nötig. Jedenfalls dürfen solche nicht sichtbar sein. Bei sehr langen gestossenen Stufen legt man schwalbenschwanzförmige Binder ein (Fig. 502a).

f) Innere Wangentreppen.

Geradarmig gebrochene Podesttreppen können als Wangentreppen ausgeführt werden, doch wird die mittlere Zungenmauer hierbei des besseren Aussehens halber stets durchbrochen ausgeführt. Die Aussparung im Wangenmauerwerk wird durch einen Segment- oder einen einhüftigen Bogen in Verbindung mit Wandpfeilern hergestellt (Fig. 503 und Taf. 6).

Die Umfassungswand des Treppenhauses, die einerseits die Stufen aufnimmt, muss mindestens 25 cm stark und in verlängertem Zementmörtel gemauert sein. Die mittlere Zungenmauer wird, je nach der Anzahl der Stockwerke, 1 bis $1^1/_2$ Stein stark.

Man kann auch zwei selbständige Wandbögen nebeneinander anordnen, die dann von Doppelpfeilern begrenzt werden. Die Stufen ruhen dann mit bearbeiteten Köpfen vorspringend auf denselben.

Die **Podeste** bestehen aus einer oder aus zwei Platten; letztere greifen mit einem Falz übereinander und finden auf der Zungenmauer und in den Umfassungswänden ihr Auflager.

Stufen und Podestplatten werden mit der Aufführung der Treppenhauswände zugleich versetzt. Sie können aber auch durch sogenannte Trockenmauerung 13 cm tief ausgespart werden.

Taf. 6.

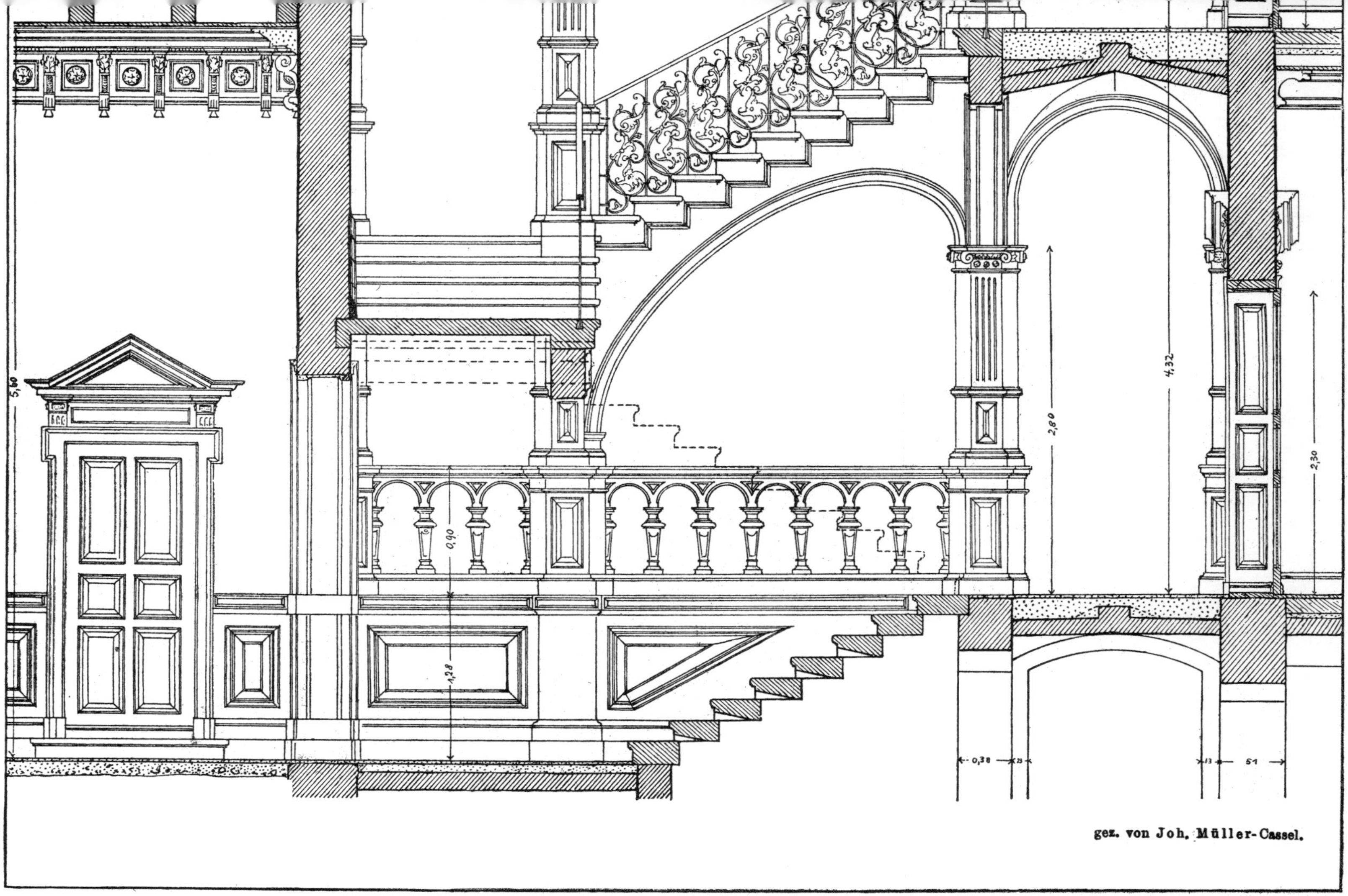

gez. von Joh. Müller-Cassel.

Fig. 503.

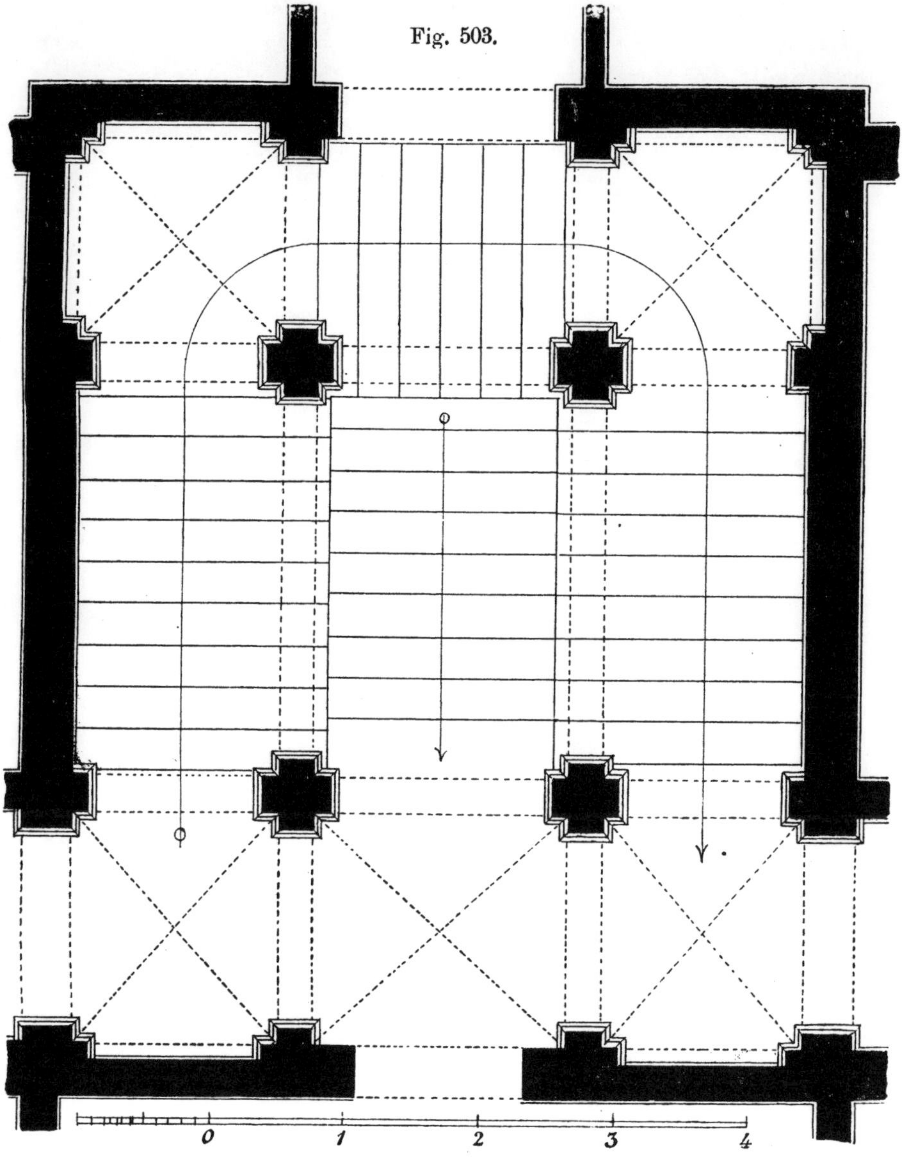

g) Freitragende Treppen.

Die gebräuchlichste Art von inneren Werkstein-Treppen bei Wohnhäusern bildet die sogen. freitragende Treppe. Die Stufen werden „vollkantig“ in der Umfassungswand 13 cm tief mit Zementmörtel vermauert. An ihrem Ende liegen sie frei aufeinander. Die Verbindung ist die übliche, meist mit schrägem Stoss und Falz. Die Unterseite ist zu einer fortlaufend schrägen Fläche abgearbeitet. Die feste Vermauerung verhindert ein „Drehen“ der Stufen. Sichere Auflagerung auf der untersten Stufe und beste Verankerung derselben ist Bedingung (Fig. 504, 505 und 507).

Bei Podesttreppen geschieht die Auflagerung der obersten Stufe entweder auf eisernen Trägern (Fig. 507a) oder auf Gurtbögen (Fig. 507b), wenn nicht an deren Stelle eine durchgehende Podestplatte (Fig. 507c) tritt.

Die **Umfassungswände** des Treppenhauses, die hier die Wangen bilden, werden mindestens 38 cm stark aufgeführt. Die Stufen werden bis zu 1,5 m Treppenbreite 13 cm tief, bei grösserer Breite 25 cm tief in Zementmörtel vermauert. Es kann dies gleichzeitig mit der Aufführung der Wangen oder auch später mit Aussparung geschehen. Die Stufen müssen unterstützt werden, bis der Mörtel vollständig erhärtet ist.

Die **Grundrissform** für freitragende Treppen ist sehr vielgestaltig. Sie können ebensowohl als geradarmige Podesttreppen als auch als halb und ganz gewundene Treppen ausgeführt werden.

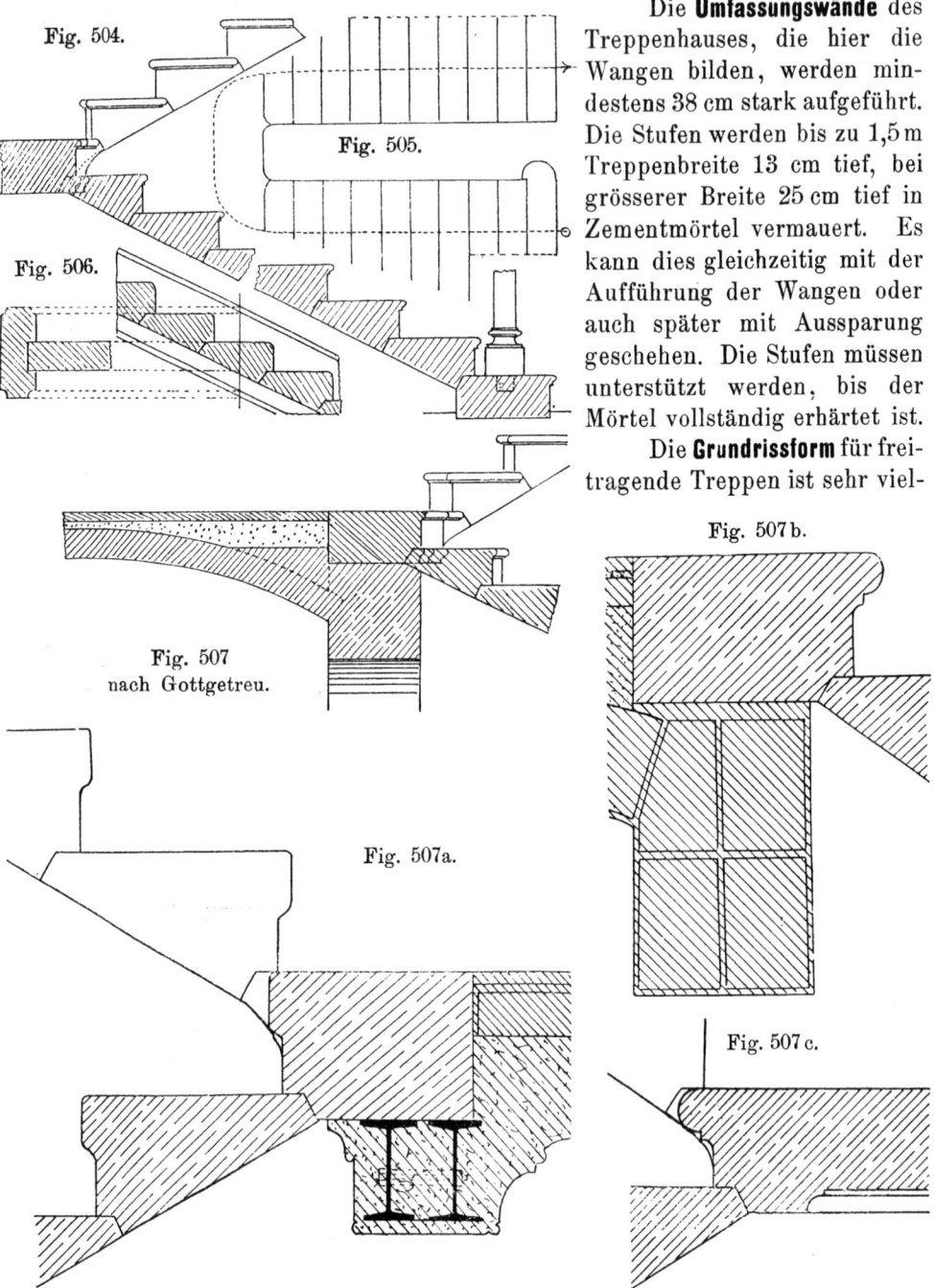

Fig. 504.

Fig. 505.

Fig. 506.

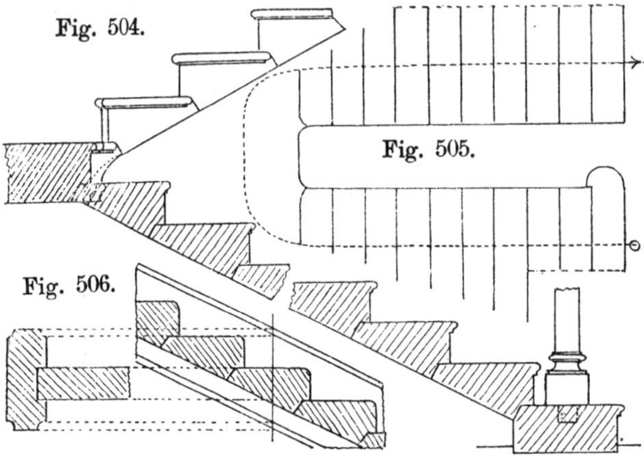

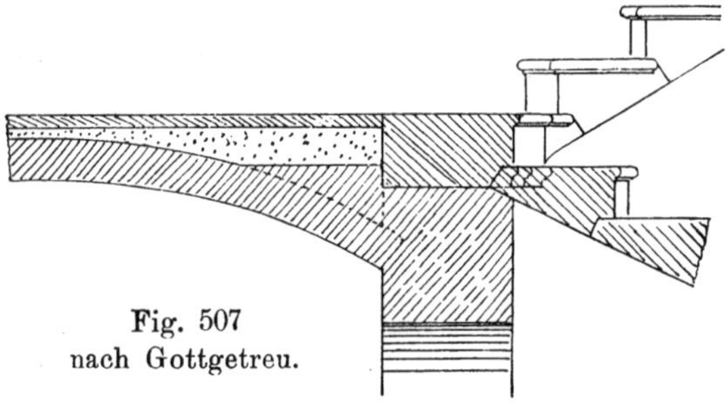

Fig. 507 nach Gottgetreu.

Fig. 507 b.

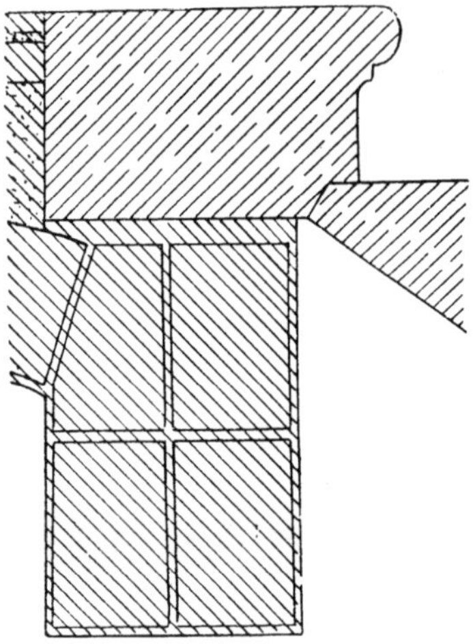

Fig. 507a.

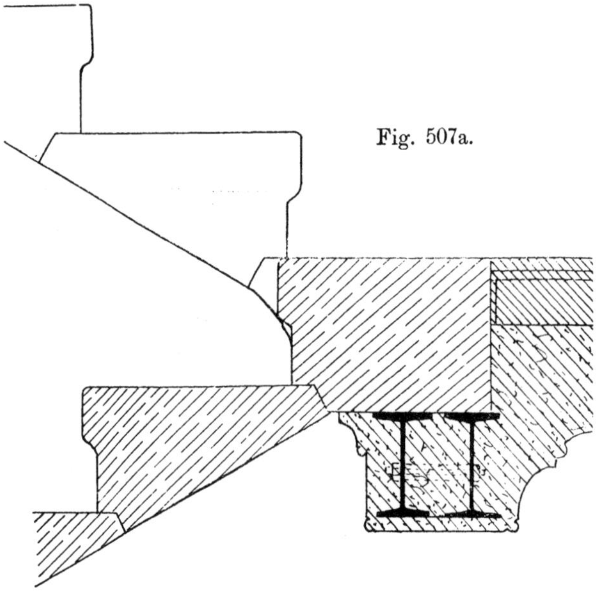

Fig. 507 c.

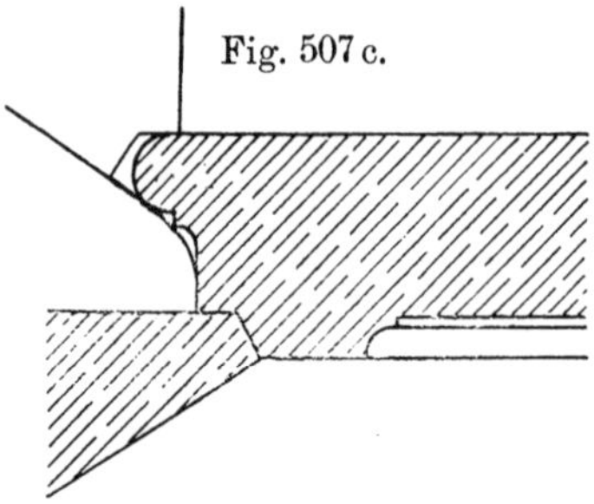

Bei gewendelten Treppen zeigt die Unteransicht eine Fläche, die nach der Schraubenlinie bearbeitet ist. Die einzelnen Stossfugen werden dabei windschief (Fig. 508 bis 511).

Fig. 508.

Freitragende Treppe über elliptischem Grundriß.

(Schnittzeichnung siehe Fig. 509.)

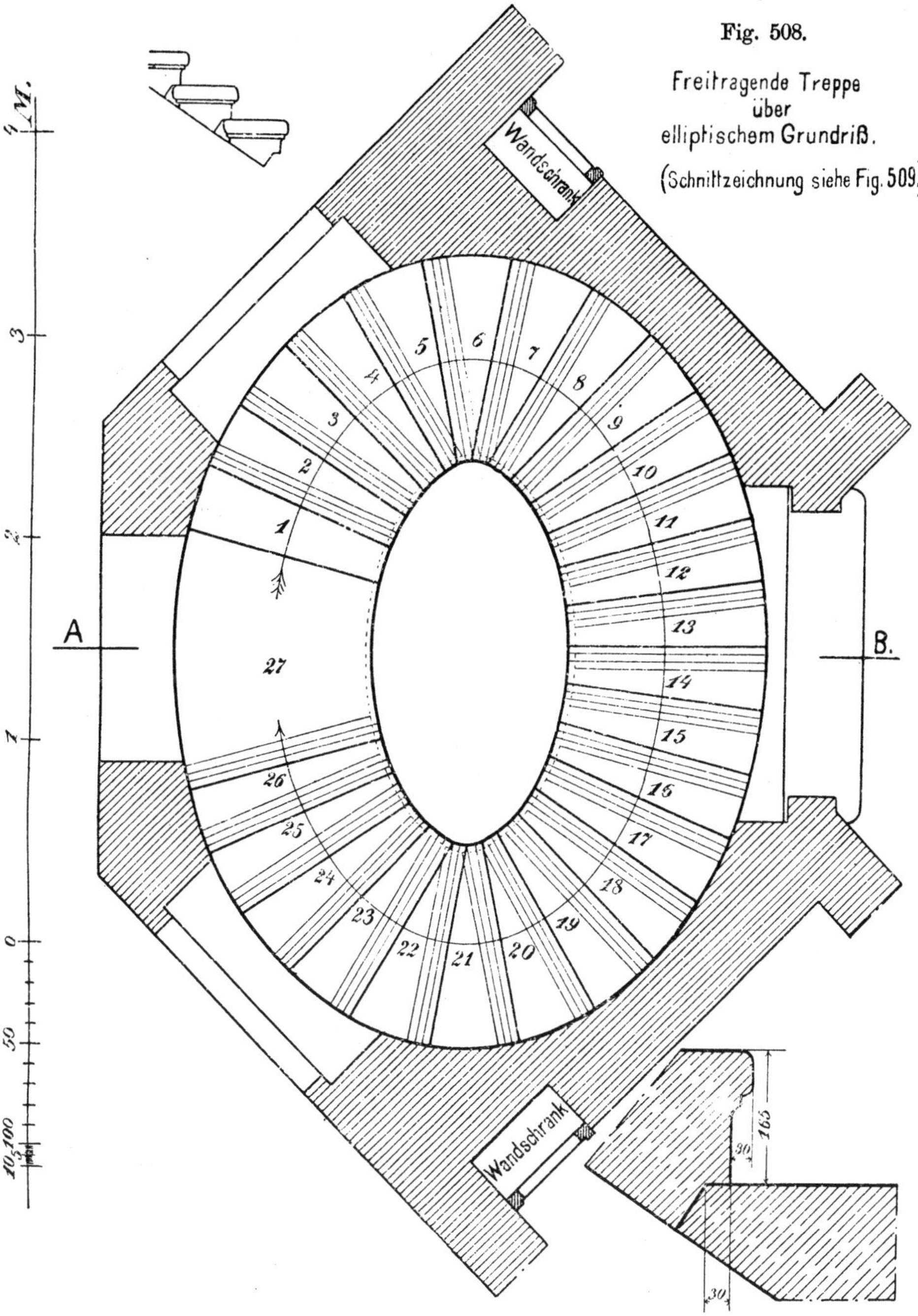

Fig. 508 stellt den Grundriss einer gewundenen Treppe über elliptischem Grundriss dar. Fig. 509 gibt den Aufriss dazu. Die untere Schraubenlinie der

Treppe findet man, wenn man Schnitte durch die Stufen der Längsrichtung nach legt. In Fig. 510 und 511 sind die isometrischen Ansichten der Stufen 1, 2 und 3 (vergl. Fig. 508) dargestellt.

Fig. 509.

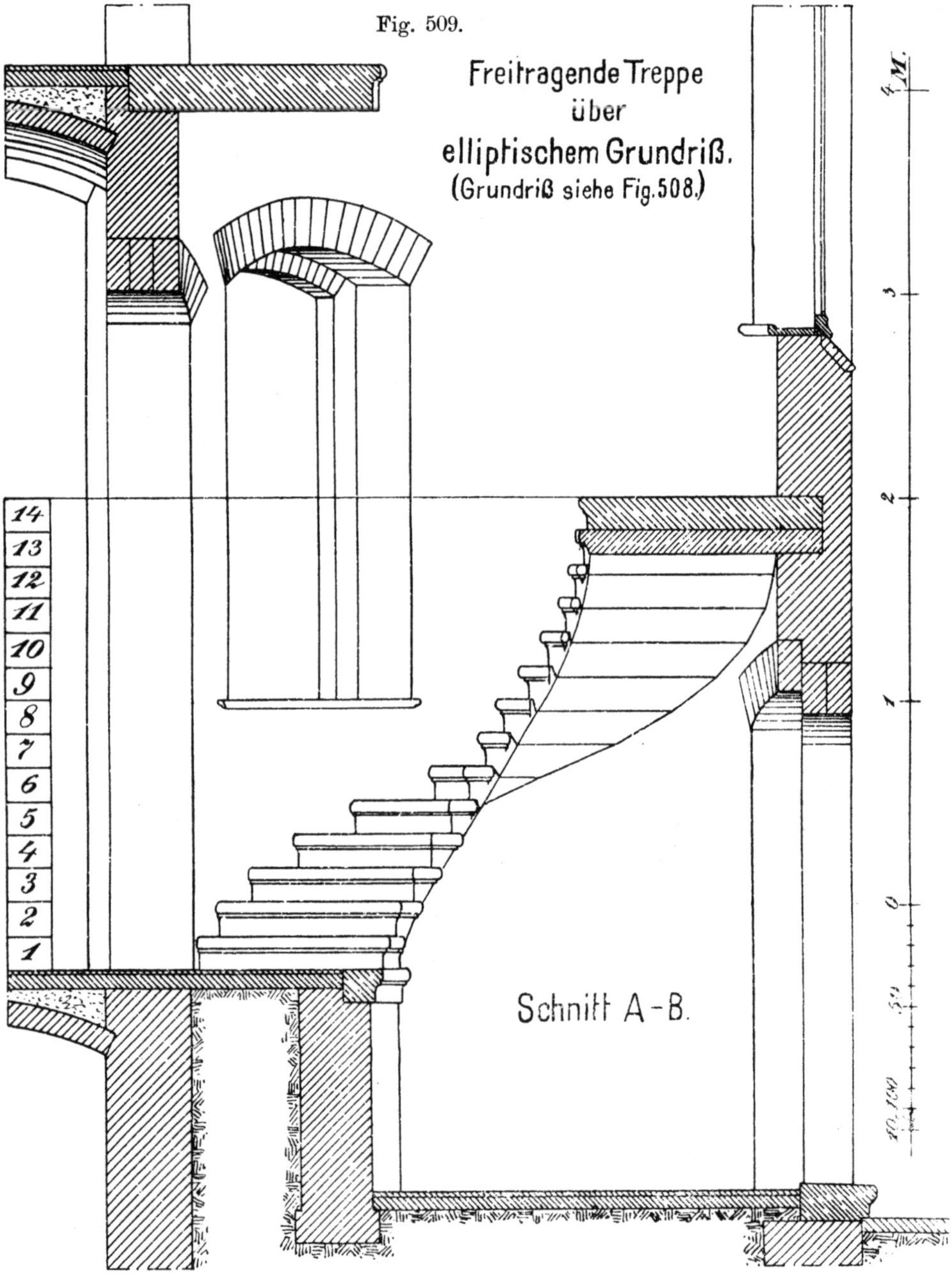

Die **Podeste**. Kleine Podeste werden aus einer, grössere aus zwei Platten gebildet. Bei Zwischenpodesten, die nur ein einseitiges Vermauern der Platte gestatten, muss dieselbe durch das ganze Mauerwerk hindurchgehen. Bei Eckpodesten genügt eine Vermauerung an beiden Seiten von 13 cm Tiefe.

Ihr Auflager finden zwei Podestplatten auf zwei Seiten in den Wänden und an der dritten Seite auf dem vorderen Treppenlaufe. Die vierte Seite trägt

Fig. 510.

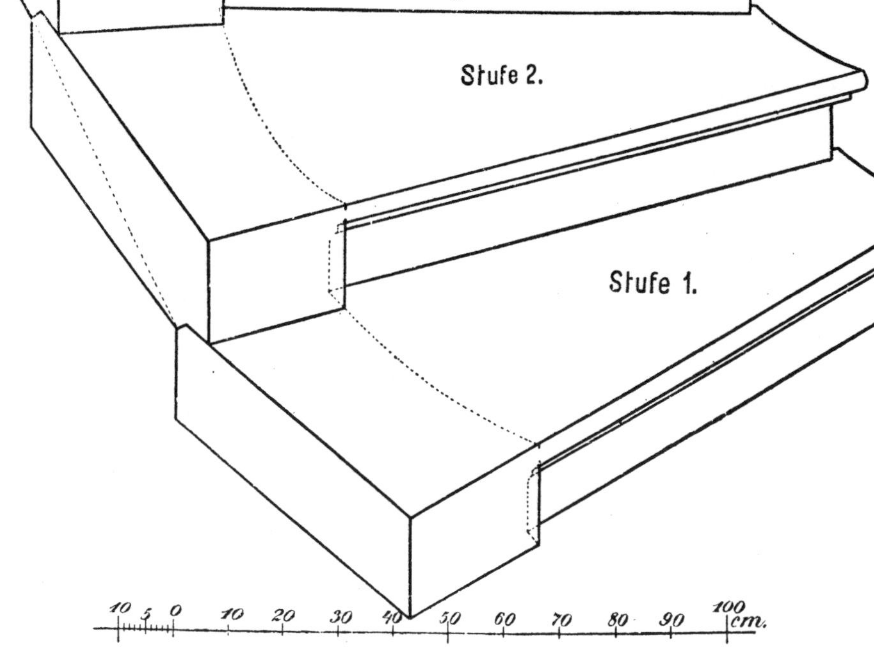

Fig. 511.

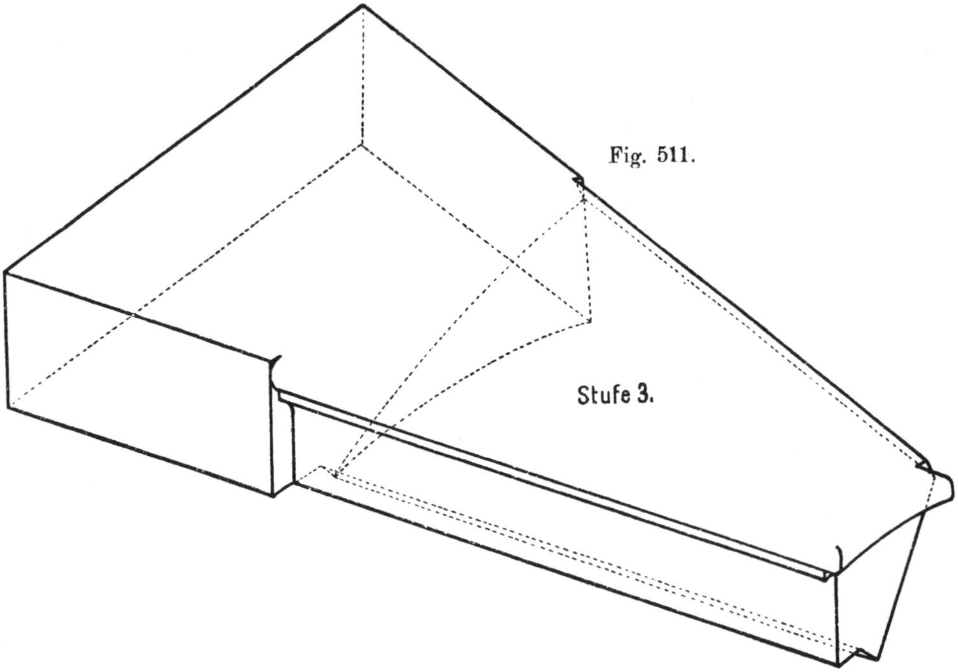

in einem Falz die andere Stufe, die mit zwei Seiten ausserdem noch in den Wänden Auflager findet.

Häufig werden in den Podesten auch Träger verlegt, zwischen denen man ½ Stein starke Kappen spannt und sie dann mit Ziegelpflaster und Zement bekleidet.

h) Spindeltreppen

sind entweder Wangen- oder freitragende Treppen. Ist die Spindel sehr gross, so wird sie zugleich mit dem Versetzen der Stufen aufgemauert und die Stufen finden hier und in der Umfassungswand ihr Auflager.

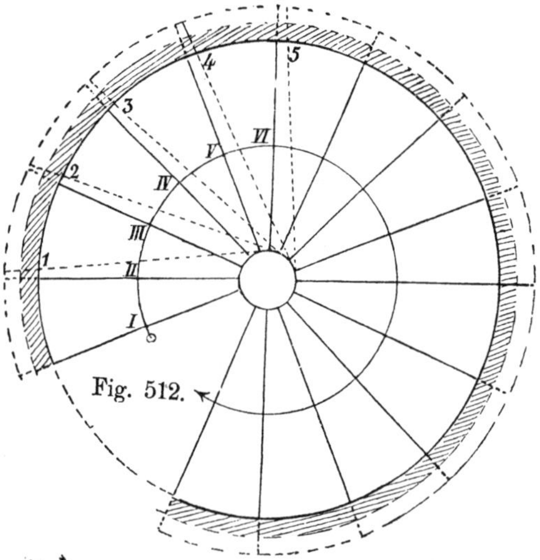

Fig. 512.

Schwächere Spindeln arbeitet man gleich stückweise an jede Stufe an. Die einzelnen Spindeln werden dann durch Dollen miteinander verbunden oder durchlocht und vermittelst einer durchgesteckten Eisenstange miteinander verbunden. Das Auflager in der Umfassungswand beträgt 13 cm.

Es ist darauf zu achten, dass die Stufen an der Wand sich noch 2 bis 3 cm überdecken. Dieses Auflager nimmt nach der Spindel hin mehr und mehr zu (Fig. 512 bis 514).

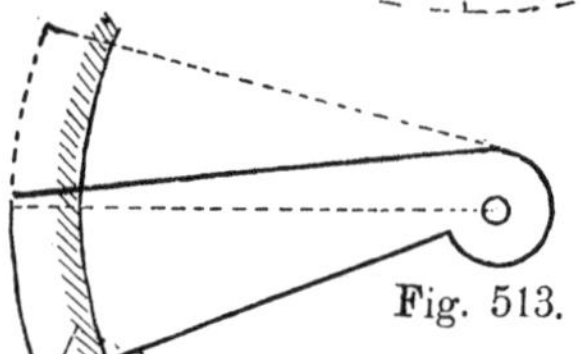
Fig. 513.

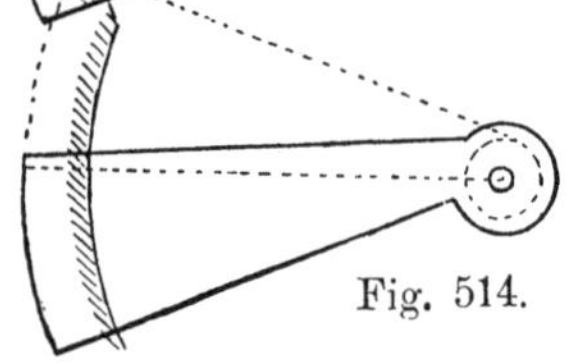
Fig. 514.

i) Werkstein-Treppen zwischen ⊥-Trägern.

Bei breiten und stark belasteten Treppen verlegt man die Werkstein-Stufen auf einer Seite in die Umfassungsmauer, auf der anderen Seite in ⊥-Träger, die am Podest und am Antritt ein festes und sicheres Auflager finden müssen (siehe weiter unten „Treppen auf Kappengewölben").

Fig. 515.
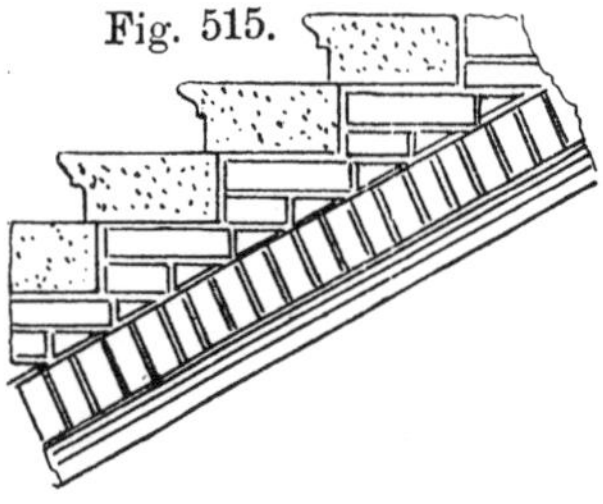

k) Unterwölbte Werkstein-Treppen.

Werden die Treppenarme so breit oder die Stufen so schwach, dass sie durch die beiden Wangenmauern nicht genügend unterstützt erscheinen, so kann man die Arme unterwölben. Hierbei fällt die genaue Bearbeitung der unteren Stufenflächen fort. Sie erhalten nur eine der Form des Gewölbes entsprechende rauhe Bearbeitung und einen annähernd dreieckigen Querschnitt. Die Unterwölbung muss sich möglichst der Steigung des Treppenarmes anschliessen. Am besten eignet sich hier das s t e i g e n d e K a p p e n g e w ö l b e (Fig. 515) und die e i n h ü f t i g e K a p p e. Auch das s t e i g e n d e K r e u z g e w ö l b e, die s t e i g e n d e b ö h m i s c h e K a p p e und das s t e i g e n d e T o n n e n g e w ö l b e

Fig. 516.

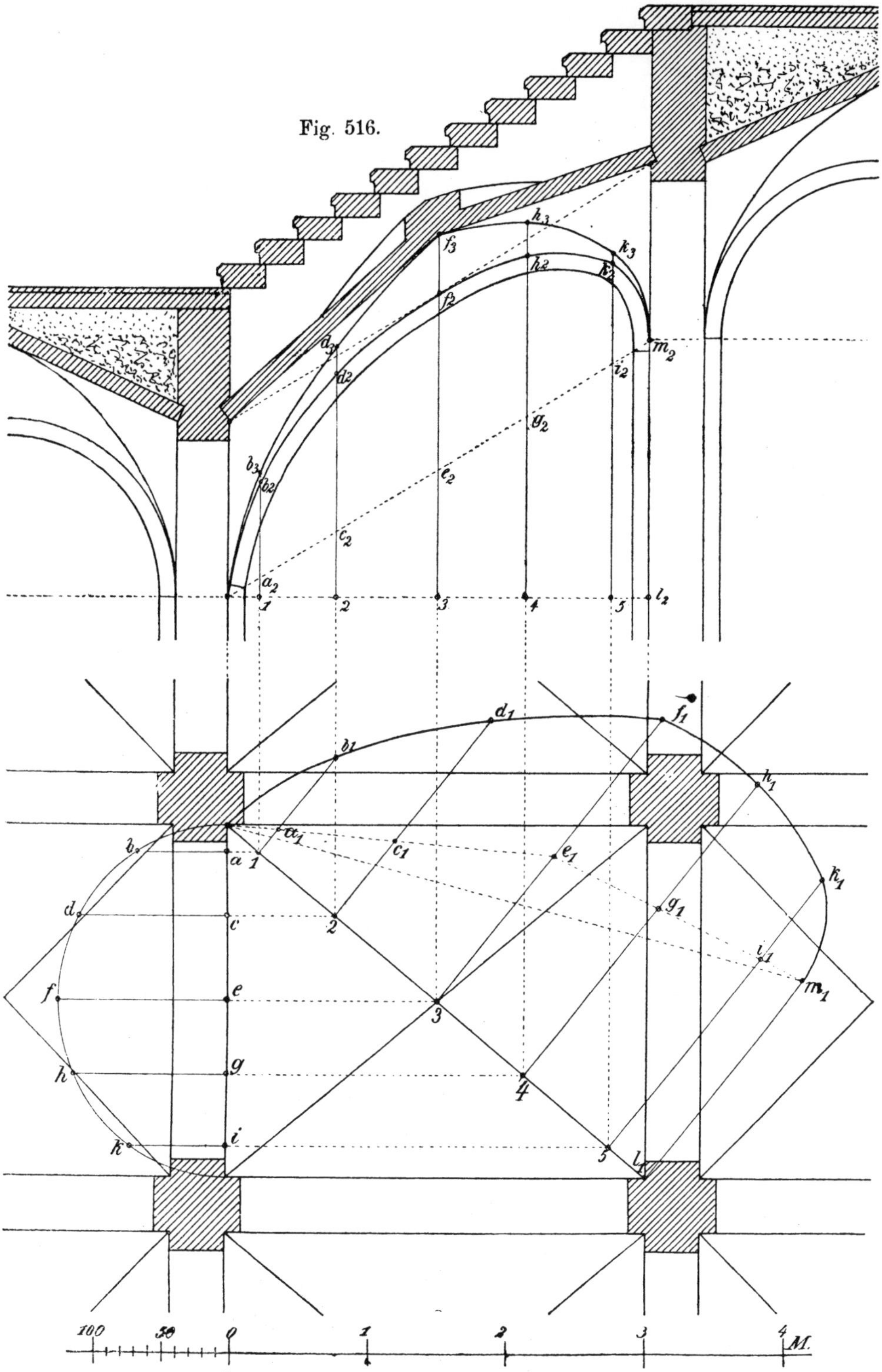

h3
f3
k3
h2
k2
f2
d3
m2
d2
i2
g2
b3
b2
e2
c2
a2
1
2
3
4
5
l2
d1
f1
b1
h1
a1
c1
e1
b
a
k1
d
c
g1
f
e
i1
m1
h
g
i
k
l1
100
50
0
1
2
3
4
M.

finden Anwendung. Die Kappen werden in ½ Stein Stärke ausgeführt. Sie werden durch Hintermauerung bis zur Scheitelhöhe abgeglichen, so dass jede

Fig. 517.

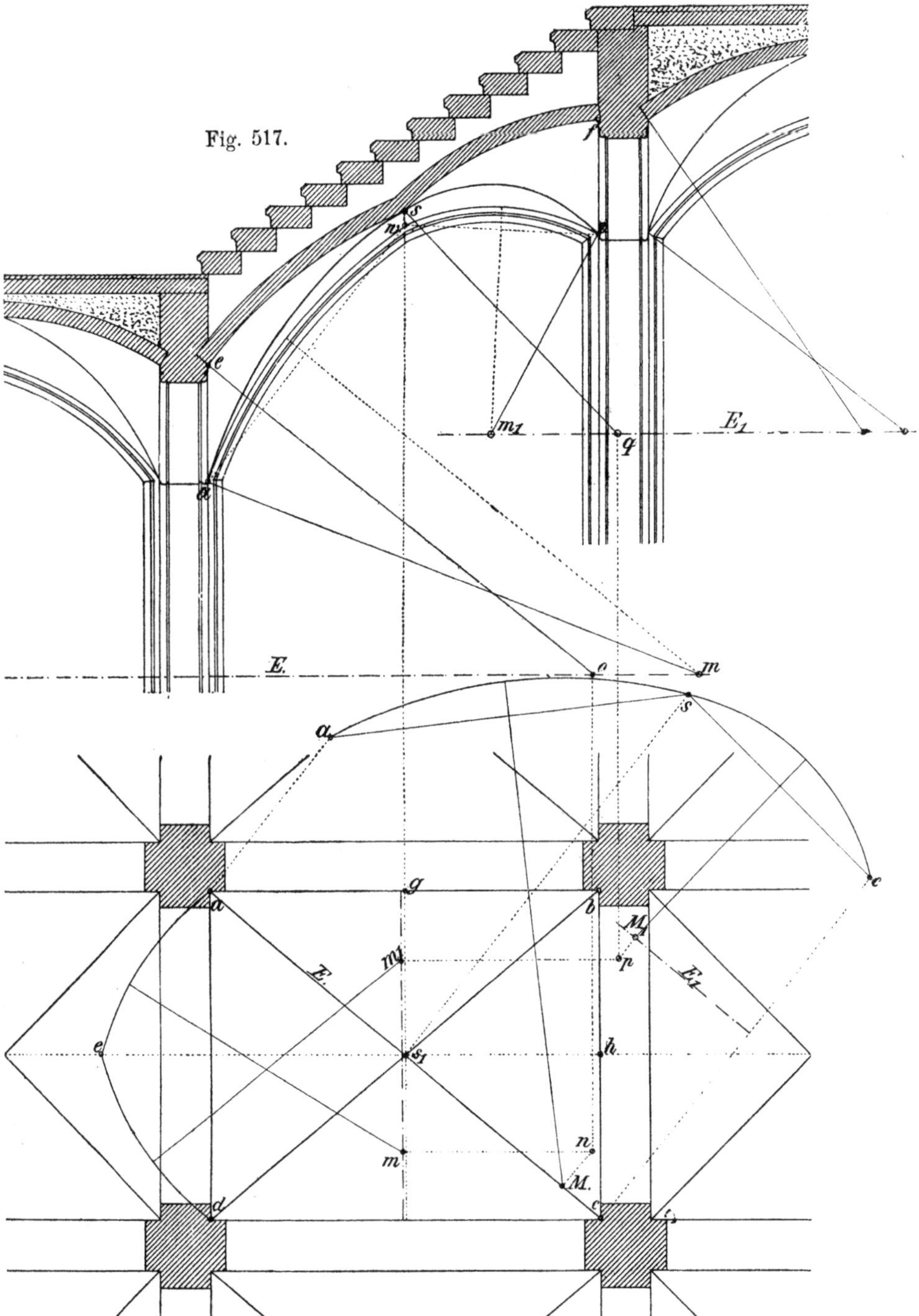

Stufe in ihrer ganzen Länge auf die noch erforderliche Untermauerung verlegt werden kann.

Einhüftige Kappen werden mit $^1/_8$ bis $^1/_{10}$ ihrer Spannweite als Pfeilhöhe eingewölbt. Sie finden ihr Widerlager an Gurtbögen, die gleichzeitig die Podestkappen aufnehmen (Fig. 516 bis 519). Statt der Gurtbögen kommen auch ⊥-Träger zur Verwendung.

Fig. 518.

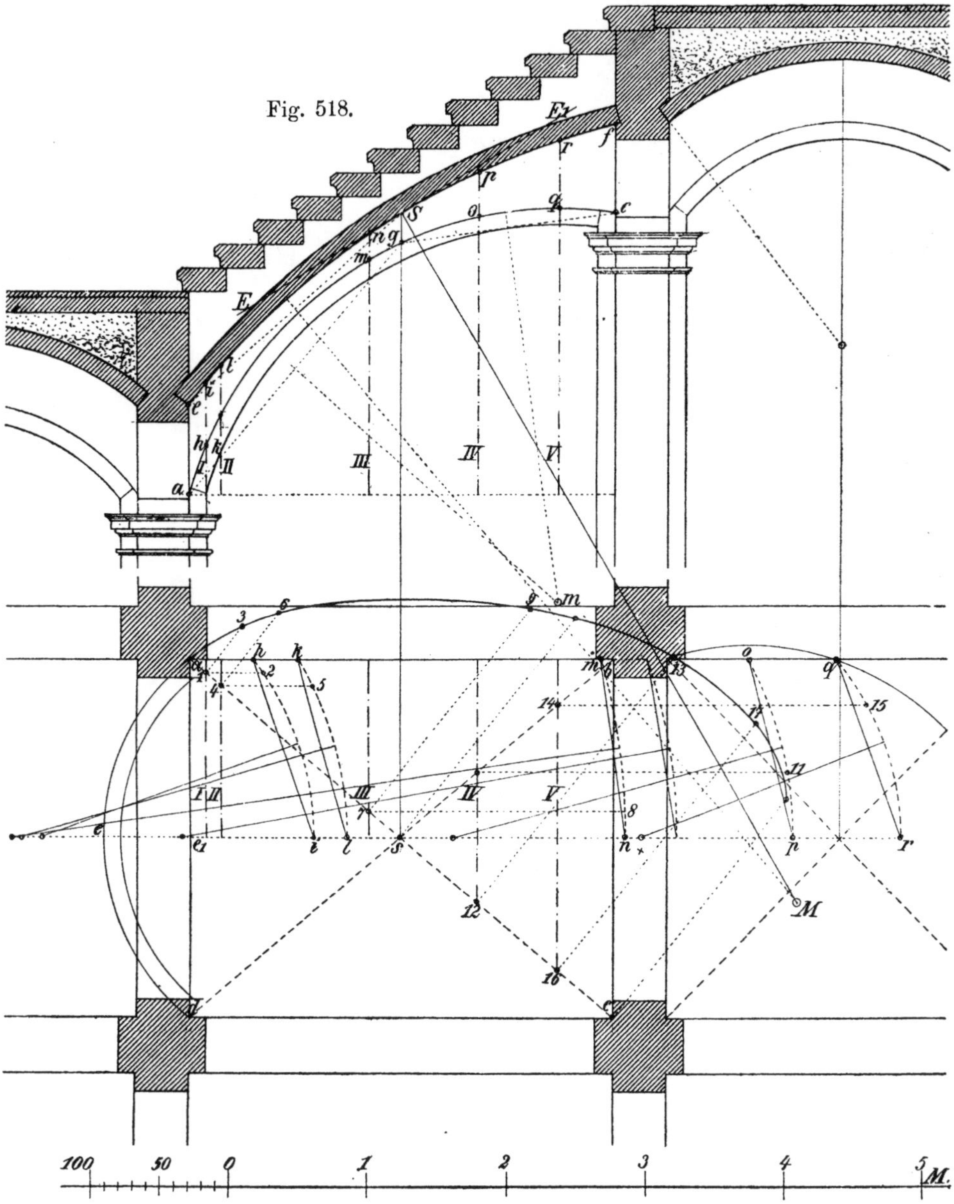

Für Kreuzgewölbe müssen tragfähige Pfeiler an den Eckpunkten hergestellt werden. Die Bögen, die das Gewölbe an der freien Seite begrenzen, werden nur 1 Stein stark ausgeführt.

Fig. 519.

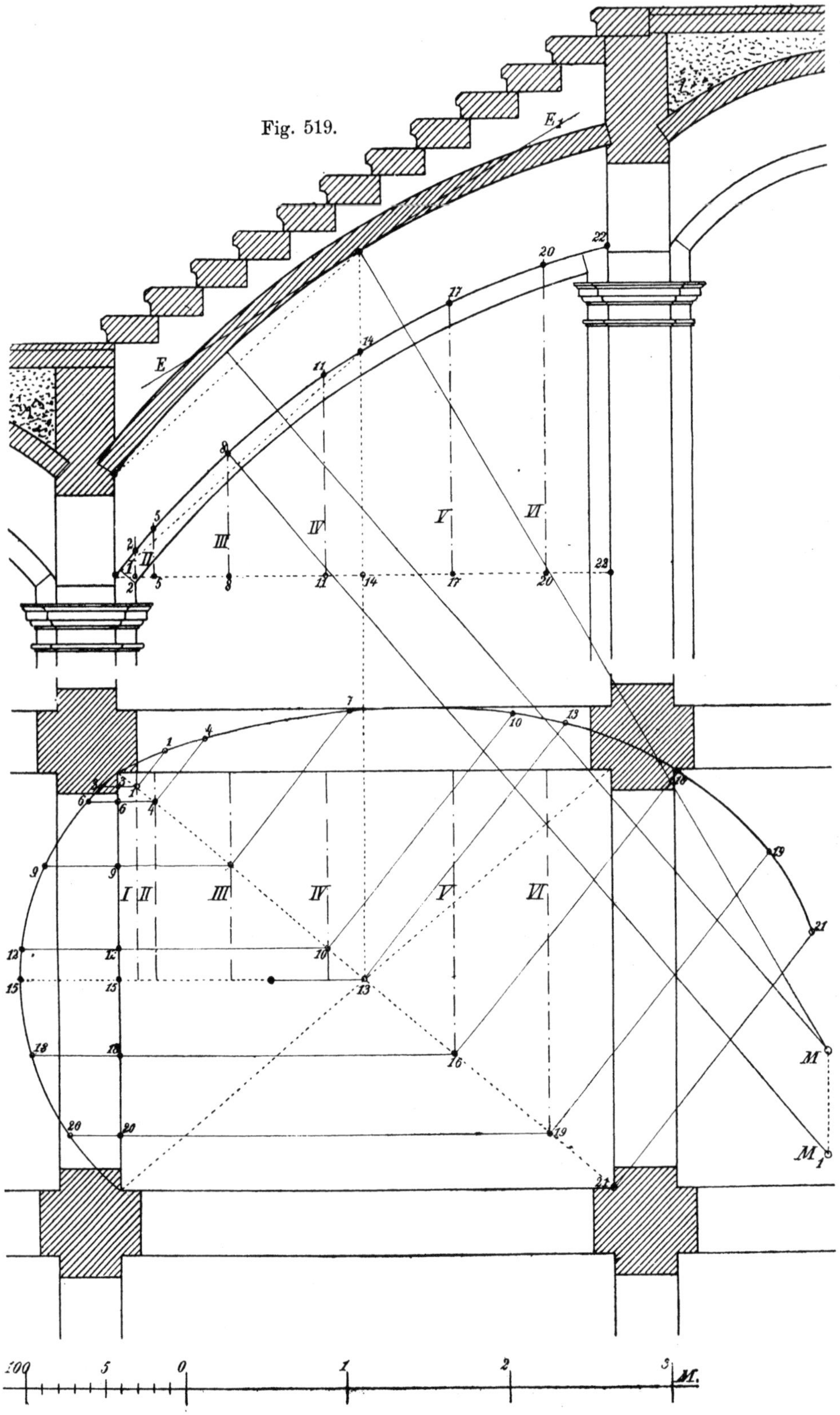

Die **Podeste,** zwischen Gurtbögen oder zwischen eisernen Treppen angeordnet, können mit Gewölben verschiedener Gattung unterwölbt werden. Je nach Gestalt des Podestes eignen sich hier preussische oder böhmische Kappen, Kreuzgewölbe, Kugelkappen und Hängekuppeln (Fig. 516 bis 519).

1) Treppen aus Backstein.

Die **Stufen.** Wird anstatt des teueren Werksteinbaues der billigere Backsteinbau für massive Treppen gewählt, so bedürfen die in Backstein herzustellenden Stufen meist einer Unterstützung, die durch Unterwölbung geschaffen werden muss. Die Unterwölbung wird ebenfalls in Backstein gefertigt; darauf lassen sich die Stufen bequem mittels Rollschichten aufmauern. Auf diesen rohen Stufen befestigt man einen Belag aus Marmor- oder Schieferplatten oder aus Holz.

Die aufgemauerten Stufen werden aus hohlen oder aus porösen Steinen in verlängertem Zementmörtel hergestellt. Die Stufenansichten (Futterstufen) putzt man mit Zement. Die Trittstufen von Steinplatten, Schiefer oder Marmor verlegt man mit Gips oder mit Zement. Trittplatten werden 5 bis 7 cm stark gemacht. Sie springen mit ihrer profilierten Kante über die Futterstufe vor. Auch diese können mit 2 bis 3 cm starken Platten verkleidet sein, genau wie im Holz weiter oben beschrieben ist.

Fig. 520.

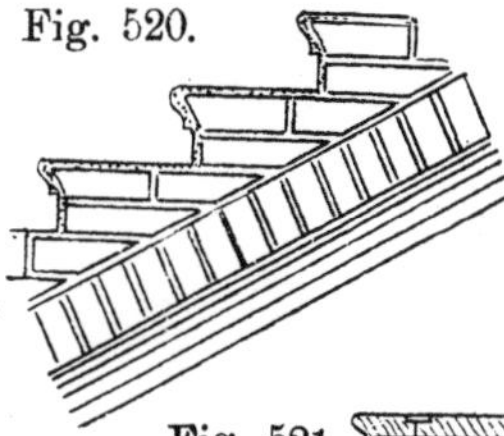

Fig. 521.

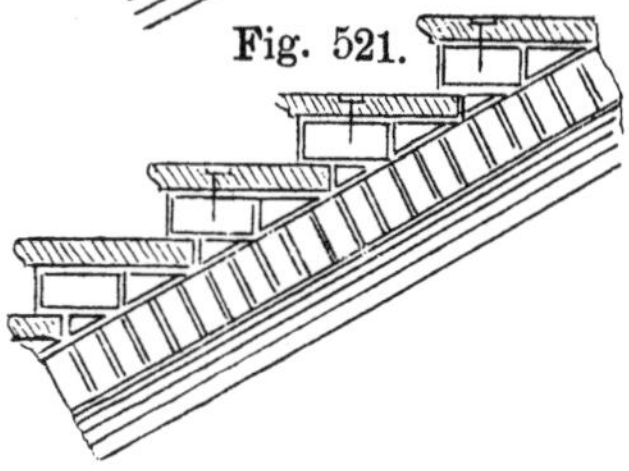

Die Auftrittplatten müssen völlig im Mörtel lagern (Fig. 520 und 521).

Holzbelag für Trittstufen wird aus 5 bis 7 cm starken Kiefern- oder Eichenholz-Bohlen angefertigt. In die vorgemauerten Stufen werden zwei oder drei Holzdübel eingesetzt und darauf die Belagbohlen mit je zwei Holzschrauben von oben her befestigt.

Zementputz bewährt sich auf die Dauer für Stufenbelag nicht.

Eisenschienen als Flach- und Winkeleisen werden mit der Stufenoberfläche an deren Vorderkante zum Schutze von untergeordneten Treppen in Arbeitsräumen bündig verlegt.

Auf Gewölben sollen sich die Stufen so dicht als möglich an den Scheitel durch Verhauen der Steine anschliessen.

Gemauerte freitragende Stufen wendet man hie und da bei Kellertreppen an. Jede Stufe ist dann ein scheitrechter Bogen für sich, der seine Widerlager in den 38 cm starken Treppenwangen findet. Auf einem vorgekragten Quartierstück liegt beiderseits ein schwaches Wölbscheit auf, das nach Fertigstellung der Treppe liegen bleibt.

Die **Podeste** erhalten eine vollständige, auf hölzerne Unterlagen verlegte Dielung, wenn hölzerner Stufenbelag gewählt ist. Der Raum zwischen Podestkappe und Fussboden wird mit trockenem Sande ausgefüllt. Es können die Podeste auch mit gemusterten Fliesen gepflastert werden.

Backstein-Treppen auf steigenden preussischen Kappen. In der Mitte des Treppenhauses befindet sich eine $1\frac{1}{2}$ Stein starke Wangenmauer, die mit

$^1/_4$ Stein tiefen Blendnischen auf beiden Seiten versehen ist. Sie verspannt sich nach den Podesten hin durch halbkreisförmige Gurtbögen von ebenfalls $1^1/_2$ Stein Stärke. Die Gewölbe können unter den Podesten Kreuzkappen, böhmische Kappen oder auch Hängekuppeln mit $^1/_2$ Stein Gewölbestärke sein (Fig. 522 bis 524).

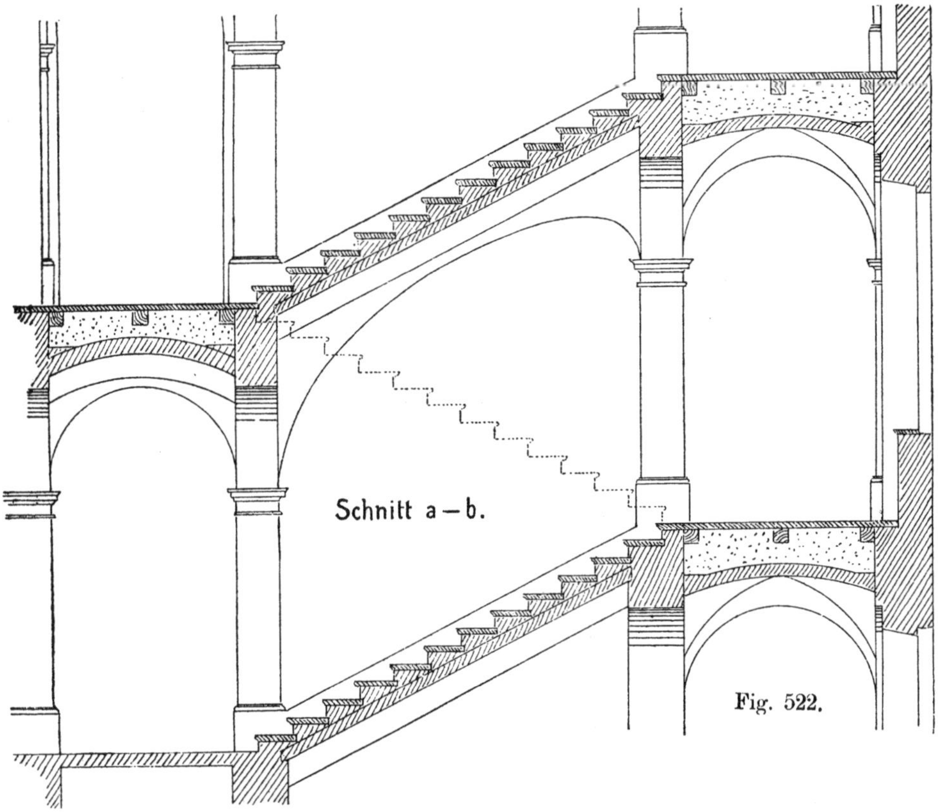

Fig. 522.

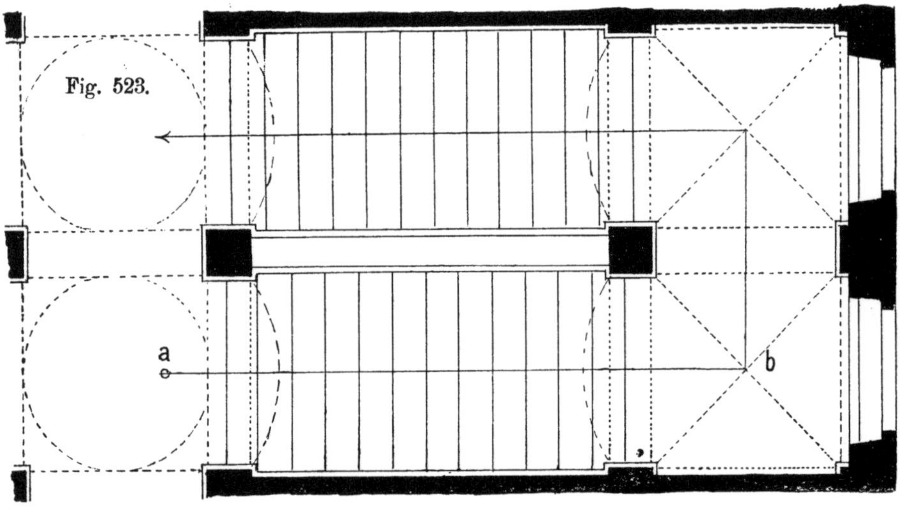

Fig. 523.

Konstruktion des einhüftigen Bogens aus drei Mittelpunkten. Da eine volle mittlere Wangenmauer das Treppenhaus in unangenehmer Weise beengt und die

Wirkung der Treppe beeinträchtigt, so wird man besser für jeden Treppenarm einen Begrenzungsgurt mit doppelten Stirnpfeilern oder mit Doppelsäulen anordnen. Wird dann ein steigender Bogen als Wangenausschnitt konstruiert, so empfiehlt sich die nachstehende, der Deutschen Bauzeitung 1883 entlehnte Konstruktionsweise (Fig. 525).

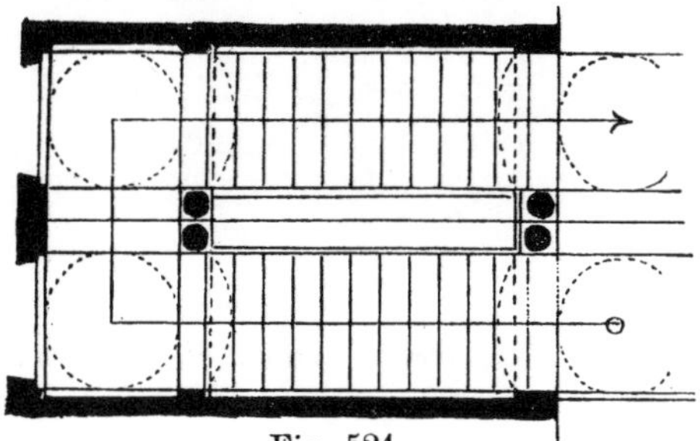

Fig. 524.

Die gesuchten drei Mittelpunkte für einen schönen einhüftigen Bogen sind M 1, M 2 und M 3. Gegeben ist hierbei die Steigung A B C. Bei C und bei A wird die Höhe B C nochmals angetragen und D mit E verbunden. A D und B E sind die senkrechten Widerlager des einhüftigen Bogens. D F wird = A D gemacht. In F wird das Lot F M 1 errichtet. Der Schnittpunkt M 1 mit A B bildet den ersten Mittelpunkt für den Bogenanfang A F. Der zweite Mittelpunkt M 2 liegt etwa auf $\frac{1}{3}$ der Linie F M 1 und gilt für den Kreisbogen F G. Durch C wird eine Horizontale gelegt, die den Kreis F G in o berührt. Von o 1 wird ein kleiner Kreis geschlagen, der C und den grossen Kreis F G in u berührt. M 2 und u werden verbunden und die Senkrechte u p gezogen; u p wird = p m gemacht. m wird mit M 2 verbunden und die Verbindungslinie gibt im Schnitt mit der Horizontalen durch C den gesuchten dritten Mittelpunkt M 3.

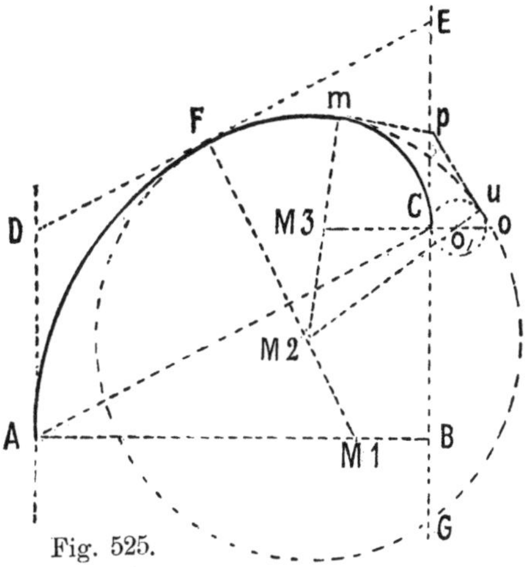

Fig. 525.

Backsteintreppe auf einhüftiger (steigender) Kappe. Die Kappe erhält eine Stichhöhe gleich $\frac{1}{12}$ bis $\frac{1}{15}$ der Spannweite. Die Widerlager werden durch Gurtbögen von $1\frac{1}{2}$ Stein Stärke und Höhe gebildet. Die Podeste sind mit flachen Kappen eingespannt, wobei die Widerlagslinien beider Gewölbe in einer wagerechten Ebene liegen.

Wird die Treppe mehr als 1,5 m breit und die Spannweite des Bogens 4 bis 5 m weit, so werden 25 cm breite Verstärkungsgurte eingezogen, auch kann ein mittlerer Gurt eingefügt werden.

Die Gurtbögen werden bei 2,5 bis 3 m Weite durch eine 13 cm starke Auskragung am Widerlager und eine $1\frac{1}{2}$ Stein starke Wand abgefangen. Anker können notwendig werden.

Massive Treppen auf Eisenkonstruktionen.

Einhüftige Backsteintreppe zwischen schmiedeeisernen I-Trägern. Die Wölblinie der einhüftigen Kappen wird mit einem möglichst geringen Stich hergestellt. Das Material ist Klinker und Zementmörtel. Die Zwickelausfüllung in den Bogenanfängern ist in Zementmörtel sorgfältig herzustellen, damit hier durch Pressung kein Bruch entsteht. Man kann die Anfänger auch verstärken (Fig. 526). Die Einrüstung am Podest zeigt die Fig. 527.

Die Lehrbögen liegen nicht auf dem Flansch, sondern auf Keilen und diese auf dem starken Halbholz b, das unterstützt ist. Für Treppen von 1 bis 1,3 m Breite genügen zwei Wölbscheiben als Lehrbögen, bei grösseren Breiten ist die Mitte zu unterstützen. Auch die einhüftige Kappe kann erforderlichenfalls Verstärkungsgurten erhalten. Das Aufmauern der Stufen geschieht mit Hilfe von zwei hölzernen Lehren, die nach der Treppensteigung ausgeschnitten sind. Die untere Begrenzung ist nach der Wölblinie gebildet.

Gewölbte Treppe zwischen eisernen Wangen und eisernen Podestträgern. Die Fig. 528 und 529 geben den Längen- und Querschnitt einer solchen Treppe und

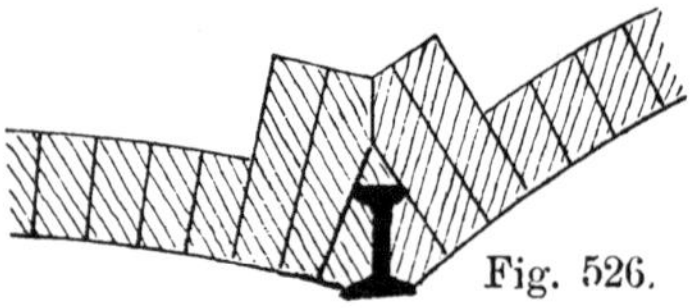
Fig. 526.

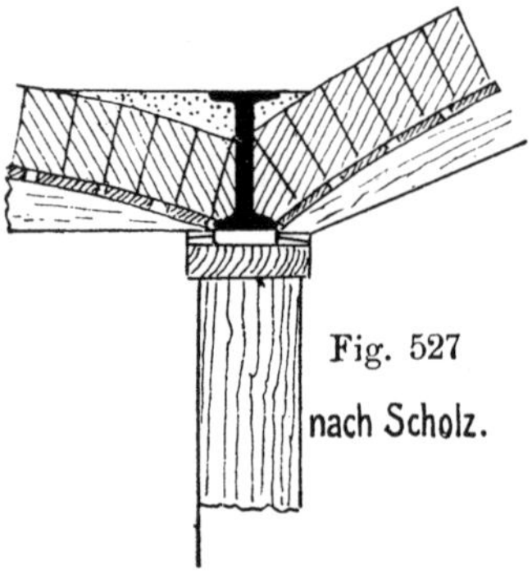
Fig. 527 nach Scholz.

Fig. 528.
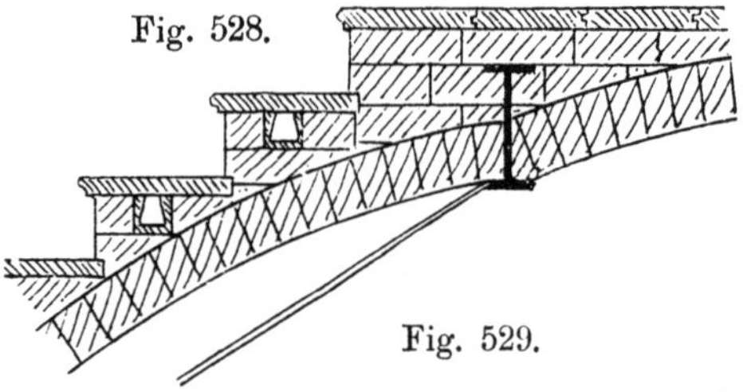

Fig. 529.
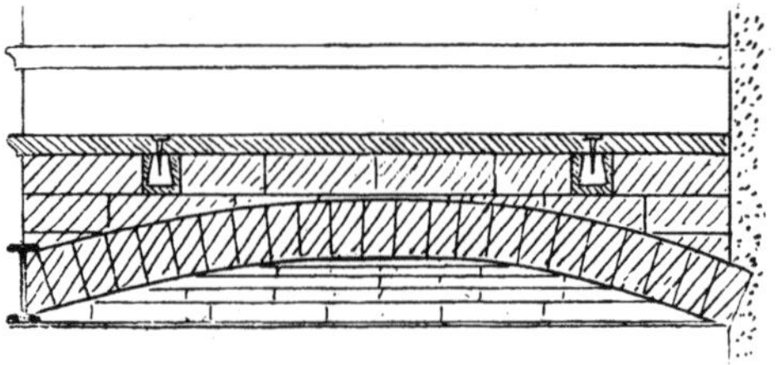

Fig. 530.
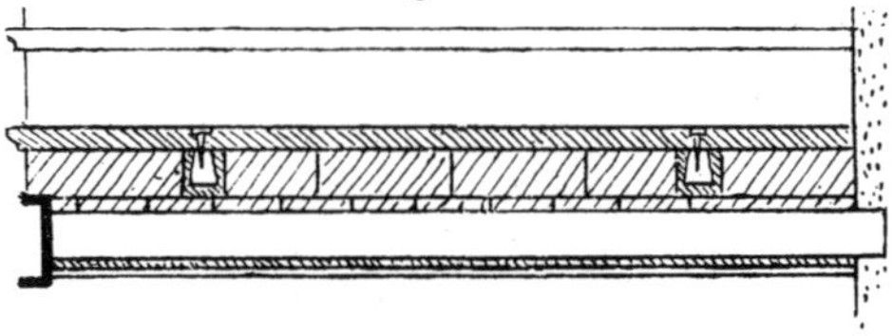

Fig. 531.
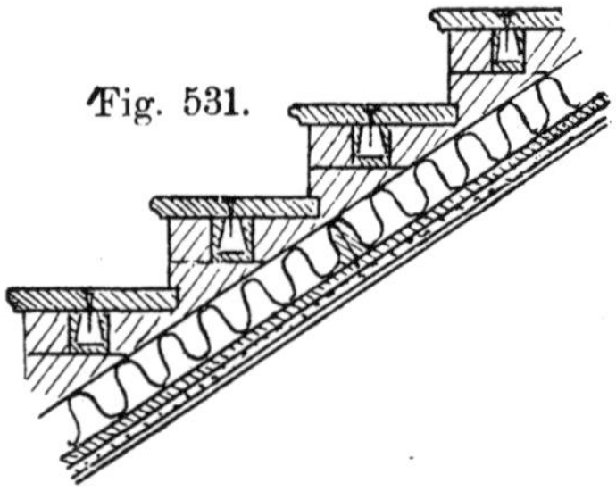

erläutern hinreichend ihre Konstruktion. Die Stufen sind aus Backsteinen gemauert und tragen Holzbelag.

Gemauerte Treppe auf Wellblech (Fig. 530 u. 531). Die Wangen dieser Treppe bestehen aus [-Eisen, darauf ist Wellblech gelegt. Die aufgemauerten Stufen tragen Holzbelag.

Ausserdem kommen noch massive Treppen aus Werkstein vor, die aus langen freiliegenden Stufen bestehen. Letztere werden in ihrer ganzen Länge auf ⅂L-Eisen gelagert.

Liegen die Werksteinstufen auf geknickten Wangen, so bestehen letztere aus Gitterträgern oder aus T-Eisen. Diese Wangen wendet man da an, wo die Podestträger sehr lang werden.

Sehr vorteilhaft lassen sich die sogen. Förstersteine*) für die Herstellung der Stufen-Unterstützung verwenden. Man erhält dann ebenso wie bei der Unterstützung durch Wellblech eine völlig ebene Unteransicht der Treppenläufe (Fig. 532 und 533).

Fig. 532.

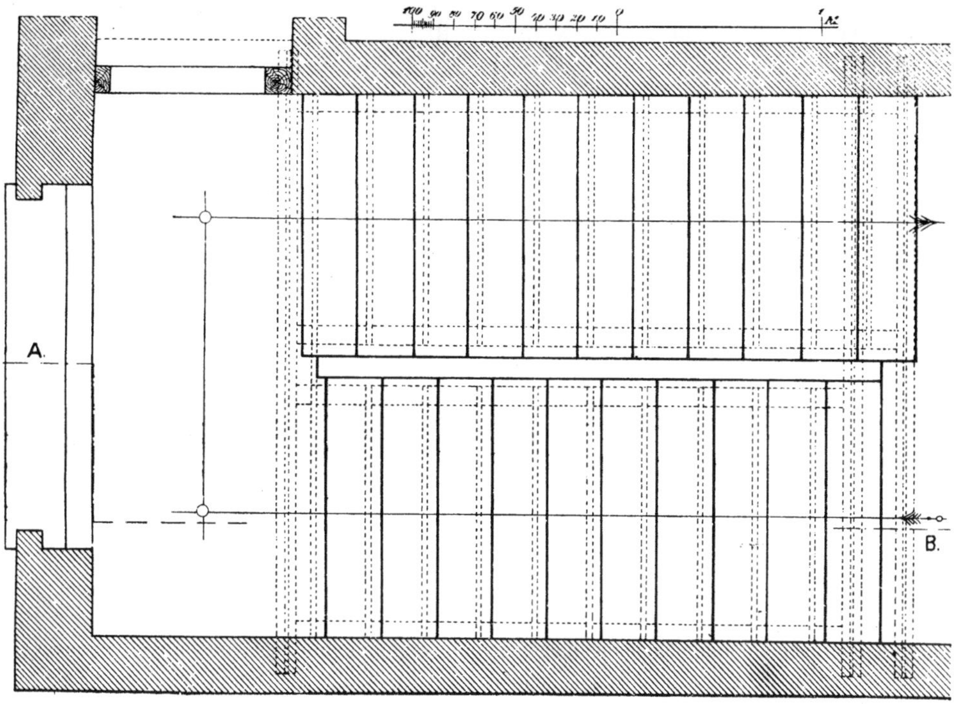

m) Treppen aus Kunststeinen.

Als billigen Ersatz für Werkstein stellt man Treppenstufen her, die durch Formen die Gestalt von Werksteinstufen erhalten und dann gleich denselben in Wangen oder in freitragenden Treppen verlegt werden können. Das Bindemittel bildet immer der Zement.

Für gewöhnliche Stufen wird eine gut durchgearbeitete Mischung aus Steinschlag, Kies, scharfem Sand und Zement mit dem nötigen Wasser hergestellt und dann in eine hölzerne Form gestampft. Es können sowohl Stufen als auch Podestplatten hergestellt werden. Die Form besteht aus Bohlen, die durch das Lösen einiger Keile auseinander genommen werden können. Die einzelnen Stufen oder Platten werden dann bis zu ihrer Verwendung häufig angefeuchtet, da ihre Festigkeit mit der Zeit zunimmt.

Betontreppen. Gerade, nicht zu lange Treppenläufe kann man auch aus Beton zwischen eisernen ⊤-Trägern herstellen. Der Beton besteht aus einer Zusammensetzung von vier bis fünf Teilen scharfem Sand und Kies mit 1 Teil gutem Zement. Er wird zunächst trocken gemischt und dann mit Wasser zu

*) Vergl. Opderbecke, Der Maurer, 2. Auflage, Seite 149 und 150. Verlag von Bernh. Friedr. Voigt in Leipzig.

einem dicken Brei verrührt. Als Stärke genügen für die Treppenarme und Podeste 10 bis 12 cm. Sehr lange Treppenarme unterstützt man in der Längsrichtung einmal an der Umfassungswand und dann an der Innenkante durch Träger von ⊔-Eisen. Im übrigen wird für die Treppenarme und Podeste ein vollständig eingeschaltes Lehrgerüst aufgestellt. An der Innenseite wird eine nach der Stärke und Stufenform ausgeschnittene Lehre befestigt, ebenso werden Bretter vor jeder einzelnen Stufe aufgestellt.

Fig. 533.

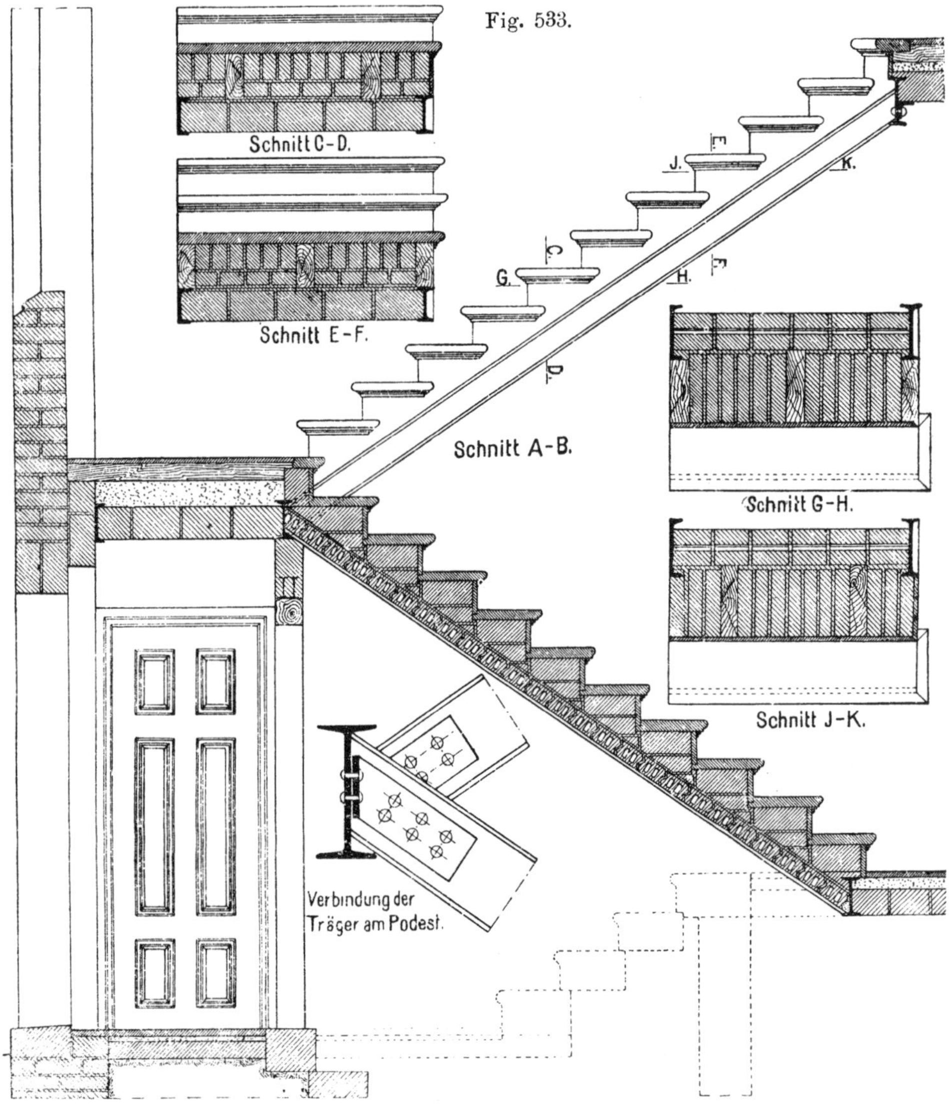

Die Schalung wird mit Papier oder mit Teerpappe bedeckt und nun der Beton lagenweise aufgebracht und festgestampft. Nach Entfernung des Gerüstes können die Stufen mit Zementmörtel abgeschlemmt werden. Auch bei diesen Treppen muss die eigentliche Inanspruchnahme erst längere Zeit nach der Herstellung erfolgen, da bekanntlich der Zement mit der Zeit an Festigkeit gewinnt.

Monier-Treppen. Die vorzüglichen Eigenschaften des Betons werden nach dem System M o n i e r noch bedeutend gehoben, wenn man der Masse ein eisernes Flechtwerk beigibt. Hierdurch wird insonderheit die Tragfähigkeit bei Gewölben und Platten bedeutend vermehrt. Hierauf beruht die Konstruktion der Monier-

Fig. 534.

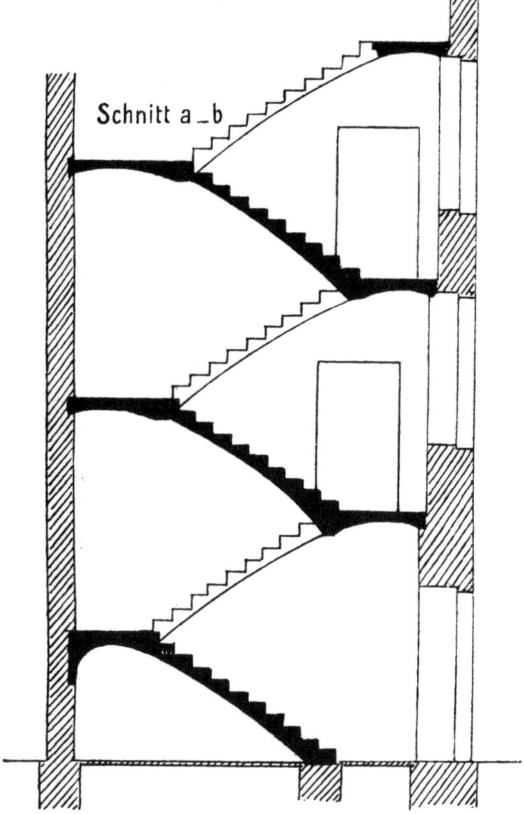

Grundrifs.

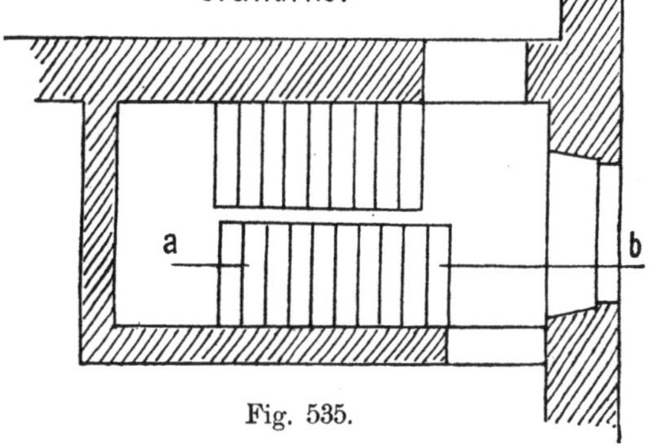

Fig. 535.

Fig. 536. Ansicht.

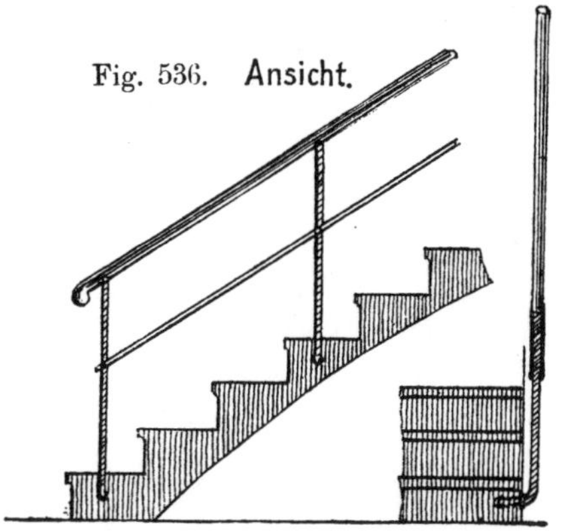

Fig. 537. Grundrifs.

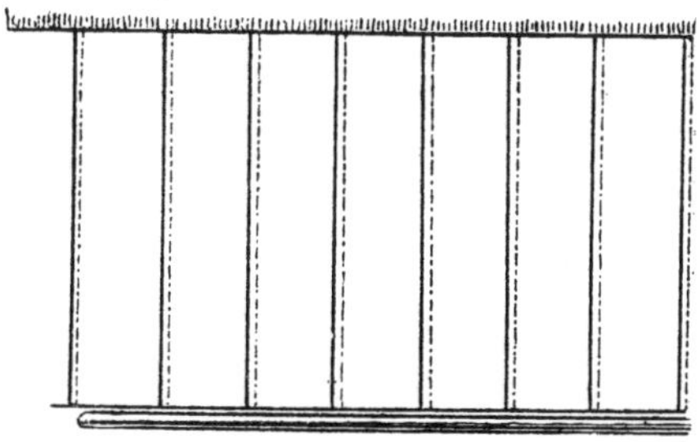

Fig. 538. Flechtwerk.

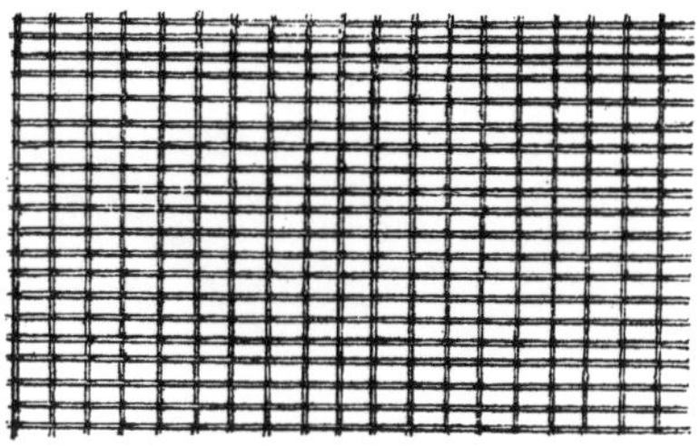

Treppen, die unabhängig von dem Wangenmauerwerk aufgestellt werden können, sich in schlankem Bogen von Zwischenpodest zu Zwischenpodest spannen und die aufgebrachten Lasten auf die Widerlager übertragen. Letztere bestehen aus eisernen Trägen. Die Stufen werden mit und ohne Holzbelag aus Zementbeton auf die steigenden Kappen aufgebracht. Für Holzbelag müssen hölzerne Dübel für die aufzuschraubenden Trittstufen mit verlegt werden.

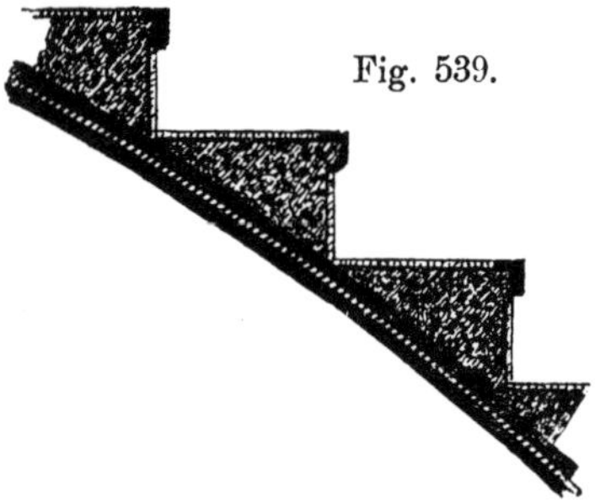
Fig. 539.

Die einhüftige Betonkappe kann sehr flach, aber auch sehr steil, elliptisch usw. ausgeführt werden; ebenso sind zwischen Trägern gespannte Kappengewölbe in dieser Herstellung möglich.

Die Fig. 534 bis 538 mögen einige neuere derartige Konstruktionen erläutern. Dieselben stellen Monier-Treppen dar, wie sie von der Firma Aug. Martenstein & Josseaux in Offenbach a. M. ausgeführt worden sind.

Eine Fabriktreppe, durch drei Stockwerke hindurchgehend, ist in den Fig. 534 bis 538 gegeben. Die tragende Konstruktion bilden hier flache Moniergewölbe, die sich im Segmentbogen zwischen die eisernen Träger an den Austritten bei Stock-

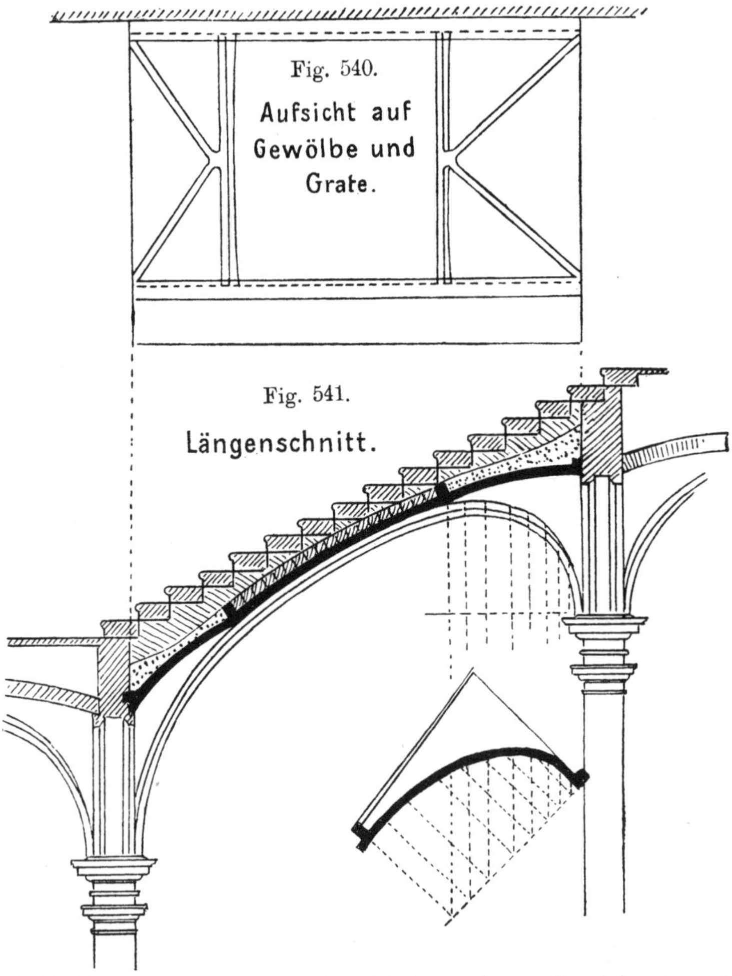

Fig. 540.
Fig. 541.

werken und Podesten spannen. Dabei ist besonderes Gewicht darauf zu legen, dass die steigenden Moniergewölbe mit den Trägern und mit den Podestgewölben so gut verbunden sind, dass ein Ausweichen derselben auch unter sehr grossen Belastungen vollkommen ausgeschlossen ist. Die hier dargestellte Treppenanlage ist ohne Holzbelag nur mit profilierten Zementbetonstufen, die unmittelbar auf dem tragenden Moniergewölbe hergestellt wurden, gefertigt worden. In einer Reihe grosser Fabriken haben sich diese Treppen sehr gut bewährt. Statt der Segmentbogenform wird für die steigenden Gewölbe auch elliptische Gestaltung mit Vorteil gewählt. Die Stufen-Oberflächen werden bei Fabriktreppen auch häufig mit Zement abgeglättet, ihre Vorderkanten profiliert und zum Schutze gegen Beschädigung mit Winkeleisen-Einfassung versehen (Fig. 539).

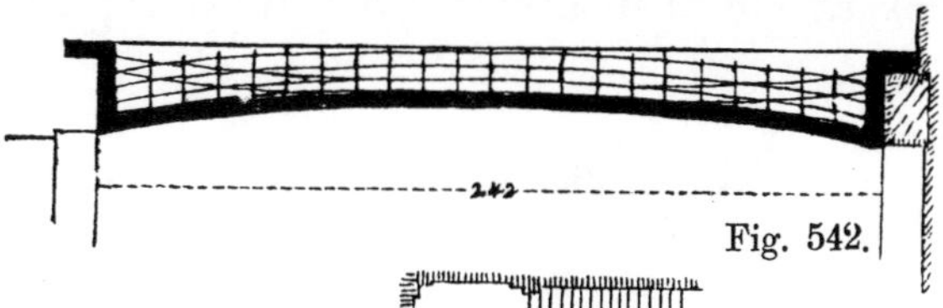

Fig. 542.

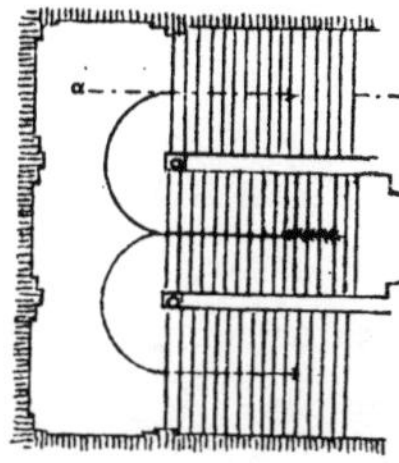

Fig. 543.

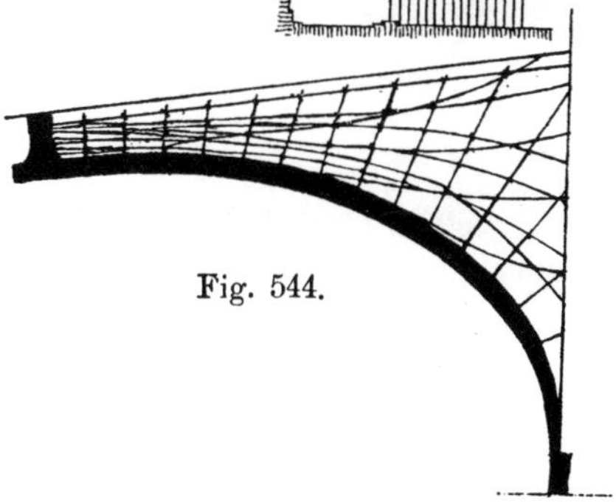

Fig. 544.

Treppen für Monumentalbauten sind ebenfalls in neuerer Zeit nach Monier-System hergestellt worden, wie z. B. die Haupttreppe im neuen Justizpalaste zu Köln (Fig. 540 bis 544). Das tragende Moniergewölbe ist in diesem Falle ein geneigt liegendes, flachbogiges Kreuzgewölbe. Die erforderlichen Verstärkungs- und Gratrippen sind in Fig. 541 angedeutet. Sie sind so ausgeführt, dass alle Zugspannungen und Schubwirkungen durch die eingebetteten Eisenstäbe aufgenommen werden, so dass das Gewölbe in der Tat einer gebogenen Platte gleicht. Die Zwickel sind mit Beton ausgefüllt. Darauf ist die Treppe aus Granitstufen aufgebracht. Ein Querträger ist in der Fig. 542 dargestellt und die Konstruktion des Gratträgers in Fig. 544.

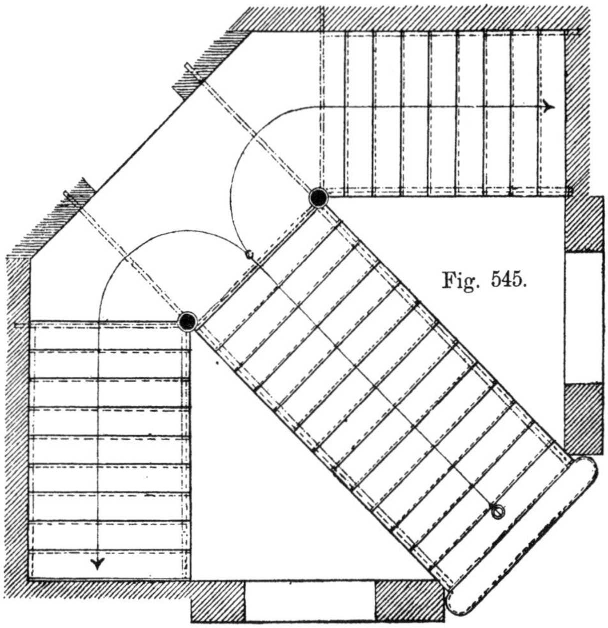

Fig. 545.

Dreiarmige Treppe. In den Fig. 545 bis 548 ist eine Treppe dargestellt, die für das Realgymnasium in Offenbach ausgeführt wurde. Da die Treppenläufe nicht in Bogenform auszuführen waren, so wurde eine zwischen eiserne Träger gespannte, flache Monierkappe mit geneigter Achsenrichtung angewendet. Die eisernen Wangenträger sind feuersicher umhüllt und mit den Wänden fest verankert. Die Betonstufen haben Holzbelag erhalten.

n) Das Geländer.

Die **Antrittspfosten** bestehen entweder aus Eisenguss oder aus Schmiedeeisen. Sie werden mit starken Eisenstäben, die in die Blockstufe eingelassen sind und durch den event. hohlen Pfosten aufsteigen, durch Vergiessen mit Blei oder Schwefel befestigt. Hat die massive Treppe Holzbelag, so kann auch das Geländer nebst Pfosten aus Holz hergestellt werden.

Fig. 546.

Querschnitt der oberen Treppenlaufer.

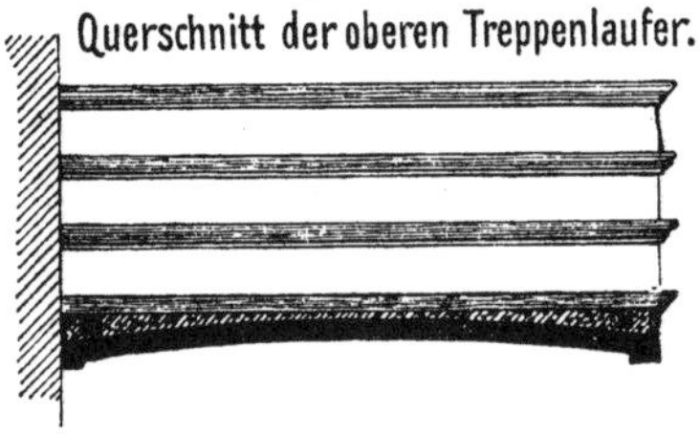

Fig. 547.

Querschnitt der unteren Treppenlaufer.

Fig. 548.

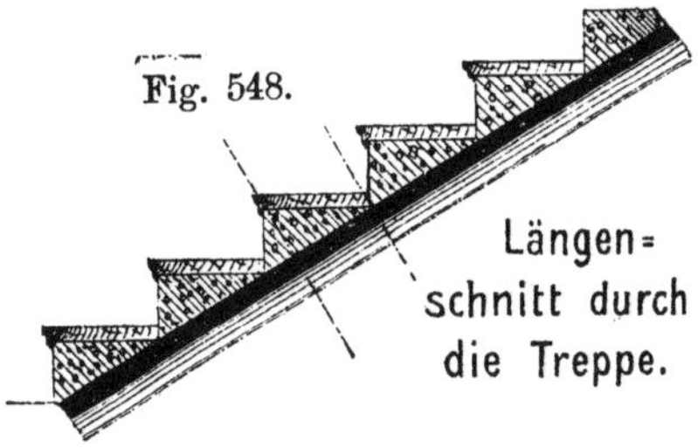

Das **eigentliche Geländer** wird meist aus Guss- oder aus Schmiedeeisen hergestellt, wobei die einzelnen Traillen in der Trittfläche der Stufen oder seitlich am Stufenkopfe befestigt werden. Eine eiserne Flachschiene verbindet die Traillen; sie ist in den aufgeschraubten hölzernen Handgriff eingelassen.

Hausteingeländer werden bei Freitreppen und in öffentlichen Gebäuden angeordnet. Sie bestehen aus durchbrochenen Füllungen und sind mit profilierten Deckplatten abgeschlossen. Balluster aus Werkstein, Zementguss, Terrakotten und Zink sollen so hergestellt werden, dass ihre Profile horizontal laufen und nur Kopf und Sockel nach der Treppenrichtung verschnitten erscheinen.

4. Eiserne Treppen*).

Wangentreppen. Einfache Treppen werden aus eisernen Trägern, die die Wangen bilden, hergestellt. Die Trittstufen aus Holz können dann entweder zwischen den Wangen oder auf denselben liegen. Bei den einfachsten Treppen fehlen häufig die Setzstufen, so dass die Treppe nur aus den Wangen und den Trittstufen besteht. Durch Fig. 549 ist eine solche Treppe dargestellt. Die Verbindung der aus Riffelblech hergestellten Trittstufen mit den Wangen geschieht durch Winkeleisen, die sowohl mit der Wange als auch mit der Stufe vernietet werden. Der Nietdurchmesser beträgt 8 bis 10 mm, die Länge der Winkelflansche 40 bis 50 mm, die Blechstärke etwa 5 mm. Da Bleche von

*) Vergl. auch Schöler, Eisenkonstruktionen. 2. Auflage. Preis 5 Mark. Verlag von Bernh. Friedr. Voigt in Leipzig.

dieser Stärke für Trittstufen höchstens 20 cm frei liegen dürfen, so müssen dieselben versteift werden. Dies kann dadurch geschehen, dass man die Trittstufen an der Vorder- und Hinterkante rechtwinkelig umbiegt (Fig. 549 und 550) oder

Fig 549.

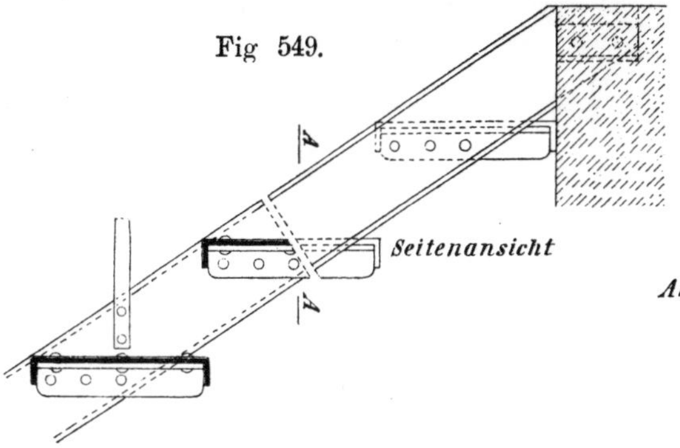

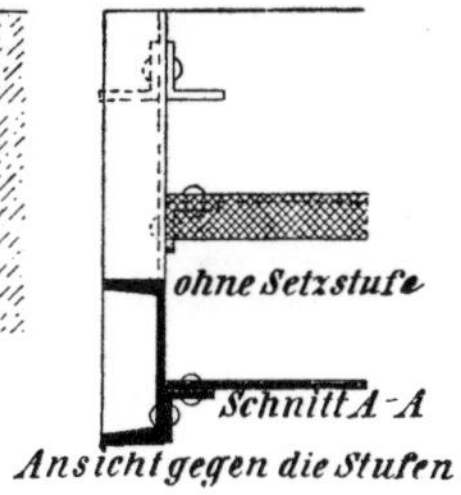

Fig. 550.

dadurch, dass die Trittstufen mit Winkeleisen von 30 bis 40 mm Schenkellänge (Fig. 551) besäumt werden. Bei Treppen für leichten Verkehr genügt auch eine Versteifung der Hinterkante durch angenietete Flacheisen (Fig. 552).

Fig. 551.

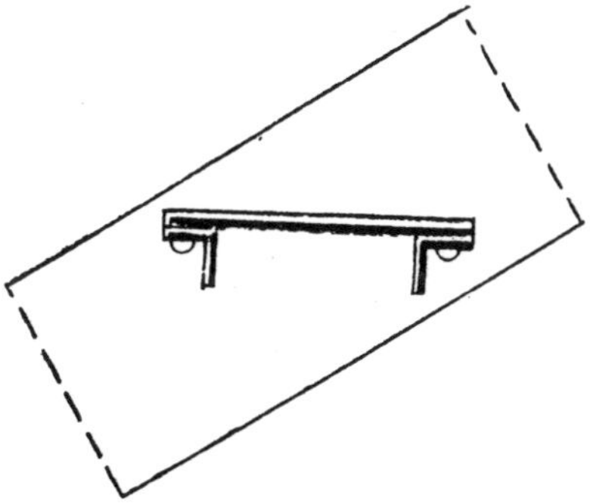

Fig. 552.

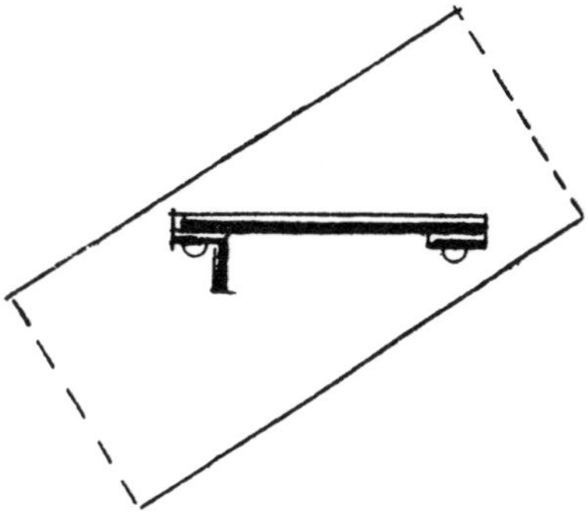

Werden schwerere Lasten über eisernen Treppen befördert, so müssen die Trittstufen durch Setzstufen unterstützt werden. Diese werden meist durch 3 mm starkes glattes oder gelochtes (perforiertes) Blech gebildet, welches mit den Trittstufen und mit den Wangen durch kleine Winkel von 30 bis 40 mm Schenkellänge

Fig. 553.

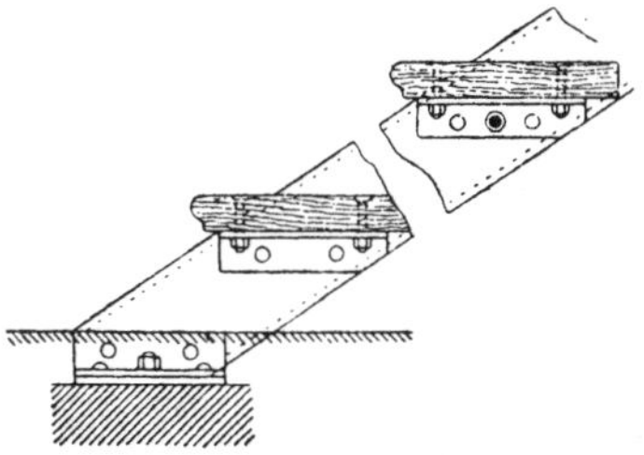

Fig. 554.

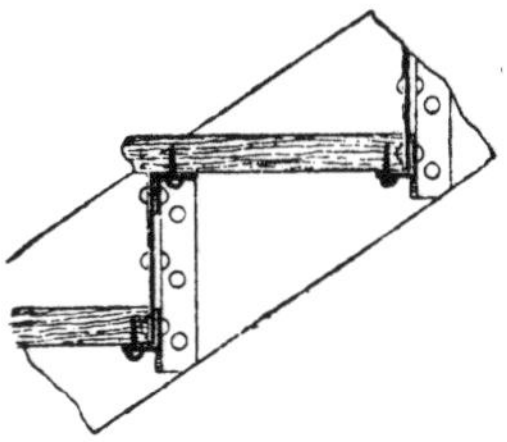

Fig. 555.

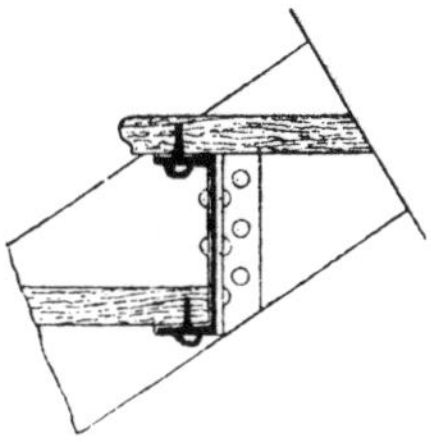

und Nieten von 6 bis 8 mm Durchmesser verbunden wird (Fig. 553). Die Verbindung mit den Setzstufen kann auch dadurch geschehen, dass die Trittstufe umgebogen und mit den Setzstufen vernietet wird (Fig. 554).

Einfache Treppen mit Holzstufenbelag veranschaulichen die Fig. 555 bis 558. Da bei dem durch Fig. 555 dargestellten Beispiele die Setzstufen fehlen, so empfiehlt sich eine Verbindung der Wangen durch eiserne Zuganker etwa unter jeder sechsten Stufe.

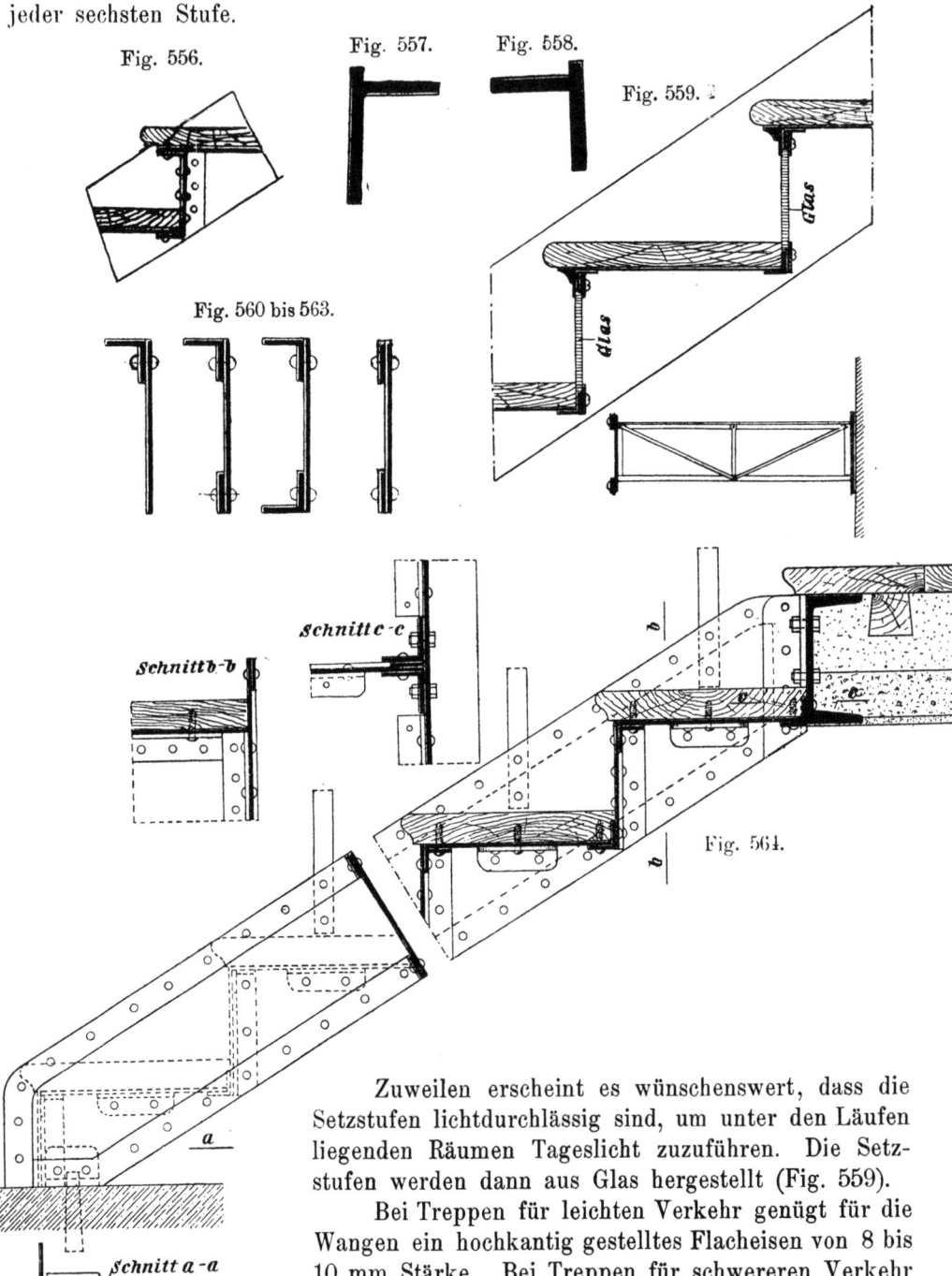

Fig. 556.

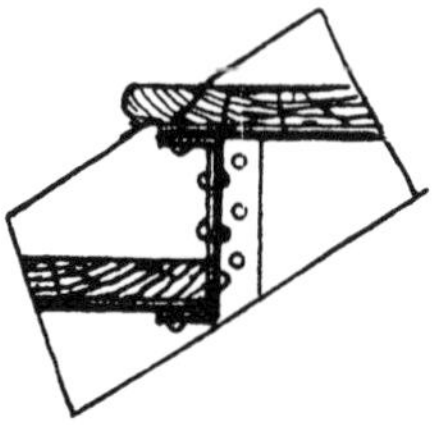

Fig. 557.

Fig. 558.

Fig. 559.

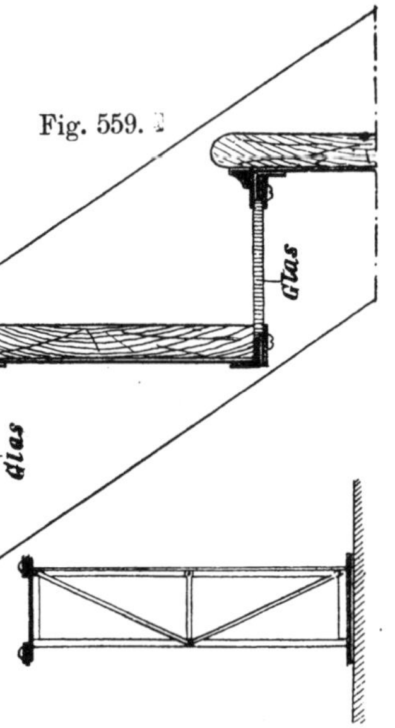
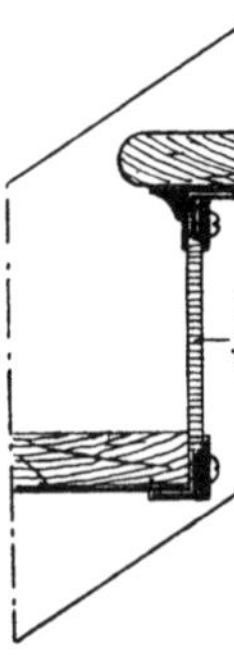

Fig. 560 bis 563.

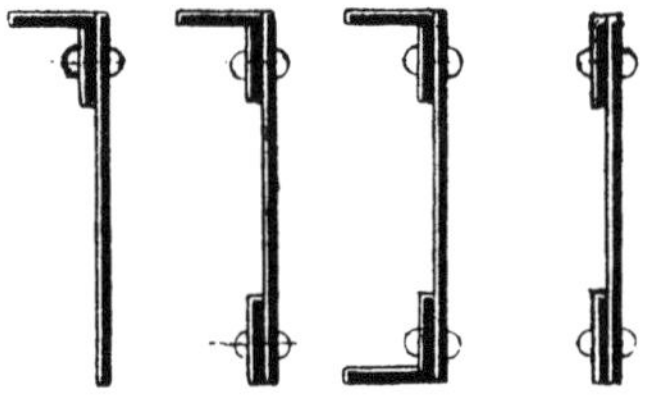

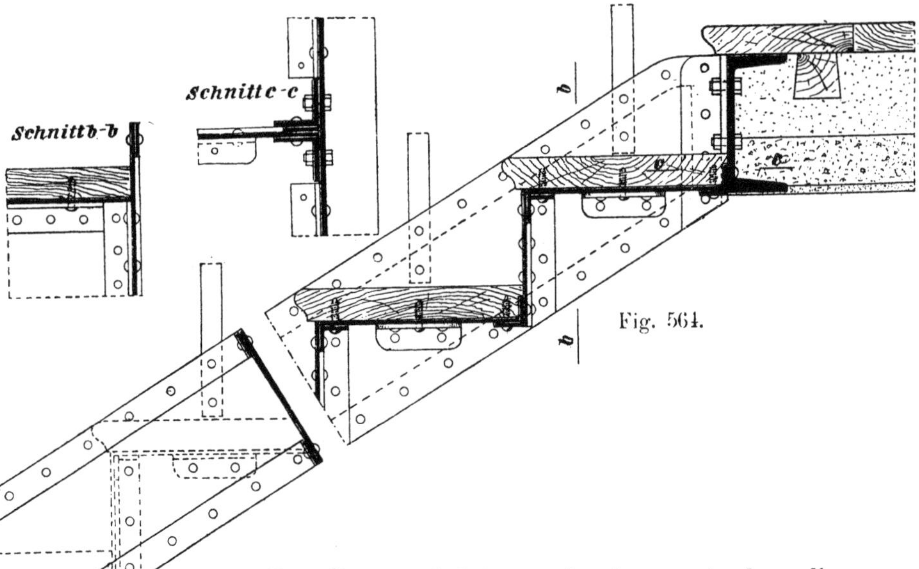

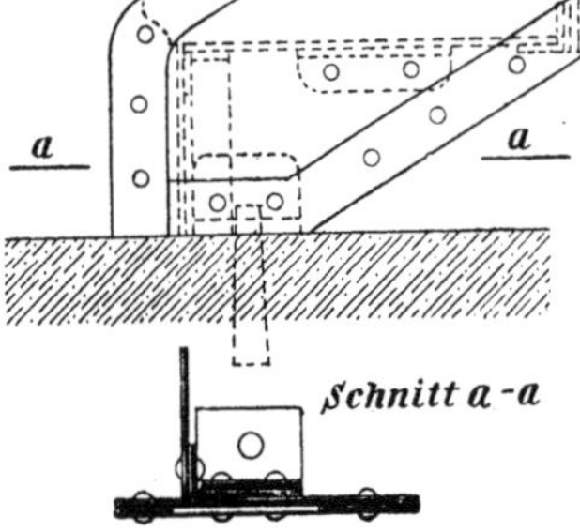

Fig. 564.

Zuweilen erscheint es wünschenswert, dass die Setzstufen lichtdurchlässig sind, um unter den Läufen liegenden Räumen Tageslicht zuzuführen. Die Setzstufen werden dann aus Glas hergestellt (Fig. 559).

Bei Treppen für leichten Verkehr genügt für die Wangen ein hochkantig gestelltes Flacheisen von 8 bis 10 mm Stärke. Bei Treppen für schwereren Verkehr lässt sich eine Verstärkung der Wange durch aufgenietete Flach- oder Winkeleisen (Fig. 560 bis 564) erzielen.

Aufgesattelte Treppen. Bei den aufgesattelten Treppen müssen Stufendreiecke gebildet werden, die den Trittstufen als seitliches Lager über den Wangen dienen.

Bei untergeordneten Treppen werden die Stufendreiecke wohl aus Flacheisen gebildet (Fig. 565 und 566), welche auf die aus ⊏- oder ⊥-Eisen gebildeten Wangen genietet werden. Bei Fig. 567 sind die Stufendreiecke aus einem vollen, durchgehenden

Fig. 565.

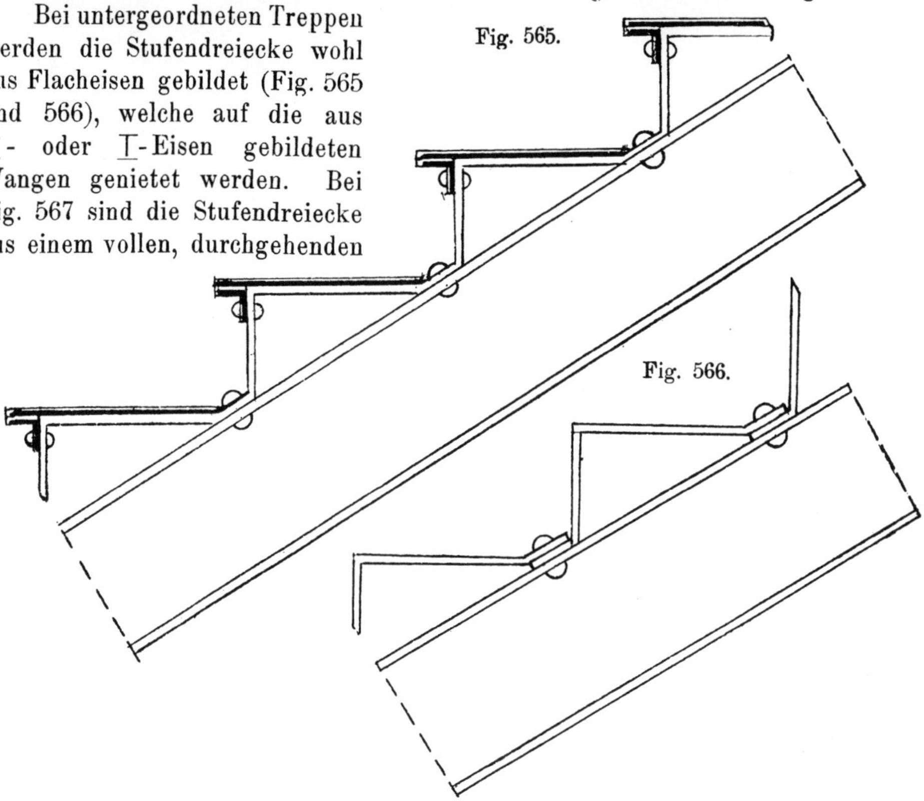

Fig. 566.

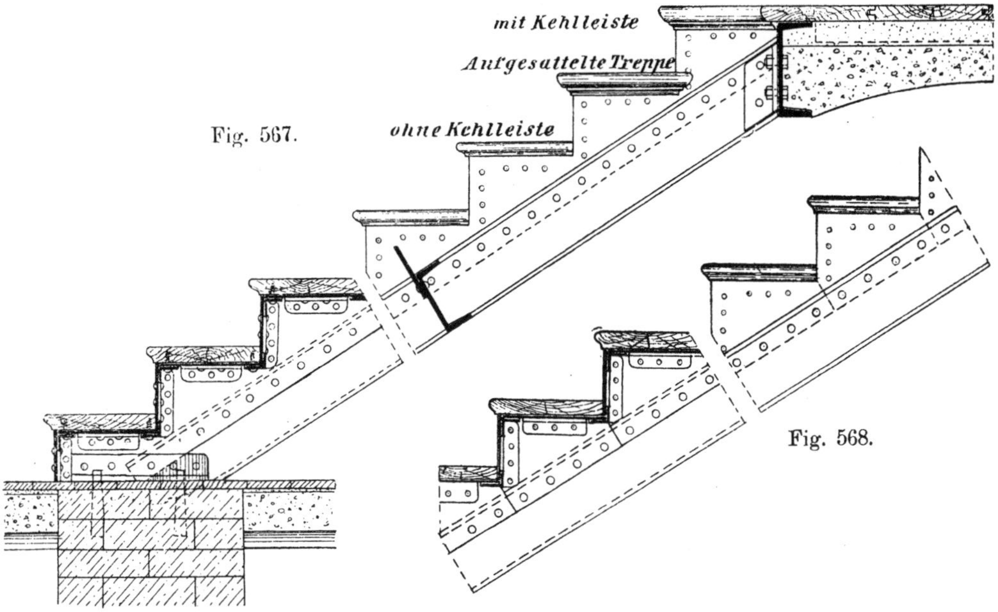

Fig. 567.

Fig. 568.

Bleche herausgeschnitten. Da hierbei jedoch viel Material verloren geht, so werden die Dreiecke meist einzeln ausgeschnitten und mit der Wange vernietet

(Fig. 568). Die immerhin nüchterne Wirkung der glatten ⊏- oder ⊤-förmigen Wangenprofile lässt sich beseitigen durch Verwendung der Mannstädtschen

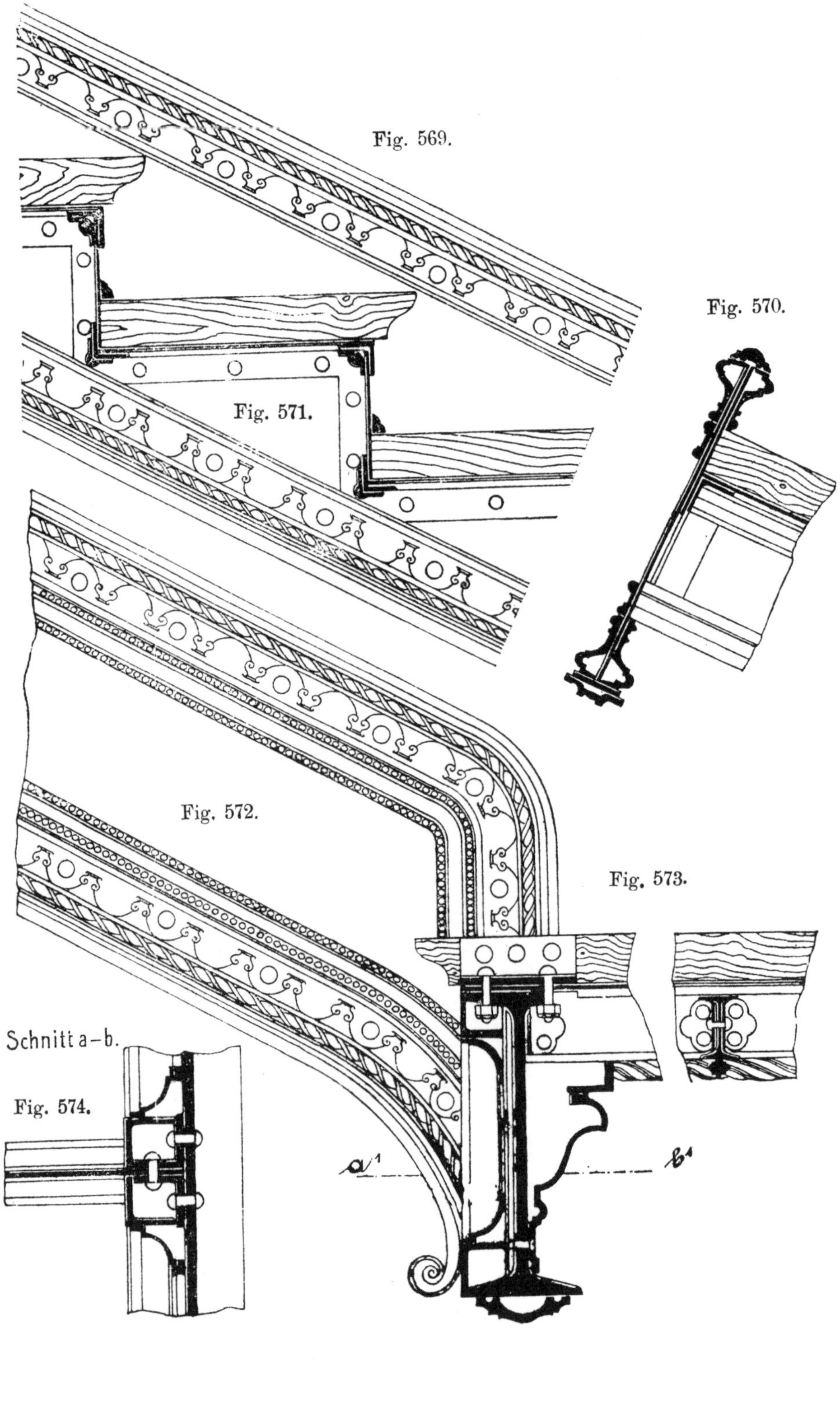

Fig. 569.

Fig. 570.

Fig. 571.

Fig. 572.

Fig. 573.

Fig. 574.

Ziereisen sowohl bei Wangentreppen (Fig. 569 bis 574) als auch bei aufgesattelten Treppen (Fig. 575 bis 578). Bei der ersteren ist die Wange aus

Fig. 575.

Fig. 576.

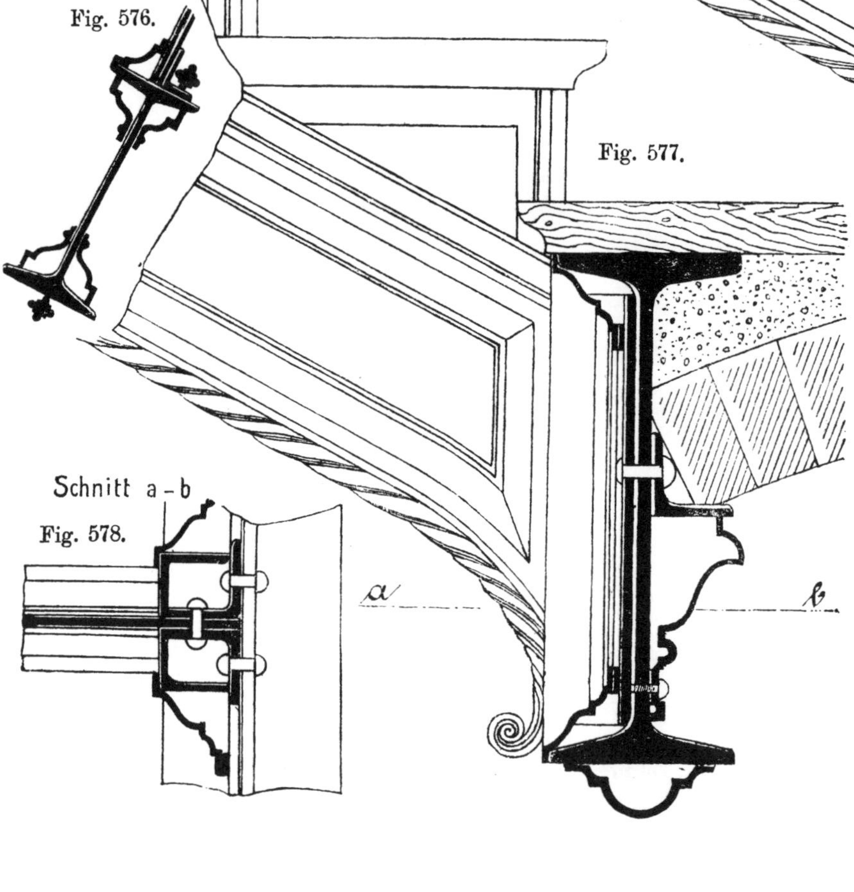

Fig. 577.

Fig. 578.

einem Stehblech gebildet, welches durch Ziereisen besäumt ist; bei der letzteren besteht die Wange aus einem verkleideten ⊥-Eisen, auf dessen Flansch sich die Stufendreiecke aufsatteln.

Um an Material zu sparen, werden die Wangen oft als Fachwerk-

Fig. 579.

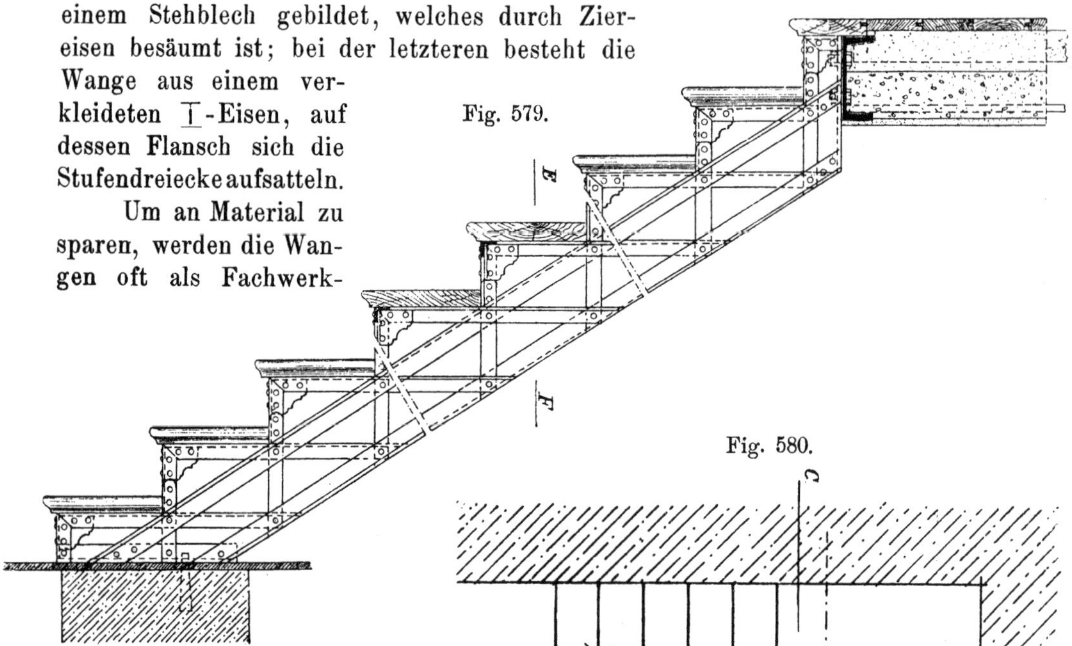

Fig. 580.

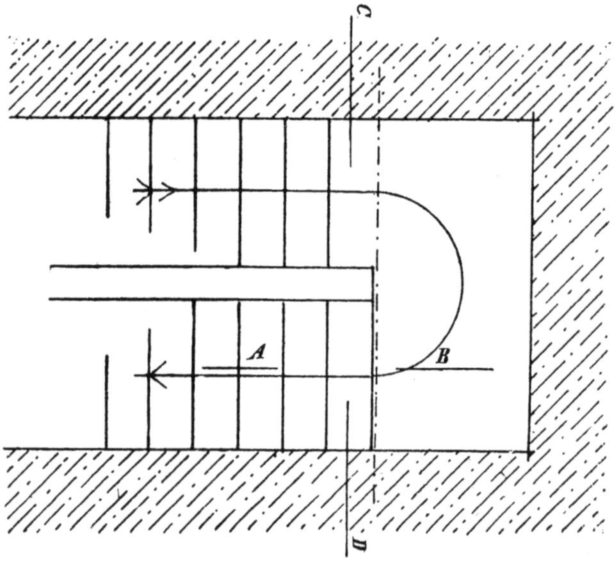

Fig. 581.

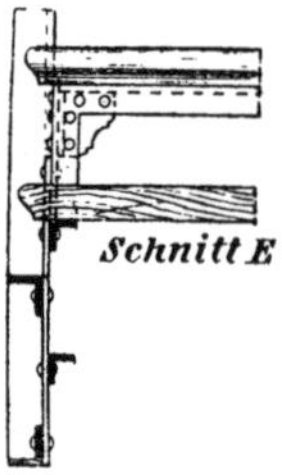

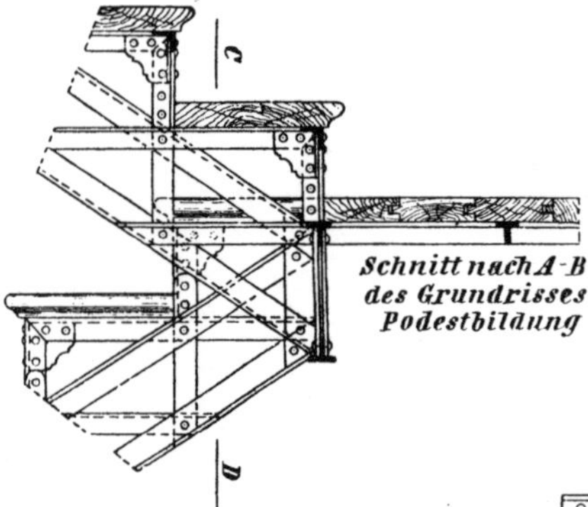

Fig. 582.

Fig. 583.

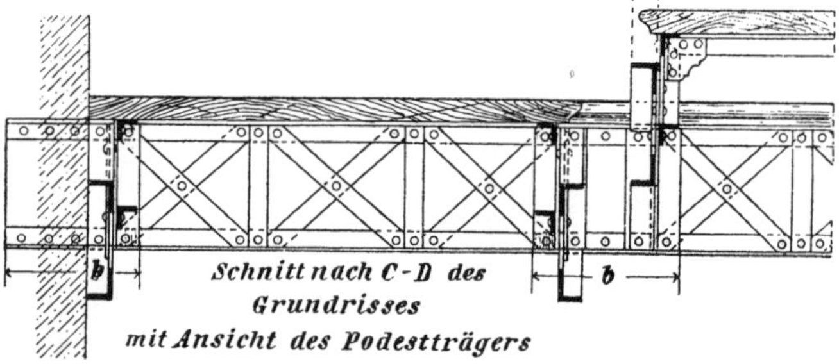

träger (Fig. 579 bis 583) gebildet. Die Gurtungen sind hierbei aus ⌊-Eisen gebildet; die wagerechten Fachwerkstäbe bestehen ebenfalls aus ⌊-Eisen und sind

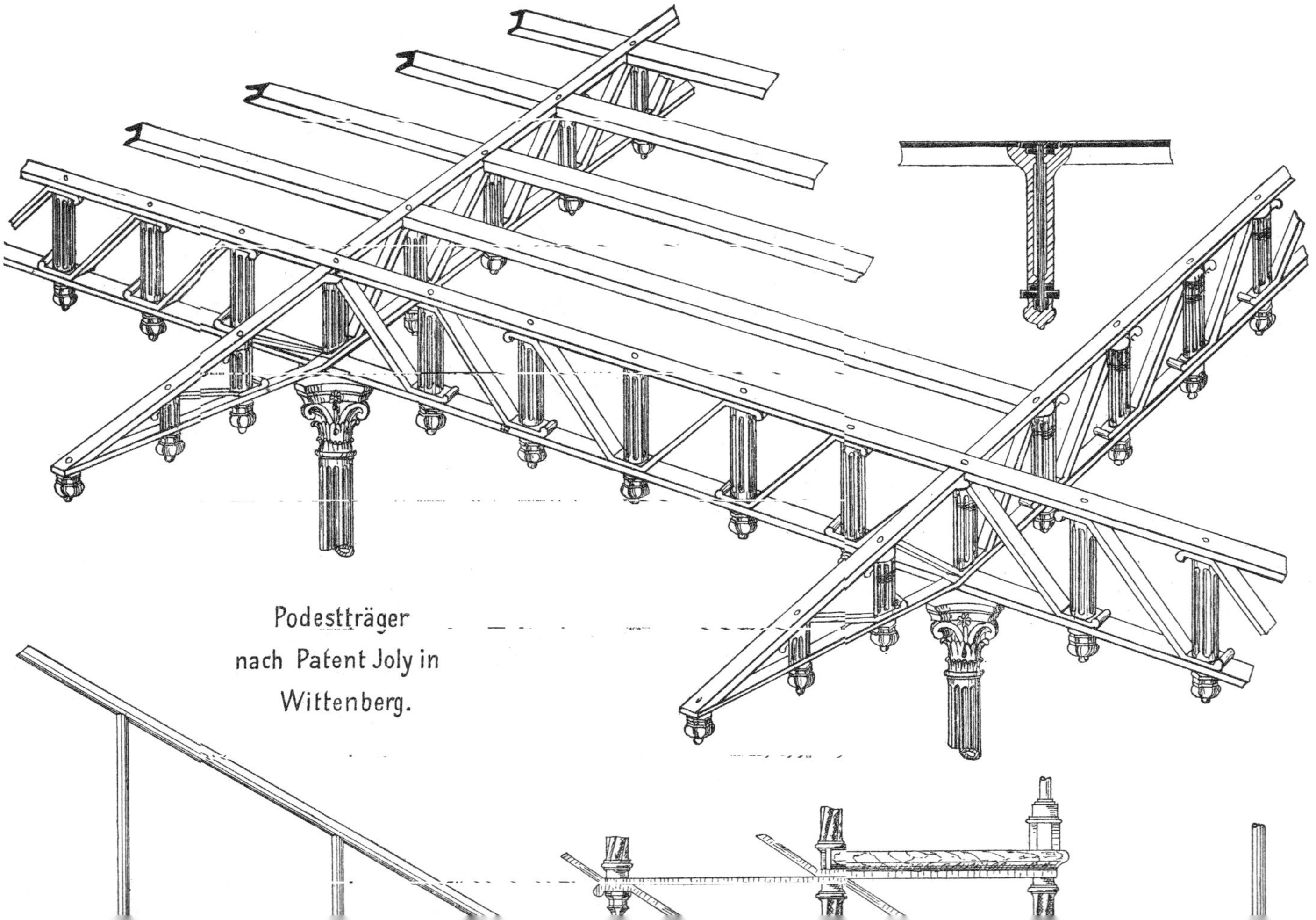

Podestträger nach Patent Joly in Wittenberg.

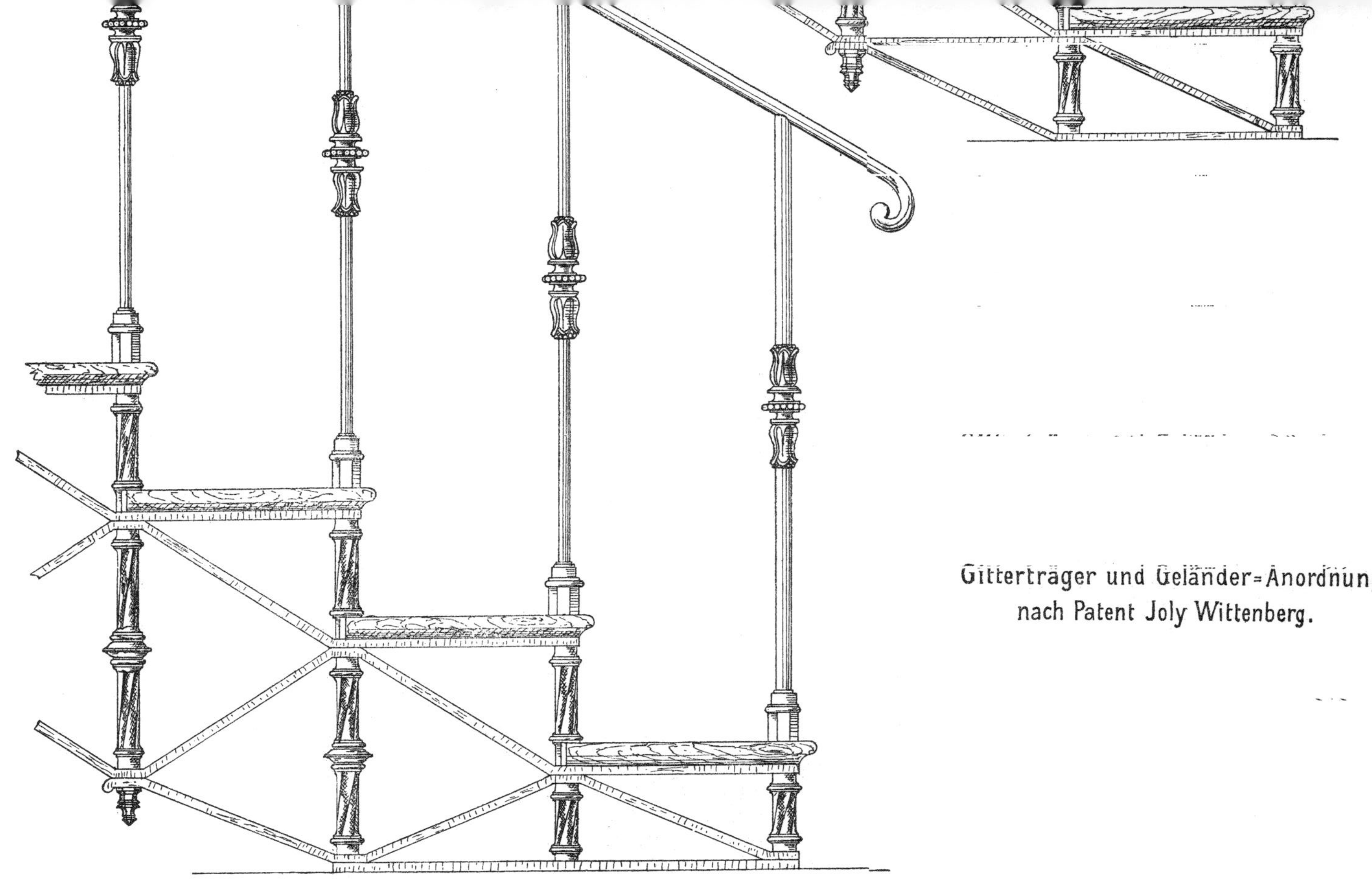

Gitterträger und Geländer=Anordnung
nach Patent Joly Wittenberg.

tungen durchbrechen. Die gusseisernen Steifen b halten die Gurtungen und Diagonalen in geeigneten Abständen auseinander, während die Steifen b_1 zur Unterstützung der Stufenträger d_1 und zur Befestigung der Setzstufen dienen. Sämtliche Teile werden durch die Bolzen c fest zusammengeschraubt. Das obere Ende der Bolzen c ist mit Gewinde versehen, auf welches die Geländerstäbe geschraubt werden. Die Hülsen b_1 sind mit einer Nut versehen (Fig. 585), in welche die Setzstufen eingeschoben werden. Die Trittstufen ruhen seitlich auf den Stufenträgern, während sie an den Langseiten auf Vorsprüngen der Setzstufen befestigt sind.

Wilk'sche **Treppen.** Die Firma O. Wilk in Eisenach fertigt Treppen, die den Jolyschen Treppen sehr ähneln. Die Trittstufen sowie die Geländerstäbe sind hierbei zur Bildung des Fachwerks der Wangen mit verwendet (Fig. 587). Eine sehr eigenartige Lösung zeigt das durch Fig. 588 wiedergegebene Beispiel, bei welchem das Fachwerk nach dem Vorbilde eines Parabel-Brückenträgers gebildet ist, wodurch eine bedeutende Tragfähigkeit bei geringem Materialaufwand erzielt ist. Die Unterstützung der Trittstufen und der Anschluss der Setzstufen geschieht durch Hülsen, welche im Gegensatz zu den gusseisernen Hülsen der Jolyschen Konstruktion aus Flacheisen hergestellt sind.

Befestigung am Antritt. Um ein Verschieben der Treppen zu verhindern, muss der Fuss der Wangen sicher mit dem unterstützenden Mauerwerk verbunden werden. Das Lager wird meist durch ein oder zwei Winkeleisen gebildet, die an das untere Ende der Wange angenietet sind. Beispiele zeigen die Fig. 589 und 590. Die Verbindung dieses Lagers mit dem Mauerwerk erfolgt am besten durch einen oder zwei Eisendorne, wie früher bereits erläutert wurde. Schwerere Treppen erhalten wohl ein gusseisernes Lager (Fig. 591).

Fig. 589.

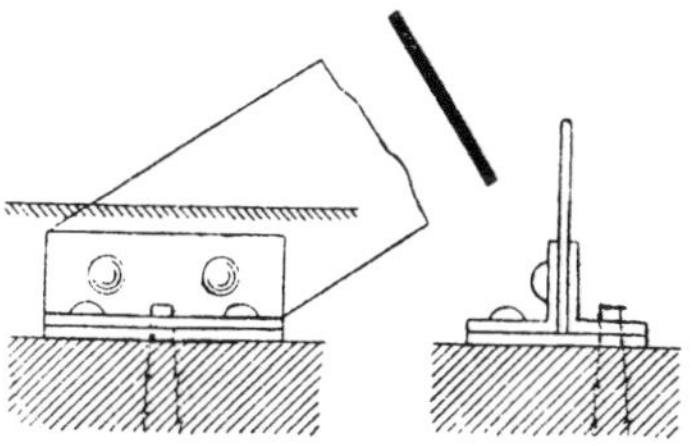

Fig. 590.

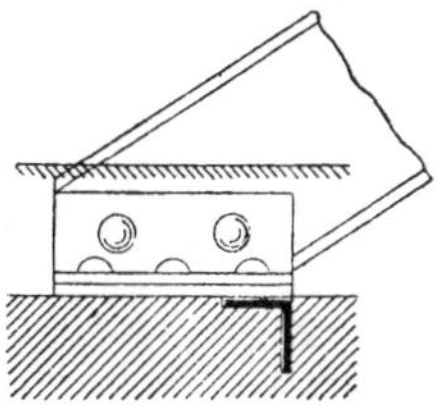

Fig. 591.

Podeste. Die Wangen werden mittelst Winkellaschen an die Podestträger angeschlossen. Für diese eignen sich am besten T-Eisen, die bei grosser Treppenhausbreite und Treppen für schweren Verkehr durch genietete Träger oder Fachwerkträger ersetzt werden können. Beispiele für den Anschluss an die Podestträger sind bereits weiter oben an anderer Stelle angeführt worden. Liegt die Wange auf den Podestträgern, so kann die Verbindung beider durch eine Konsole (Fig. 592) bewirkt werden.

Bei mehrarmigen Treppen (Fig. 593) werden die inneren Ecken a und b der Podeste entweder durch Säulen unterstützt oder es werden, wenn dies nicht angängig ist, geknickte Wangenträger (Fig. 594 bis 596) angeordnet. Die Säulen erhalten zur

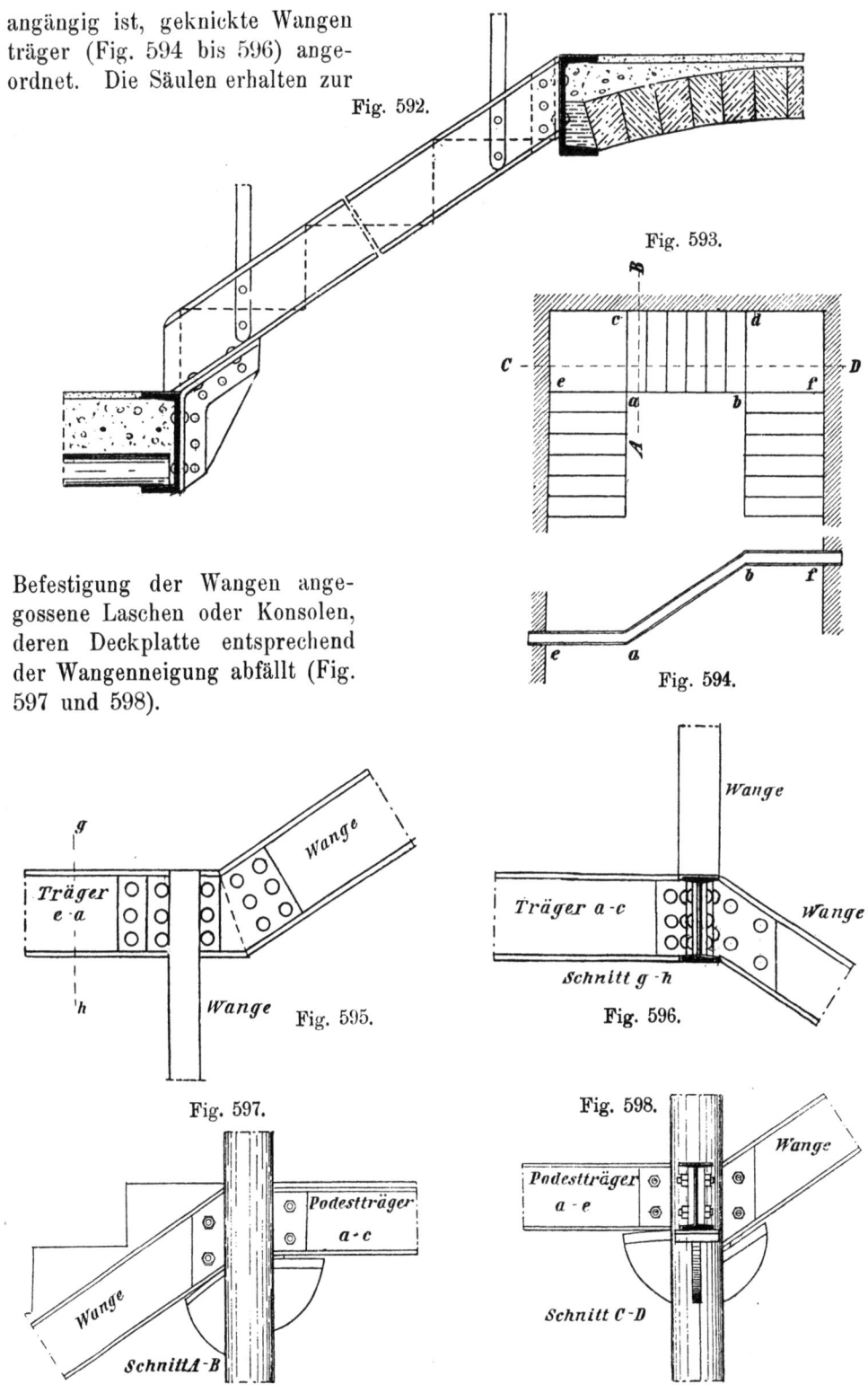

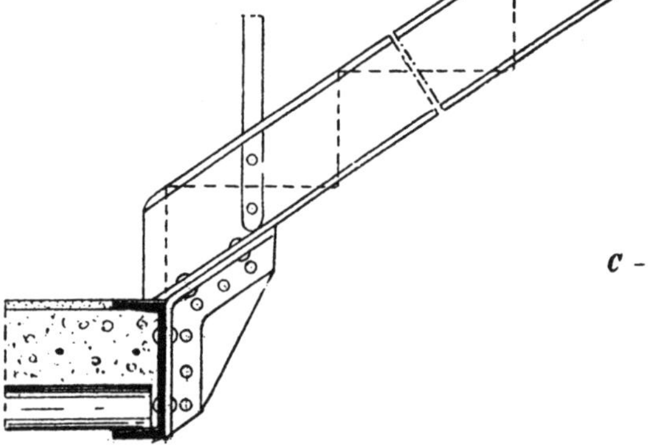
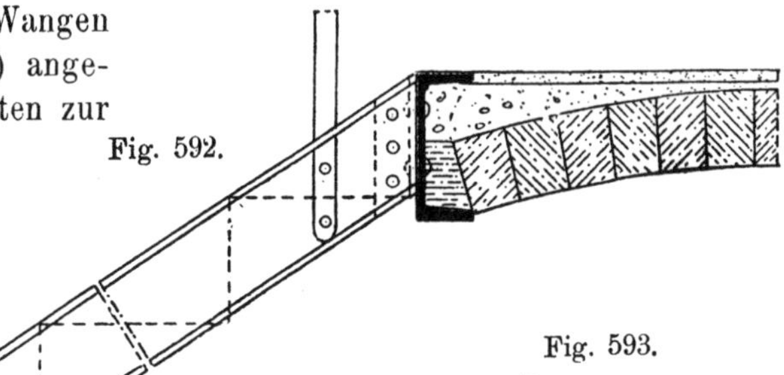

Fig. 592.

Fig. 593.

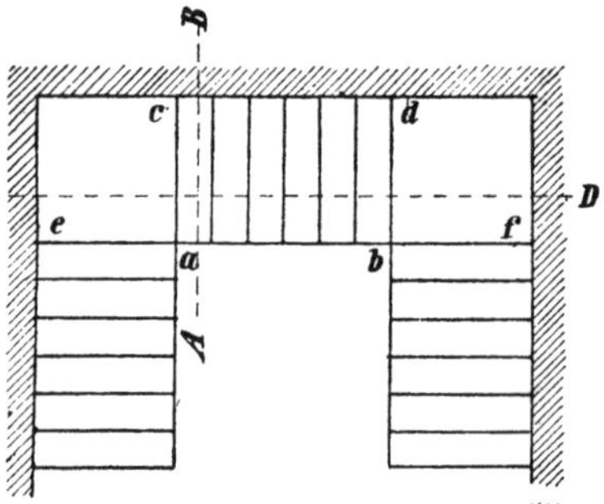

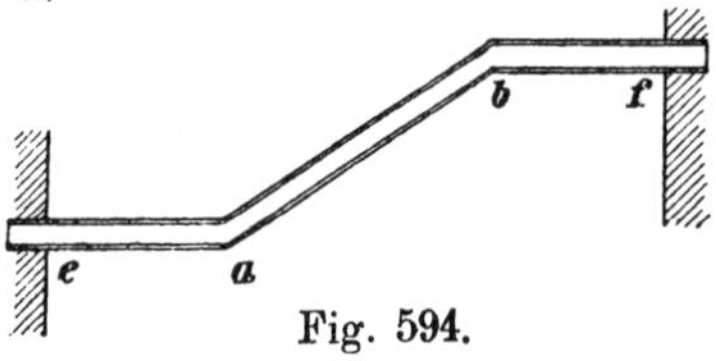

Fig. 594.

Befestigung der Wangen angegossene Laschen oder Konsolen, deren Deckplatte entsprechend der Wangenneigung abfällt (Fig. 597 und 598).

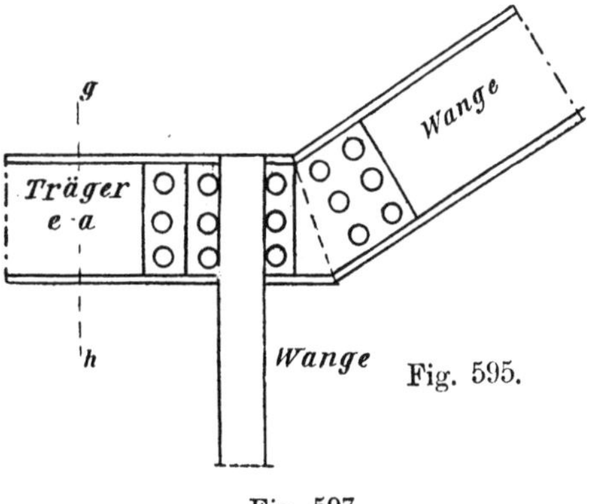

Fig. 595.

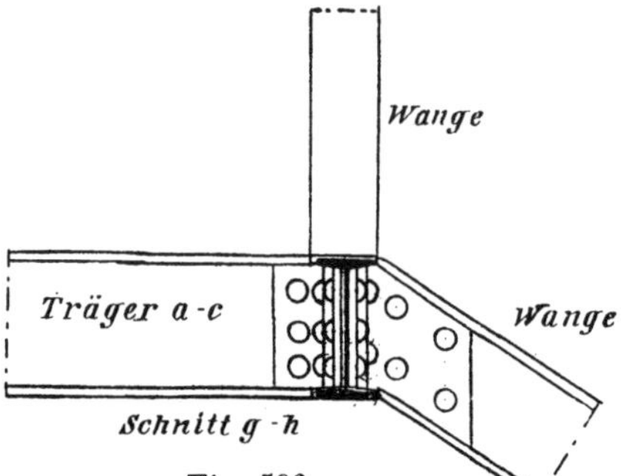

Fig. 596.

Fig. 597.

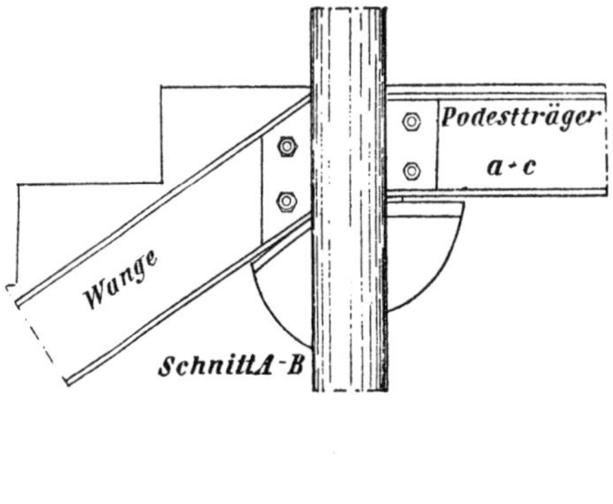

Fig. 598.

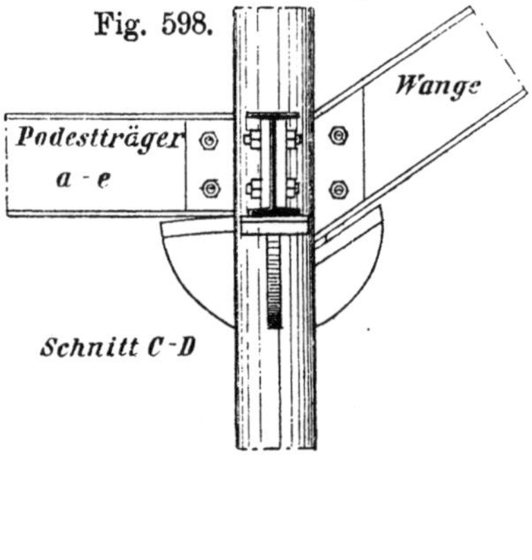

Wendeltreppen.

Im allgemeinen ist die Konstruktion der Wangen für gewundene Treppen dieselbe wie für gerade. Da die äussere Wange nach einer Schraubenlinie ge-

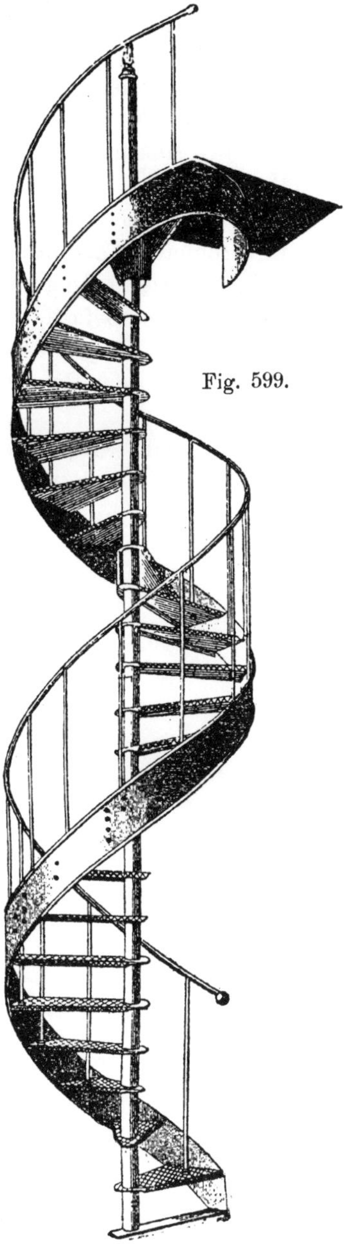

Fig. 599.

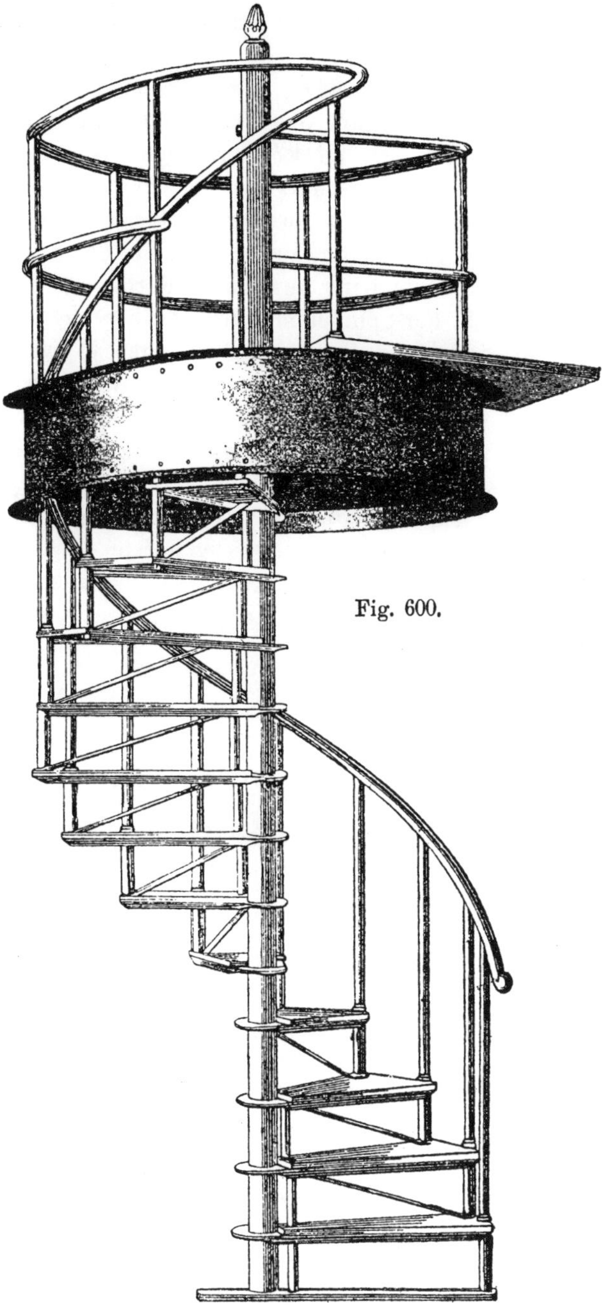

Fig. 600.

bogen sein muss, so eignen sich hierfür am besten Eisenbleche, die entweder mit Flacheisen, Winkeleisen oder mit Mannstädtschen Winkeleisen besäumt werden. Nach erfolgter Biegung werden diese Teile miteinander vernietet.

Als Spindel wird häufig Gasrohr benutzt, an welches die Setzstufen mittelst kleiner Winkel genietet werden. Die Verbindung von Setzstufe mit Wange geschieht in der gleichen Weise. Die Trittstufen bestehen entweder aus glattem, geriffeltem oder gelochtem Blech. Trittstufen aus glattem Blech erhalten meist einen Belag aus Holz oder aus einem künstlichen geeigneten Material (Xylolith, Torgament, Xylopal).

In Fig. 599 ist eine einfache schmiedeeiserne Wendeltreppe dargestellt. Die Geländerstäbe sind auf den Trittstufen befestigt.

Der Firma O. Wilk in Eisenach ist eine Konstruktion schmiedeeiserner Treppen unter Musterschutz gestellt, bei welcher die äussere Wange fehlt (Fig. 600). Die Trittstufen werden an der breiteren Seite durch Gasrohre auseinander gehalten, die gleichzeitig zur Aufnahme der Geländerstäbe dienen. Die hintere Ecke jeder Stufe wird ausserdem durch ein als Zugband dienendes Flacheisen in der Nähe der Spindel mit der darüber liegenden Stufe verbunden. Zu diesem Zwecke sind längs der Spindel zwischen je zwei Trittstufen zur Aussteifung und Verbindung dienende Gasrohre eingeschaltet, durch welche Bolzen zur Befestigung gesteckt werden. Der Deckenring hat einen etwa 10 cm grösseren Durchmesser als der äussere Treppendurchmesser beträgt; er dient zur Auskleidung der Deckenöffnung.

Für Wangentreppen werden zur Herstellung der Wangen auch Gitterträger benutzt, die sich leicht und billig herstellen und zusammenbauen lassen. Es sei hier namentlich auf die Erzeugnisse des Eisenwerkes Joly in Wittenberg und der Treppenbauanstalt O. Wilk in Eisenach verwiesen.

VI. Preis-Angaben für Arbeiten des inneren Ausbaues*).

Nr.	1. Innere Türen.	
1	1 Brettertür, 1,8 bis 2,0 qm gross, aus 25 mm starken gehobelten, tannenen Brettern auf Nut und Feder mit eingeschobenen Querleisten und aufgenagelten Strebeleisten anzuliefern und einzupassen . . .	6,00—7,00 Mark
2	1 desgl. wie vor aus 30 mm starken Brettern . . .	8,00—9,00 „
3	1 einflügelige gestemmte Zimmertür, 0,8 m breit, 1,9 m hoch, mit 2 Füllungen, die Rahmen 35 mm, die Füllungen 25 mm stark, ganz aus Kiefernholz mit 15 cm tiefem Futter, einfach gekehlten Bekleidungen und eichenem Schwellbrett, das Futter, die Bekleidungen und das Schwellbrett zu befestigen und die Tür einzupassen	10,00—11,00 „
4	1 desgl. wie vor, 0,9 m breit, 2,2 m hoch, mit 3 Füllungen	14,00—15,00 „
5	1 „ „ „ die Rahmen 40 mm stark	15,00—16,00 „
6	1 „ „ „ mit 30 cm tiefem Futter	17,00—18,00 „
7	1 „ „ „ 1,0 m breit, 2,2 m hoch, mit 4 Füllungen, die Rahmen 40 mm stark, das Futter 15 cm tief	18,00—19,00 „
8	1 „ „ „ das Futter 30 cm tief	19,00—20,00 „
9	1 „ „ „ „ „ 40 „ „ und gestemmt	22,00—23,00 „
10	1 einflügelige gestemmte Zimmertür, 1,0 m breit, 2,2 m hoch, mit 6 Füllungen, die Rahmen 40 mm stark, das Futter 15 cm tief mit 13 cm breiten gekehlten Bekleidungen, sonst wie vor	22,00—23,00 „
11	1 desgl. wie vor mit einem 30 cm tiefen Futter . .	23,00—24,00 „
12	1 „ „ „ „ „ 40 „ „ „ . .	25,00—26,00 „
13	1 zweiflügelige gestemmte Zimmertür, 1,3 m breit, 2,5 m hoch mit 6 Füllungen, die Rahmen 40 mm,	

*) Vergl. Opderbecke, Das Veranschlagen im Hochbau.

Nr.		
	die Füllungen 25 mm stark mit doppelten Schlagleisten, sonst wie vor, bei 15 cm tiefem Futter .	36,00—38,00 Mark
14	1 desgl. wie vor, bei 30 cm tiefem Futter	42,00—44,00 „
15	1 „ „ „ „ 40 cm tiefem gestemmten Futter	47,00—50,00 „
16	1 einflügelige Glastür, 0,9 m breit, 2,2 m gross, mit 2 unteren Füllungen, die Rahmen 40 mm, die Füllungen 25 mm stark, desgl. wie vor, bei 15 cm tiefem Futter	13,00—14,00 „
17	1 desgl. wie vor, bei 30 cm tiefem Futter	15,00—16,00 „
18	1 „ „ „ „ 40 cm tiefem gestemmten Futter	18,00—20,00 „
19	1 zweiflügelige Glastür, 1,3 m breit, 2,2 m hoch, die Rahmen 40 mm stark, das Futter 15 cm tief, sonst wie vor	26,00—27,00 „
20	1 desgl. wie vor, bei 30 cm tiefem Futter	28,00—29,00 „
21	1 „ „ „ „ 40 cm tiefem gestemmten Futter	32,00—34,00 „
22	1 Schiebetür, 1,8 m breit, 2,6 m hoch, die Brüstung mit Holzfüllung, den oberen Teil mit Sprossenteilung für Verglasung eingerichtet, die Rahmen 50 mm, die Füllungen 25 mm stark, bei 32 cm tiefem Futter, sonst wie vor	52,00—54,00 „
23	1 einflügelige Zimmertür aus Pitch-pine-Holz mit 4 Füllungen, bei 15 cm tiefem Futter, sonst wie Nr. 3, für das Quadratmeter	8,00—9,00 „
24	1 desgl. wie vor, bei 30 cm tiefem Futter, für das Quadratmeter	9,00—10,00 „
25	1 „ „ „ bei 40 cm tiefem gestemmten Futter für das Quadratmeter	10,00—11,50 „
26	1 „ „ „ mit 6 Füllungen, bei 15 cm tiefem Futter, desgl.	10,00—11,00 „
27	1 „ „ „ mit 6 Füllungen, bei 30 cm tiefem Futter, desgl.	11,00—12,00 „
28	1 „ „ „ mit 6 Füllungen, bei 40 cm tiefem Futter, desgl.	13,00—14,00 „
29	1 zweiflügelige Zimmertür aus Pitch-pine-Holz mit 6 Füllungen aus 40 mm starkem Holz mit angekehltem Hobel, bei 15 cm tiefem Futter, für das Quadratmeter	12,00—13,00 „
30	1 desgl. wie vor, bei 30 cm tiefem Futter, für das Quadratmeter	13,00—14,00 „
31	1 „ „ „ bei 40 cm tiefem Futter, für das Quadratmeter	14,50—15,50 „

2. Türverdachungen.

32	1 Stück Türverdachung für eine einflügelige Zimmertür mit Hängeplatte, gekehlten Unter- und Obergliedern und 14 cm hohem glatten Fries anzu-	

Nr.		
	fertigen und anzuschlagen, einschliesslich Lieferung der Befestigungseisen	
	bei 8 cm Ausladung in der Hängeplatte . .	4,00—4,50 Mark
	„ 10 „ „ „ „ „ . .	5,00—5,50 „
	„ 14 „ „ „ „ „ . .	7,00—8,00 „
33	1 Stück Türverdachung desgl. wie vor für eine zweiflügelige Tür	
	bei 10 cm Ausladung in der Hängeplatte . .	6,00—7,00 „
	„ 12 „ „ „ „ „ . .	8,00—9,00 „
	„ 14 „ „ „ „ „ . .	9,00—10,00 „
	„ 16 „ „ „ „ „ . .	10,00—10,50 „
34	1 Stück desgl. wie vor für einflügelige Türen mit 30 cm hohem gestemmten Fries mit glatter Füllung	
	bei 8 cm Ausladung in der Hängeplatte . .	6,00—7,00 „
	„ 10 „ „ „ „ „ . .	7,00—8,00 „
	„ 12 „ „ „ „ „ . .	8,00—9,00 „
	„ 14 „ „ „ „ „ . .	9,00—10,00 „
	„ 16 „ „ „ „ „ . .	10,00—10,50 „
35	1 Stück desgl. wie vor für zweiflügelige Zimmertüren	
	bei 10 cm Ausladung in der Hängeplatte . .	7,50—9,00 „
	„ 12 „ „ „ „ „ . .	9,00—9,50 „
	„ 14 „ „ „ „ „ . .	10,00—10,50 „
	„ 16 „ „ „ „ „ . .	11,00—12,00 „

3. Aeussere Türen und Tore.

36	1 einflügelige äussere Türe, 1,0 m i. L. breit, 2,7 m i. L. hoch mit Kämpfer und Oberlicht, aus 35 mm starken kiefernen Rahmhölzern und jalousieartig überschobenen Füllungen auf 15 mm starkem Blindboden einschliesslich des Futterrahmens anzufertigen, den Futterrahmen zu befestigen und die Türe und das Oberlicht einzupassen	19,00—20,00 „
37	1 desgl. wie vor aus Eichenholz	27,00—29,00 „
38	1 einflügelige Haustür, 1,0 m breit, 2,2 m hoch, aus 40 mm starken kiefernen Rahmhölzern mit 4 Füllungen, einfach abgefasten Rahmhölzern und überschobenen Kehlstössen einschliesslich Futterrahmen anzufertigen, sonst wie vor	18,00—20,00 „
39	1 desgl. wie vor aus Eichenholz	26,00—28,00 „
40	1 desgl. wie vor, 1,10 m breit, 2,6 m hoch mit Kämpfer und Oberlicht, an Stelle der oberen Türfüllungen Fensterflügel zum Oeffnen, die Rahmhölzer 40 mm stark, bei Kiefernholz	26,00—28,00 „
41	1 desgl. wie vor, bei Eichenholz	32,00—34,00 „

Nr.		
42	1 desgl. wie vor, die Rahmhölzer 50 mm stark, bei Kiefernholz	30,00—32,00 Mark
43	1 „ „ „ die Rahmhölzer 50 mm stark, bei Eichenholz	36,00—38,00 „
44	1 zweiflügelige Haustür, 1,3 m breit, 2,8 m hoch, mit Kämpfer und Oberlicht, aus 50 mm starken Rahmhölzern und 30 mm starken überschobenen Füllungen, bei Kiefernholz	32,00—34,00 „
45	1 desgl. wie vor, bei Eichenholz	50,00—52,00 „
46	1 „ „ „ 1,5×2,8 m i. L. gross, bei Kiefernholz	44,00—46,00 „
47	1 „ „ „ 1,5×2,8 „ „ „ „ „ Eichenholz	66,00—70,00 „
48	1 qm Torweg oder Haupteingangstür von 50 mm starkem Eichenholz mit Kämpfer, Oberlicht, Futterrahmen und reichen Kehlstössen, desgl. wie vor	24,00—28,00 „
49	1 qm desgl. wie vor von 60 mm starkem Kiefernholz	18,00—22,00 „
50	1 „ „ „ „ „ 60 „ „ Eichenholz	28,00—34,00 „
51	1 qm zweiflügeliges Hoftor, jeder Flügel aus 10/10 cm starken Rahmhölzern, Schlagsäulen, Quer- und Diagonalhölzern bestehend, die Aussenseite mit 30 mm starken gehobelten, kiefernen Brettern, auf Nut und Feder verbunden, zu verschalen, desgl. wie vor	8,00—10,00 „
52	1 qm äussere einflügelige Ladentür, die Brüstung mit Holzfüllung, darüber bis zum Kämpfer zur Verglasung eingerichtet, einschliesslich Kämpfer, festem Oberlichtrahmen, Futterrahmen mit Nut für die Rolljalousie, die Rahmhölzer 50 mm, die Füllungen 30 mm stark mit überschobenen Kehlstössen, desgl. wie vor	20,00—25,00 „

4. Fenster.

53	1 qm ein- und zweiflügelige Fenster (für Keller, Bodenraum, Stallungen usw.) von 40 mm starkem Kiefernholz einschliesslich Blindrahmen und Latteibrett anzufertigen und einzupassen	5,00—6,00 „
54	1 qm desgl. wie vor von Eichenholz	8,00—9,00 „
55	1 qm vierflügeliges Fenster mit feststehendem Losholz, sonst wie vor, bei Kiefernholz	6,00—7,00 „
56	1 qm desgl. wie vor, bei Eichenholz	8,00—9,50 „
57	1 qm vierflügeliges Fenster mit beweglichen Schlagleisten aus 45 mm starkem Kiefernholz, sonst wie vor	7,00—8,00 „
58	1 qm desgl. wie vor aus Eichenholz	10,00—11,00 „
59	1 qm mit enger Sprossenteilung in den Oberflügeln aus Kiefernholz, sonst wie vor	9,00—10,00 „
60	1 qm desgl. wie vor aus Eichenholz	12,00—14,00 „

Nr.		
61	1 qm vierflügelige Doppelfenster mit aufgehenden Schlagleisten, das äussere Fenster von 50 mm starkem Eichenholz, das innere Fenster nebst Zwischenfutter und Latteibrett von Kiefernholz, desgl. wie vor	15,00—18,00 Mark
62	1 qm desgl. wie vor, beide Fenster von Kiefernholz .	12,00—17,00 „

5. Fensterläden.

63	1 qm einflügeliger äusserer Fensterladen aus 25 mm starkem Kiefernholz mit Quer- und Strebeleisten anzuliefern und einzupassen	5,00—5,50 „
64	1 qm zweiflügeliger äusserer Fensterladen aus 30 mm starkem Kiefernholz, sonst wie vor	6,00—6,50 „
65	1 qm desgl. wie vor mit 30 mm starken Rahmhölzern und 20 mm starken Füllungen, desgl.	6,50—7,00 „
66	1 qm desgl. wie vor mit 30 mm starken und 12 cm breiten Rahmhölzern aus Kiefernholz und 10 cm breiten Jalousiebrettern aus Eichenholz, desgl. . .	7,50—8,00 „
67	1 qm desgl. wie vor mit beweglichen Jalousiebrettern einschl. Beschlag und Stellvorrichtung für die Jalousiebretter, jedoch ausschl. der Stütz- und Schliesshaken	10,00—12,00 „
68	1 qm zweiflügeliger innerer Fensterladen aus Kiefernholz, die Rahmhölzer 30 mm, die Füllungen 20 mm stark, jeden Flügel zum Zusammenklappen eingerichtet, anzufertigen, anzuschlagen und den Laden einzupassen	9,00—10,00 „
69	1 qm Futter in den Fensterleibungen zur Aufnahme der Fensterläden anzuliefern und zu befestigen, die Rahmstücke 30 mm, die Füllungen 20 mm stark, von Kiefernholz	8,00—9,00 „
70	1 qm Rollladen von profilierten Holzstäben auf Leinwand anzuliefern und einzupassen, aus Kiefernholz	8,00—9,00 „
71	1 qm desgl. wie vor aus Eichenholz	12,00—14,00 „
72	1 qm Rollkasten mit Klappe zum Oeffnen, aus Rahmstücken und Füllungen zusammengesetzt	7,00—8,00 „
73	1 m Futterrahmen zu Rollläden mit Nut, in Kiefernholz	1,20—1,40 „
74	1 m desgl. in Eichenholz	1,80—2,00 „
75	1 Rolle zum Aufwickeln der Rollläden, bei Fensterbreiten von 1,0 bis 1,2 m	4,00—6,00 „
76	1 desgl. wie vor, bei Fensterbreiten von 1,2 bis 1,8 m	6,00—7,50 „
77	1 Gleitrolle für Rollläden	1,50—2,00 „
78	1 qm Rollläden mit durchgehenden Stahlbändern anzuliefern und einzupassen	9,00—9,50 „
79	1 qm desgl. mit durchgehenden Leinengurten . . .	9,50—10,00 „

Nr.		
80	1 qm desgl. mit verschiebbaren Stahlplättchen zum Verstellen der Läden	10,00—11,00 Mark
81	1 qm Zugjalousie (Stabzug-Laden) von Holzstäbchen einschl. Gurte, Zieh- und Rollschnur anzuliefern und zu befestigen, je nachdem 2, 3 oder 4 Gurte angebracht sind	7,50—9,00 „
82	1 qm desgl. wie vor mit Holzleistenführung und Ausstellvorrichtung	10,00—11,00 „

6. Wandvertäfelungen.

83	1 qm Wandvertäfelung von 25 mm starken, gespundeten und gestäbten, kiefernen Brettern mit schlichtem Sockel und oberer Abschlussleiste	5,00—6,00 „
84	1 qm desgl. wie vor, von Eichenholz	8,00—9,00 „
85	1 „ „ „ „ mit gestemmten 30 mm starken Rahmstücken und Füllungen aus 20 mm starken gespundeten und gestäbten Brettern, mit Sockel, Fries und Deckgesimse, bei Kiefernholz	7,50—8,50 „
86	1 qm desgl. wie vor, bei Eichenholz	10,00—11,00 „
87	1 „ „ mit gestemmten 30 mm starken Rahmstücken und abgegründeten 20 mm starken Füllungen, sonst wie vor, bei Kiefernholz	9,50—11,00 „
88	1 qm desgl. wie vor, bei Eichenholz	13,00—15,00 „
89	1 qm desgl. wie vor, in reicherer Ausführung mit oberem weit ausladenden Konsolen-Gesims, bei Kiefernholz	13,00—16,00 „
	bei Eichenholz	16,00—20,00 „

7. Türbeschläge.

90	1 Beschlag einer Latten- oder Brettertür mit 2 Scharnierbändern und 1 Ueberwurf mit Krampe zu liefern und anzuschlagen	2,30—2,50 „
91	1 desgl. wie vor mit 2 langen Bändern, 2 Stützhaken und 1 Kasten-Riegel-Schloss	6,00—7,00 „
92	1 desgl. wie vor mit langen Bändern, 2 Stützhaken und 1 Kastenschloss mit eisernen Drückern und Schliesshaken	7,50—8,00 „
93	1 desgl. Zimmertür mit 2 Fischbändern, Einsteckschloss ohne Nachtriegel, mit eisernem Drücker, desgl. .	7,50—8,00 „
94	1 desgl. mit 2 Aufsatzbändern, sonst wie vor . . .	7,00—7,25 „
95	1 desgl. mit 2 Fischbändern, Einsteckschloss mit Nachtriegel, Bronzedrückern und Schlüsselschild . . .	12,00—12,50 „
96	1 desgl. wie vor mit verziertem, geschmiedetem Schlüsselschild, sonst wie vor	18,00—20,00 „

Nr.		
97	1 desgl. wie vor einer zweiflügeligen Zimmertür mit 4 Fischbändern, Einsteckschloss mit Messingdrücker und 2 Kantenriegeln	18,00—20,00 Mark
98	1 desgl. wie vor mit 6 Fischbändern, sonst ebenso .	19,50—21,50 „
99	1 Beschlag einer zweiflügeligen Schiebetür mit oberer Lauf- und unterer Führungsschiene, Gleitrollen, Einsteckschloss und Bronzegriffen, desgl.	70,00—90,00 „
100	1 Beschlag einer einflügeligen Haustür mit 2 starken Fisch- oder Kreuzbändern, 1 Einsteckschloss mit Bronzedrückern, ebenso . . . . , ...	16,00—18,00 „
101	1 Beschlag einer zweiflügeligen Haustür mit 6 starken Fisch- oder Kreuzbändern, 2 Kantenriegeln, 1 Einsteckschloss mit Nachtriegel, Rotgussdrückern und Schlüsselschild	40,00—60,00 „
102	1 Beschlag einer zweiflügeligen Hoftür mit 6 Kreuzbändern, 2 Kantenriegeln, 1 Einsteckschloss mit Eisendrückern, desgl.	30,00—35,00 „
103	1 desgl. eines Torweges mit 4 geschmiedeten starken Winkelbändern, 2 Aufsatzriegeln, überbautem Kastenschloss mit Eisendrückern	60,00—70,00 „
104	1 desgl. wie vor, jedoch mit Bronzedrückern, Griffen, Schlüsselschildern, selbsttätigem geräuschlosen Türschliesser und Portieraufzug, in elegantester Ausführung	150,00—200,00 „

8. Fensterbeschläge.

105	1 Beschlag eines einflügeligen Fensters mit 2 Aufsatzbändern, 4 Einlass- (Schein-) Ecken, 2 halben eisernen Vorreibern und 1 eisernen Aufziehknopf zu liefern und anzubringen	1,30—1,50 „
106	1 desgl. wie vor mit 1 Einreiber und Messingolive .	2,50—3,00 „
107	1 desgl. wie vor eines zweiflügeligen Fensters mit 4 Aufsatzbändern, 8 Einlassecken, 2 ganzen eisernen Vorreibern und 2 eisernen Aufziehknöpfen . . .	2,80—3,00 „
108	1 desgl. mit 2 eisernen Rudern und 2 Aufziehknöpfen	4,50—4,75 „
109	1 desgl. wie vor mit Baskülbeschlag und Messingolive	5,50—6,00 „
110	1 desgl. eines vierflügeligen Fensters mit 8 Aufsatzbändern, 16 Einlassecken, 3 ganzen eisernen Vorreibern und 4 eisernen Aufziehknöpfen	5,00—5,25 „
111	1 desgl. mit 3 eisernen Ruderverschlüssen, sonst wie vor	7,00—7,50 „
112	1 „ „ 3 „ „ mit Messingknöpfen	8,50—9,00 „
113	1 „ „ Baskülbeschlag für die unteren Flügel mit Messingolive und mit 1 Doppeleinreiber mit Messingolive für die oberen Flügel	9,00—10,00 „

Nr.		
114	1 desgl. eines vierflügeligen Fensters mit feststehendem Pfosten mit 2 Kantenbaskülen, 2 Einreibern mit Messingolive, sonst wie vor	18,00—20,00 Mark
115	1 Beschlag eines vierflügeligen Fensters mit 2 Baskülbeschlägen mit Messingoliven, sonst wie vor . .	11,00—12,00 „
116	1 desgl. wie vor mit Espagnolettestangen- (Drehstangen-) Verschluss, sonst wie vor	12,00—13,00 „
117	1 desgl. mit 8 verzierten schmiedeeisernen Aufsatzbändern, 16 Einlassecken, 2 Baskülbeschlägen mit Bronzeoliven	14,00—17,00 „
118	1 desgl. eines sechsflügeligen Fensters mit 12 Fischbändern, 24 Einlassecken, 1 Baskülbeschlag mit Messingoliven, 1 Kantenbaskül, 1 Doppeleinreiber mit Messingolive und 1 Schlüsseleinreiber . . .	15,00—16,00 „
119	1 desgl. wie vor, jedoch mit 2 Baskülbeschlägen und 4 Einreibern	16,00—17,00 „
120	1 Beschlag eines Schiebefensters (in lotrechter Richtung zu bewegen) mit 4 Einlassecken, der obere Flügel mit 2 Oesen für die Schnure, 2 Gewichten, 2 Rollen und 1 messingenen Ziehknopf, der untere Flügel mit 4 Schlüsseleinreibern, einschl. der erforderlichen Schnure zu liefern und zu befestigen	15,00—20,00 „

9. Fensterläden-Beschläge.

121	1 Beschlag eines äusseren einflügeligen Fensterladens mit 2 Stützhaken und 1 Schliesshaken zu liefern und anzuschlagen	2,50—3,00 „
122	1 desgl. eines zweiflügeligen äusseren Fensterladens mit 4 Stützhaken und 2 Schliesshaken desgl. . .	3,50—4,00 „
123	1 Beschlag eines Rollladens, bestehend aus Rollwalze mit Gurtenscheibe, 2 Lagern, Anschlagwinkel und Gurtenhalter von Messing zu liefern und anzubringen	8,00—9,00 „

10. Treppen.

a) Treppen aus Werksteinen.

124	1 m Treppenstufe aus Sandstein, 0,20 m hoch, 0,32 m breit, von 2 Seiten scharriert und geschliffen zu liefern und zu versetzen	6,00—8,00 „
125	1 m desgl. wie vor, jedoch von einer Seite scharriert oder geschliffen	9,00—10,00 „
126	1 qm Podestplatte, 0,18 m stark, das Oberlager gekrönelt, das Unterlager gespitzt	16,00—18,00 „
127	1 qm desgl., das Oberlager scharriert oder geschliffen, das Unterlager gekrönelt	20,00—22,00

Nr.		
128	1 qm desgl. das Ober- und Unterlager scharriert oder geschliffen	24,00—26,00 Mark
129	1 m Treppenstufe aus Sandstein, die Unterfläche abgeschrägt und gekrönelt, Auftritt und Vorderhaupt scharriert oder geschliffen	7,00—8,00 „
130	1 m desgl. ringsum geschliffen oder scharriert . . .	9,00—10,00 „
131	1 m Auflagerfalz für freitragende Treppen anzuarbeiten, als Zulage	0,45—0,50 „
132	1 m Setzfalz desgl. wie vor	0,55—0,60 „
133	1 m Profilierung, bestehend aus Platte und Hohlkehle desgl.	0,80—0,90 „
134	1 m Profilierung, bestehend aus Rundstab, Platte und Hohlkehle	1,30—1,50 „
135	1 m Treppenstufe aus Granit, 28 bis 30 cm breit, 16 bis 18 cm hoch, der Auftritt und das Vorderhaupt gestockt, die anderen Seiten roh bearbeitet	9,00—10,00 „
136	1 m desgl. wie vor, auf allen Seiten gestockt . . .	12,00—15,00 „
137	1 m „ mit Falz zum Ineinandergreifen	15,00—18,00 „
138	1 m „ „ abgeschrägter fein gespitzter Unterfläche	15,00—18,00 „
139	1 qm Podestplatte aus Granit, 0,20 m stark, das Oberlager gestockt, das Unterlager gespitzt	38,00—40,00 „
140	1 qm desgl., das Oberlager und das Unterlager gestockt	48,00—52,00 „
141	1 qm desgl., das Oberlager geschliffen, das Unterlager gestockt	75,00—80,00 „
142	1 qm desgl., das Ober- und Unterlager geschliffen .	95,00—110,00 „
	b) Treppen aus Holz.	
143	1 Stufe einer geraden 1,0 m breiten Treppe aus rauhen 5 cm starken und 25 cm breiten Kiefern-Bohlen auf aufgenagelten Leisten, die Wangen aus 5 cm starken und 30 cm breiten Bohlen anzufertigen und aufzustellen	2,30—2,50 „
144	1 Stufe einer geraden 1,0 m breiten, gehobelten eingestemmten Treppe, die Stufen 5 cm stark und 25 cm breit, die Wangen 5 cm stark und breit, desgl.	4,00—4,50 „
145	1 Stufe einer geraden 1,0 m breiten gehobelten Podesttreppe mit Tritt- und Setzstufen, die Treppe aufzustellen und von unten zu verschalen, sonst wie vor	5,50—6,00 „
146	1 Stufe desgl. wie vor einer 1,2 m breiten Treppe .	6,00—7,00 „
147	1 Stufe einer aufgesattelten Treppe, 1,25 m breit, mit geraden Läufen mit Sockelleisten an der Wandseite, gekehlten Wangen, einschl. der Podestbalken aus $^{10}/_{40}$ cm starkem Holz, sonst wie vor	12,00—14,00 „

Nr.		
148	1 Stufe einer eingestemmten halbkreisförmigen Treppe, sonst wie vor	16,00—20,00 Mark
	Bei Ausführung der vorbenannten Treppen in Eichenholz sind die Preise um etwa $^1/_3$ zu erhöhen.	
149	1 m Geländer für untergeordnete Treppen, in je 1,5 m Entfernung eine $^4/_8$ cm starke gefaste Stütze, die Handgriffe in gleicher Stärke, gehobelt und oben abgerundet, anzuliefern und aufzustellen	0,60—0,75 „
150	1 m Geländer für einfache gerade Treppen, in je 20 cm Entfernung eine viereckig gehobelte 2,5 cm starke Stütze, die Handgriffe $^5/_8$ cm stark, gehobelt und oben abgerundet, die Pfosten $^8/_8$ cm stark, viereckig gehobelt und gefast, sonst wie vor . .	1,80—2,00 „
151	1 m Geländer desgl. wie vor, jedoch die Stäbe $^3/_3$ cm, die Handgriffe $^6/_8$ cm, die Pfosten $^{10}/_{10}$ cm stark .	2,50—2,75 „
152	1 m desgl. aus 3 cm starken einfach gedrehten Stäben, $^6/_8$ cm starken, gehobelten und gekehlten Handgriffen und $^{12}/_{12}$ cm starken gedrehten Pfosten .	5,00—5,50 „
153	1 m desgl. wie vor aus 4 cm starken gedrehten Stäben, $^8/_8$ cm starken gekehlten und polierten Handgriffen und $^{14}/_{14}$ cm starken einfach gestochenen Pfosten, alles aus Eichenholz	18,00—20,00 „

c) Treppen aus Eisen.

154	1 schmiedeeiserne Stufe einer geraden 1,0 m breiten Treppe aus 2 mm starken Eisenblechen mit Winkeleisen besäumt, zu liefern und aufzustellen . . .	7,00—9,00 „
155	1 desgl. wie vor einer 1,2 bis 1,3 m breiten geraden Treppe	9,00—11,00 „
156	1 desgl. wie vor einer 1,0 bis 1,2 m breiten Treppe mit gezogenen Stufen und gekrümmten Wangen .	11,00—14,00 „
157	1 desgl. einer einfachen gusseisernen Wendeltreppe ohne Setzstufen mit einfachem Geländer aus Rundeisen mit Flachschienen anzuliefern und aufzustellen, bei einer Laufbreite von 0,60 m	8,00—9,00 „
158	1 desgl. wie vor, bei einer Laufbreite von 0,70 m .	11,00—12,00 „
159	1 „ „ „ „ „ „ „ 0,80 „ .	13,00—14,00 „
160	1 „ „ „ „ „ „ „ 1,00 „ .	16,00—18,00 „
161	1 „ „ „ mit verzierten Setzstufen und reicherem schmiedeeisernen Geländer, die Trittstufen mit Holzbelag, bei einer Laufbreite von 0,80 m . . .	30,00—32,00 „
162	1 desgl. bei einer Laufbreite von 1,00 m	40,00—42,00 „

Buchdruckerei von Straubing & Müller, Weimar.